销

轴套

轴支架

内六角螺钉

机座

锥齿轮

支架

阀盖

镶块

阀体

胶木球

齿轮泵泵体

锁紧螺母

齿轮泵装配图

齿轮泵四分之一剖切

四分之一剖切手压阀装配图

AutoCAD 2017中文版
机械设计实例教程
本书部分案例

Series of books
With your good teachers and
helpful friends is the inexhaustible spiritual wealth

带轮

垫片

平键

把手

轴

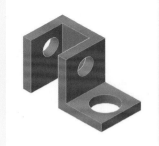
叉拨架

泵盖立体图

泵轴

销轴

垫圈

圆柱滚子轴承

前端盖

六角螺母的绘制

短齿轮轴

壳体

剖切手压阀装配体图

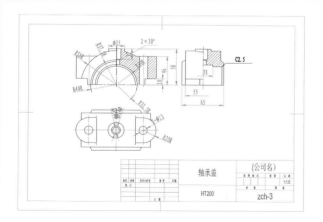

滑动轴承的上盖

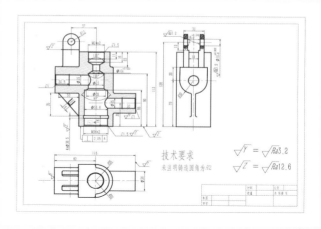

阀体

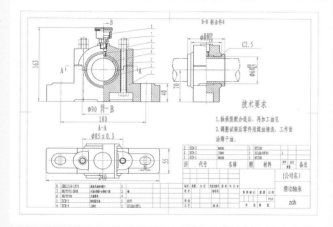

滑动轴承的装配图

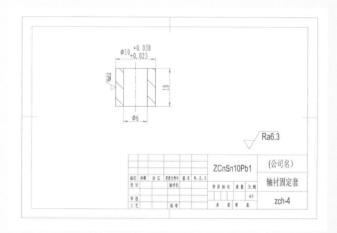

滑动轴承的轴衬固定套

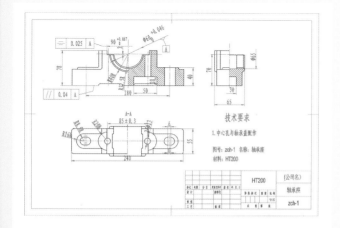

滑动轴承的轴承座

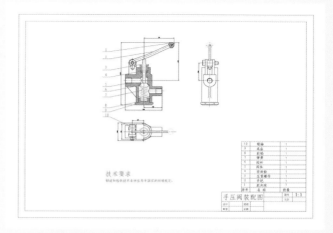

手压阀装配平面图

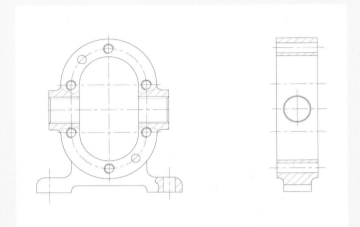

⌐ 齿轮泵机座

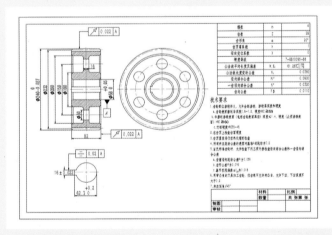

⌐ 圆柱齿轮零件图

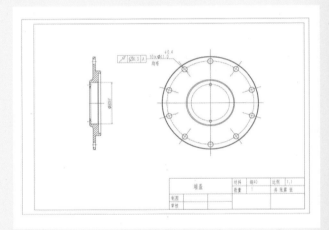

⌐ 端盖

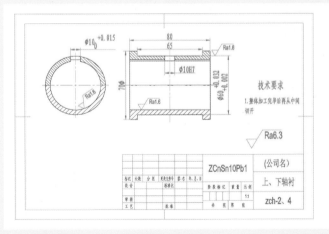

⌐ 滑动轴承的上、下轴衬

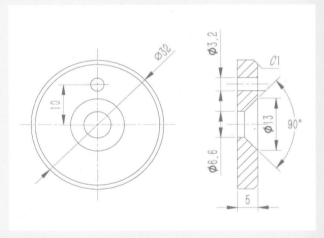

⌐ 挡圈

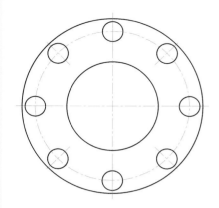

密封垫

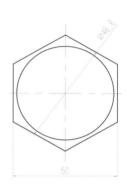

底座

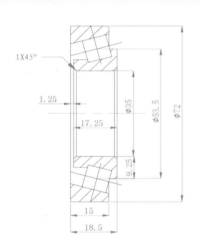

圆锥滚子轴承

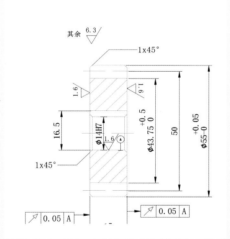

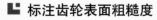

标注齿轮表面粗糙度

内六角螺钉

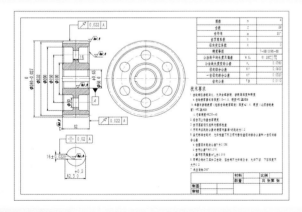

圆柱齿轮

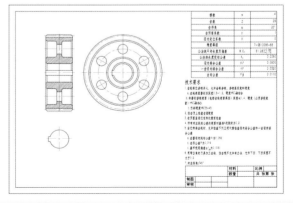

圆柱齿轮1

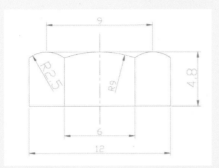

标注螺母

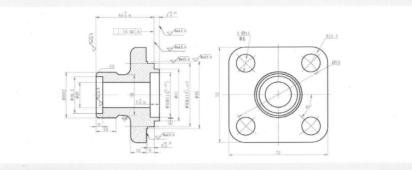

标注阀盖

螺母

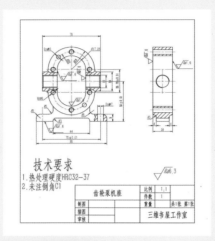

齿轮泵机座

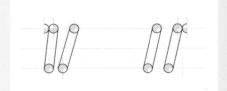

弹簧

端盖

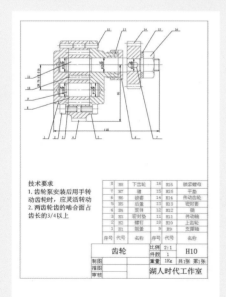

齿轮泵总成

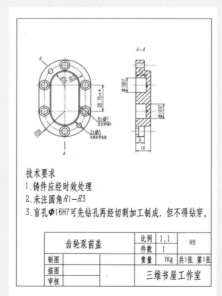

齿轮泵前盖

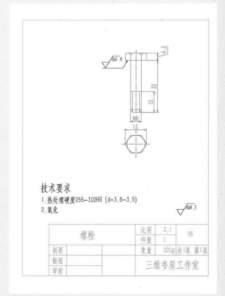

螺栓

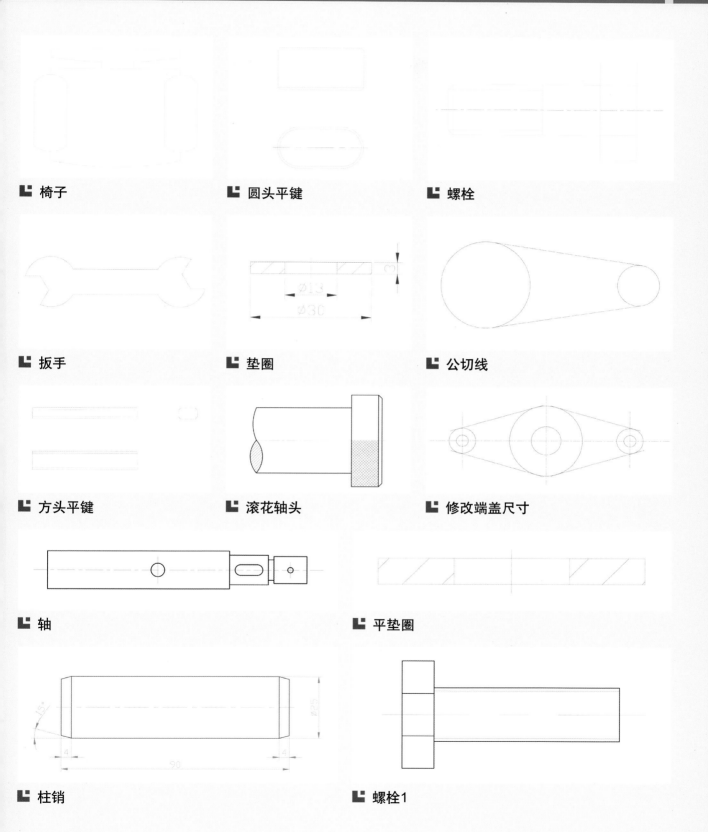

椅子

圆头平键

螺栓

扳手

垫圈

公切线

方头平键

滚花轴头

修改端盖尺寸

轴

平垫圈

柱销

螺栓1

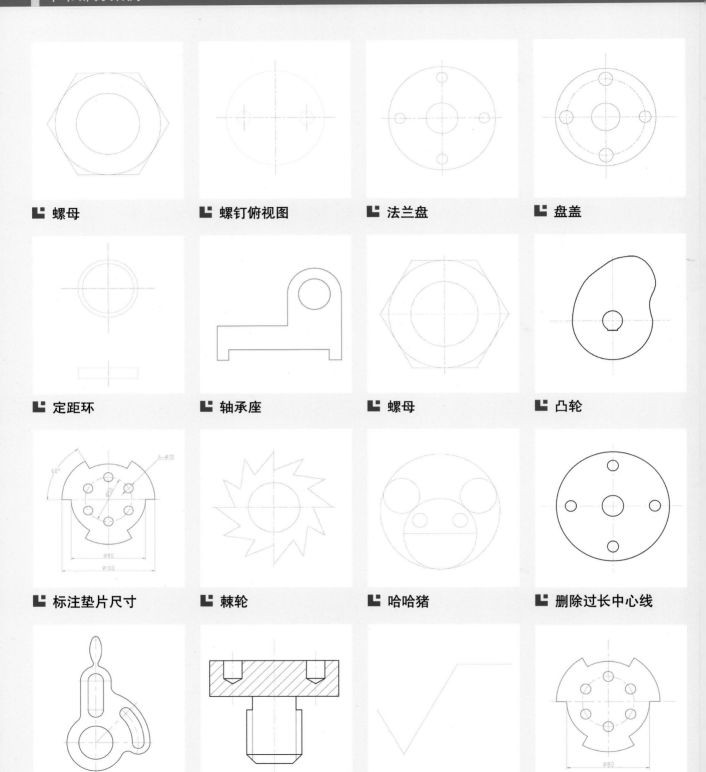

螺母　　　　螺钉俯视图　　　　法兰盘　　　　盘盖

定距环　　　　轴承座　　　　螺母　　　　凸轮

标注垫片尺寸　　　　棘轮　　　　哈哈猪　　　　删除过长中心线

挂轮架　　　　螺钉　　　　表面粗糙度符号　　　　均布结构图形

AutoCAD 2017 中文版机械设计实例教程

CAD/CAM/CAE 技术联盟　编著

清华大学出版社

北　京

内 容 简 介

《AutoCAD 2017 中文版机械设计实例教程》一书针对 AutoCAD 认证考试最新大纲编写，重点介绍了 AutoCAD 2017 中文版的新功能及各种基本操作方法和技巧。其最大的特点是，在大量利用图解方法进行知识点讲解的同时，巧妙地结合了机械工程设计应用案例，使读者能够在机械设计工程实践中掌握 AutoCAD 2017 的操作方法和技巧。

全书分为 12 章，分别介绍了 AutoCAD 2017 入门、二维绘制命令、精确绘图、编辑命令、文字与表格、尺寸标注、高级绘图工具、零件图与装配图、三维造型绘制、三维造型编辑、手压阀二维设计综合案例和手压阀三维设计综合案例等内容。

本书内容翔实，图文并茂，语言简洁，思路清晰，实例丰富，可作为初学者的入门与提高教材，也可作为 AutoCAD 认证考试辅导与自学教材。

本书除利用传统的纸面讲解外，随书还配送了多功能学习光盘。光盘具体内容如下：

1．76 段大型高清多媒体教学视频（动画演示），边看视频边学习，轻松学习效率高。

2．AutoCAD 绘图技巧、快捷命令速查手册、疑难问题汇总、常用图块等辅助学习资料，极大地方便读者学习。

3．5 套机械设计方案及长达 303 分钟同步教学视频，可以拓展视野，增强实战。

4．100 道 AutoCAD 认证实题，名师助力，真题演练。

图书在版编目（CIP）数据

AutoCAD 2017 中文版机械设计实例教程/CAD/CAM/CAE 技术联盟编著. —北京：清华大学出版社，2018
ISBN 978-7-302-47680-1

I．①A…　II．①C…　III．①机械设计-计算机辅助设计-AutoCAD 软件-教材　IV．①TH122

中国版本图书馆 CIP 数据核字（2017）第 155287 号

责任编辑：杨静华
封面设计：李志伟
版式设计：魏　远
责任校对：马子杰
责任印制：李红英

出版发行：清华大学出版社
　　　　网　　　址：http://www.tup.com.cn，http://www.wqbook.com
　　　　地　　　址：北京清华大学学研大厦 A 座　　　邮　　编：100084
　　　　社 总 机：010-62770175　　　　　　邮　　购：010-62786544
　　　　投稿与读者服务：010-62776969，c-service@tup.tsinghua.edu.cn
　　　　质量反馈：010-62772015，zhiliang@tup.tsinghua.edu.cn
印 装 者：清华大学印刷厂
经　　销：全国新华书店
开　　本：203mm×260mm　印　张：29　插　页：4　字　数：875 千字
　　　　（附 DVD 光盘 1 张）
版　　次：2018 年 1 月第 1 版　印　次：2018 年 1 月第 1 次印刷
印　　数：1～3500
定　　价：89.80 元

产品编号：074114-01

AutoCAD 是美国 Autodesk 公司推出的集二维绘图、三维设计、渲染及通用数据库管理和互联网通信功能于一体的计算机辅助绘图软件包。自 1982 年推出以来，从初期的 1.0 版本，经多次版本更新和性能完善，不仅在机械、电子和建筑等工程设计领域得到了广泛的应用，而且在地理、气象、航海等特殊图形的绘制，甚至乐谱、灯光、幻灯和广告等领域也得到了多方面的应用，目前已成为 CAD 系统中应用最为广泛的图形软件之一。本书以 AutoCAD 2017 版本为基础讲解 AutoCAD 在机械设计中的应用方法和技巧。

一、编写目的

鉴于 AutoCAD 强大的功能和深厚的工程应用底蕴，我们力图为初学者、自学者或想参加 AutoCAD 认证考试的读者开发一套全方位介绍 AutoCAD 在各个行业应用实际情况的书籍。在具体编写过程中，我们不求事无巨细地将 AutoCAD 知识点全面讲解清楚，而是针对本专业或本行业需要，参考 AutoCAD 认证考试最新大纲，以 AutoCAD 大体知识脉络为线索，以"实例"为抓手，由浅入深，从易到难，帮助读者掌握利用 AutoCAD 进行本行业工程设计的基本技能和技巧，并希望能够为广大读者的学习起到良好的引导作用，为广大读者学习 AutoCAD 提供一个简洁有效的捷径。

二、本书特点

1．专业性强，经验丰富

本书的著作责任者是 Autodesk 中国认证考试中心（ACAA）的首席技术专家，全面负责 AutoCAD 认证考试大纲制定和考试题库建设。编者均为在高校多年从事计算机图形教学研究的一线人员，具有丰富的教学实践经验，能够准确地把握学生的心理与实际需求。有一些执笔者是国内 AutoCAD 图书出版界的知名作者，前期出版的一些相关书籍经过市场检验很受读者欢迎。作者总结多年的设计经验和教学的心得体会，结合 AutoCAD 认证考试最新大纲要求编写此书，具有很强的专业性和针对性。

2．涵盖面广，"剪裁"得当

本书定位于 AutoCAD 2017 在机械设计应用领域功能全貌的教学与自学结合的指导书。所谓功能全貌，不是将 AutoCAD 所有知识面面俱到，而是根据认证考试大纲，结合行业需要，将必须掌握的知识讲述清楚。根据此原则，本书详细介绍了 AutoCAD 在机械设计中必须掌握的二维和三维绘图基本操作知识，零件图与装配图的绘制方法等，最后通过手压阀二维和三维设计综合案例介绍 AutoCAD 在具体机械设计实践中的具体应用方法。为了在有限的篇幅内提高知识集中程度，作者对所讲述的知识点进行了精心剪裁，确保各知识点为实际设计中用得到、读者学得会的内容。

3．实例丰富，步步为营

作为 AutoCAD 软件在机械设计领域应用的图书，作者力求避免空洞的介绍和描述，步步为营，每个知识点采用机械设计实例演绎，通过实例操作使读者加深对知识点内容的理解，并在实例操作过程中牢固地掌握了软件功能。实例的种类也非常丰富，既有讲解知识点的小实例，也有几个知识点或全章知识点结合的综合实例，还有用于练习、提高技能的上机实例。各种实例交错讲解，使读者更好地理解相关知识。

4．工程案例潜移默化

AutoCAD 是一个侧重应用的工程软件，所以最后的落脚点还是工程应用。为了体现这一点，本书采用的巧妙处理方法是：在读者基本掌握各个知识点后，通过齿轮泵工程图设计和手压阀二维与三维设计综合案例的练习，体验软件在机械设计实践中的具体应用方法，对读者的机械设计能力进行最后的"淬火"处理，潜移默化地培养读者的机械设计能力，同时使全书的内容显得紧凑完整。

5．技巧总结，点石成金

除了一般的技巧说明性内容外，本书在每章的最后特别设计了"名师点拨"的内容环节，针对本章内容所涉及的知识给出笔者多年操作应用的经验总结和关键操作技巧提示，帮助读者对本章知识进行最后的提升。

6．认证实题训练，模拟考试环境

由于本书作者全面负责 AutoCAD 认证考试大纲的制定和考试题库建设，所以本书大部分每章最后都设计了一个模拟试题环节，附录提供了认证考试样题，所有的模拟试题都来自 AutoCAD 认证考试题库，具有真实性和针对性，特别适合参加 AutoCAD 认证考试的人员作为辅导教材。

三、本书配套资源

1．76 段大型高清多媒体教学视频（动画演示）

为了方便读者学习，本书针对大多数实例，专门制作了 76 段多媒体图像和语音视频录像（动画演示），读者可以先看视频，像看电影一样轻松愉悦地学习本书内容。

2．AutoCAD 绘图技巧、快捷命令速查手册等辅助学习资料

本书光盘中赠送了 AutoCAD 绘图技巧大全、快捷命令速查手册、常用工具按钮速查手册、常用快捷键速查手册和疑难问题汇总等多种电子文档，方便读者使用。

3．机械设计常用图块

为了方便读者，本书光盘赠送轴、叉架、齿轮等 9 大类二维模型图块，以及相应的三维模型图块，读者可直接或稍加修改后使用，可大大提高绘图效率。

4．5 套大型图纸设计方案及长达 303 分钟同步教学视频

为了帮助读者拓展视野，本书光盘特意赠送了 5 套设计图纸集、图纸源文件及视频教学录像（动画演示），总长 303 分钟。

5．全书实例的源文件和素材

本书附带很多实例，光盘中包含实例和练习实例的源文件和素材，读者可以安装 AutoCAD 2017 软件，打开并使用它们。

四、本书服务

1．AutoCAD 2017 安装软件的获取

在学习本书前，请先在电脑中安装 AutoCAD 2017 软件（随书光盘中不附带软件安装程序），读者可在 Autodesk 官网 http://www.autodesk.com.cn/ 下载其试用版本，也可在当地电脑城、软件经销商处购买软件使用。安装完成后，即可按照本书上的实例进行操作练习。

2．关于本书和配套光盘的技术问题或有关本书信息的发布

读者朋友遇到有关本书的技术问题，可以加入 QQ 群 379090620 进行咨询，也可以将问题发送到邮箱 win760520@126.com 或 CADCAMCAE7510@163.com，我们将及时回复。另外，也可以登录清华大学出版社网站 http://www.tup.com.cn/，在右上角的"站内搜索"框中输入本书书名或关键字，找到该书后单击，进入详细信息页面，我们会将读者反馈的关于本书和光盘的问题汇总在"资源下载"栏的"网络资源"处，读者可以下载查看。

3．关于本书光盘的使用

本书光盘可以放在电脑 DVD 格式光驱中使用，其中的视频文件可以用播放软件进行播放，但不能在家用 DVD 播放机上播放，也不能在 CD 格式光驱的电脑上使用（现在 CD 格式的光驱已经很少）。如果光盘仍然无法读取，最快的办法是建议换一台电脑读取，然后复制过来，极个别光驱与光盘不兼容的现象是有的。另外，盘面有脏物建议要先行擦拭干净。

4．关于手机在线学习

扫描书后二维码，可在手机中观看对应教学视频。充分利用碎片化时间，随时随地提升。

五、作者团队

本书由 CAD/CAM/CAE 技术联盟组织编写。CAD/CAM/CAE 技术联盟是一个 CAD/CAM/CAE 技术研讨、工程开发、培训咨询和图书创作的工程技术人员协作联盟，包含 20 多位专职和众多兼职 CAD/CAM/CAE 工程技术专家。其中赵志超、张辉、赵黎黎、朱玉莲、徐声杰、张琪、卢园、杨雪静、孟培、闫聪聪、李兵、甘勤涛、孙立明、李亚莉、王敏、宫鹏涵、左昉、李谨、王玮、王玉秋等参与了具体章节的编写工作，对他们的付出表示真诚的感谢。

CAD/CAM/CAE 技术联盟负责人由 Autodesk 中国认证考试中心首席专家担任，全面负责 Autodesk 中国官方认证考试大纲制定、题库建设、技术咨询和师资力量培训工作，成员精通 Autodesk 系列软件。其创作的很多教材成为国内具有引导性的旗帜作品，在国内相关专业方向图书创作领域具有举足轻重的地位。

六、致谢

在本书的写作过程中，清华大学出版社编辑团队给予了很大的帮助和支持，提出了很多中肯的建议，在此表示感谢。同时，还要感谢所有编审人员为本书的出版所付出的辛勤劳动。本书的成功出版是大家共同努力的结果，谢谢所有给予支持和帮助的人们。

编 者

目 录

Contents

第1章

AutoCAD 2017 入门

本章将学习 AutoCAD 2017 绘图的基本知识，了解如何设置图形的系统参数、样板图，熟悉创建新的图形文件、打开已有文件等方法，为进入后面的学习奠定基础。

1.1 操作环境简介

操作环境是指与本软件相关的操作界面、绘图系统设置等一些涉及软件的最基本的界面和参数。本节将对这些知识进行简要介绍。

【预习重点】

- ☑ 安装软件，熟悉软件界面。
- ☑ 观察光标大小与绘图区颜色，以实例形式简单练习界面及绘图系统的设置。

1.1.1 操作界面

AutoCAD 操作界面是显示、编辑图形的区域，一个完整的 AutoCAD 操作界面如图 1-1 所示，包括标题栏、功能区（选项卡）、快速访问工具栏、绘图区、十字光标、坐标系图标、命令行窗口、状态栏、布局标签等。

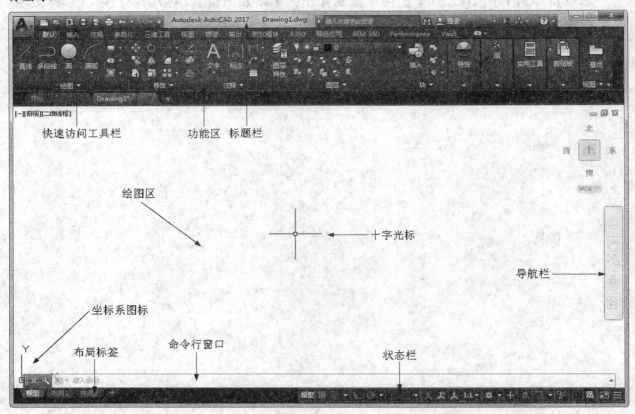

图 1-1　AutoCAD 2017 中文版操作界面

1. 标题栏

在 AutoCAD 2017 中文版操作界面的最上端是标题栏。在标题栏中，显示了系统当前正在运行的应用程序（AutoCAD 2017）和用户正在使用的图形文件。在第一次启动 AutoCAD 2017 时，在标题栏中将显示 AutoCAD 2017 在启动时创建并打开的图形文件的名称 Drawing1.dwg，如图 1-1 所示。

注意 需要将 AutoCAD 的工作空间切换到"草图与注释"模式下（单击操作界面右下角的"切换工作空间"按钮，在弹出的菜单中选择"草图与注释"命令），才能显示如图 1-1 所示的操作界面。本书中的所有操作均在"草图与注释"模式下进行。

　　在中文版 AutoCAD 2017 默认的界面中，窗口配色比较暗淡，可以将其调亮：在绘图区右击，在弹出的快捷菜单中选择"选项"命令，打开"选项"对话框，设置"窗口元素"的"配色方案"为"明"，窗口配色会变浅，为了读者能够比较清楚地阅读书籍及观看本书自带的动画，在以后的操作中均采用较亮的配色。

2. 菜单栏

　　单击快速访问工具栏后面的下拉按钮，弹出"自定义快速访问工具栏"，如图 1-2 所示，选择"显示菜单栏"选项，调出菜单栏。调出菜单栏后的操作界面如图 1-3 所示。

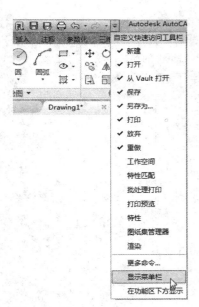

图 1-2　自定义快速访问工具栏

图 1-3　菜单栏

　　AutoCAD 2017 菜单栏的样式同其他 Windows 程序一样，也是下拉形式，并在菜单中包含子菜单。AutoCAD 2017 的菜单栏中包含 12 个菜单命令，分别是"文件"、"编辑"、"视图"、"插入"、"格式"、"工具"、"绘图"、"标注"、"修改"、"参数"、"窗口"和"帮助"，这些菜单命令几乎包含了 AutoCAD 2017 的所有绘图命令，在后面的章节中将陆续对这些菜单命令功能进行详细讲解。一般来讲，AutoCAD 2017 下拉菜单中的命令有以下 3 种。

　　（1）带有子菜单的菜单命令。这种类型的菜单命令后面带有小三角形，例如，选择菜单栏中的"绘图"命令，再选择其下拉菜单中的"圆"命令，系统就会进一步显示出"圆"子菜单中所包含的命令，如图 1-4 所示。

（2）打开对话框的菜单命令。这种类型的命令后面带有省略号，例如，选择菜单栏中的"格式"→"表格样式"命令，如图 1-5 所示，即可打开"表格样式"对话框，如图 1-6 所示。

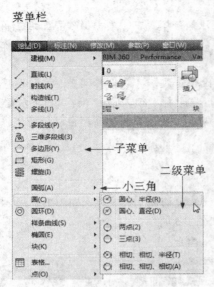

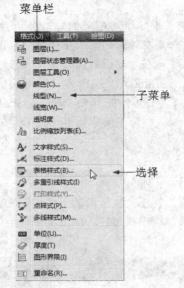

图 1-4　带有子菜单的菜单命令　　　　　图 1-5　打开对话框的菜单命令

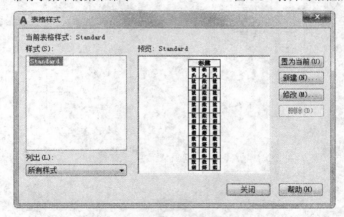

图 1-6　"表格样式"对话框

（3）直接执行操作的菜单命令。这种类型的命令后面既不带小三角形，也不带省略号，选择该命令将直接进行相应的操作，例如，选择菜单栏中的"视图"→"重画"命令，将刷新显示所有视图。

3．工具栏

选择菜单栏中的"工具"→"工具栏"→AutoCAD 命令，弹出工具栏选项板，如图 1-7 所示，在其中依次选择需要的工具栏选项，可调出对应工具栏。此处调出的工具栏分别为"标注"、"标准"、"工作空间"、"绘图"、"特性"、"图层"、"修改"、"样式"和"视口"。

工具栏是一组按钮工具的集合，把光标移动到某个按钮上，稍停片刻即在该按钮的一侧显示相应的功能提示，此时，单击该按钮就可以启动相应的命令。

（1）设置工具栏。AutoCAD 2017 提供了 52 种工具栏，将光标放在操作界面上方的工具栏区右击，会自动打开单独的工具栏标签，如图 1-8 所示。单击某一个未在界面中显示的工具栏名，系统自动在界面中打开该工具栏；反之，则关闭工具栏。

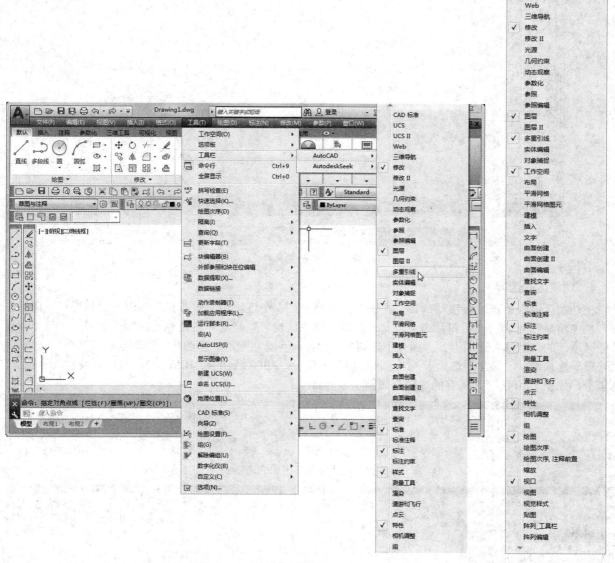

图 1-7　工具栏选项板　　　　　　　　图 1-8　单独的工具栏标签

（2）工具栏的固定、浮动与打开。工具栏可以在绘图区浮动显示（如图 1-9 所示），此时显示该工具栏标题，并可关闭该工具栏，可以拖动浮动工具栏到绘图区边界，使其变为固定工具栏，此时该工具栏标题隐藏。也可以把固定工具栏拖出，使其成为浮动工具栏。

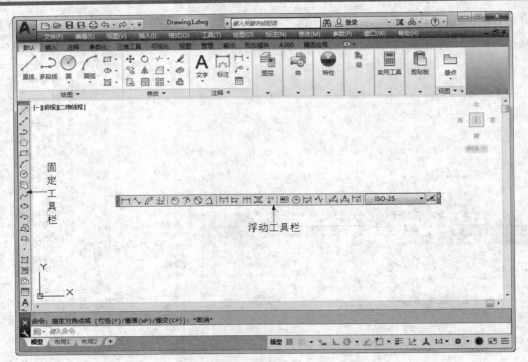

图 1-9　浮动工具栏

4．功能区（选项卡）

在功能区面板中把光标移动到某个按钮上，稍停片刻，在该按钮一侧即显示相应的工具提示，同时在状态栏中将显示对应的说明和命令名。此时，单击该按钮也可以启动相应命令。在默认情况下，可以看到功能区顶部的"默认"选项卡、"插入"选项卡、"注释"选项卡、"参数化"选项卡、"视图"选项卡、"管理"选项卡、"输出"选项卡、"附加模块"选项卡、A360 选项卡、BIM 360 选项卡以及"精选应用"选项卡，如图 1-10 所示，所有的选项卡如图 1-11 所示。

图 1-10　默认情况下出现的选项卡

图 1-11　所有的选项卡

（1）设置选项卡。将光标放在面板中任意位置处右击，打开如图 1-12 所示的快捷菜单。选择某一个未在功能区显示的选项卡名，系统自动在功能区打开该选项卡；反之，则关闭选项卡（调出面板及选项板组的方法与此类似，这里不再赘述）。

（2）选项卡中面板的固定、浮动、关闭与打开。面板可以在绘图区浮动，如图 1-13 所示，将鼠标光标放到浮动面板的右上角位置处，将显示"将面板返回到功能区"，如图 1-14 所示，单击此处，可使其变为固定面板。也可以把固定面板拖出，使其成为浮动面板。将光标放在面板中任意位置处，右击，在弹出的快捷菜单中选择"关闭"命令，可以关闭选项卡。选择菜单栏中的"工具"→"选项板"→"功能区"命令，可以重新打开选项卡。

图 1-12　快捷菜单　　　　　　　　　　　　　　　　图 1-13　浮动面板

有些按钮的右下角带有一个小三角，按住鼠标左键，将光标移动到某一个按钮上然后松手，该按钮就成为当前按钮。单击当前按钮，可执行相应的命令，如图 1-15 所示。

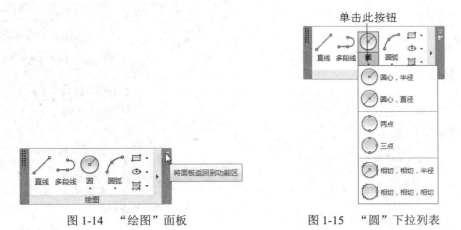

图 1-14　"绘图"面板　　　　　　　　　　　图 1-15　"圆"下拉列表

5. 快速访问工具栏和交互信息工具栏

（1）快速访问工具栏。该工具栏包括"新建"、"打开"、"保存"、"另存为"、"放弃"、"重做"和"打印"7 个最常用的工具按钮。用户也可以单击此工具栏后面的下拉按钮设置需要的常用工具。

（2）交互信息工具栏。该工具栏包括"搜索"、"Autodesk Online 服务"、"保持连接"和"帮助"4 个常用的数据交互访问工具按钮。

6．绘图区

绘图区是指标题栏下方的大片空白区域，是用户使用 AutoCAD 绘制图形的区域，用户要完成一个设计图形，主要工作都是在绘图区中完成的。

7．坐标系图标

在绘图区的左下角，有一个箭头指向的图标，称为坐标系图标，表示用户绘图时正使用的坐标系样式。坐标系图标的作用是为点的坐标确定一个参照系。根据工作需要，用户可以选择将其关闭，其方法是选择菜单栏中的"视图"→"显示"→"UCS 图标"→"开"命令，如图 1-16 所示。

8．命令行窗口

命令行窗口是输入命令名和显示命令提示的区域，命令行窗口默认情况下在绘图区下方，由若干文本行构成。对命令行窗口，有以下几点需要说明。

（1）移动拆分条，可以扩大和缩小命令行窗口。

（2）可以拖动命令行窗口，放置在绘图区的其他位置。

（3）对当前命令行窗口中输入的内容，可以按 F2 键用文本编辑的方法进行编辑，如图 1-17 所示。AutoCAD 文本窗口和命令行窗口相似，可以显示当前 AutoCAD 进程中命令的输入和执行过程。在执行某些命令时，会自动切换到文本窗口，列出有关信息。

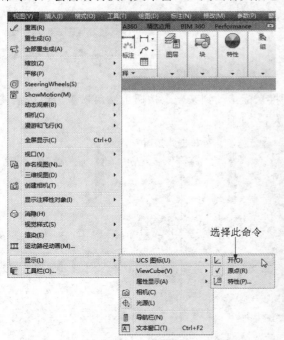

图 1-16　"视图"菜单

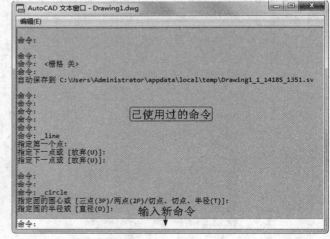

图 1-17　文本窗口

（4）AutoCAD 通过命令行窗口反馈各种信息（包括出错信息），因此，用户要时刻关注在命令行窗口中出现的信息。

9．状态栏

状态栏在操作界面的底部，依次显示的有"坐标"、"模型空间"、"栅格"、"捕捉模式"、"推断约束"、"动态输入"、"正交模式"、"极轴追踪"、"等轴测草图"、"对象捕捉追踪"、"二维对象捕捉"、"线宽"、"透明度"、"选择循环"、"三维对象捕捉"、"动态 UCS"、"选择过滤"、"小控件"、"注释可见性"、"自动缩放"、"注释比例"、"切换工作空间"、"注释监视器"、"单位"、"快捷特性"、"锁定用户界面"、"隔离对象"、"硬件加速"、"全屏显示"和"自定义"共30 个功能按钮。单击部分开关按钮，可以控制这些功能的开关状态。通过这些按钮也可以控制图形或绘图区的状态。

注意 默认情况下，不会显示所有工具，可以通过状态栏上最右侧的按钮，选择要从"自定义"菜单显示的工具。状态栏上显示的工具可能会发生变化，具体取决于当前的工作空间以及当前显示的是"模型"选项卡还是"布局"选项卡。

下面对部分状态栏上的按钮做简单介绍，如图 1-18 所示。

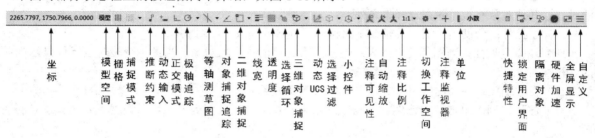

图 1-18　状态栏

（1）坐标：显示工作区鼠标放置点的坐标。

（2）模型空间：在模型空间与布局空间之间进行转换。

（3）栅格：栅格是覆盖整个坐标系（UCS）XY 平面的直线或点组成的矩形图案。使用栅格类似于在图形下放置一张坐标纸。利用栅格可以对齐对象并直观显示对象之间的距离。

（4）捕捉模式：对象捕捉对于在对象上指定精确位置非常重要。不论何时提示输入点，都可以指定对象捕捉。默认情况下，当光标移到对象的捕捉位置时，将显示标记和工具提示。

（5）推断约束：自动在正在创建或编辑的对象与对象捕捉的关联对象或点之间应用约束。

（6）动态输入：在光标附近显示出一个提示框（称之为"工具提示"），工具提示中显示出对应的命令提示和光标的当前坐标值。

（7）正交模式：将光标限制在水平或垂直方向上移动，以便于精确地创建和修改对象。当创建或移动对象时，可以使用"正交模式"将光标限制在相对于用户坐标系（UCS）的水平或垂直方向上。

（8）极轴追踪：极轴追踪是光标将按指定角度进行移动。创建或修改对象时，可以使用"极轴追踪"来显示由指定的极轴角度所定义的临时对齐路径。

（9）等轴测草图：通过设定"等轴测捕捉/栅格"，可以很容易地沿 3 个等轴测平面之一对齐对象。尽管等轴测图形看似三维图形，但它实际上是由二维图形表示。因此不能期望提取三维距离和面积、从不同视点显示对象或自动消除隐藏线。

（10）对象捕捉追踪：使用对象捕捉追踪，可以沿着基于对象捕捉点的对齐路径进行追踪。已获取的点将显示一个小加号（+），一次最多可以获取 7 个追踪点。获取点之后，在绘图路径上移动光标，将显示相对于获取点的水平、垂直或极轴对齐路径。例如，可以基于对象端点、中点或者对象的交点，沿着某个路径选择一点。

（11）二维对象捕捉：使用执行对象捕捉设置（也称为对象捕捉），可以在对象上的精确位置指定捕捉点。选择多个选项后，将应用选定的捕捉模式，以返回距离靶框中心最近的点。按 Tab 键以在这些选项之间循环。

（12）线宽：分别显示对象所在图层中设置的不同宽度，而不是统一线宽。

（13）透明度：使用该命令，调整绘图对象显示的透明程度。

（14）选择循环：当一个对象与其他对象彼此接近或重叠时，准确地选择某一个对象是很困难的，使用选择循环的命令，单击鼠标左键，弹出"选择集"列表框，里面列出了鼠标单击周围的图形，然后在列表中选择所需的对象。

（15）三维对象捕捉：三维中的对象捕捉与在二维中工作的方式类似，不同之处在于在三维中可以投影对象捕捉。

（16）动态 UCS：在创建对象时使 UCS 的 XY 平面自动与实体模型上的平面临时对齐。

（17）选择过滤：根据对象特性或对象类型对选择集进行过滤。当使用此功能后，只选择满足指定条件的对象，其他对象将被排除在选择集之外。

（18）小控件：帮助用户沿三维轴或平面移动、旋转或缩放一组对象。

（19）注释可见性：当图标变亮时表示显示所有比例的注释性对象；当图标变暗时表示仅显示当前比例的注释性对象。

（20）自动缩放：注释比例更改时，自动将比例添加到注释对象。

（21）注释比例：单击注释比例右下角小三角符号弹出注释比例列表，可以根据需要选择适当的注释比例。

（22）切换工作空间：进行工作空间转换。

（23）注释监视器：打开或关闭注释监视器。当注释监视器处于启用状态时，将通过放置标记来标记所有非关联注释。

（24）单位：指定线性和角度单位的格式和小数位数。

（25）快捷特性：控制快捷特性面板的使用与禁用。

（26）锁定用户界面：按下该按钮，锁定工具栏、面板和可固定窗口的位置和大小。

（27）隔离对象：当选择隔离对象时，在当前视图中显示选定对象，所有其他对象都暂时隐藏；当选择隐藏对象时，在当前视图中暂时隐藏选定对象，所有其他对象都可见。

（28）硬件加速：设定图形卡的驱动程序以及设置硬件加速的选项。

（29）全屏显示：该选项可以清除 Windows 窗口中的标题栏、功能区和选项板等界面元素，使 AutoCAD 的绘图窗口全屏显示，如图 1-19 所示。

（30）自定义：状态栏可以提供重要信息，而无须中断工作流。使用 MODEMACRO 系统变量可将应用程序所能识别的大多数数据显示在状态栏中。使用该系统变量的计算、判断和编辑功能，可以完全按照用户的要求构造状态栏。

10．布局标签

AutoCAD 系统默认设定一个"模型"空间和"布局1"、"布局2"两个图样空间布局标签。在这里有两个概念需要解释一下。

（1）布局。布局是系统为绘图设置的一种环境，包括图样大小、尺寸单位、角度设定、数值精确度等，在系统预设的 3 个标签中，这些环境变量都按默认设置。用户可根据实际需要改变这些变量的值，也可以设置符合自己要求的新标签。

（2）模型。AutoCAD 的空间分"模型空间"和"图样空间"两种。模型空间是通常绘图的环境，而在图样空间中，用户可以创建浮动窗口区域，以不同的视图显示所绘图形。用户可以在图样空间中调整浮动窗口并决定所包含视图的缩放比例。如果用户选择图样空间，可打印多个视图，也可以打印任意布局的视图。
AutoCAD 系统默认情况下打开模型空间，用户可以通过选择操作界面下方的布局选项卡选择需要的布局。

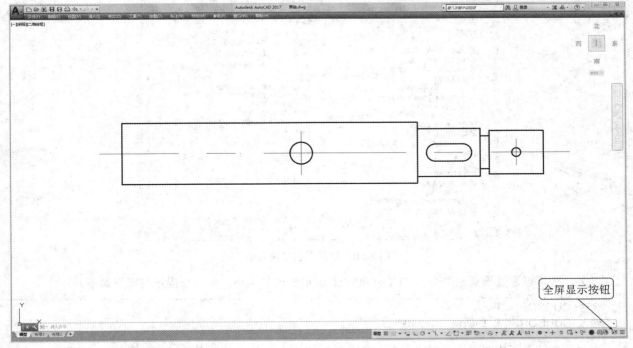

图 1-19　全屏显示

11. 滚动条

在 AutoCAD 的绘图区下方和右侧还提供了用来浏览图形的水平和竖直方向的滚动条。拖动滚动条中的
滚动块，可以在绘图区按水平或竖直两个方向浏览图形。

12. 十字光标

十字光标是显示在绘图区内的光标，其大小可根据具体情况进行调整。

13. 交互信息工具栏

该工具栏包括"搜索"、Autodesk 360、"Autodesk Exchange 应用程序"、"保持连接"和"帮助"等
几个常用的数据交互访问工具按钮。

1.1.2　设置光标大小

在绘图区中，有一个十字线，其交点坐标反映了当前值在坐标系中的位置。在 AutoCAD 中，将该十字
线称为十字光标。AutoCAD 通过十字光标坐标值显示当前点的位置。十字线的方向与当前用户坐标系的 X、
Y 轴方向平行，十字线的长度预设为绘图区大小的 5%，用户可以根据绘图的实际需要修改其大小。修改光
标大小的方法如下。

（1）选择菜单栏中的"工具"→"选项"命令，打开"选项"对话框。

（2）选择"显示"选项卡，在"十字光标大小"文本框中直接输入数值，或拖动文本框后面的滑块，
即可对十字光标的大小进行调整，如图 1-20 所示。

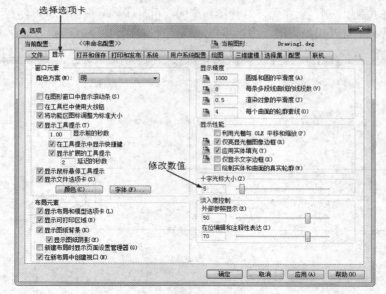

图 1-20　设置十字光标大小

此外，还可以通过设置系统变量 CURSORSIZE 的值修改其大小，命令行提示与操作如下。

命令: CURSORSIZE↙
输入 CURSORSIZE 的新值 <5>: 10

在提示下输入新值即可修改光标大小，默认值为 5%。光标大小修改前后对比如图 1-21 所示。

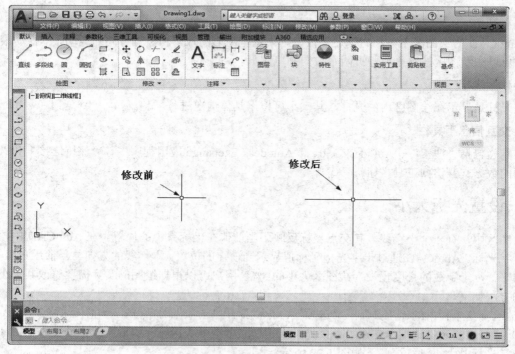

图 1-21　光标大小修改前后对比

1.1.3　绘图系统

由于用户的喜好风格及计算机的目录设置不同，因此每台计算机所使用的显示器、输入和输出设备的类型也不同。一般来讲，使用 AutoCAD 2017 的默认配置就可以绘图，但为了用户可使用定点设备或打印机，以及提高绘图的效率，推荐用户在开始绘图前先进行必要的配置。

【执行方式】

- ☑　命令行：PREFERENCES。
- ☑　菜单栏：选择菜单栏中的"工具"→"选项"命令。
- ☑　快捷菜单：在绘图区右击，打开快捷菜单，如图 1-22 所示，选择"选项"命令。
- ☑　主菜单：单击主菜单中的"选项"按钮 选项 。

【操作步骤】

执行上述命令后，系统打开"选项"对话框，用户可以在该对话框中设置相关选项，对绘图系统进行配置。

【选项说明】

下面对其中主要的两个选项卡进行介绍，其他配置选项在后面用到时再做具体说明。

（1）系统配置。"选项"对话框中的第 5 个选项卡为"系统"选项卡，如图 1-23 所示。该选项卡用来设置 AutoCAD 的相关特性。其中，"常规选项"选项组确定是否选择系统配置的基本选项。

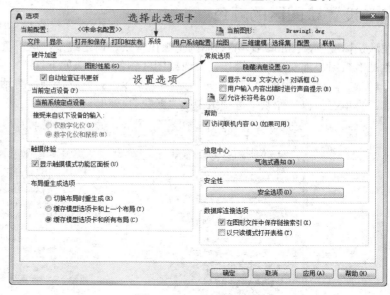

图 1-22　快捷菜单　　　　　　　　图 1-23　"系统"选项卡

（2）显示配置。"选项"对话框中的第 2 个选项卡为"显示"选项卡，该选项卡用于控制 AutoCAD 的外观，如图 1-24 所示，可设定滚动条显示与否、界面菜单显示与否、绘图区颜色、光标大小、AutoCAD 的版面布局设置、各实体的显示精度等。

🎓 **高手支招**

设置实体显示精度时请注意，显示质量越高，即精度越高，计算机计算的时间越长，建议不要将精度设置得太高，显示质量设定在一个合理的程度即可。

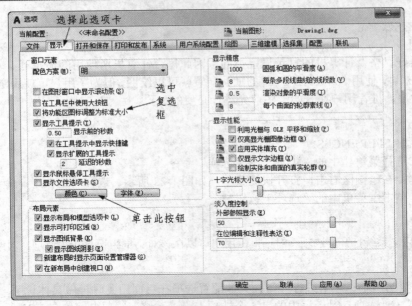

图1-24 选择"显示"选项卡

1.1.4 设置绘图区的颜色

·在默认情况下，AutoCAD 的绘图区是黑色背景、白色线条，这不符合多数用户的习惯，因此修改绘图区颜色是多数用户都要进行的操作。修改绘图区颜色的方法如下。

（1）选择菜单栏中的"工具"→"选项"命令，打开"选项"对话框，如图1-25 所示。选择"显示"选项卡，再单击"窗口元素"选项组中的"颜色"按钮，打开如图1-26 所示的"图形窗口颜色"对话框。

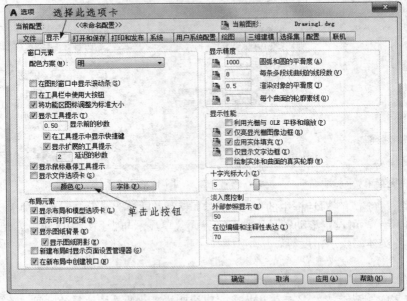

图1-25 "显示"选项卡

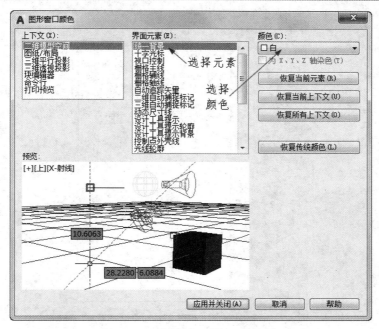

图 1-26 "图形窗口颜色"对话框

（2）在"图形窗口颜色"对话框中选取界面元素，在"颜色"下拉列表框中选择需要的窗口颜色，然后单击"应用并关闭"按钮，此时 AutoCAD 的绘图区就变换了背景色，通常按视觉习惯选择白色为窗口颜色。

1.2　文件管理

本节介绍文件管理的一些基本操作方法，包括新建文件、打开已有文件、保存文件、删除文件等，这些都是进行 AutoCAD 2017 操作最基础的知识。

【预习重点】

☑　了解文件的建立、打开、保存、删除等。

☑　练习图形创建设置及保存设置。

1.2.1　新建文件

【执行方式】

☑　命令行：NEW。

☑　菜单栏：选择菜单栏中的"文件"→"新建"命令。

☑　工具栏：单击"标准"工具栏中的"新建"按钮□或单击快速访问工具栏中的"新建"按钮□。

☑　快捷键：Ctrl+N。

☑　主菜单：单击主菜单中的"新建"按钮□，如图 1-27 所示。

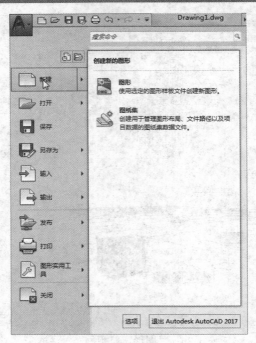

图 1-27　主菜单

【操作步骤】

执行上述命令后，打开如图 1-28 所示的"选择样板"对话框。

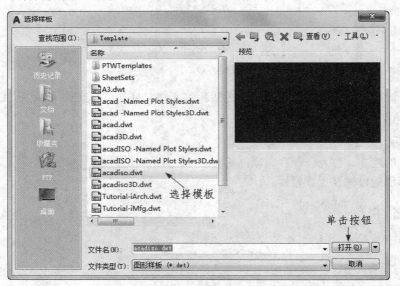

图 1-28　"选择样板"对话框

另外还有一种快速创建图形的方法，该方法是开始创建新图形的最快捷的方法。

☑　命令行：QNEW。

执行上述命令后，系统立即从所选的图形样板中创建新图形，而不显示任何对话框或提示。

高手支招

在"选择样板"对话框的"文件类型"下拉列表框中,有 4 种格式的图形样板,后缀分别是.dwt、.dwg、.dws 和.dxf。

1.2.2 快速创建图形设置

要想运行快速创建图形功能,必须首先进行如下设置。

（1）在命令行中输入"FILEDIA",按 Enter 键,设置系统变量为 1；在命令行中输入"STARTUP", 设置系统变量为 0。

（2）选择菜单栏中的"工具"→"选项"命令,在弹出的"选项"对话框中选择默认图形样板文件。 具体方法是:在"文件"选项卡中,单击"样板设置"前面的"+"号,在展开的选项列表中选择"快速新 建的默认样板文件名"选项,如图 1-29 所示。单击"浏览"按钮,打开"选择文件"对话框,然后选择需 要的样板文件即可。

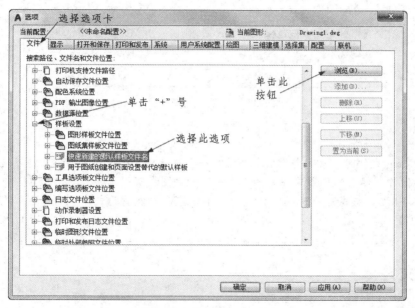

图 1-29 "文件"选项卡

1.2.3 打开文件

【执行方式】

☑ 命令行：OPEN。
☑ 菜单栏：选择菜单栏中的"文件"→"打开"命令。
☑ 工具栏：单击"标准"工具栏中的"打开"按钮或单击快速访问工具栏中的"新建"按钮。
☑ 快捷键：Ctrl+O。
☑ 主菜单：单击主菜单中的"打开"按钮。

【操作步骤】

执行上述命令后，打开"选择文件"对话框，如图 1-30 所示，在"文件类型"下拉列表框中，用户可选择.dwg、.dwt、.dxf 和.dws 格式的文件。.dws 文件是包含标准图层、标注样式、线型和文字样式的样板文件；.dxf 文件是用文本形式存储的图形文件，能够被其他程序读取，许多第三方应用软件都支持.dxf 格式。

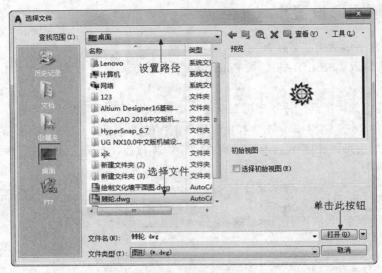

图 1-30　"选择文件"对话框

🎓 **高手支招**

有时在打开.dwg 文件时，系统会弹出一个信息提示对话框，提示用户图形文件不能打开，在这种情况下先退出打开操作，然后选择菜单栏中的"文件"→"图形实用工具"→"修复"命令，或在命令行中输入"RECOVER"，接着在"选择文件"对话框中输入要恢复的文件，确认后系统开始执行恢复文件操作。

1.2.4　保存文件

【执行方式】

- ☑ 命令行：QSAVE 或 SAVE。
- ☑ 菜单栏：选择菜单栏中的"文件"→"保存"命令。
- ☑ 工具栏：单击"标准"工具栏中的"保存"按钮■或单击快速访问工具栏中的"保存"按钮■。
- ☑ 主菜单：单击主菜单中的"保存"按钮■。

【操作步骤】

执行上述命令后，若文件已命名，则系统自动保存文件；若文件未命名（即为默认名 Drawing1.dwg），则系统打开"图形另存为"对话框，如图 1-31 所示，用户可以重新命名文件并保存。在"保存于"下拉列表框中设置保存文件的路径，在"文件类型"下拉列表框中选择保存文件的类型。

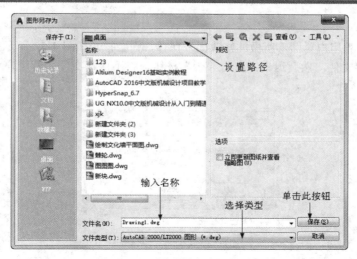

图 1-31　"图形另存为"对话框

1.2.5　自动保存设置

为了防止因意外操作或计算机系统故障导致正在绘制的图形文件丢失，可以对当前图形文件设置自动保存，其操作方法如下。

（1）在命令行中输入"SAVEFILEPATH"，按 Enter 键，设置所有自动保存文件的位置，如 D:\HU\。

（2）在命令行中输入"SAVEFILE"，按 Enter 键，设置自动保存文件名。该系统变量存储的文件名文件是只读文件，用户可以从中查询自动保存的文件名。

（3）在命令行中输入"SAVETIME"，按 Enter 键，指定在使用自动保存时，多长时间保存一次图形，单位为"分钟"。

1.2.6　另存为

【执行方式】

- ☑　命令行：SAVEAS。
- ☑　工具栏：单击快速访问工具栏中的"另存为"按钮。
- ☑　菜单栏：选择菜单栏中的"文件"→"另存为"命令。
- ☑　主菜单：单击主菜单中的"另存为"按钮。

【操作步骤】

执行上述命令后，打开"图形另存为"对话框，如图 1-31 所示，可重新命名文件并保存。

1.2.7　退出

【执行方式】

- ☑　命令行：QUIT 或 EXIT。
- ☑　菜单栏：选择菜单栏中的"文件"→"退出"命令。
- ☑　按钮：单击 AutoCAD 操作界面右上角的"关闭"按钮。
- ☑　主菜单：单击主菜单中的"退出 Autodesk AutoCAD 2017"按钮。

【操作步骤】

执行上述命令后，若用户对图形所做的修改尚未保存，则会打开如图 1-32 所示的系统警告对话框。单击 "是" 按钮，将保存文件，然后退出；单击 "否" 按钮，将不保存文件。若用户对图形所做的修改已经保存，可以直接退出。

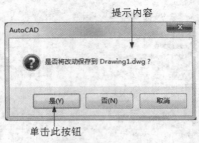

图 1-32　系统警告对话框

1.3　基本绘图参数

绘制一幅图形时，需要设置一些基本参数，如图形单位、图幅界限等，下面进行简要介绍。

【预习重点】

☑　设置图形单位。
☑　设置图形界限。

1.3.1　设置图形单位

【执行方式】

☑　命令行：DDUNITS 或 UNITS（快捷命令：UN）。
☑　菜单栏：选择菜单栏中的 "格式" → "单位" 命令。

【操作步骤】

执行上述命令后，打开 "图形单位" 对话框，如图 1-33 所示，该对话框用于定义长度和角度格式。

【选项说明】

（1） "长度" 与 "角度" 选项组：指定测量的长度与角度当前单位及精度。

（2） "插入时的缩放单位" 选项组：控制插入到当前图形中的块和图形的测量单位。如果块或图形创建时使用的单位与该选项指定的单位不同，则在插入这些块或图形时，将对其按比例进行缩放。缩放比例是原块或图形使用的单位与目标图形使用的单位之比。如果插入块时不按指定单位缩放，则在其下拉列表框中选择 "无单位" 选项。

（3） "输出样例" 选项组：显示用当前单位和角度设置的例子。

（4） "光源" 选项组：控制当前图形中光度控制光源的强度测量单位。由于光度控制光源使用插入比例来确定渲染中使用的单位，因此插入比例应设置为单位样式而不是 "无单位"。

（5） "方向" 按钮：单击该按钮，打开 "方向控制" 对话框，如图 1-34 所示，在其中可进行方向控制设置。

图 1-33　"图形单位"对话框

图 1-34　"方向控制"对话框

1.3.2　设置图形界限

【执行方式】

☑　命令行：LIMITS。

☑　菜单栏：选择菜单栏中的"格式"→"图形界限"命令。

【操作步骤】

命令: LIMITS↙
重新设置模型空间界限:
指定左下角点或 [开(ON)/关(OFF)] <0.0000,0.0000>:（输入图形边界左下角的坐标后按 Enter 键）
指定右上角点<12.0000,90000>:（输入图形边界右上角的坐标后按 Enter 键）

【选项说明】

（1）开(ON)：使图形界限有效。系统在图形界限以外拾取的点将视为无效。

（2）关(OFF)：使图形界限无效。用户可以在图形界限以外拾取点或实体。

（3）动态输入角点坐标：可以直接在绘图区的动态文本框中输入角点坐标，输入了横坐标值后，按"<"或">"键，接着输入纵坐标值，如图 1-35 所示；也可以在光标位置直接单击，确定角点位置。

图 1-35　动态输入

举一反三

　　在命令行中输入坐标时，请检查此时的输入法是否是英文输入。如果是中文输入法，例如输入"150，20"，则由于逗号"，"的原因，系统会认定该坐标输入无效。这时，只需将输入法改为英文即可。

1.4　显 示 图 形

恰当地显示图形的一般方法就是利用缩放和平移命令，可以在绘图区域放大或缩小图像显示，或者改变观察位置。

【预习重点】

☑ 实时缩放显示图形。

☑ 实时平移显示图形。

1.4.1 实时缩放

AutoCAD 2017 为交互式的缩放和平移提供了可能。有了实时缩放，就可以通过垂直向上或向下移动光标来放大或缩小图形。利用实时平移（1.4.2 节将介绍），能通过单击和移动光标重新放置图形。在实时缩放命令下，可以通过垂直向上或向下移动光标来放大或缩小图形。

【执行方式】

☑ 命令行：ZOOM。

☑ 菜单栏：选择菜单栏中的"视图"→"缩放"→"实时"命令。

☑ 工具栏：单击"标准"工具栏中的"实时缩放"按钮🔍。

☑ 功能区：单击"视图"选项卡"导航"面板中"范围"下拉菜单中的"实时缩放"按钮🔍。

【操作步骤】

```
命令: ZOOM
指定窗口的角点，输入比例因子 (nX 或 nXP)，或者[全部(A)/中心(C)/动态(D)/
范围(E)/上一个(P)/比例(S)/窗口(W)/对象(O)] <实时>:
```

在"标准"工具栏的"缩放"下拉列表（如图 1-36 所示）和"缩放"工具栏（如图 1-37 所示）中还有一些类似的缩放命令，读者可以自行操作体会，这里不再一一讲述。

图 1-36 "缩放"下拉列表

图 1-37 "缩放"工具栏

1.4.2 实时平移

【执行方式】

☑ 命令行：PAN。

☑ 菜单栏：选择菜单栏中的"视图"→"平移"→"实时"命令。

☑ 工具栏：单击"标准"工具栏中的"实时平移"按钮✋。

【操作步骤】

执行上述命令后，用鼠标按下选择钮✋，然后移动手形光标即可平移图形。当移动到图形的边沿时，光标就变成一个三角形显示。

另外，在 AutoCAD 2017 中，为显示控制命令设置了一个右键快捷菜单，如图 1-38 所示。在该菜单中，用户可以在显示命令执行的过程中，方便地进行切换。

图 1-38 右键快捷菜单

1.5 基本输入操作

本节将介绍 AutoCAD 的一些基本输入操作命令和知识。这些知识是学习 AutoCAD 2017 软件的一些最基础、同时又是非常重要的知识，掌握这些知识，有助于我们方便、快捷地操作该软件。

【预习重点】

☑　了解命令输入的方式及命令的重复、撤销等。

☑　利用实例练习命令输入。

1.5.1　命令输入方式

AutoCAD 交互绘图必须输入必要的指令和参数。有多种 AutoCAD 命令输入方式，下面以画直线为例，介绍命令输入方式。

（1）在命令行输入命令名。命令字符不区分大小写，如命令 LINE。执行命令时，在命令行提示中经常会出现命令选项。在命令行中输入绘制直线命令"LINE"后，命令行提示与操作如下。

命令: LINE✓

指定第一点: 在绘图区指定一点或输入一个点的坐标

指定下一点或 [放弃(U)]:

命令行中不带括号的提示为默认选项（如上面的"指定下一点或"），因此可以直接输入直线段的起点坐标或在绘图区指定一点，如果要选择其他选项，则应该首先输入该选项的标识字符，如"放弃"选项的标识字符 U，然后按系统提示输入数据即可。在命令选项的后面有时还带有尖括号，尖括号内的数值为默认数值。

（2）在命令行中输入命令缩写字，如 L（LINE）、C（CIRCLE）、A（ARC）、Z（ZOOM）、R（REDRAW）、M（MOVE）、CO（COPY）、PL（PLINE）、E（ERASE）等。

（3）选择"绘图"菜单栏中对应的命令，在命令行窗口中可以看到对应的命令说明及命令名。

（4）单击"绘图"工具栏中对应的按钮，在命令行窗口中也可以看到对应的命令说明及命令名。

（5）在绘图区打开快捷菜单。如果要使用在前面刚输入过的命令，可以在绘图区右击，打开快捷菜单，在"最近的输入"子菜单中选择需要的命令，如图 1-39 所示。"最近的输入"子菜单中存储了最近使用过的命令，如果经常重复使用某个命令，这种方法比较快捷。

（6）键盘输入。如果用户要重复使用上次使用的命令，可以直接按 Space 键或 Enter 键，系统立即重复执行上次使用的命令，这种方法适用于重复执行某个命令。

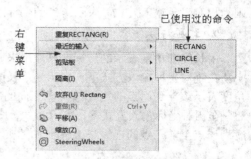

图 1-39　命令行快捷菜单

1.5.2　命令的重复、撤销、重做

1. 命令的重复

按 Enter 键或 Space 键，可重复调用上一个命令，不管上一个命令是完成了还是被取消了。

2. 命令的撤销

在命令执行的任何时刻，都可以取消和终止命令的执行。

【执行方式】

☑　命令行：UNDO。

☑ 菜单栏：选择菜单栏中的"编辑"→"放弃"命令。

☑ 工具栏：单击"标准"工具栏中的"放弃"按钮⟲，或单击快速访问工具栏中的"放弃"按钮⟲。

☑ 快捷键：Esc。

3．命令的重做

已被撤销的命令要恢复重做时，可以恢复撤销的最后一个命令。

【执行方式】

☑ 命令行：REDO。

☑ 菜单栏：选择菜单栏中的"编辑"→"重做"命令。

☑ 快捷键：Ctrl+Y。

AutoCAD 2017 可以一次执行多重放弃和重做操作。单击快速访问工具栏中的"放弃"按钮⟲或"重做"按钮⟳后面的下拉按钮，可以选择要放弃或重做的操作，如图 1-40 所示。

图 1-40　多重放弃选项

1.5.3　数据输入法

在 AutoCAD 2017 中，点的坐标可以用直角坐标、极坐标、球面坐标和柱面坐标表示，每一种坐标又分别具有两种坐标输入方式，即绝对坐标和相对坐标。其中，直角坐标和极坐标最为常用，具体输入方法如下。

1．直角坐标法

用点的 X、Y 坐标值表示的坐标。

在命令行中输入点的坐标（15,18），则表示输入一个 X、Y 的坐标值分别为 15、18 的点，此为绝对坐标输入方式，表示该点的坐标是相对于当前坐标原点的坐标值，如图 1-41（a）所示。如果输入（@10,20），则为相对坐标输入方式，表示该点的坐标是相对于前一点的坐标值，如图 1-41（b）所示。

2．极坐标法

用长度和角度表示的坐标，只能用来表示二维点的坐标。

在绝对坐标输入方式下，表示为"长度<角度"，如 25<50，其中，长度表示该点到坐标原点的距离，角度表示该点到原点的连线与 X 轴正向的夹角，如图 1-41（c）所示。

在相对坐标输入方式下，表示为"@长度<角度"，如@25<45，其中，长度为该点到前一点的距离，角度为该点至前一点的连线与 X 轴正向的夹角，如图 1-41（d）所示。

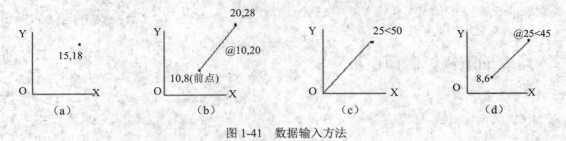

图 1-41　数据输入方法

3．动态数据输入

单击状态栏中的"动态输入"按钮⊨，打开动态输入功能，可以在绘图区动态地输入某些参数数据。例如，绘制直线时，在光标附近会动态地显示"指定第一个点："以及后面的坐标框。当前坐标框中显示的是目前光标所在位置，可以输入数据，两个数据之间以逗号隔开，如图 1-42 所示。指定第一点后，系统动态显示直线的角度，同时要求输入线段长度值，如图 1-43 所示，其输入效果与"@长度<角度"方式相同。

图 1-42　动态输入坐标值

图 1-43　动态输入长度值

下面分别介绍点与距离值的输入方法。

（1）点的输入。在绘图过程中，常需要输入点的位置，AutoCAD 提供了如下几种输入点的方式。

① 用键盘直接在命令行输入点的坐标。直角坐标有两种输入方式，x,y（点的绝对坐标值，如 100,50）和@ x,y（相对于上一点的相对坐标值，如@50,-30）。

极坐标的输入方式为"长度<角度"（其中，长度为点到坐标原点的距离，角度为原点至该点连线与 X 轴正向的夹角，如 20<45）或"@长度<角度"（相对于上一点的相对坐标值，如@50<-30）。

② 用鼠标等定标设备移动光标，在绘图区单击，直接取点。

③ 用目标捕捉方式捕捉绘图区已有图形的特殊点（如端点、中点、中心点、插入点、交点、切点和垂足点等）。

④ 直接输入距离。先拉出直线确定方向后，用键盘输入距离，这样有利于准确控制对象的长度。

（2）距离值的输入。在 AutoCAD 命令中，有时需要提供高度、宽度、半径、长度等表示距离的值。AutoCAD 提供了两种输入距离值的方式：一种是用键盘在命令行中直接输入数值；另一种是在绘图区选择两点，以两点的距离值确定出所需数值。

1.5.4　绘制线段

绘制一条 10mm 长的线段，效果如图 1-44 所示。

单击"绘图"工具栏中的"直线"按钮，指定第一点后在绘图区移动光标指明线段的方向，但不要单击鼠标，然后在命令行中输入"10"，这样就在指定方向上准确地绘制了一条长度为 10mm 的线段。

图 1-44　绘制线段

1.6　图　　层

图层的概念类似投影片，可将不同属性的对象分别放置在不同的投影片（图层）上。例如，将图形的主要线段、中心线、尺寸标注等分别绘制在不同的图层上，每个图层可设定不同的线型、线条颜色，然后把不同的图层堆栈在一起，成为一张完整的视图，这样可使视图层次分明，方便图形对象的编辑与管理。一个完整的图形就是由它所包含的所有图层上的对象叠加在一起构成的，如图 1-45 所示。

墙壁

电器

家具

全部图层

图 1-45　图层效果

【预习重点】

　　☑　　了解图层的各项设置。

　　☑　　以实例形式简单练习。

1.6.1 图层的设置

1. 利用对话框设置图层

AutoCAD 2017 提供了详细直观的"图层特性管理器"对话框，用户可以方便地通过对该对话框中的各选项及其二级对话框进行设置，从而实现创建新图层、设置图层颜色及线型的各种操作。

【执行方式】

- ☑ 命令行：LAYER。
- ☑ 菜单栏：选择菜单栏中的"格式"→"图层"命令。
- ☑ 工具栏：单击"图层"工具栏中的"图层特性管理器"按钮🖳。
- ☑ 功能区：单击"默认"选项卡"图层"面板中的"图层特性"按钮🖳或单击"视图"选项卡"选项板"面板中的"图层特性"按钮🖳。

【操作步骤】

执行上述命令后，打开如图 1-46 所示的"图层特性管理器"对话框。

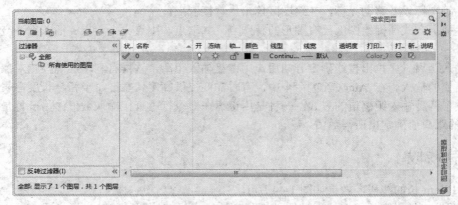

图 1-46 "图层特性管理器"对话框

【选项说明】

（1）"新建特性过滤器"按钮🖳：单击该按钮，可以打开"图层过滤器特性"对话框，如图 1-47 所示，从中可以基于一个或多个图层特性创建图层过滤器。

（2）"新建组过滤器"按钮🖳：单击该按钮将弹出"组过滤器"选项，可以创建一个图层过滤器，其中包含用户选定并添加到该过滤器的图层。

（3）"图层状态管理器"按钮🖳：单击该按钮，可以打开"图层状态管理器"对话框，如图 1-48 所示，从中可以将图层的当前特性设置保存到命名图层状态中，以后可以再恢复这些设置。

（4）"新建图层"按钮🖳：单击该按钮，图层列表中出现一个新的图层名称"图层 1"，用户可使用此名称，也可重命名。要想同时创建多个图层，可选中一个图层名后，输入多个名称，各名称之间以逗号分隔。图层的名称可以包含字母、数字、空格和特殊符号，AutoCAD 2017 支持长达 255 个字符的图层名称。新的图层继承了创建新图层时所选中的已有图层的所有特性（颜色、线型、开/关状态等），如果新建图层时没有图层被选中，则新图层具有默认的设置。

（5）"在所有视口中都被冻结的新图层视口"按钮🖳：单击该按钮，将创建新图层，然后在所有现有布局视口中将其冻结。可以在模型空间或布局空间上单击此按钮。

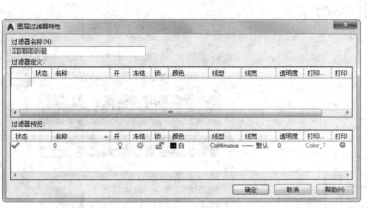
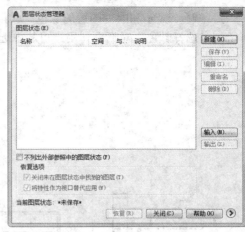

图 1-47　"图层过滤器特性"对话框　　　　　图 1-48　"图层状态管理器"对话框

（6）"删除图层"按钮 ：在图层列表中选中某一图层，然后单击该按钮，则将该图层删除。

（7）"置为当前"按钮 ：在图层列表中选中某一图层，然后单击该按钮，则将该图层设置为当前图层，并在"当前图层"列中显示其名称。当前图层的名称存储在系统变量 CLAYER 中。另外，双击图层名也可将其设置为当前图层。

（8）"搜索图层"文本框：输入字符时，按名称快速过滤图层列表。关闭图层特性管理器时并不保存此过滤器。

（9）状态行：显示当前过滤器的名称、列表视图中显示的图层数和图形中的图层数。

（10）"反转过滤器"复选框：选中该复选框，将显示所有不满足选定图层特性过滤器中条件的图层。

（11）图层列表区：显示已有的图层及其特性。要修改某一图层的某一特性，单击其所对应的图标即可。右击空白区域或利用快捷菜单可快速选中所有图层。列表区中各列的含义如下。

① 状态：指示项目的类型，有图层过滤器、正在使用的图层、空图层和当前图层 4 种。

② 名称：显示满足条件的图层名称。如果要修改某图层，首先要选中该图层的名称。

③ 状态转换图标：在"图层特性管理器"对话框的图层列表中有一列图标，单击这些图标，可以打开或关闭该图标所代表的功能，各图标功能说明如表 1-1 所示。

表 1-1　图标功能

图　示	名　称	功 能 说 明
♀/♀	打开/关闭	将图层设定为打开或关闭状态，当呈现关闭状态时，该图层上的所有对象将隐藏不显示，只有处于打开状态的图层会在绘图区上显示或由打印机打印出来。因此，绘制复杂的视图时，先将不编辑的图层暂时关闭，可降低图形的复杂性。如图 1-49（a）和图 1-49（b）所示分别为尺寸标注图层打开和关闭的情形
☼/❁	解冻/冻结	将图层设定为解冻或冻结状态。当图层呈现冻结状态时，该图层上的对象均不会显示在绘图区上，也不能由打印机打出，而且不会执行重生（REGEN）、缩放（ZOOM）、平移（PAN）等命令的操作，因此若将视图中不编辑的图层暂时冻结，可加快执行绘图编辑的速度。而 ♀/♀（开/关）功能只是单纯地将对象隐藏，因此并不会加快执行速度
♙/🔒	解锁/锁定	将图层设定为解锁或锁定状态。被锁定的图层仍然显示在绘图区，但不能编辑或修改被锁定的对象，只能绘制新的图形，这样可防止重要的图形被修改
🖶/🖶	打印/不打印	设定该图层是否可以打印

④ 颜色：显示和改变图层的颜色。如果要改变某一图层的颜色，单击其对应的颜色图标，打开如图 1-50 所示的"选择颜色"对话框，用户可从中选择需要的颜色。

选择此选项卡

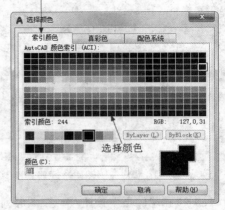

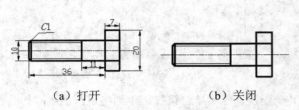

（a）打开　　　　（b）关闭

图 1-49　打开或关闭尺寸标注图层

图 1-50　"选择颜色"对话框

⑤ 线型：显示和修改图层的线型。如果要修改某一图层的线型，单击该图层的"线型"列，打开"选择线型"对话框，如图 1-51 所示，其中列出了当前可用的线型，用户可从中选择需要的线型。

⑥ 线宽：显示和修改图层的线宽。如果要修改某一图层的线宽，单击该图层的"线宽"列，打开"线宽"对话框，如图 1-52 所示，其中列出了 AutoCAD 设定的线宽，用户可从中选择需要的线宽。"旧的"显示行显示前面赋予图层的线宽，当创建一个新图层时，采用默认线宽（其值为 0.01in，即 0.22mm），默认线宽的值由系统变量 LWDEFAULT 设置；"新的"显示行显示赋予图层的新线宽。

图 1-51　"选择线型"对话框

图 1-52　"线宽"对话框

⑦ 打印样式：打印图形时各项属性的设置。

🎓 高手支招

合理利用图层，可以事半功倍。在开始绘制图形时，可以预先设置一些基本图层，为每个图层锁定其专门的用途，这样做只需绘制一份图形文件，就可以组合出许多需要的图纸，需要修改时也可以针对各个图层进行修改。

2．利用工具栏设置图层

AutoCAD 2017 提供了一个"特性"面板，如图 1-53 所示。用户可以利用面板下拉列表框中的选项，快速地查看和改变所选对象的图层、颜色、线型和线宽等特性。"特性"面板上的图层颜色、线型、线宽和打印样式的控制增强了对象属性的查看和编辑命令。在绘图区选择任何对象，都将在面板上自动显示其所在图层、颜色、线型等属性。"特性"面板各部分的功能介绍如下。

图 1-53 "特性"面板

（1）"颜色控制"下拉列表框：单击右侧的下拉按钮，用户可从打开的选项列表中选择一种颜色，使之成为当前颜色，如果选择"选择颜色"选项，系统打开"选择颜色"对话框以选择其他颜色。修改当前颜色后，不论在哪个图层上绘图都会采用这种颜色，但对已设置的图层颜色没有影响。

（2）"线型控制"下拉列表框：单击右侧的下拉按钮，用户可从打开的选项列表中选择一种线型，使之成为当前线型。修改当前线型后，不论在哪个图层上绘图都采用这种线型，但对各个图层的线型设置没有影响。

（3）"线宽控制"下拉列表框：单击右侧的下拉按钮，用户可从打开的选项列表中选择一种线宽，使之成为当前线宽。修改当前线宽后，不论在哪个图层上绘图都采用这种线宽，但对各个图层的线宽设置没有影响。

（4）"打印类型控制"下拉列表框：单击右侧的下拉按钮，用户可从打开的选项列表中选择一种打印样式，使之成为当前打印样式。

1.6.2 颜色的设置

使用 AutoCAD 绘制的图形对象都具有一定的颜色，为了能够清晰地表达图形，可将同一类的图形对象用相同的颜色绘制，而使不同类的对象具有不同的颜色，以示区分，这样就需要适当地对颜色进行设置。AutoCAD 允许用户设置图层颜色，为新建的图形对象设置当前颜色，还可以改变已有图形对象的颜色。

【执行方式】

　　☑　命令行：COLOR（快捷命令：COL）。
　　☑　菜单栏：选择菜单栏中的"格式"→"颜色"命令。
　　☑　功能区：单击"默认"选项卡"特性"面板上"对象颜色"下拉列表中的"更多颜色"按钮█。

【操作步骤】

执行上述命令后，打开"选择颜色"对话框。

【选项说明】

1．"索引颜色"选项卡

选择该选项卡，可以在系统提供的 255 种颜色索引表中选择所需要的颜色，如图 1-50 所示。

（1）"AutoCAD 颜色索引"列表框：依次列出了 255 种索引色，在此列表框中选择所需要的颜色。

（2）"颜色"文本框：所选择的颜色代号值显示在"颜色"文本框中，也可以直接在该文本框中输入设定的代号值来选择颜色。

（3）ByLayer 和 ByBlock 按钮：单击这两个按钮，颜色分别按图层和图块设置。这两个按钮只有在设定了图层颜色和图块颜色后才可用。

2．"真彩色"选项卡

选择该选项卡，可以选择需要的任意颜色，如图 1-54 所示。可以拖动调色板中的颜色指示光标和亮度滑块选择颜色及其亮度；也可以通过调节"色调"、"饱和度"和"亮度"的值来选择需要的颜色，所选颜色的红、绿、蓝值显示在下面的"颜色"文本框中；也可以直接在该文本框中输入自己设定的红、绿、蓝值来选择颜色。

在该选项卡中还有一个"颜色模式"下拉列表框，默认的颜色模式为 HSL 模式，即图 1-54 所示的模式。RGB 模式也是常用的一种颜色模式，如图 1-55 所示。

3．"配色系统"选项卡

选择该选项卡，可以从标准配色系统（如 Pantone）中选择预定义的颜色，如图 1-56 所示。在"配色系统"下拉列表框中选择需要的系统，然后拖动右边的滑块来选择具体的颜色，所选颜色编号将显示在下面的"颜色"文本框中，也可以直接在该文本框中输入编号值来选择颜色。

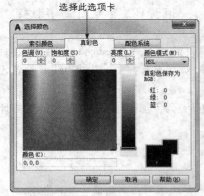
图 1-54 "真彩色"选项卡

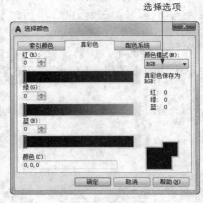
图 1-55 RGB 模式

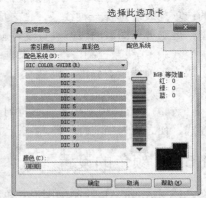
图 1-56 "配色系统"选项卡

1.6.3 线型的设置

在国家标准 GB/T 4457.4—2002 中，对机械图样中使用的各种图线名称、线型、线宽以及在图样中的应用都做了规定，如表 1-2 所示。其中常用的图线有 4 种，即粗实线、细实线、虚线、细点划线。图线分为粗、细两种，粗线的宽度 b 应按图样的大小和图形的复杂程度在 0.5mm～2mm 之间选择，细线的宽度约为 b/3。

表 1-2 图线的型式及应用

图 线 名 称	线 型	线 宽	主 要 用 途
粗实线	—————	b	可见轮廓线、可见过渡线
细实线	—————	约 b/3	尺寸线、尺寸界线、剖面线、引出线、弯折线、牙底线、齿根线、辅助线等
细点划线	—— — —	约 b/3	轴线、对称中心线、齿轮节线等
虚线	- - - - -	约 b/3	不可见轮廓线、不可见过渡线
波浪线	∿∿∿	约 b/3	断裂处的边界线、剖视与视图的分界线
双折线	⌇⌇	约 b/3	断裂处的边界线
粗点划线	— — —	b	有特殊要求的线或面的表示线
双点划线	— ·· — ·· —	约 b/3	相邻辅助零件的轮廓线、极限位置的轮廓线、假想投影的轮廓线

1．在"图层特性管理器"对话框中设置线型

单击"默认"选项卡"图层"面板中的"图层特性"按钮，打开"图层特性管理器"对话框。在图层列表的"线型"栏下单击线型名，打开"选择线型"对话框，如图 1-51 所示，该对话框中各选项的含义如下。

（1）"已加载的线型"列表框：显示在当前绘图中加载的线型，可供用户选用，其右侧显示线型的形式。

（2）"加载"按钮：单击该按钮，打开"加载或重载线型"对话框，如图 1-57 所示，用户可通过该对话框加载线型并将其添加到线型列中。但要注意，加载的线型必须在线型库（LIN）文件中定义过。标准线型都保存在 acad.lin 文件中。

2．直接设置线型

【执行方式】

- ☑　命令行：LINETYPE。
- ☑　菜单栏：选择菜单栏中的"格式"→"线性"命令。
- ☑　功能区：单击"默认"选项卡"特性"面板上"线型"下拉列表中的"其他"按钮**其他...**。

【操作步骤】

在命令行输入上述命令后按 Enter 键，打开"线型管理器"对话框，如图 1-58 所示，用户可在该对话框中设置线型。该对话框中的选项含义与前面介绍的选项含义相同，此处不再赘述。

图 1-57　"加载或重载线型"对话框

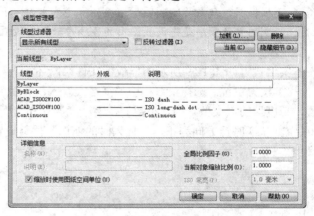

图 1-58　"线型管理器"对话框

1.6.4　线宽的设置

1.6.3 节已经讲到，在国家标准中对机械图样中使用的各种图线的线宽做了规定，图线分为粗、细两种，AutoCAD 中提供了相应的工具帮助用户来设置线宽。

1．在"图层特性管理器"对话框中设置线宽

按照 1.6.1 节讲述的方法，打开"图层特性管理器"对话框，单击"线宽"栏，打开"线宽"对话框，其中列出了 AutoCAD 设定的线宽，用户可从中选择需要的线宽。

2．直接设置线宽

用户也可以直接设置线宽，执行方式如下。

☑ 命令行：LINEWEIGHT。

☑ 菜单栏：选择菜单栏中的"格式"→"线宽"命令。

☑ 功能区：单击"默认"选项卡"特性"面板上"线宽"下拉列表中的"线宽设置"按钮。

【操作步骤】

执行上述命令后，打开"线宽"对话框，在其中设置相应的线宽即可。

🎓 高手支招

有时用户设置了线宽，但在图形中显示不出效果，出现这种情况一般有两种原因。

（1）没有单击状态栏上的"显示线宽"按钮。

（2）线宽设置的宽度不够，AutoCAD只能显示出0.30mm以上的线宽的宽度，如果宽度低于0.30mm，就无法显示出线宽的效果。

1.7 综合演练——样板图设置

⭐ 手把手教你学

所谓样板图，就是将绘制图形通用的一些基本内容和参数预先设置好，然后绘制出来并以.dwt的格式保存。绘制的大致顺序是先设置图形的各项参数，再设置图层，最后保存成样板图文件。

本实例设置如图1-59所示的样板图文件绘图环境。

（1）设置单位。选择菜单栏中的"格式"→"单位"命令，打开"图形单位"对话框，如图1-60所示。设置"长度"的"类型"为"小数"，"精度"为0；"角度"的"类型"为"十进制度数"，"精度"为0，系统默认逆时针方向为正，"插入时的缩放单位"设置为"毫米"。

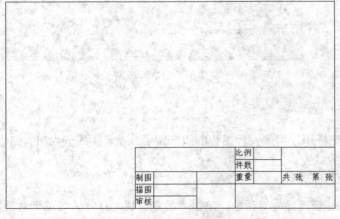

图1-59 样板图文件

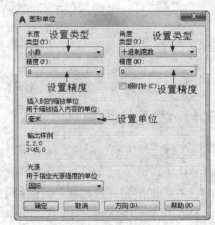

图1-60 "图形单位"对话框

（2）设置图形边界。国家标准对图纸的幅面大小做了严格规定，如表1-3所示。

表 1-3　图幅国家标准

幅面代号	A0	A1	A2	A3	A4
宽×长/（mm×mm）	841×1189	594×841	420×594	297×420	210×297

这里按国标 A3 图纸幅面设置图形边界。A3 图纸的幅面为 420mm×297mm，因此设置图形边界过程如下。

命令: LIMITS↙
重新设置模型空间界限:
指定左下角点或 [开(ON)/关(OFF)]<0,0>: ↙
指定右上角点<420,297>: ↙

（3）设置图层。本实例准备设置一个机械制图样板图，图层设置如表 1-4 所示。

表 1-4　图层设置

图层名	颜色	线型	线宽	用途
0	7（黑色）	Continuous	b	图框线
CEN	2（黄色）	CENTER	b/3	中心线
HIDDEN	1（红色）	HIDDEN	b/3	隐藏线
BORDER	2（蓝色）	Continuous	b	可见轮廓线
TITLE	6（品红）	Continuous	b	标题栏零件名
T－NOTES	4（青色）	Continuous	b/3	标题栏注释
NOTES	7（黑色）	Continuous	b/3	一般注释
LW	2（蓝色）	Continuous	b/3	细实线
HATCH	2（蓝色）	Continuous	b/3	填充剖面线
DIMENSION	3（绿色）	Continuous	b/3	尺寸标注

① 设置层名。单击"默认"选项卡"图层"面板中的"图层特性"按钮，打开"图层特性管理器"对话框，如图 1-61 所示。在该对话框中单击"新建图层"按钮，在图层列表框中出现一个默认名为"图层 1"的新图层，如图 1-62 所示，单击该图层名，将图层名改为 CEN，如图 1-63 所示。

图 1-61　"图层特性管理器"对话框

② 设置图层颜色。为了区分不同图层上的图线，增加图形不同部分的对比性，可以为不同的图层设置不同的颜色。单击刚建立的 CEN 图层"颜色"栏下的颜色色块，打开"选择颜色"对话框，如图 1-64 所示，

在其中选择黄色，单击"确定"按钮。在"图层特性管理器"对话框中可以发现 CEN 图层的颜色变成了黄色，如图 1-65 所示。

图 1-62　新建图层

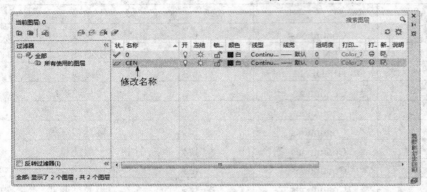

图 1-63　更改图层名

图 1-64　"选择颜色"对话框

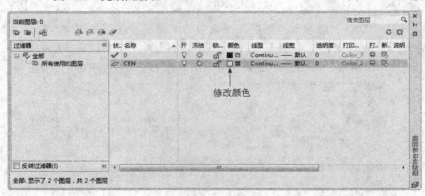

图 1-65　更改颜色

③ 设置线型。在常用的工程图纸中，通常要用到不同的线型，这是因为不同的线型表示不同的含义。在"图层特性管理器"对话框中单击 CEN 图层"线型"栏下的线型选项，打开"选择线型"对话框，如图 1-66 所示，单击"加载"按钮，打开"加载或重载线型"对话框，如图 1-67 所示。

在该对话框中选择 CENTER 线型，单击"确定"按钮，回到"选择线型"对话框，这时在"已加载的线型"列表框中就出现了 CENTER 线型，如图 1-68 所示。选择 CENTER 线型，单击"确定"按钮，在"图层特性管理器"对话框中可以发现 CEN 图层的线型变成了 CENTER 线型，如图 1-69 所示。

图 1-66　"选择线型"对话框

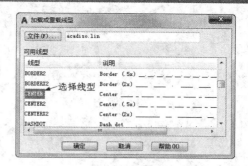

图 1-67　"加载或重载线型"对话框

图 1-68　加载线型

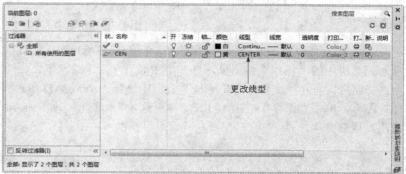

图 1-69　更改线型

④ 设置线宽。在工程图中，不同的线宽表示不同的含义，因此要对不同图层的线宽界线进行设置，单击"图层特性管理器"对话框中 CEN 图层"线宽"栏下的选项，打开"线宽"对话框，如图 1-70 所示。在该对话框中选择适当的线宽，单击"确定"按钮，在"图层特性管理器"对话框中可以发现 CEN 图层的线宽变成了 0.09mm，如图 1-71 所示。

图 1-70　"线宽"对话

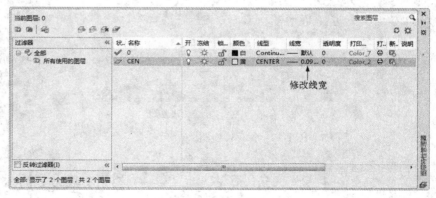

图 1-71　修改线宽

高手支招

应尽量保持细线与粗线之间的比例大约为 1:3，这样的线宽符合国家标准的相关规定。

用同样方法建立不同名称的新图层，这些不同的图层可以分别存放不同的图线或图形的不同部分。最后完成设置的图层如图 1-72 所示。

图 1-72　设置图层

（4）保存成样板图文件。现阶段的样板图及其环境设置已经完成，先将其保存成样板图文件。单击"标准"工具栏中的"保存"按钮 ，打开"图形另存为"对话框，如图 1-73 所示。在"保存于"下拉列表框中选择路径，再在"文件类型"下拉列表框中选择"AutoCAD 图形样板（*.dwt）"选项，输入文件名"A3样板图"，单击"保存"按钮，打开"样板选项"对话框，如图 1-74 所示，保持默认的设置，单击"确定"按钮，保存文件。

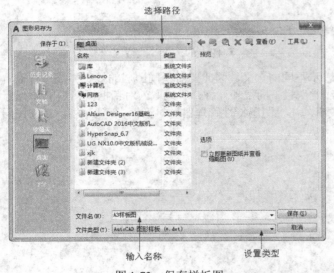

图 1-73　保存样板图

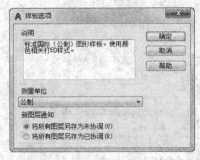

图 1-74　样板选项

1.8　名师点拨——图形基本设置技巧

1．如何删除顽固图层

方法 1：将无用的图层关闭，然后全选，复制粘贴至一新文件中，那些无用的图层就不会粘贴过来。如果曾经在这个无用的图层中定义过块，又在另一图层中插入了这个块，那么这个图层是不能用这种方法删除的。

方法 2：选择需要留下的图形，然后选择"文件"→"输出"→"块文件"命令，这样的块文件就是选中部分的图形了，如果这些图形中没有指定的层，这些层也不会被保存在新的图块图形中。

方法 3：打开一个 CAD 文件，把要删除的层先关闭，在图面上只留下需要的可见图形，选择"文件"→"另存为"命令，在弹出的对话框中设置文件名，文件类型选择*.dxf 格式，选择"工具"→"选项"命令，弹出"另存为选项"对话框，选择"DXF 选项"选项卡，选中"选择对象"复选框，单击"确定"按钮，然后单击"保存"按钮，即可选择保存对象，把可见或要用的图形选上后退出这个刚保存的文件，之后再将其打开，会发现不想要的图层不见了。

方法 4：使用命令 LAYTRANS，可将需删除的图层映射为 0 层，这个方法可以删除具有实体对象或被其他块嵌套定义的图层。

2．如何快速变换图层

选择想要变换到的图层中的任一元素，然后单击图层工具栏中的"将对象的图层置为当前"按钮即可。

3．什么是 DXF 文件格式

DXF（Drawing Exchange File，图形交换文件）是一种 ASCII 文本文件，包含对应的 DWG 文件的全部信息。不同类型的计算机（如 PC 及其兼容机与 SUN 工作站具体不同的 CPU 用总线）即使是用同一版本的文件，其 DWG 文件也是不可交换的。为了克服这一缺点，AutoCAD 提供了 DXF 类型文件，其内部为 ASCII 码，这样，不同类型的计算机可通过交换 DXF 文件来达到交换图形的目的。由于 DXF 文件可读性好，用户可方便地进行修改、编程，以达到从外部图形进行编辑、修改的目的。

4．绘图前，绘图界限（LIMITS）要设好

绘制新图最好按国家标准图幅设置绘图界限。绘图界限就像图纸的幅面，绘图时就在界限内，一目了然。按绘图界限绘制的图打印很方便，还可实现自动成批出图。当然，有的用户习惯在一个图形文件中绘制多张图，这样，设置图界就没有实际意义了。

5．线型的操作技巧

通过全局修改或单个修改每个对象的线型比例因子，可以以不同的比例使用同一个线型。默认情况下，全局线型和单个线型比例均设置为 1.0。比例越小，每个绘图单位中生成的重复图案就越多。例如，设置为 0.5 时，每一个图形单位在线型定义中将显示为原来的 2 倍。不能显示完整线型图案的短线段显示为连续线。由于太短，甚至不能显示一个虚线小段的线段，可以使用更小的线型比例。

6．图层设置的原则

（1）图层设置的第一原则是在够用的基础上越少越好。图层太多，会给绘制过程造成不便。
（2）一般不在 0 图层上绘制图线。
（3）不同的图层一般采用不同的颜色，这样可利用颜色对图层进行区分。

7．缩放命令应注意什么

SCALE（缩放）命令可以将所选择对象的真实尺寸按照指定的尺寸比例放大或缩小，执行后输入 R 参数即可进入参照模式，然后指定参照长度和新长度即可。参照模式适用于不直接输入比例因子或比例因子不明确的情况。

1.9　上 机 实 验

【练习 1】设置绘图环境。

1．目的要求

任何图形文件都有一个特定的绘图环境，包括图形边界、绘图单位、角度等。设置绘图环境通常有两

种方法：设置向导与单独的命令设置方法。通过学习设置绘图环境，可以促进读者对图形总体环境的认识。

2．操作提示

（1）单击快速访问工具栏中的"新建"按钮 ，打开"选择样板"对话框，单击"打开"按钮，进入绘图界面。

（2）选择菜单栏中的"格式"→"图形界限"命令，设置界限为（0,0）和（297,210），在命令行中可以重新设置模型空间界限。

（3）选择菜单栏中的"格式"→"单位"命令，打开"图形单位"对话框，设置"长度"类型为"小数"，"精度"为0；"角度"类型为"十进制度数"，"精度"为0；用于缩放插入内容的单位为"毫米"，用于指定光源强度的单位为"国际"；角度方向为"顺时针"。

（4）选择菜单栏中的"工具"→"草图与注释"→"AutoCAD 经典"命令，进入工作空间。

【练习2】熟悉操作界面。

1．目的要求

操作界面是绘制图形的平台，各个部分都有其独特的功能，熟悉操作界面有助于方便、快速地绘图。本练习要求了解操作界面的各部分功能，掌握改变绘图区颜色和光标大小的方法，能够熟练地打开、移动、关闭工具栏。

2．操作提示

（1）启动 AutoCAD 2017，进入操作界面。

（2）调整操作界面大小。

（3）设置绘图区颜色与光标大小。

（4）打开、移动、关闭工具栏。

（5）尝试同时利用命令行、菜单命令和工具栏绘制一条线段。

【练习3】管理图形文件。

1．目的要求

图形文件管理包括文件的新建、打开、保存、加密、退出等。本练习要求读者熟练掌握 DWG 文件的赋名保存、自动保存、加密及打开的方法。

2．操作提示

（1）启动 AutoCAD 2017，进入操作界面。

（2）打开一幅已经保存过的图形。

（3）进行自动保存设置。

（4）尝试在图形上绘制任意图线。

（5）将图形以新的名称保存。

（6）退出该图形。

【练习4】数据操作。

1．目的要求

AutoCAD 2017人机交互的最基本内容就是数据输入。本练习要求读者熟练地掌握各种数据的输入方法。

2．操作提示

（1）在命令行中输入"LINE"命令。

（2）输入起点在直角坐标方式下的绝对坐标值。

（3）输入下一点在直角坐标方式下的相对坐标值。

（4）输入下一点在极坐标方式下的绝对坐标值。

（5）输入下一点在极坐标方式下的相对坐标值。

（6）单击直接指定下一点的位置。

（7）单击状态栏中的"正交模式"按钮 ，用光标指定下一点的方向，在命令行中输入一个数值。

（8）单击状态栏中的"动态输入"按钮 ，拖动光标，系统会动态显示角度，拖动到选定角度后，在"长度"文本框中输入长度值。

（9）按 Enter 键，结束绘制线段的操作。

【练习 5】查看零件图细节。

1．目的要求

本练习要求读者熟练地掌握各种图形显示工具的使用方法。

2．操作提示

如图 1-75 所示，利用平移工具和缩放工具移动和缩放图形。

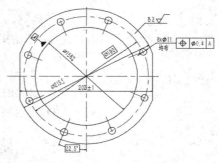

图 1-75　零件图

【练习 6】设置图层。

1．目的要求

本练习要求读者熟练地掌握各种图形显示工具的使用方法。

2．操作提示

根据需要设置不同的图层。注意设置不同的线型、线宽和颜色。

1.10　模 拟 试 题

1．用（　　）命令可以设置图形界限。

　　A．SCALE　　　　　　　　B．EXTEND　　　　　　　　C．LIMITS　　　　　　　　D．LAYER

2．"图层"工具栏中，"将对象的图层置为当前"按钮的作用是（　　）。

　　A．将所选对象移至当前图层　　　　　　　　B．将所选对象移出当前图层

　　C．将选中对象所在的图层置为当前图层　　　　D．增加图层

3．对某图层进行锁定后，则（　　）。

    A．图层中的对象不可编辑，但可添加对象　　　　B．图层中的对象不可编辑，也不可添加对象

    C．图层中的对象可编辑，也可添加对象　　　　　D．图层中的对象可编辑，但不可添加对象

4．不可以通过"图层过滤器特性"对话框中过滤的特性是（　　　）。

    A．图层名、颜色、线型、线宽和打印样式　　　　B．打开还是关闭图层

    C．锁定图层还是解锁图层　　　　　　　　　　　D．图层是 ByLayer 还是 ByBlock

5．如果将图层锁定后，那么该图层中的内容（　　　）。

    A．可以显示　　　　　　B．不能打印　　　　　　C．不能显示　　　　　　D．可以编辑

6．下面关于图层的描述不正确的是（　　　）。

    A．新建图层的默认颜色均为白色　　　　　　　　B．被冻结的图层不能设置为当前图层

    C．AutoCAD 的各个图层共用一个坐标系统　　　D．每一幅图必然有且只有一个 0 层

7．以下打开方式不存在的是（　　　）。

    A．以只读方式打开　　　　　　　　　　　　　　B．局部打开

    C．以只读方式局部打开　　　　　　　　　　　　D．参照打开

8．下列有关图层转换器的说法错误的是（　　　）。

    A．图层名之前的图标颜色表示此图层在图形中是否被参照

    B．黑色图标表示图层被参照

    C．白色图标表示图层被参照

    D．不参照的图层可通过在"转换自"列表中右击，并在弹出的快捷菜单中选择"清理图层"命令，
       将其从图形中删除

9．AutoCAD 2017 默认打开的工具栏有（　　　）。

    A．"标准"工具栏　　　　　　　　　　　　　　B．快速访问工具栏

    C．"修改"工具栏　　　　　　　　　　　　　　D．"特性"工具栏

10．正常退出 AutoCAD 2017 的方法有（　　　）。

    A．选择 QUIT 命令　　　　　　　　　　　　　　B．选择 EXIT 命令

    C．单击屏幕右上角的"关闭"按钮　　　　　　　D．直接关机

二维绘制命令

本章学习简单二维绘图的基本知识，了解直线类、圆类、平面图形、点命令的使用方法，将读者带入绘图知识的殿堂。

2.1 直线类命令

直线类命令包括直线段、多段线和构造线。这几个命令是 AutoCAD 2017 中最简单的绘图命令。

【预习重点】

☑ 了解有几种直线类命令。

☑ 简单练习直线、构造线、多段线的绘制方法。

2.1.1 直线

【执行方式】

☑ 命令行：LINE（快捷命令：L）。

☑ 菜单栏：选择菜单栏中的"绘图"→"直线"命令。

☑ 工具栏：单击"绘图"工具栏中的"直线"按钮，如图 2-1 所示。

☑ 功能区：单击"默认"选项卡"绘图"面板中的"直线"按钮，如图 2-2 所示。

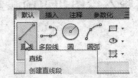

图 2-1 "绘图"工具栏

图 2-2 "绘图"面板

【操作实践——表面粗糙度符号的绘制】

本实例绘制如图 2-3 所示的表面粗糙度符号。

（1）选择菜单栏中的"文件"→"新建"命令，弹出"选择样板"对话框，单击"打开"按钮右侧的下拉按钮，以"无样板打开-公制"（毫米）方式建立新文件。

（2）单击"默认"选项卡"绘图"面板中的"直线"按钮，绘制图形。命令行提示与操作如下。

命令：LINE↙

指定第一个点：150, 240 （1 点）

指定下一点或 [放弃(U)]：@80<-60 （2 点，也可以单击状态栏上的 DYN 按钮，在鼠标位置为 60°时，动态输入"80"，如图 2-4 所示，下同）

指定下一点或 [放弃(U)]：@160<60 （3 点）

指定下一点或 [闭合(C)/放弃(U)]：↙（结束"直线"命令）

命令：↙（再次执行"直线"命令）

指定第一个点：↙（以上次命令的最后一点即 3 点为起点）

指定下一点或 [放弃(U)]：@80,0 （4 点）

指定下一点或 [放弃(U)]：↙（结束"直线"命令）

在输入坐标数值时，中间的逗号一定要在英文状态下输入，否则系统无法识别。

【选项说明】

（1）若采用按 Enter 键响应"指定第一点"提示，系统会把上次绘制图线的终点作为本次图线的起始点。若上次操作为绘制圆弧，按 Enter 键响应后将绘出通过圆弧终点并与该圆弧相切的直线段，该线段的长度为光标在绘图区指定的一点与切点之间线段的距离。

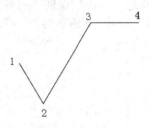

图 2-3　表面粗糙度符号

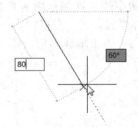

图 2-4　动态输入

（2）在"指定下一点"提示下，用户可以指定多个端点，从而绘出多条直线段。每一段直线是一个独立的对象，可以进行单独的编辑操作。

（3）绘制两条以上直线段后，若采用输入选项 C 响应"指定下一点"提示，系统会自动连接起始点和最后一个端点，从而绘出封闭的图形。

（4）若采用输入选项 U 响应提示，则删除最近一次绘制的直线段。

（5）若设置正交方式（单击状态栏中的"正交模式"按钮 ），只能绘制水平线段或垂直线段。

（6）若设置动态数据输入方式（单击状态栏中的"动态输入"按钮 ），则可以动态输入坐标或长度值，效果与非动态数据输入方式类似。除了特别需要，以后不再强调，只按非动态数据输入方式输入相关数据。

2.1.2　构造线

【执行方式】

- ☑　命令行：XLINE（快捷命令：XL）。
- ☑　菜单栏：选择菜单栏中的"绘图"→"构造线"命令。
- ☑　工具栏：单击"绘图"工具栏中的"构造线"按钮 。
- ☑　功能区：单击"默认"选项卡"绘图"面板中的"构造线"按钮 。

【操作步骤】

命令: XLINE↙
指定点或 [水平(H)/垂直(V)/角度(A)/二等分(B)/偏移(O)]:（给出根点 1）
指定通过点:（给定通过点 2，绘制一条双向无限长直线）
指定通过点:（继续给点，继续绘制线，如图 2-5（a）所示，按 Enter 键结束）

【选项说明】

（1）执行选项中有"指定点"、"水平"、"垂直"、"角度"、"二等分"和"偏移"6 种方式绘制构造线，分别如图 2-5（a）～图 2-5（f）所示。

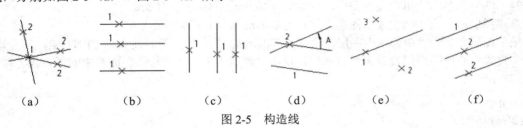

|（a）|（b）|（c）|（d）|（e）|（f）|

图 2-5　构造线

（2）构造线模拟手工作图中的辅助作图线，用特殊的线型显示，在图形输出时可不输出。应用构造线作为辅助线绘制机械图中的三视图是构造线的最主要用途，构造线的应用保证了三视图之间"主、俯视图长对正，主、左视图高平齐，俯、左视图宽相等"的对应关系。如图 2-6 所示为应用构造线作为辅助线绘制机械图中三视图的示例。图中细线为构造线，粗线为三视图轮廓线。

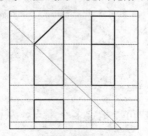

图 2-6　构造线辅助绘制三视图

2.2　圆类命令

圆类命令主要包括"圆""圆弧""圆环""椭圆""椭圆弧"命令，这几个命令是 AutoCAD 中最简单的曲线命令。

【预习重点】

☑　了解圆类命令的绘制方法。
☑　简单练习各命令操作。

2.2.1　圆

【执行方式】

☑　命令行：CIRCLE（快捷命令：C）。
☑　菜单栏：选择菜单栏中的"绘图"→"圆"命令。
☑　工具栏：单击"绘图"工具栏中的"圆"按钮⊙。
☑　功能区：单击"默认"选项卡"绘图"面板中的"圆"下拉按钮，在其下拉列表中选择适当的画圆类型。

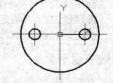

【操作实践——螺钉俯视圆的绘制】

本实例绘制如图 2-7 所示的螺钉。

（1）单击"默认"选项卡"图层"面板中的"图层特性"按钮🔚，在弹出的"图层特性管理器"对话框中新建如下 3 个图层。

图 2-7　螺钉

① 第一图层命名为"粗实线"图层，线宽为 0.30mm，其余属性默认。
② 第二图层命名为"细实线"图层，线宽为 0.09mm，所有属性默认。
③ 第三图层命名为"中心线"图层，线宽为 0.09mm，颜色为红色，线型为 CENTER，其余属性默认。

（2）将"中心线"图层设置为当前图层，单击"默认"选项卡"绘图"面板中的"直线"按钮✏，命令行提示与操作如下。

命令：LINE✓
指定第一点：-17,0✓

指定下一点或 [放弃(U)]: @34,0↙
指定下一点或 [放弃(U)]: ↙

同样，单击"默认"选项卡"绘图"面板中的"直线"按钮，绘制另外 3 条线段，端点坐标分别为{（0,-17），（@0,34）}、{（-9,4），（@0,-8）}、{（9,4），（@0,-8）}。

（3）将"粗实线"图层设置为当前图层，单击"默认"选项卡"绘图"面板中的"圆"按钮，命令行提示与操作如下。

命令: CIRCLE↙
指定圆的圆心或 [三点(3P)/两点(2P)/切点、切点、半径(T)]: 0,0↙
指定圆的半径或 [直径(D)]: 14↙

同样，单击"默认"选项卡"绘图"面板中的"圆"按钮，圆心坐标为（-9,0），半径为2；再次单击"默认"选项卡"绘图"面板中的"圆"按钮，绘制另一个圆，圆心坐标为（9,0），半径为2，如图2-7所示。

🎓 高手支招

一个命令执行完毕后直接按Enter键表示重复执行上一个命令。

有时绘制出的圆，其圆弧显得很不光滑，这时可以选择菜单栏中的"工具"→"选项"命令，打开"选项"对话框，在"显示"选项卡的"显示精度"选项组中把各项参数设置得高一些，如图2-8所示，但不要超过其最高允许的范围，如果设置超出允许范围，系统会提示允许范围出错。

图 2-8　"选项"对话框

设置完毕后，选择菜单栏中的"视图"→"重生成"命令，即可使显示的圆弧更光滑。

【选项说明】

（1）三点(3P)：通过指定圆周上三点绘制圆。

（2）两点(2P)：通过指定直径的两端点绘制圆。

（3）切点、切点、半径(T)：通过先指定两个相切对象，再给出半径的方法绘制圆。如图2-9（a）～图2-9（d）所示给出了以"切点、切点、半径"方式绘制圆的各种情形（加粗的圆为最后绘制的圆）。

选择菜单栏中的"绘图"→"圆"命令，其子菜单中多了一种"相切、相切、相切"的绘制方法，当选择此方式时（如图 2-10 所示），命令行提示与操作如下。

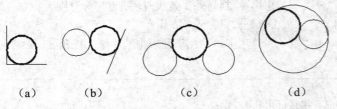

（a）　　（b）　　（c）　　（d）

图 2-9　圆与另外两个对象相切

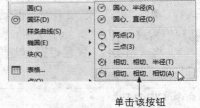

单击该按钮

图 2-10　"相切、相切、相切"绘制方法

```
指定圆的圆心或 [三点(3P)/两点(2P)/切点、切点、半径(T)]: 3P
指定圆上的第一个点: _tan 到（指定相切的第一个圆弧）
指定圆上的第二个点: _tan 到（指定相切的第二个圆弧）
指定圆上的第三个点: _tan 到（指定相切的第三个圆弧）
```

🎓 **高手支招**

对于圆心点的选择，除了直接输入圆心点外，还可以利用圆心点与中心线的对应关系，利用对象捕捉的方法选择。

单击状态栏中的"对象捕捉"按钮 🔲，命令行中会提示"命令: <对象捕捉 开>"。

2.2.2　圆弧

【执行方式】

- ☑ 命令行：ARC（快捷命令：A）。
- ☑ 菜单栏：选择菜单栏中的"绘图"→"圆弧"命令。
- ☑ 工具栏：单击"绘图"工具栏中的"圆弧"按钮 ⌒。
- ☑ 功能区：单击"默认"选项卡"绘图"面板中的"圆弧"下拉按钮，在其下拉列表中选择适当的圆弧类型。

【操作实践——圆头平键的绘制】

本实例绘制如图 2-11 所示的圆头平键。

（1）单击"默认"选项卡"绘图"面板中的"直线"按钮 ╱，绘制两条直线，端点坐标为{（100,130），（150,130）}和{（100,100），（150,100）}，如图 2-12 所示。

（2）单击"默认"选项卡"绘图"面板中的"圆弧"按钮 ⌒，绘制圆头部分圆弧，命令行提示与操作如下。

```
命令: ARC↙
指定圆弧的起点或 [圆心(C)]: 100,130↙
指定圆弧的第二个点或 [圆心(C)/端点(E)]: E↙
指定圆弧的端点: @-30<90↙
指定圆弧的中心点(按住 Ctrl 键以切换方向)或 [角度(A)/方向(D)/半径(R)]: D↙
指定圆弧起点的相切方向(按住 Ctrl 键以切换方向): 180↙
```

绘制结果如图 2-13 所示。

图 2-11　圆头平键　　　　图 2-12　绘制平行线　　　　图 2-13　绘制左边圆弧

（3）单击"默认"选项卡"绘图"面板中的"圆弧"按钮，绘制另一段圆弧，命令行提示与操作如下。

```
命令: ARC↙
指定圆弧的起点或 [圆心(C)]: 150,130↙
指定圆弧的第二个点或 [圆心(C)/端点(E)]: E↙
指定圆弧的端点: @-30<90↙
指定圆弧的中心点(按住 Ctrl 键以切换方向)或 [角度(A)/方向(D)/半径(R)]: A↙
指定夹角(按住 Ctrl 键以切换方向): -180↙
```

绘制结果如图 2-11 所示。

【选项说明】

（1）用命令行方式绘制圆弧时，可以根据系统提示选择不同的选项，具体功能和利用菜单栏中的"绘图"→"圆弧"中提供的 11 种方式相似。这 11 种方式绘制的圆弧分别如图 2-14（a）～图 2-14（k）所示。

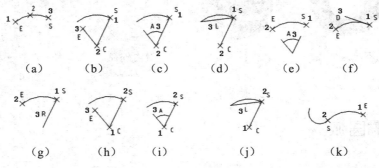

（a）　　（b）　　（c）　　（d）　　（e）　　（f）

（g）　　（h）　　（i）　　（j）　　（k）

图 2-14　11 种圆弧绘制方法

（2）需要强调的是"继续"方式，绘制的圆弧与上一线段圆弧相切。继续绘制圆弧段，只提供端点即可。

高手支招

绘制圆弧时，注意圆弧的曲率是遵循逆时针方向的，所以在选择指定圆弧两个端点和半径模式时，需要注意端点的指定顺序，否则有可能导致圆弧的凹凸形状与预期的相反。

2.2.3　圆环

【执行方式】

☑　命令行：DONUT（快捷命令：DO）。
☑　菜单栏：选择菜单栏中的"绘图"→"圆环"命令。
☑　功能区：单击"默认"选项卡"绘图"面板中的"圆环"按钮。

【操作步骤】

命令: DONUT↙
指定圆环的内径<默认值>:（指定圆环内径）
指定圆环的外径<默认值>:（指定圆环外径）
指定圆环的中心点或<退出>:（指定圆环的中心点）
指定圆环的中心点或<退出>:（继续指定圆环的中心点，则继续绘制相同内外径的圆环。按 Enter 键、空格键或鼠标右键结束命令，如图 2-15（a）所示）

【选项说明】

（1）绘制不等内外径，则画出填充圆环，如图 2-15（a）所示。

（2）若指定内径为 0，则画出实心填充圆，如图 2-15（b）所示。

（3）若指定内外径相等，则画出普通圆，如图 2-15（c）所示。

（4）用命令 FILL 可以控制圆环是否填充，具体方法如下。

命令: FILL↙
输入模式 [开(ON)/关(OFF)] <开>:

选择"开"表示填充，选择"关"表示不填充，如图 2-15（d）所示。

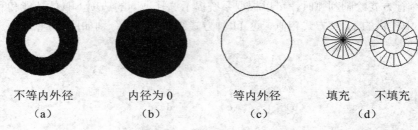

不等内外径	内径为0	等内外径	填充 不填充
（a）	（b）	（c）	（d）

图 2-15　绘制圆环

2.2.4　椭圆与椭圆弧

【执行方式】

- ☑　命令行：ELLIPSE（快捷命令：EL）。
- ☑　菜单栏：选择菜单栏中的"绘图"→"椭圆"→"圆弧"命令。
- ☑　工具栏：单击"绘图"工具栏中的"椭圆"按钮◯或"椭圆弧"按钮◯。
- ☑　功能区：单击"默认"选项卡"绘图"面板中的"椭圆"下拉按钮，在其下拉列表中选择适当的绘图类型。

【操作步骤】

命令: ELLIPSE↙
指定椭圆的轴端点或 [圆弧(A)/中心点(C)]:（指定轴端点 1，如图 2-16（a）所示）
指定轴的另一端点（指定轴端点 2，如图 2-16（a）所示）
指定另一条半轴长度或 [旋转(R)]:

【选项说明】

（1）指定椭圆的轴端点：根据两个端点定义椭圆的第一条轴，第一条轴的角度确定了整个椭圆的角度。第一条轴既可定义椭圆的长轴，也可定义其短轴。

（2）圆弧(A)：用于创建一段椭圆弧，与单击"绘图"工具栏中的"椭圆弧"按钮 功能相同。其中第一条轴的角度确定了椭圆弧的角度。第一条轴既可定义椭圆弧长轴，也可定义其短轴。选择该项，命令行中继续提示如下。

> 指定椭圆弧的轴端点或 [中心点(C)]:（指定端点或输入"C"）✓
> 指定轴的另一个端点:（指定另一端点）✓
> 指定另一条半轴长度或 [旋转(R)]:（指定另一条半轴长度或输入"R"）✓
> 指定起点角度或 [参数(P)]:（指定起始角度或输入"P"）✓
> 指定端点角度或 [参数(P)/夹角(I)]:（指定端点角度）✓

其中各选项的含义如下。

① 起点角度：指定椭圆弧端点的两种方式之一，光标与椭圆中心点连线的夹角为椭圆端点位置的角度，如图 2-16（b）所示。

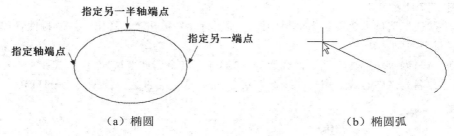

（a）椭圆   （b）椭圆弧

图 2-16 椭圆和椭圆弧

② 参数(P)：指定椭圆弧端点的另一种方式，该方式同样是指定椭圆弧端点的角度，但通过以下矢量参数方程式创建椭圆弧。

$$p(u) = c + a \times \cos(u) + b \times \sin(u)$$

其中，c 是椭圆的中心点，a 和 b 分别是椭圆的长轴和短轴，u 为光标与椭圆中心点连线的夹角。

③ 夹角(I)：定义从起点角度开始的包含角度。

（3）中心点(C)：通过指定的中心点创建椭圆。

（4）旋转(R)：通过绕第一条轴旋转圆来创建椭圆。相当于将一个圆绕椭圆轴翻转一个角度后的投影视图。

高手支招

> "椭圆"命令生成的椭圆是以多义线还是以椭圆为实体，是由系统变量 PELLIPSE 决定的，当其为 1 时，生成的椭圆就以多义线形式存在。

2.3 平 面 图 形

简单的平面图形命令包括"矩形"命令和"多边形"命令。

【预习重点】

☑ 了解平面图形的种类及应用。

☑ 简单练习矩形与多边形的绘制。

2.3.1 矩形

【执行方式】

- ☑ 命令行：RECTANG（快捷命令：REC）。
- ☑ 菜单栏：选择菜单栏中的"绘图"→"矩形"命令。
- ☑ 工具栏：单击"绘图"工具栏中的"矩形"按钮▢。
- ☑ 功能区：单击"默认"选项卡"绘图"面板中的"矩形"按钮▢。

【操作实践——定距环的绘制】

定距环是机械零件中一种典型的辅助轴向定位零件，绘制比较简单。定距环呈管状，主视图呈圆环状，可利用"圆"命令绘制；俯视图呈矩形状，可利用"矩形"命令绘制；中心线利用"直线"命令绘制。绘制的定距环如图 2-17 所示。

（1）单击"默认"选项卡"图层"面板中的"图层特性"按钮▤，弹出"图层特性管理器"对话框，在其中新建如下两个图层。

① 第一图层命名为"轮廓线"图层，线宽为 0.30mm，其余属性默认。

② 第二图层命名为"中心线"图层，线宽为 0.09mm，颜色为红色，线型为 CENTER，其余属性默认，如图 2-18 所示。

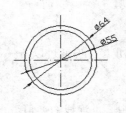
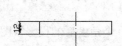

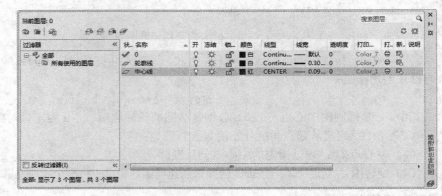

图 2-17　定距环　　　　　　　　　　　图 2-18　"图层特性管理器"对话框

（2）将"中心线"图层设置为当前图层，单击"默认"选项卡"绘图"面板中的"直线"按钮╱，绘制中心线。命令行提示与操作如下。

```
命令: LINE↙
指定第一点: 150,92↙
指定下一点或 [放弃(U)]: 150,120↙
指定下一点或 [放弃(U)]: ↙
```

使用同样的方法绘制另两条中心线{（100,200），（200,200）}和{（150,150），（150,250）}，效果如图 2-19 所示。

在绘制某些局部图形时，可能会重复使用同一命令，此时若重复使用菜单命令、工具栏命令或命令行命令，会影响效率。AutoCAD 2017 提供了快速重复前一命令的方法，在绘图窗口中右击，弹出快捷菜单，选择第一项"重复某某"命令，或者使用更为简便的做法，即直接按 Enter 键或是空格键，即可重复调用某一命令。

（3）将"轮廓线"图层设置为当前图层。单击"默认"选项卡"绘图"面板中的"圆"按钮⊙，绘制定距环主视图，命令行提示与操作如下。

命令: CIRCLE↙
指定圆的圆心或 [三点(3P)/两点(2P)/切点、切点、半径(T)]: 150,200↙
指定圆的半径或 [直径(D)] : 27.5↙

使用同样的方法绘制另一个圆：圆心点为（150,200），半径为 32mm，得到的效果如图 2-20 所示。

对于圆心点的选择，除了直接输入圆心点（150,200）之外，还可以利用圆心点与中心线的对应关系，利用对象捕捉的方法。单击状态栏中的"对象捕捉"按钮▯，如图 2-21 所示。命令行中会提示"命令: <对象捕捉 开>"。

重复绘制圆的操作，当命令行提示"指定圆的圆心或 [三点(3P)/两点(2P)/切点、切点、半径(T)]: "时，移动鼠标到中心线交叉点附近，系统会自动在中心线交叉点显示黄色的小三角形，此时表明系统已经捕捉到该点，单击鼠标确认，命令行会继续提示"指定圆的半径或 [直径(D)]:"，输入圆的半径值，按 Enter 键完成圆的绘制。

（4）单击"默认"选项卡"绘图"面板中的"矩形"按钮▭，绘制定距环俯视图。命令行提示与操作如下。

命令: RECTANG↙
指定第一个角点或 [倒角(C)/标高(E)/圆角(F)/厚度(T)/宽度(W)]: 118,100↙
指定另一个角点或 [面积(A)/尺寸(D)/旋转(R)]: 182,112↙

绘制效果如图 2-22 所示。

图 2-19　绘制中心线　　图 2-20　绘制主视图　　图 2-21　打开"对象捕捉"　　图 2-22　绘制俯视图

【选项说明】

（1）第一个角点：通过指定两个角点确定矩形，如图 2-23（a）所示。

（2）倒角(C)：指定倒角距离，绘制带倒角的矩形，如图 2-23（b）所示。每一个角点的逆时针和顺时针方向的倒角可以相同也可以不同，其中第一个倒角距离是指角点逆时针方向倒角距离，第二个倒角距离是指角点顺时针方向倒角距离。

（3）标高(E)：指定矩形标高（Z 坐标），即把矩形放置在标高为 Z 并与 XOY 坐标面平行的平面上，并作为后续矩形的标高值。

（4）圆角(F)：指定圆角半径，绘制带圆角的矩形，如图 2-23（c）所示。

（5）厚度(T)：指定矩形的厚度，如图 2-23（d）所示。

（6）宽度(W)：指定线宽，如图 2-23（e）所示。

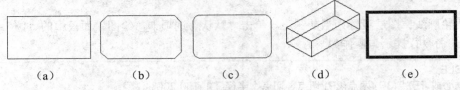

图 2-23　绘制矩形

（7）面积(A)：利用长和宽来制定面积创建矩形。选择该项，系统提示如下。

输入以当前单位计算的矩形面积 <20.0000>:（输入面积值）
计算矩形标注时依据 [长度(L)/宽度(W)] <长度>:（按 Enter 键或输入"W"）
输入矩形长度 <4.0000>:（指定长度或宽度）

指定长度或宽度后，系统自动计算另一个宽度后绘制出矩形。如果矩形被倒角或圆角，则长度或宽度计算中会考虑此设置，如图 2-24 所示。

指定长度或宽度后，系统自动计算另一个维度，绘制出矩形。如果矩形被倒角或圆角，则长度或面积计算中也会考虑此设置。

（8）尺寸(D)：使用长和宽创建矩形，第二个指定点将矩形定位在与第一角点相关的 4 个位置之一内。

（9）旋转(R)：使所绘制的矩形旋转一定角度。选择该项，系统提示如下。

指定旋转角度或 [拾取点(P)] <45>:（指定角度）
指定另一个角点或 [面积(A)/尺寸(D)/旋转(R)]:（指定另一个角点或选择其他选项）

指定旋转角度后，系统按指定角度创建矩形，如图 2-25 所示。

倒角距离（1,1）　　圆角半径：1.0
面积：20　长度：6　面积：20　宽度：6

图 2-24　按面积绘制矩形

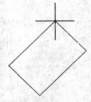

图 2-25　按指定旋转角度创建矩形

2.3.2　多边形

【执行方式】

☑　命令行：POLYGON（快捷命令：POL）。
☑　菜单栏：选择菜单栏中的"绘图"→"多边形"命令。
☑　工具栏：单击"绘图"工具栏中的"多边形"按钮 ⬠。
☑　功能区：单击"默认"选项卡"绘图"面板中的"多边形"
　　按钮 ⬡。

【操作实践——螺母的绘制】

本实例绘制如图 2-26 所示的螺母。

（1）单击"默认"选项卡"图层"面板中的"图层特性"按钮，
打开"图层特性管理器"对话框，新建如下两个图层。

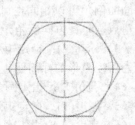

图 2-26　螺母

① 第一图层命名为"轮廓线"图层，线宽为 0.30mm，其余属性默认。

② 第二图层命名为"中心线"图层，颜色为红色，线型为 CENTER，其余属性默认，如图 2-27 所示。

（2）将"中心线"图层设置为当前图层。单击"默认"选项卡"绘图"面板中的"直线"按钮✏，绘制两个坐标为（90,150）和（210,150）的直线；重复"直线"命令，绘制另外一条直线，坐标分别为（150,95）和（150,205），如图 2-28 所示。

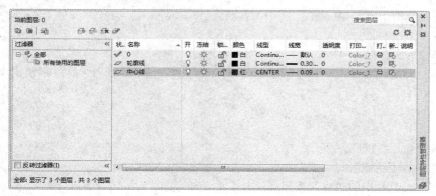

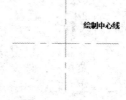

图 2-27　图层设置　　　　　　　　　　　　　　　　图 2-28　绘制中心线

（3）将"轮廓线"图层设置为当前图层。单击"默认"选项卡"绘图"面板中的"圆"按钮⊙，以点（150,150）为圆心，绘制一个半径为 50 的圆，如图 2-29 所示。

（4）单击"默认"选项卡"绘图"面板中的"多边形"按钮⬠，绘制正多边形，命令行提示与操作如下。

```
命令: POLYGON↙
输入侧面数: 6↙
指定多边形的中心点或 [边(E)]: 150,150↙
输入选项 [内接于圆(I)/外切于圆(C)]: C↙
指定圆的半径: 50↙
```

（5）单击"默认"选项卡"绘图"面板中的"圆"按钮⊙，以（150,150）为中心，以 30 为半径绘制另一个圆，结果如图 2-26 所示。

【选项说明】

（1）边(E)：选择该选项，则只要指定多边形的一条边，系统就会按逆时针方向创建该正多边形，如图 2-30（a）所示。

（2）内接于圆(I)：选择该选项，绘制的多边形内接于圆，如图 2-30（b）所示。

（3）外切于圆(C)：选择该选项，绘制的多边形外切于圆，如图 2-30（c）所示。

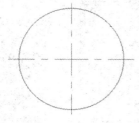

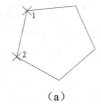

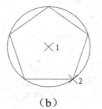

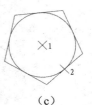

（a）　　　　　　　　　（b）　　　　　　　　　（c）

图 2-29　绘制圆　　　　　　　　　　　図 2-30　绘制正多边形

2.4 点 命 令

点在 AutoCAD 中有多种不同的表示方式，用户可以根据需要进行设置，也可以设置等分点和测量点。

【预习重点】

☑ 了解点类命令的应用。

☑ 简单练习点命令的基本操作。

2.4.1 点

【执行方式】

☑ 命令行：POINT（快捷命令：PO）。

☑ 菜单栏：选择菜单栏中的"绘图"→"点"命令。

☑ 工具栏：单击"绘图"工具栏中的"点"按钮 。

☑ 功能区：单击"绘图"选项卡"绘图"面板中的"点"按钮 。

【操作步骤】

命令: POINT↙
指定点:（指定点所在的位置）

【选项说明】

（1）通过菜单方法操作时（如图 2-31 所示），"单点"命令表示只输入一个点，"多点"命令表示可输入多个点。

（2）可以单击状态栏中的"对象捕捉"按钮 ，设置点捕捉模式，帮助用户选择点。

（3）点在图形中的表示样式共有 20 种。选择菜单栏中的"格式"→"点样式"命令，通过打开的"点样式"对话框来设置，如图 2-32 所示。

图 2-31 "点"子菜单

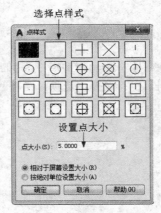

图 2-32 "点样式"对话框

2.4.2　定数等分

【执行方式】

☑　命令行：DIVIDE（快捷命令：DIV）。

☑　菜单栏：选择菜单栏中的"绘图"→"点"→"定数等分"命令。

☑　功能区：单击"默认"选项卡"绘图"面板中的"定数等分"按钮⌢。

【操作实践——棘轮的绘制】

本实例绘制如图 2-33 所示的棘轮。

（1）单击"默认"选项卡"图层"面板中的"图层特性"按钮▦，打开"图层特性管理器"对话框，新建如下两个图层。

① 第一图层命名为"轮廓线"图层，线宽为 0.30mm，其余属性默认。

② 第二图层命名为"中心线"图层，颜色为红色，线型为 CENTER，其余属性默认，如图 2-34 所示。

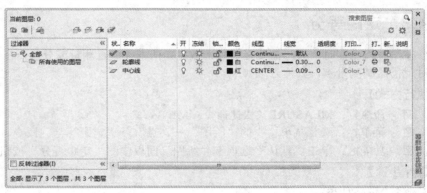

图 2-33　棘轮　　　　　　　　　　　　　　　图 2-34　图层设置

（2）将"中心线"图层设置为当前图层。单击"默认"选项卡"绘图"面板中的"直线"按钮╱，绘制两点坐标为（5,100）和（195,100）的直线；重复"直线"命令，绘制另外一条直线，坐标分别为（100,5）和（100,195），如图 2-35 所示。

（3）将"轮廓线"图层设置为当前图层。单击"默认"选项卡"绘图"面板中的"圆"按钮⊙，以（100,100）为圆心，绘制 3 个半径分别为 90、60、40 的同心圆，如图 2-36 所示。

（4）单击"默认"选项卡"实用工具"面板中的"点样式"按钮▱，在打开的"点样式"对话框中选择⊠样式。

（5）单击"默认"选项卡"绘图"面板中的"定数等分"按钮⌢，命令行提示与操作如下。

命令: DIVIDE✓
选择要定数等分的对象:（选取 R90 圆）
输入线段数目或 [块(B)]: 12✓

重复"等分圆"命令，等分 R60 圆为 12 份，等分结果如图 2-37 所示。

（6）单击"默认"选项卡"绘图"面板中的"直线"按钮╱，连接 3 个等分点，绘制棘轮轮齿如图 2-38 所示。

（7）采用相同的方法连接其他点，选择绘制的点和多余的圆及点，按 Delete 键删除，最终绘制效果如图 2-33 所示。

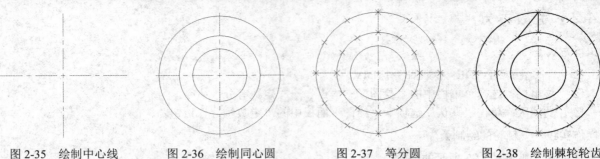

图 2-35　绘制中心线　　　图 2-36　绘制同心圆　　　图 2-37　等分圆　　　图 2-38　绘制棘轮轮齿

【选项说明】

（1）等分数目范围为 2～32767。

（2）在等分点处，按当前点样式设置画出等分点。

（3）在第二提示行选择"块(B)"选项时，表示在等分点处插入指定的块。

2.4.3　定距等分

在绘制机械图时，有时需要在对象上按指定的长度进行测量或分段，在分点处用点作标记或插入块等。此时就需绘制测量点，具体方法如下。

【执行方式】

☑　命令行：MEASURE（快捷命令：ME）。

☑　菜单栏：选择菜单栏中的"绘图"→"点"→"定距等分"命令。

☑　功能区：单击"默认"选项卡"绘图"面板中的"定距等分"按钮 。

【操作步骤】

命令：MEASURE✓
选择要定距等分的对象：（选择要测量点的实体）
指定线段长度或 [块(B)]:（指定分段长度，绘制效果如图 2-39 所示）

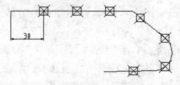

图 2-39　绘制等分点和测量点

【选项说明】

（1）设置的起点一般是指定线的绘制起点。

（2）在第二提示行选择"块(B)"选项时，表示在测量点处插入指定的块。

（3）在等分点处，按当前点样式设置绘制测量点。

（4）最后一个测量段的长度不一定等于指定分段长度。

2.5　面　　域

面域是具有边界的平面区域，内部可以包含孔。用户可以将由某些对象围成的封闭区域转变为面域，这些封闭区域可以是圆、椭圆、封闭二维多段线、封闭样条曲线等，也可以是由圆弧、直线、二维多段线和样条曲线等构成的封闭区域。

【预习重点】

- ☑　了解面域及布尔运算命令的使用。
- ☑　通过实例练习面域及布尔运算命令的使用方法。

2.5.1　创建面域

【执行方式】

- ☑　命令行：REGION（快捷命令：REG）。
- ☑　菜单栏：选择菜单栏中的"绘图"→"面域"命令。
- ☑　工具栏：单击"绘图"工具栏中的"面域"按钮◎。
- ☑　功能区：单击"默认"选项卡"绘图"面板中的"面域"按钮◎。

【操作步骤】

命令: REGION✓
选择对象:

选择对象后，系统自动将所选择的对象转换成面域。

2.5.2　布尔运算

布尔运算是数学中的一种逻辑运算，用在 AutoCAD 绘图中能够极大地提高绘图效率。布尔运算包括并集、交集和差集 3 种，其操作方法类似，介绍如下。

【执行方式】

- ☑　命令行：UNION（并集，快捷命令：UNI）或 INTERSECT（交集，快捷命令：IN）或 SUBTRACT（差集，快捷命令：SU）。
- ☑　菜单栏：选择菜单栏中的"修改"→"实体编辑"→"并集"/"差集"/"交集"命令。
- ☑　工具栏：单击"实体编辑"工具栏中的"并集"按钮◎/"差集"按钮◎/"交集"按钮◎。
- ☑　功能区：单击"三维工具"选项卡"实体编辑"面板中的"并集"按钮◎/"交集"按钮◎/"差集"按钮◎。

【操作实践——扳手的绘制】

本实例绘制如图 2-40 所示的扳手。

（1）单击"默认"选项卡"绘图"面板中的"矩形"按钮▭，绘制矩形。矩形的两个对角点坐标为（50,50）和（100,40），绘制效果如图 2-41 所示。

（2）单击"默认"选项卡"绘图"面板中的"圆"按钮⊙，绘制圆。圆心坐标为（50,45），半径为 10。再以（100,45）为圆心，以 10 为半径绘制另一个圆，绘制结果如图 2-42 所示。

图 2-40　扳手　　　　　　　图 2-41　绘制矩形　　　　　　　图 2-42　绘制圆

（3）单击"默认"选项卡"绘图"面板中的"多边形"按钮⬠，绘制正六边形。以（42.5,41.5）为正多边形的中心，以 5.8 为外切圆半径绘制一个正多边形；再以（107.4,48.2）为正多边形中心，以 5.8 为外切圆半径绘制另一个正多边形，绘制结果如图 2-43 所示。

（4）单击"默认"选项卡"绘图"面板中的"面域"按钮◎，将所有图形转换成面域，命令行提示与操作如下。

```
命令: _REGION↙
选择对象:（依次选择矩形、多边形和圆）
...
找到 5 个
选择对象: ↙
已提取 5 个环
已创建 5 个面域
```

（5）在命令行中输入"UNION"命令，将矩形分别与两个圆进行并集处理。命令行提示与操作如下。

```
命令: UNION↙
选择对象:（选择矩形）
选择对象:（选择一个圆）
选择对象:（选择另一个圆）
选择对象:↙
```

并集处理效果如图 2-44 所示。

图 2-43　绘制正多边形

图 2-44　并集处理

🎓 **高手支招**

如果同时选择并集处理的两个对象，在选择对象时要按住 Shift 键。

（6）在命令行中输入"SUBTRACT"命令，以并集对象为主体对象，正多边形为参照体，进行差集处理。命令行提示与操作如下。

```
命令: SUBTRACT
选择要从中减去的实体、曲面和面域...
选择对象:（选择差集对象，选择扳手主体）
找到 1 个
选择对象: ↙
选择要从中减去的实体、曲面和面域...
选择对象:（选择一个正多边形）
选择对象:（选择另一个正多边形）
选择对象: ↙
```

效果如图 2-40 所示。

🎓 **高手支招**

布尔运算的对象只包括实体和共面面域，对于普通的线条对象无法使用布尔运算。

2.6　图　案　填　充

当用户需要用一个重复的图案（pattern）填充一个区域时，可以使用 BHATCH 命令，创建一个相关联的填充阴影对象，即所谓的图案填充。

【预习重点】

- ☑ 观察图案填充结果。
- ☑ 了解填充样例对应的含义。
- ☑ 确定边界选择要求。
- ☑ 了解对话框中参数的含义。

2.6.1　基本概念

1. 图案边界

当进行图案填充时，首先要确定填充图案的边界。定义边界的对象只能是直线、双向射线、单向射线、多义线、样条曲线、圆弧、圆、椭圆、椭圆弧、面域等对象或用这些对象定义的块，而且作为边界的对象在当前图层上必须全部可见。

2. 孤岛

在进行图案填充时，我们把位于总填充区域内的封闭区称为孤岛，如图 2-45 所示。在使用 BHATCH 命令填充时，AutoCAD 系统允许用户以拾取点的方式确定填充边界，即在希望填充的区域内任意拾取一点，系统会自动确定出填充边界，同时也确定该边界内的岛。如果用户以选择对象的方式确定填充边界，则必须确切地选取这些岛，相关知识将在后面介绍。

3. 填充方式

在进行图案填充时，需要控制填充的范围，AutoCAD 系统为用户设置了以下 3 种填充方式以实现对填充范围的控制。

（1）普通方式。如图 2-46（a）所示，该方式从边界开始，从每条填充线或每个填充符号的两端向里填充，遇到内部对象与之相交时，填充线或符号断开，直到遇到下一次相交时再继续填充。采用这种填充方式时，要避免剖面线或符号与内部对象的相交次数为奇数，该方式为系统内部的默认方式。

（2）最外层方式。如图 2-46（b）所示，该方式从边界向里填充，只要在边界内部与对象相交，剖面符号就会断开不再继续填充。

（3）忽略方式。如图 2-46（c）所示，该方式忽略边界内的对象，所有内部结构都被剖面符号覆盖。

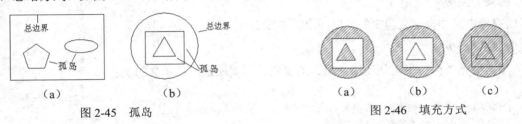

图 2-45　孤岛　　　　　　　　　　　　图 2-46　填充方式

2.6.2 图案填充的操作

【执行方式】

- ☑ 命令行：BHATCH（快捷命令：H）。
- ☑ 菜单栏：选择菜单栏中的"绘图"→"图案填充"或"渐变色"命令。
- ☑ 工具栏：单击"绘图"工具栏中的"图案填充"按钮▨。
- ☑ 功能区：单击"默认"选项卡"绘图"面板中的"图案填充"按钮▨。

【操作步骤】

执行上述命令后，打开如图 2-47 所示的"图案填充创建"选项卡。

图 2-47 "图案填充创建"选项卡

【选项说明】

1."边界"面板

（1）拾取点：通过选择由一个或多个对象形成的封闭区域内的点，确定图案填充边界。指定内部点时，可以随时在绘图区域中右击以显示包含多个选项的快捷菜单。

（2）选择边界对象：指定基于选定对象的图案填充边界。使用该选项时，不会自动检测内部对象，必须选择选定边界内的对象，以按照当前孤岛检测样式填充这些对象。

（3）删除边界对象：从边界定义中删除之前添加的任何对象。

（4）重新创建边界：围绕选定的图案填充或填充对象创建多段线或面域，并使其与图案填充对象相关联（可选）。

（5）显示边界对象：选择构成选定关联图案填充对象的边界的对象，使用显示的夹点可修改图案填充边界。

（6）保留边界对象：指定如何处理图案填充边界对象。包括以下几个选项。

① 不保留边界（仅在图案填充创建期间可用）。不创建独立的图案填充边界对象。

② 保留边界-多段线（仅在图案填充创建期间可用）。创建封闭图案填充对象的多段线。

③ 保留边界-面域（仅在图案填充创建期间可用）。创建封闭图案填充
对象的面域对象。

④ 选择新边界集。指定对象的有限集（称为边界集），以便通过创建
图案填充时的拾取点进行计算。

2."图案"面板

显示所有预定义和自定义图案的预览图像，如图 2-48 所示。

3."特性"面板

（1）图案填充类型：指定是使用纯色、渐变色、图案还是用户定义的
填充。

（2）图案填充颜色：替代实体填充和填充图案的当前颜色。

（3）背景色：指定填充图案背景的颜色。

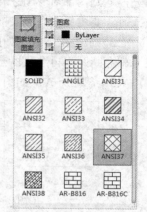

图 2-48 "图案"面板

（4）图案填充透明度：设定新图案填充或填充的透明度，替代当前对象的透明度。

（5）图案填充角度：指定图案填充或填充的角度。

（6）填充图案比例：放大或缩小预定义或自定义填充图案。

（7）相对图纸空间（仅在布局中可用）：相对于图纸空间单位缩放填充图案。使用此选项，很容易做到以适合布局的比例显示填充图案。

（8）双向（仅当"图案填充类型"设定为"用户定义"时可用）：将绘制第二组直线，与原始直线成90°角，从而构成交叉线。

（9）ISO 笔宽（仅对于预定义的 ISO 图案可用）：基于选定的笔宽缩放 ISO 图案。

4．"原点"面板

（1）设定原点：直接指定新的图案填充原点。

（2）左下：将图案填充原点设定在图案填充边界矩形范围的左下角。

（3）右下：将图案填充原点设定在图案填充边界矩形范围的右下角。

（4）左上：将图案填充原点设定在图案填充边界矩形范围的左上角。

（5）右上：将图案填充原点设定在图案填充边界矩形范围的右上角。

（6）中心：将图案填充原点设定在图案填充边界矩形范围的中心。

（7）使用当前原点：将图案填充原点设定在 HPORIGIN 系统变量中存储的默认位置。

（8）存储为默认原点：将新图案填充原点的值存储在 HPORIGIN 系统变量中。

5．"选项"面板

（1）关联：指定图案填充或填充为关联图案填充。关联的图案填充或填充在用户修改其边界对象时将会更新。

（2）注释性：指定图案填充为注释性。此特性会自动完成缩放注释过程，从而使注释能够以合适的大小在图纸上打印或显示。

（3）特性匹配。包括以下几个选项。

① 使用当前原点：使用选定图案填充对象（除图案填充原点外）设定图案填充的特性。

② 使用源图案填充的原点：使用选定图案填充对象（包括图案填充原点）设定图案填充的特性。

（4）允许的间隙：设定将对象用作图案填充边界时可以忽略的最大间隙。默认值为 0，此值指定对象必须封闭区域而没有间隙。

（5）创建独立的图案填充：控制当指定了几个单独的闭合边界时，是创建单个图案填充对象，还是创建多个图案填充对象。

（6）孤岛检测。包括以下几个选项。

① 普通孤岛检测：从外部边界向内填充。如果遇到内部孤岛，填充将关闭，直到遇到孤岛中的另一个孤岛。

② 外部孤岛检测：从外部边界向内填充。此选项仅填充指定的区域，不会影响内部孤岛。

③ 忽略孤岛检测：忽略所有内部的对象，填充图案时将通过这些对象。

（7）绘图次序：为图案填充或填充指定绘图次序。选项包括不更改、后置、前置、置于边界之后和置于边界之前。

6．"关闭"面板

关闭"图案填充创建"：退出 BHATCH 并关闭上下文选项卡。也可以按 Enter 键或 Esc 键退出 BHATCH。

2.6.3 渐变色的操作

【执行方式】

- ☑ 命令行：GRADIENT（快捷命令：GD）。
- ☑ 菜单栏：选择菜单栏中的"绘图"→"渐变色"命令。
- ☑ 工具栏：单击"绘图"工具栏中的"渐变色"按钮。
- ☑ 功能区：单击"默认"选项卡"绘图"面板中的"渐变色"按钮。

【操作步骤】

执行上述命令后系统打开如图 2-49 所示的"图案填充创建"选项卡，各面板中的按钮含义与图案填充的类似，这里不再赘述。

图 2-49 "图案填充创建"选项卡

2.6.4 边界的操作

【执行方式】

- ☑ 命令行：BOUNDARY（快捷命令：BO）。
- ☑ 功能区：单击"默认"选项卡"绘图"面板中的"边界"按钮。

【操作步骤】

执行上述命令后系统打开如图 2-50 所示的"边界创建"对话框。

【选项说明】

（1）拾取点：根据围绕指定点构成封闭区域的现有对象来确定边界。

（2）孤岛检测：控制 BOUNDARY 命令是否检测内部闭合边界，该边界称为孤岛。

（3）对象类型：控制新边界对象的类型。BOUNDARY 将边界作为面域或多段线对象创建。

图 2-50 "边界创建"对话框

（4）边界集：定义通过指定点定义边界时，BOUNDARY 要分析的对象集。

2.6.5 编辑填充的图案

利用 HATCHEDIT 命令可以编辑已经填充的图案。

【执行方式】

- ☑ 命令行：HATCHEDIT（快捷命令：HE）。
- ☑ 菜单栏：选择菜单栏中的"修改"→"对象"→"图案填充"命令。
- ☑ 工具栏：单击"修改 II"工具栏中的"编辑图案填充"按钮。
- ☑ 功能区：单击"默认"选项卡"修改"面板中的"编辑图案填充"按钮。
- ☑ 快捷菜单：选中填充的图案右击，在打开的快捷菜单中选择"图案填充编辑"命令。
- ☑ 快捷方法：直接选择填充的图案，打开"图案填充编辑器"选项卡（如图 2-51 所示）。

图 2-51　"图案填充编辑器"选项卡

【操作实践——滚花轴头的绘制】

本实例绘制如图 2-52 所示的滚花轴头零件。

（1）单击"默认"选项卡"图层"面板中的"图层特性"按钮，弹出"图层特性管理器"对话框，新建如下 3 个图层。

① 第一图层命名为"轮廓线"图层，线宽为 0.30mm，其余属性默认。

② 第二图层命名为"剖面线"图层，颜色为蓝色，其余属性默认。

③ 第三图层命名为"中心线"图层，颜色为红色，线型为 CENTER，其余属性默认，结果如图 2-53 所示。

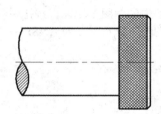

图 2-52　滚花轴头

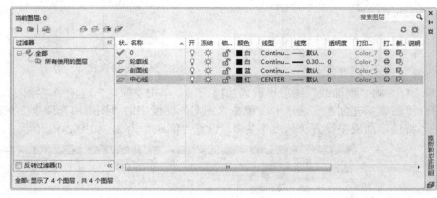

图 2-53　图层设置

（2）将"中心线"图层设置为当前图层。单击"默认"选项卡"绘图"面板中的"直线"按钮，绘制一条中心线，端点坐标分别为（0,100）和（200,100），如图 2-54 所示。

图 2-54　绘制中心线

（3）将"轮廓线"图层设置为当前图层。单击"默认"选项卡"绘图"面板中的"矩形"按钮，绘制一个角点坐标分别为（190,30）和（150,170）的矩形，如图 2-55 所示。

（4）单击"默认"选项卡"绘图"面板中的"直线"按钮，绘制 5 条线段，端点坐标分别是{（190,170），（195,165）}、{（195,35），（190,30）}、{（195,165），（195,35）}、{（10,150），（150,150）}和{（10,50），（150,50）}，如图 2-56 所示。

（5）单击"默认"选项卡"绘图"面板中的"圆弧"按钮，绘制零件断裂部示意线，命令行提示与操作如下。

```
命令: ARC↙
指定圆弧的起点或 [圆心(C)]: 10,150↙
指定圆弧的第二个点或 [圆心(C)/端点(E)]: @-5,-25↙
指定圆弧的端点: @5,-25↙
命令: ARC↙
指定圆弧的起点或 [圆心(C)]: 10,50↙
```

指定圆弧的第二个点或 [圆心(C)/端点(E)]: E↙
指定圆弧的端点: @0,50↙
指定圆弧的中心点(按住 Ctrl 键可以切换方向)或[角度(A)/方向(D)/半径(R)]: D↙
指定圆弧起点的相切方向(按住 Ctrl 键以切换方向): 50↙

重复"圆弧"命令,绘制另外一条圆弧,如图 2-57 所示。命令行提示与操作如下。

命令: ARC↙
指定圆弧的起点或 [圆心(C)]: 10,100↙
指定圆弧的第二个点或 [圆心(C)/端点(E)]: E↙
指定圆弧的端点: @0,-50↙
指定圆弧的中心点(按住 Ctrl 键可以切换方向)或 [角度(A)/方向(D)/半径(R)]: D↙
指定圆弧起点的相切方向(按住 Ctrl 键以切换方向): 230↙

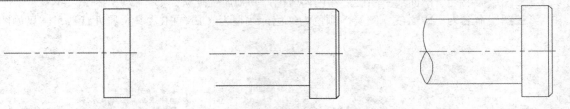

图 2-55 绘制矩形　　　　　图 2-56 绘制直线　　　　　图 2-57 绘制圆弧

（6）将"剖面线"图层设置为当前图层。单击"默认"选项卡"绘图"面板中的"图案填充"按钮，打开"图案填充创建"选项卡。单击"图案"面板中的"图案填充图案"按钮，选择填充图案为 ANSI31，在"特性"面板中设置"角度"为 0，设置"间距"为 2，如图 2-58 所示。

图 2-58 "图案填充创建"选项卡

（7）单击"边界"面板中的"拾取点"按钮，在断面处拾取一点，如图 2-59 所示，右击，弹出右键快捷菜单，选择"确认"命令，如图 2-60 所示。确认退出，填充效果如图 2-61 所示。

（8）单击"默认"选项卡"绘图"面板中的"图案填充"按钮，打开"图案填充创建"选项卡，单击"图案"面板中的"图案填充图案"按钮，选择填充图案为 ANSI37，在"特性"面板中设置"角度"为 0，设置"间距"为 2，单击"边界"面板中的"边界"按钮，在滚花轴头的滚花处拾取点，选中的对象亮显，如图 2-62 所示。右击，弹出右键快捷菜单，选择"确认"命令，确认退出。打开状态栏上的"线宽"按钮，最终绘制的图形如图 2-52 所示。

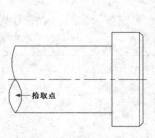  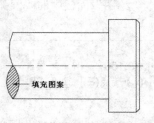 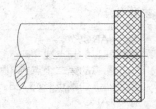

图 2-59 拾取点　　　图 2-60 右键快捷菜单　　　图 2-61 填充结果　　　图 2-62 选择边界对象

2.7　多　段　线

多段线是作为单个对象创建的相互连接的序列直线段，可以创建直线段、圆弧段或两者的组合线段。而且由于多段线的组合形成的多样性和线宽的可调性，弥补了直线和圆弧功能的不足，适合绘制各种复杂的图形轮廓，因而得到了广泛的应用。

【预习重点】

- ☑ 比较多段线与直线、圆弧组合体的差异。
- ☑ 了解多段线命令行选项含义。
- ☑ 了解如何编辑多段线。
- ☑ 对比编辑多段线与面域的区别。

2.7.1　绘制多段线

【执行方式】

- ☑ 命令行：PLINE（快捷命令：PL）。
- ☑ 菜单栏：选择菜单栏中的"绘图"→"多段线"命令。
- ☑ 工具栏：单击"绘图"工具栏中的"多段线"按钮 ⊃。
- ☑ 功能区：单击"默认"选项卡"绘图"面板中的"多段线"按钮 ⊃。

【操作实践——轴承座的绘制】

绘制如图 2-63 所示的轴承座。

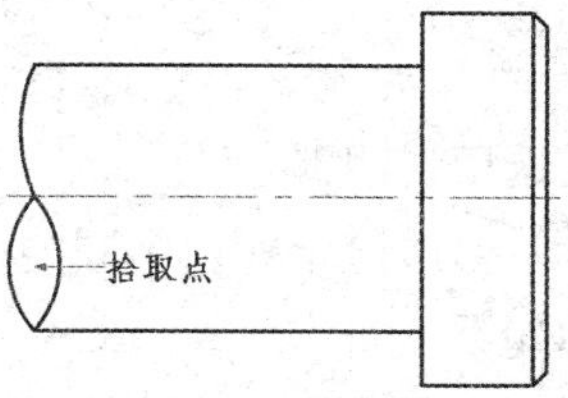

单击"默认"选项卡"绘图"面板中的"多段线"按钮 ⊃，命令行提示与操作如下。

图 2-63　轴承座

命令: _PLINE
指定起点:（单击鼠标确定图 2-63 中的点 1）
当前线宽为 0.0000
指定下一个点或 [圆弧(A)/半宽(H)/长度(L)/放弃(U)/宽度(W)]: W↙
指定起点宽度 <0.0000>: 1↙
指定端点宽度 <1.0000>: ↙
指定下一个点或 [圆弧(A)/半宽(H)/长度(L)/放弃(U)/宽度(W)]: <正交 开>（按 F8 键，进入正交模式，指定点 2）
指定下一点或 [圆弧(A)/闭合(C)/半宽(H)/长度(L)/放弃(U)/宽度(W)]:（指定点 3）
指定下一点或 [圆弧(A)/闭合(C)/半宽(H)/长度(L)/放弃(U)/宽度(W)]:（指定点 4）
指定下一点或 [圆弧(A)/闭合(C)/半宽(H)/长度(L)/放弃(U)/宽度(W)]: A↙
指定圆弧的端点或 [角度(A)/圆心(CE)/闭合(CL)/方向(D)/半宽(H)/直线(L)/半径(R)/第二个点(S)/放弃(U)/宽度(W)]:
　（输入点 5，画出半圆）
指定圆弧的端点或 [角度(A)/圆心(CE)/闭合(CL)/方向(D)/半宽(H)/直线(L)/半径(R)/第二个点(S)/放弃(U)/宽度(W)]: L↙
指定下一点或 [圆弧(A)/闭合(C)/半宽(H)/长度(L)/放弃(U)/宽度(W)]:（指定点 6）
指定下一点或 [圆弧(A)/闭合(C)/半宽(H)/长度(L)/放弃(U)/宽度(W)]:（指定点 7）
指定下一点或 [圆弧(A)/闭合(C)/半宽(H)/长度(L)/放弃(U)/宽度(W)]:（指定点 8）
指定下一点或 [圆弧(A)/闭合(C)/半宽(H)/长度(L)/放弃(U)/宽度(W)]:（指定点 9）

指定下一点或 [圆弧(A)/闭合(C)/半宽(H)/长度(L)/放弃(U)/宽度(W)]:（指定点 10）
指定下一点或 [圆弧(A)/闭合(C)/半宽(H)/长度(L)/放弃(U)/宽度(W)]: C↙
指定下一点或 [圆弧(A)/闭合(C)/半宽(H)/长度(L)/放弃(U)/宽度(W)]: ↙
命令: ↙（回车表示重复执行上次命令）
_PLINE
指定起点:（输入点 11，即圆的左端点）
当前线宽为 1.0000
指定下一个点或 [圆弧(A)/半宽(H)/长度(L)/放弃(U)/宽度(W)]: A↙
指定圆弧的端点或 [角度(A)/圆心(CE)/方向(D)/半宽(H)/直线(L)/半径(R)/第二个点(S)/放弃(U)/宽度(W)]: CE↙
指定圆弧的圆心:（指定半圆的圆心，即点 12）
指定圆弧的端点或 [角度(A)/长度(L)]: A↙
指定包含角:180↙
指定圆弧的端点或 [角度(A)/圆心(CE)/闭合(CL)/方向(D)/半宽(H)/直线(L)/半径(R)/第二个点(S)/放弃(U)/宽度(W)]: CL↙

📖 高手支招

（1）利用 PLINE 命令可以画不同宽度的直线、圆和圆弧。但在实际绘制工程图时，不是利用 PLINE 命令在屏幕上画出具有宽度信息的图形，而是利用 LINE、ARC、CIRCLE 等命令画出不具有（或具有）宽度信息的图形。

（2）多段线是否填充受 FILL 命令的控制。执行该命令，输入 OFF，即可使填充处于关闭状态。

【选项说明】

多段线主要由不同长度的连续的线段或圆弧组成，如果在上述提示中选择"圆弧"命令，则命令行提示如下。

指定圆弧的端点(按住 Ctrl 键以切换方向)或 [角度(A)/圆心(CE)/方向(D)/半宽(H)/直线(L)/半径(R)/第二个点(S)/放弃(U)/宽度(W)]:

绘制圆弧的方法与"圆弧"命令相似。

📖 高手支招

执行"多段线"命令时，如坐标输入错误，不必退出命令，重新绘制，按下面命令行:

指定下一点或 [圆弧(A)/闭合(C)/半宽(H)/长度(L)/放弃(U)/宽度(W)]: 0,600（操作出错，但已按 Enter 键，出现下一行命令）
指定下一点或 [圆弧(A)/闭合(C)/半宽(H)/长度(L)/放弃(U)/宽度(W)]: U（放弃，表示上步操作出错）
指定下一点或 [圆弧(A)/闭合(C)/半宽(H)/长度(L)/放弃(U)/宽度(W)]: @0,600（输入正确坐标，继续进行下一步操作）

2.7.2 编辑多段线

【执行方式】

☑　命令行：PEDIT（快捷命令：PE）。
☑　菜单栏：选择菜单栏中的"修改"→"对象"→"多段线"命令。

☑　工具栏：单击"修改 II"工具栏中的"编辑多段线"按钮◢。

☑　功能区：单击"默认"选项卡"修改"面板中的"编辑多段线"按钮◢。

☑　快捷菜单：选择要编辑的多线段，在绘图区右击，从弹出的快捷菜单中选择"多段线编辑"命令。

【操作步骤】

命令: PEDIT↙
选择多段线或 [多条(M)]:（选择一条要编辑的多段线）
输入选项 [闭合(C)/合并(J)/宽度(W)/编辑顶点(E)/拟合(F)/样条曲线(S)/非曲线化(D)/线型生成(L)/反转(R)/放弃(U)]:

【选项说明】

（1）合并(J)：以选中的多段线为主体，合并其他直线段、圆弧或多段线，使其成为一条多段线。能合并的条件是各段线的端点首尾相连，如图 2-64 所示。

（2）宽度(W)：修改整条多段线的线宽，使其具有同一线宽，如图 2-65 所示。

图 2-64　合并多段线　　　　　　　　图 2-65　修改整条多段线的线宽

（3）编辑顶点(E)：选择该项后，在多段线起点处出现一个斜的十字叉×，为当前顶点的标记，并在命令行出现进行后续操作的提示：

[下一个(N)/上一个(P)/打断(B)/插入(I)/移动(M)/重生成(R)/拉直(S)/切向(T)/宽度(W)/退出(X)] <N>:

（4）拟合(F)：从指定的多段线生成由光滑圆弧连接而成的圆弧拟合曲线，该曲线经过多段线的各顶点，如图 2-66 所示。

（5）样条曲线(S)：以指定的多段线的各顶点作为控制点生成 B 样条曲线，如图 2-67 所示。

图 2-66　生成圆弧拟合曲线　　　　　　图 2-67　生成 B 样条曲线

（6）非曲线化(D)：用直线代替指定的多段线中的圆弧。对于选择"拟合(F)"选项或"样条曲线(S)"选项后生成的圆弧拟合曲线或样条曲线，删去其生成曲线时新插入的顶点，则恢复成由直线段组成的多段线。

（7）线型生成(L)：当多段线的线型为点划线时，控制多段线的线型生成方式开关。选择此项，系统提示如下。

输入多段线线型生成选项 [开(ON)/关(OFF)] <关>:

选择 ON 时，将在每个顶点处允许以短划开始或结束生成线型，选择 OFF 时，将在每个顶点处允许以长划开始或结束生成线型。"线型生成"不能用于包含带变宽的线段的多段线，如图 2-68 所示。

（a）关　　　　　　　　　（b）开

图 2-68　控制多段线的线型（线型为点划线时）

2.8　样条曲线

AutoCAD 2017 使用一种称为非一致有理 B 样条（NURBS）曲线的特殊样条曲线类型。NURBS 曲线在控制点之间产生一条光滑的样条曲线，如图 2-69 所示。样条曲线可用于创建形状不规则的曲线，例如，为地理信息系统（GIS）应用或汽车设计绘制轮廓线。

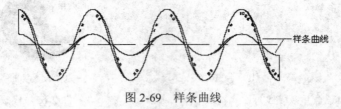

样条曲线

图 2-69　样条曲线

【预习重点】

☑　观察绘制的样条曲线。
☑　了解样条曲线命令行中的选项含义。
☑　对比观察利用夹点编辑与编辑样条曲线命令调整曲线轮廓的区别。
☑　练习样条曲线的应用。

2.8.1　绘制样条曲线

【执行方式】

☑　命令行：SPLINE（快捷命令：SPL）。
☑　菜单栏：选择菜单栏中的"绘图"→"样条曲线"命令。
☑　工具栏：单击"绘图"工具栏中的"样条曲线"按钮～。
☑　功能区：单击"默认"选项卡"绘图"面板中的"样条曲线拟合"按钮～或"样条曲线控制点"按钮～。

【操作实践——绘制凸轮】

本实例要绘制的凸轮轮廓由不规则的曲线组成。为了准确地绘制凸轮轮廓曲线，需要用到样条曲线，并且要利用点的等分来控制样条曲线的范围。在绘制的过程中，也要用到剪切、删除等编辑功能，结果如图 2-70 所示。

（1）单击"默认"选项卡"图层"面板中的"图层特性"按钮，弹出"图层特性管理器"对话框，新建 3 个图层。

①　第一层命名为"粗实线"，线宽设为 0.30mm，其余属性默认。

②　第二层命名为"细实线"，所有属性默认。

③ 第三层命名为"中心线"，颜色为红色，线型为 CENTER，其余属性默认。

（2）将"中心线"图层设置为当前图层，命令行提示与操作如下。

命令: LINE✓
指定第一点: -40,0✓
指定下一点或 [放弃(U)]: 40,0✓
指定下一点或 [放弃(U)]: ✓

使用同样的方法绘制线段，两个端点坐标为（0,40）和（0,-40）。

（3）将"细实线"图层设置为当前图层，命令行提示与操作如下。

命令: LINE✓
指定第一点: 0,0✓
指定下一点或 [放弃(U)]: @40<30✓
指定下一点或 [放弃(U)]: ✓

使用同样的方法绘制两条线段，端点坐标分别为{（0,0），（@40<100）}和{（0,0），（@40<120）}。所绘制的图形如图 2-71 所示。

（4）绘制辅助线圆弧，命令行提示与操作如下。

命令: ARC✓
ARC 指定圆弧的起点或 [圆心(C)]: C✓
指定圆弧的圆心: 0,0✓
指定圆弧的起点: 30<120✓
指定圆弧的端点或 [角度(A)/弦长(L)]: A✓
指定包含角: 60✓

使用同样方法绘制圆弧，圆心坐标为（0,0），圆弧起点坐标为（@30<30），包含角度为 70。

（5）在命令行中输入"DDPTYPE"命令，或者单击"默认"选项卡"实用工具"面板中的"点样式"按钮，打开"点样式"对话框，如图 2-72 所示。将点样式设为⊞，设置"点大小"为 1，命令行提示与操作如下。

命令: DIVIDE✓（或者单击"默认"选项卡"绘图"面板中的"定数等分"按钮，下同）
选择要定数等分的对象:（选择左边的弧线）
输入线段数目或 [块(B)]: 3✓

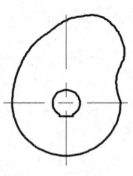

图 2-70　凸轮

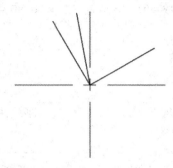

图 2-71　中心线及其辅助线

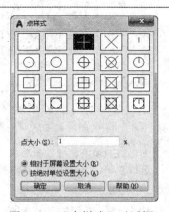

图 2-72　"点样式"对话框

用同样的方法将另一条圆弧 7 等分，绘制结果如图 2-73 所示。将中心点与第二段弧线的等分点连上直线，如图 2-74 所示。

（6）将"粗实线"图层设置为当前图层，绘制凸轮下半部分圆弧，命令行提示与操作如下。

命令: ARC↙
指定圆弧的起点或 [圆心(C)]: C↙
指定圆弧的圆心: 0,0↙
指定圆弧的起点: 24,0↙
指定圆弧的端点或 [角度(A)/弦长(L)]: A↙
指定包含角: -180↙

绘制效果如图 2-75 所示。

图 2-73 绘制辅助线并等分　　图 2-74 连接等分点与中心点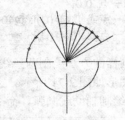　　图 2-75 绘制凸轮下轮廓线

（7）绘制凸轮上半部分样条曲线

① 标记样条曲线的端点，命令行提示与操作如下。

命令: POINT↙（或者单击"默认"选项卡"绘图"面板中的"多点"按钮）
当前点模式: PDMODE=2　PDSIZE=-1.0000
指定点: 24.5<160↙

用相同的方法，依次标记点（26.5<140）、（30<120）、（34<100）、（37.5<90）、（40<80）、（42<70）、（41<60）、（38<50）、（33.5<40）、（26<30）。

② 绘制样条曲线，命令行提示与操作如下。

命令: SPLINE↙（或者单击"默认"选项卡"绘图"面板中的"样条曲线拟合"按钮）
当前设置: 方式=拟合　节点=弦
指定第一个点或 [方式(M)/节点(K)/对象(O)]:（选择下边圆弧的右端点）
输入下一个点或 [起点切向(T)/公差(L)]:（选择 26<30 点）
输入下一个点或 [端点相切(T)/公差(L)/放弃(U)]:（选择 33.5<40 点）
输入下一个点或 [端点相切(T)/公差(L)/放弃(U)/闭合(C)]:（选择 38<50 点）
…（依次选择上面绘制的各点，最后一点为下边圆弧的左端点）
输入下一个点或 [端点相切(T)/公差(L)/放弃(U)/闭合(C)]: ↙

绘制效果如图 2-76 所示。

（8）删除图形，命令行提示与操作如下。

命令: ERASE↙（或者单击"默认"选项卡"修改"面板中的"删除"按钮）
选择对象:（选择绘制的辅助线和点）
选择对象: ↙

将多余的点和辅助线删除，再单击"默认"选项卡"修改"面板中的"打断"按钮，将过长的中心线剪掉，效果如图 2-77 所示。

（9）绘制凸轮轴孔，命令行提示与操作如下。

命令: CIRCLE↙（或者单击"默认"选项卡"绘图"面板中的"圆"按钮）
指定圆的圆心或 [三点(3P)/两点(2P)/切点、切点、半径(T)]: 0,0↙
指定圆的半径或 [直径(D)]: 6↙
命令: LINE↙（或者单击"默认"选项卡"绘图"面板中的"直线"按钮）
指定第一点: -3,0↙
指定下一点或 [放弃(U)]: @0,-6↙
指定下一点或 [放弃(U)]: @6,0↙
指定下一点或 [闭合(C)/放弃(U)]: @0,6↙
指定下一点或 [闭合(C)/放弃(U)]: C↙

绘制的图形如图 2-78 所示。单击"默认"选项卡"修改"面板中的"修剪"按钮，剪掉键槽位置的圆弧，单击状态栏中的"线宽"按钮，打开线宽属性。凸轮最终效果如图 2-70 所示。

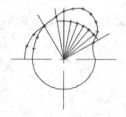  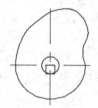

图 2-76 绘制样条曲线　　　图 2-77 删除辅助线　　　图 2-78 绘制轴孔

【选项说明】

（1）第一个点：指定样条曲线的第一个点，或者是第一个拟合点或者是第一个控制点，具体取决于当前所用的方法。

（2）阶数：设置生成的样条曲线的多项式阶数。使用此选项可以创建 1 阶（线性）、2 阶（二次）、3 阶（三次）直到最高 10 阶的样条曲线。

（3）对象(O)：将二维或三维的二次或三次样条曲线拟合多段线转换为等价的样条曲线，然后（根据 DELOBJ 系统变量的设置）删除该多段线。

（4）拟合：通过指定样条曲线必须经过的拟合点来创建 3 阶（三次）样条曲线。在公差值大于 0（零）时，样条曲线必须在各个点的指定公差距离内。

（5）控制点：通过指定控制点来创建样条曲线。使用此方法创建 1 阶（线性）、2 阶（二次）、3 阶（三次）直到最高为 10 阶的样条曲线。通过移动控制点调整样条曲线的形状通常可以提供比移动拟合点更好的效果。

2.8.2　编辑样条曲线

【执行方式】

☑　命令行：SPLINEDIT（快捷命令：SPE）。
☑　菜单栏：选择菜单栏中的"修改"→"对象"→"样条曲线"命令。
☑　工具栏：单击"修改 II"工具栏中的"编辑样条曲线"按钮。
☑　功能区：单击"默认"选项卡"修改"面板中的"编辑样条曲线"按钮。
☑　快捷菜单：选择要编辑的样条曲线，在绘图区右击，从打开的快捷菜单中选择"样条曲线"下拉菜单中的选项进行编辑。

【操作步骤】

> 命令: SPLINEDIT↙
> 选择样条曲线:（选择要编辑的样条曲线。若选择的样条曲线是用 SPLINE 命令创建的，其近似点以夹点的颜色显示出来；若选择的样条曲线是用 PLINE 命令创建的，其控制点以夹点的颜色显示出来）
> 输入选项 [闭合(C)/合并(J)/拟合数据(F)/编辑顶点(E)/转换为多段线(P)/反转(R)/放弃(U)/退出(X)] <退出>:

【选项说明】

（1）闭合(C)：在"闭合"和"开放"之间切换，具体取决于选定样条曲线是否为闭合状态。

（2）合并(J)：选定的样条曲线、直线和圆弧在重合端点处合并到现有样条曲线。选择有效对象后，该对象将合并到当前样条曲线，合并点处将有一个折点。

（3）拟合数据(F)：编辑近似数据。选择该项后，创建该样条曲线时指定的各点以小方格的形式显示出来。

（4）编辑顶点(E)：精密调整样条曲线定义。

（5）转换为多段线(P)：将样条曲线转换为多段线。精度值决定结果多段线与源样条曲线拟合的精确程度。有效值为介于 0～99 之间的任意整数。

（6）反转(R)：翻转样条曲线的方向。该项操作主要用于应用程序。

（7）放弃(U)：取消上一编辑操作。

2.9 综合演练——轴的绘制

本实例绘制的轴如图 2-79 所示。

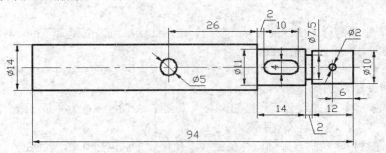

图 2-79　轴

本实例绘制的轴主要由直线、圆及圆弧组成，因此，可以用"直线"命令 LINE、"圆"命令 CIRCLE 及"圆弧"命令 ARC 来绘制完成。

（1）单击"默认"选项卡"图层"面板中的"图层特性"按钮，弹出"图层特性管理器"对话框，新建两个图层。

① "轮廓线"图层，线宽属性为 0.30mm，其余属性默认。

② "中心线"图层，颜色设为红色，线型加载为 CENTER，其余属性默认。

（2）将"中心线"图层设置为当前图层。单击"默认"选项卡"绘图"面板中的"直线"按钮，绘制泵轴中心线，命令行提示与操作如下。

> 命令: LINE↙
> 指定第一点: 65,130↙

指定下一点或 [放弃(U)]: 170,130↙
指定下一点或 [放弃(U)]: ↙
命令: ZOOM↙
指定窗口角点，输入比例因子 (nX 或 nXP)，或者 [全部(A)/中心点(C)/动态(D)/范围(E)/上一个(P)/比例(S)/窗口(W)]
<实时>: E↙
正在重生成模型。
命令: LINE↙ （绘制 Ø5 圆的竖直中心线）
指定第一点: 110,135↙
指定下一点或 [放弃(U)]: 110,125↙
指定下一点或 [放弃(U)]: ↙
命令: ↙ （绘制 Ø2 圆的竖直中心线）
指定第一点: 158,133↙
指定下一点或 [放弃(U)]: 158,127↙
指定下一点或 [放弃(U)]: ↙

（3）将"轮廓线"图层设置为当前图层。单击"默认"选项卡"绘图"面板中的"矩形"按钮，绘制泵轴外轮廓线，命令行提示与操作如下。

命令: RECTANG↙ （利用"矩形"命令，绘制左端 Ø14 轴段）
指定第一个角点或 [倒角(C)/标高(E)/圆角(F)/厚度(T)/宽度(W)]: 70,123↙ （输入矩形的左下角点坐标）
指定另一个角点或 [面积(A)/尺寸(D)/旋转(R)]: @66,14↙ （输入矩形的右上角点相对坐标）
命令: LINE↙ （绘制 Ø11 轴段）
指定第一点: 136,135.5↙
指定下一点或 [放弃(U)]: @14,0↙
指定下一点或 [放弃(U)]: @0,-11↙
指定下一点或 [闭合(C)/放弃(U)]: @-14,0↙
指定下一点或 [闭合(C)/放弃(U)]: ↙
命令: LINE↙
指定第一点: 150,133.75↙
指定下一点或 [放弃(U)]: @ 2,0↙
指定下一点或 [放弃(U)]: ↙
命令: LINE↙
指定第一点: 150,126.25↙
指定下一点或 [放弃(U)]: @2,0↙
指定下一点或 [放弃(U)]: ↙
命令: RECTANG↙ （绘制右端 Ø10 轴段）
指定第一个角点或 [倒角(C)/标高(E)/圆角(F)/厚度(T)/宽度(W)]: 152,125↙ （输入矩形的左下角点坐标）
指定另一个角点或 [面积(A)/尺寸(D)/旋转(R)]: @12,10↙ （输入矩形的右上角点相对坐标）

绘制效果如图 2-80 所示。

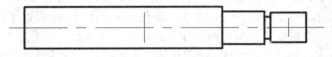

图 2-80　轴的外轮廓线

（4）单击"默认"选项卡"绘图"面板中的"圆"按钮和"多段线"按钮，绘制轴的孔及键槽，命令行提示与操作如下。

命令: CIRCLE↙
指定圆的圆心或 [三点(3P)/两点(2P)/切点、切点、半径(T)]: 110,130↙

指定圆的半径或 [直径(D)]: D↙

指定圆的直径: 5↙

命令: CIRCLE↙

指定圆的圆心或 [三点(3P)/两点(2P)/切点、切点、半径(T)]: 158,130↙

指定圆的半径或 [直径(D)] <2.5000>: D↙

指定圆的直径 <5.0000>: 2↙

命令: PLINE↙（利用"多段线"命令，绘制泵轴的键槽）

指定起点: 140,132↙

当前线宽为 0.0000

指定下一个点或 [圆弧(A)/半宽(H)/长度(L)/放弃(U)/宽度(W)]: @6,0↙

指定下一点或 [圆弧(A)/闭合(C)/半宽(H)/长度(L)/放弃(U)/宽度(W)]: A↙（绘制圆弧）

指定圆弧的端点或 [角度(A)/圆心(CE)/闭合(CL)/方向(D)/半宽(H)/直线(L)/半径(R)/第二个点(S)/放弃(U)/宽度(W)]: @0,-4↙

指定圆弧的端点或 [角度(A)/圆心(CE)/闭合(CL)/方向(D)/半宽(H)/直线(L)/半径(R)/第二个点(S)/放弃(U)/宽度(W)]: L↙

指定下一点或 [圆弧(A)/闭合(C)/半宽(H)/长度(L)/放弃(U)/宽度(W)]: @-6,0↙

指定下一点或 [圆弧(A)/闭合(C)/半宽(H)/长度(L)/放弃(U)/宽度(W)]: A↙

指定圆弧的端点或 [角度(A)/圆心(CE)/闭合(CL)/方向(D)/半宽(H)/直线(L)/半径(R)/第二个点(S)/放弃(U)/宽度(W)]: 140,132↙

指定圆弧的端点或 [角度(A)/圆心(CE)/闭合(CL)/方向(D)/半宽(H)/直线(L)/半径(R)/第二个点(S)/放弃(U)/宽度(W)]: ↙

最终绘制的效果如图 2-79 所示。

（5）单击"标准"工具栏中的"保存"按钮，在打开的"图形另存为"对话框中输入文件名保存即可。

2.10 名师点拨——二维绘图技巧

1．多段线的宽度问题

当直线设置成宽度不为 0 时，打印时就按这个线宽打印。如果这个多段线的宽度太小，则显示不出宽度效果（如以 mm 为单位绘图，设置多段线宽度为 10，当用 1:100 的比例打印时，就是 0.1mm），所以多段线的宽度设置要考虑打印比例。而当宽度是 0 时，就可按对象特性来设置（与其他对象一样）。

2．怎样把多条线合并为多段线

用 PEDIT 命令，该命令中有合并选项。

3．使用"直线"（LINE）命令时的操作技巧

若为正交直线，可单击"正交"按钮，根据正交方向提示，直接输入下一点的距离即可，而不需要输入@符号；若为斜线，则可单击"极轴"按钮，再右击"极轴"按钮，打开窗口，在其中设置斜线的捕捉角度，此时，图形即进入了自动捕捉所需角度的状态，可大大提高制图时输入直线长度的效率。

同时，右击"对象捕捉"开关，在打开的快捷菜单中选择"设置"命令，打开"草图设置"对话框，在其中进行对象捕捉设置，绘图时，只需单击"对象捕捉"按钮，程序会自动进行某些点的捕捉，如端点、中点、圆切点、等线等，"捕捉对象"功能的应用可以极大提高制图速度。使用对象捕捉可指定对象上的精确位置，例如，使用对象捕捉可以绘制到圆心或多段线中点的直线。

若某命令下提示输入某一点（如起始点或中心点、基准点等），都可以指定对象捕捉。默认情况下，当光标移到对象的对象捕捉位置时，将显示标记和工具栏提示。该功能称为 AutoSnap（自动捕捉），其提

供了视觉提示，指示哪些对象捕捉正在使用。

4．图案填充的操作技巧

当使用"图案填充"命令时，所使用图案的比例因子值均为 1，即是原本定义时的真实样式。然而，随着界限定义的改变，比例因子应做相应的改变，否则会使填充图案过密或者过疏，因此在选择比例因子时可使用下列技巧进行操作。

（1）当处理较小区域的图案时，可以减小图案的比例因子值，相反，当处理较大区域的图案填充时，则可以增加图案的比例因子值。

（2）比例因子应恰当选择，比例因子的恰当选择要视具体的图形界限的大小而定。

（3）当处理较大的填充区域时，要特别小心，如果选用的图案比例因子太小，则所产生的图案就像是使用 Solid 命令所得到的填充结果一样，这是因为在单位距离中有太多的线，不仅看起来不恰当，而且也增加了文件的长度。

（4）比例因子的取值应遵循"宁大不小"。

5．BHATCH 图案填充时找不到范围怎么解决

在用 BHATCH 图案填充时常常碰到找不到线段封闭范围的情况，尤其是 dwg 文件本身比较大时，此时可以采用 LAYISO（图层隔离）命令让欲填充的范围线所在的层孤立或"冻结"，再用 BHATCH 图案填充就可以快速找到所需填充范围。

另外，填充图案的边界确定有一个边界集设置的问题（在高级栏下）。在默认情况下，BHATCH 命令通过分析图形中所有闭合的对象来定义边界。对屏幕中的所有完全可见或局部可见的对象进行分析以定义边界，在复杂的图形中可能耗费大量时间。要填充复杂图形的小区域，可以在图形中定义一个对象集，称作边界集。BHATCH 不会分析边界集中未包含的对象。

2.11　上　机　实　验

【练习1】绘制如图 2-81 所示的螺栓。

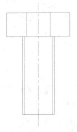

图 2-81　螺栓

1．目的要求

本练习中的图形涉及的命令主要是"直线"。为了做到准确无误，要求通过坐标值的输入指定直线的相关点，从而使读者灵活掌握直线的绘制方法。

2．操作提示

（1）利用"直线"命令绘制螺帽。

（2）利用"直线"命令绘制螺杆。

【练习2】绘制如图2-82所示的哈哈猪。

1．目的要求

本练习中的图形涉及的命令主要是"直线"和"圆"。为了做到准确无误，要求通过坐标值的输入指定线段的端点和圆弧的相关点，从而使读者灵活掌握线段以及圆弧的绘制方法。

2．操作提示

（1）利用"圆"命令绘制哈哈猪的两个眼睛。

（2）利用"圆"命令绘制哈哈猪的嘴巴。

（3）利用"圆"命令绘制哈哈猪的头部。

（4）利用"直线"命令绘制哈哈猪的上下颌分界线。

（5）利用"圆"命令绘制哈哈猪的鼻子。

【练习3】绘制如图2-83所示的椅子。

1．目的要求

本练习中的图形涉及的命令主要是"圆弧"。为了做到准确无误，要求通过坐标值的输入指定线段的端点和圆弧的相关点，从而使读者灵活掌握圆弧的绘制方法。

2．操作提示

（1）利用"直线"命令绘制初步轮廓。

（2）利用"圆弧"命令绘制图形中的圆弧部分。

（3）利用"直线"命令绘制连接线段。

【练习4】绘制如图2-84所示的螺母。

 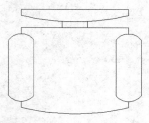 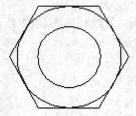

图 2-82　哈哈猪　　　　　　　　图 2-83　椅子　　　　　　　　图 2-84　螺母

1．目的要求

本练习绘制的是一个机械零件图形，涉及的命令有"正多边形"和"圆"。通过本练习，要求读者掌握正多边形的绘制方法，同时复习圆的绘制方法。

2．操作提示

（1）利用"圆"命令绘制外面圆。

（2）利用"多边形"命令绘制六边形。

（3）利用"圆"命令绘制里面圆。

2.12　模 拟 试 题

1. 重复使用刚执行的命令，按（　　　）键。
   A．Ctrl　　　　　　　　B．Alt　　　　　　　　C．Enter　　　　　　　　D．Shift

2. 绘制圆环时，若将内径指定为 0，则会（　　　）。
   A．绘制一个线宽为 0 的圆　　　　　　　　B．绘制一个实心圆
   C．提示重新输入数值　　　　　　　　　　D．提示错误，退出该命令

3. 同时填充多个区域，如果修改一个区域的填充图案而不影响其他区域，则（　　　）。
   A．将图案分解　　　　　　　　　　　　　B．在创建图案填充时选择"关联"
   C．删除图案，重新对该区域进行填充　　　D．在创建图案填充时选择"创建独立的图案填充"

4. 多段线（PLINE）命令不可以（　　　）。
   A．绘制样条线　　　　　　　　　　　　　B．绘制首尾不同宽度的线
   C．闭合多段线　　　　　　　　　　　　　D．绘制由不同宽度的直线或圆弧所组成的连续线段

5. 圆环说法正确的是（　　　）。
   A．圆环是填充环或实体填充圆，即带有宽度的闭合多段线
   B．圆环的两个圆是不能一样大的
   C．圆环无法创建实体填充圆
   D．圆环标注半径值是内环的值

6. 可以有宽度的线有（　　　）。
   A．构造线　　　　　　　B．多段线　　　　　　C．直线　　　　　　　D．样条曲线

7. 下面的命令不能绘制出线段或类似线段图形的有（　　　）。
   A．LINE　　　　　　　　B．XLINE　　　　　　C．PLINE　　　　　　　D．ARC

8. 动手试操作一下，进行图案填充时，下面图案类型中不需要同时指定角度和比例的有（　　　）。
   A．预定义　　　　　　　B．用户定义　　　　　C．自定义　　　　　　D．B 和 C

9. 根据图案填充创建边界时，边界类型不可能是（　　　）。
   A．多段线　　　　　　　B．样条曲线　　　　　C．三维多段线　　　　D．螺旋线

10. 绘制带有圆角的矩形，首先要（　　　）。
    A．先确定一个角点　　　　　　　　　　　B．绘制矩形再倒圆角
    C．先设置圆角再确定角点　　　　　　　　D．先设置倒角再确定角点

第**3**章

精 确 绘 图

本章介绍关于二维绘图的参数设置知识，使读者了解图层、定位工具的妙用并熟练掌握，然后应用到图形绘制过程中。

3.1 精确定位工具

精确定位工具是指能够快速、准确地定位某些特殊点（如端点、中点、圆心等）和特殊位置（如水平位置、垂直位置）的工具，包括"推断约束"、"捕捉模式"、"栅格显示"、"正交模式"、"极轴追踪"、"对象捕捉"、"三维对象捕捉"、"对象捕捉追踪"、"允许/禁止动态 UCS"、"动态输入"、"显示/隐藏线宽"、"显示/隐藏透明度"、"快捷特征"、"选择循环"和"注释监视器"15 个功能开关按钮，如图 3-1 所示。

图 3-1 状态栏按钮

【预习重点】

- ☑ 了解定位工具的应用。
- ☑ 逐个对应按钮与命令的相互关系。
- ☑ 练习正交、栅格、捕捉按钮的应用。

3.1.1 正交模式

在绘图过程中，经常需要绘制水平直线和垂直直线，但是用光标控制选择线段的端点时很难保证两个点严格沿水平或垂直方向，为此，AutoCAD 提供了正交功能，当启用正交模式时，画线或移动对象时只能沿水平方向或垂直方向移动光标，也只能绘制平行于坐标轴的正交线段。

【执行方式】

- ☑ 命令行：ORTHO。
- ☑ 状态栏：单击状态栏中的"正交模式"按钮⌐。
- ☑ 快捷键：F8。

【操作步骤】

命令: ORTHO✓
输入模式 [开(ON)/关(OFF)] <开>:（设置开或关）

3.1.2 栅格显示

用户可以应用栅格显示工具使绘图区显示网格，这是一个形象的画图工具，就像传统的坐标纸一样。本节介绍控制栅格显示及设置栅格参数的方法。

【执行方式】

- ☑ 命令行：DSETTINGS。
- ☑ 菜单栏：选择菜单栏中的"工具"→"绘图设置"命令。

☑ 状态栏：单击状态栏中的"栅格"按钮▦（仅限于打开与关闭）。

☑ 快捷键：F7（仅限于打开与关闭）。

【操作步骤】

选择菜单栏中的"工具"→"绘图设置"命令，打开"草图设置"对话框，选择"捕捉和栅格"选项卡，如图 3-2 所示。

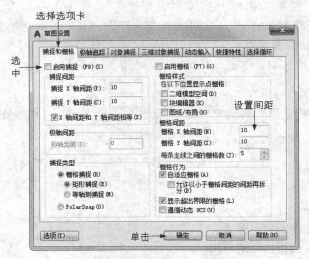

图 3-2 "捕捉和栅格"选项卡

【选项说明】

"启用栅格"复选框用于控制是否显示栅格；"栅格 X 轴间距"和"栅格 Y 轴间距"文本框用于设置栅格在水平与垂直方向的间距。如果"栅格 X 轴间距"和"栅格 Y 轴间距"设置为 0，则 AutoCAD 系统会自动将捕捉栅格间距应用于栅格，且其原点和角度总是与捕捉栅格的原点和角度相同。另外，还可以通过GRID 命令在命令行设置栅格间距。

🎓 高手支招

若在"栅格 X 轴间距"文本框中输入一个数值后按 Enter 键，系统将自动传送这个值给"栅格 Y 轴间距"，这样可减少工作量。

3.1.3 捕捉模式

为了准确地在绘图区捕捉点，AutoCAD 提供了捕捉工具，可以在绘图区生成一个隐含的栅格（捕捉栅格），这个栅格能够捕捉光标，约束光标只能落在栅格的某一个节点上，使用户能够高精确度地捕捉和选择这个栅格上的点。本节主要介绍捕捉栅格的参数设置方法。

【执行方式】

☑ 命令行：DSETTINGS。

☑ 菜单栏：选择菜单栏中的"工具"→"草图设置"命令。

☑ 状态栏：单击状态栏中的"捕捉模式"按钮▦（仅限于打开与关闭）。

☑　快捷键：F9（仅限于打开与关闭）。

【操作步骤】

选择菜单栏中的"工具"→"绘图设置"命令，打开"草图设置"对话框，选择"捕捉和栅格"选项卡。

【选项说明】

（1）"启用捕捉"复选框：控制捕捉功能的开关，与按 F9 键或单击状态栏中的"捕捉模式"按钮▦功能相同。

（2）"捕捉间距"选项组：设置捕捉参数，其中"捕捉 X 轴间距"与"捕捉 Y 轴间距"文本框用于确定捕捉栅格点在水平和垂直两个方向上的间距。

（3）"捕捉类型"选项组：确定捕捉类型和样式。AutoCAD 提供了两种捕捉栅格的方式："栅格捕捉"和 PolarSnap（极轴捕捉）。"栅格捕捉"是指按正交位置捕捉位置点，PolarSnap 则可以根据设置的任意极轴角捕捉位置点。"栅格捕捉"又分为"矩形捕捉"和"等轴测捕捉"两种方式。在"矩形捕捉"方式下捕捉到的栅格是标准的矩形，在"等轴测捕捉"方式下捕捉到的栅格与光标十字线不再互相垂直，而是呈绘制等轴测图时的特定角度，这种方式在绘制等轴测图时十分方便。

（4）"极轴间距"选项组：该选项组只有在选择 PolarSnap 捕捉类型时才可用。可以在"极轴距离"文本框中输入距离值，也可以在命令行中输入"SNAP"，设置捕捉的有关参数。

3.2　对　象　捕　捉

在利用 AutoCAD 画图时经常要用到一些特殊点，例如圆心、切点、线段或圆弧的端点、中点等，如果只利用光标在图形上选择，要准确地找到这些点是十分困难的。因此，AutoCAD 提供了一些识别这些点的工具，通过这些工具即可容易地构造新几何体，精确地绘制图形，其结果比传统手工绘图更精确且更容易维护。在 AutoCAD 中，这种功能称为对象捕捉功能。

【预习重点】

☑　了解捕捉对象范围。
☑　练习如何打开对象捕捉。
☑　了解对象捕捉在绘图过程中的应用。

3.2.1　特殊位置点捕捉

在通过 AutoCAD 绘图时，有时需要指定一些特殊位置的点，例如圆心、端点、中点、平行线上的点等，可以通过对象捕捉功能来捕捉这些点，如表 3-1 所示。

表 3-1　特殊位置点捕捉

捕 捉 模 式	快 捷 命 令	功　　能
临时追踪点	TT	建立临时追踪点
两点之间的中点	M2P	捕捉两个独立点之间的中点
捕捉自	FRO	与其他捕捉方式配合使用，建立一个临时参考点，作为指出后继点的基点
端点	ENDP	用来捕捉对象（如线段或圆弧等）的端点
中点	MID	用来捕捉对象（如线段或圆弧等）的中点
圆心	CEN	用来捕捉圆或圆弧的圆心

续表

捕捉模式	快捷命令	功　能
节点	NOD	捕捉用 POINT 或 DIVIDE 等命令生成的点
象限点	QUA	用来捕捉距光标最近的圆或圆弧上可见部分的象限点，即圆周上 0°、90°、180°、270°位置上的点
交点	INT	用来捕捉对象（如线、圆弧或圆等）的交点
延长线	EXT	用来捕捉对象延长路径上的点
插入点	INS	用于捕捉块、形、文字、属性或属性定义等对象的插入点
垂足	PER	在线段、圆、圆弧或其延长线上捕捉一个点，使之与最后生成的点的连线与该线段、圆或圆弧正交
切点	TAN	最后生成的一个点到选中的圆或圆弧上引线的切点位置
最近点	NEA	用于捕捉离拾取点最近的线段、圆、圆弧等对象上的点
外观交点	APP	用来捕捉两个对象在视图平面上的交点。若两个对象没有直接相交，则系统自动计算其延长后的交点；若两个对象在空间上为异面直线，则系统计算其投影方向上的交点
平行线	PAR	用于捕捉与指定对象平行方向的点
无	NON	关闭对象捕捉模式
对象捕捉设置	OSNAP	设置对象捕捉

AutoCAD 提供了命令行、工具栏和右键快捷菜单 3 种执行特殊点对象捕捉的方法。

在使用特殊位置点捕捉的快捷命令前，必须先选择绘制对象的命令或工具，再在命令行中输入其快捷命令。

【操作实践——公切线的绘制】

绘制如图 3-3 所示的公切线。

（1）单击"默认"选项卡"绘图"面板中的"圆"按钮 ◎，以适当半径绘制两个圆，绘制效果如图 3-4 所示。

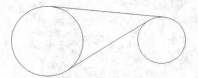

图 3-3　圆的公切线　　　　　　　　　　图 3-4　绘制圆

（2）单击"默认"选项卡"绘图"面板中的"直线"按钮 ╱，绘制公切线，命令行提示与操作如下。

命令：_LINE
指定第一个点：（按 Shift 键并右击，在弹出的快捷菜单中单击"切点"按钮 ◎）
_TAN 到：（指定左边圆上一点，系统自动显示"递延切点"提示，如图 3-5 所示）
指定下一点或 [放弃(U)]：（按 Shift 键并右击，在弹出的快捷菜单中单击"切点"按钮 ◎）
_TAN 到：（指定右边圆上一点，系统自动显示"递延切点"提示，如图 3-6 所示）
指定下一点或 [放弃(U)]：✓

（3）单击"默认"选项卡"绘图"面板中的"直线"按钮 ╱，绘制公切线。同样利用对象捕捉快捷菜单中的"切点"按钮捕捉切点，如图 3-7 所示为捕捉第二个切点的情形。

（4）系统自动捕捉到切点的位置，最终绘制结果如图 3-3 所示。

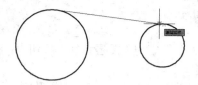 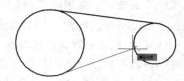

图 3-5　指定圆上一点　　　　　图 3-6　递延切点提示　　　　　图 3-7　捕捉第二个切点

高手支招

不管指定圆上哪一点作为切点，系统都会根据圆的半径和指定的大致位置确定准确的切点位置，并能根据指定点与内外切点距离，依据距离趋近原则判断绘制外切线还是内切线。

3.2.2　对象捕捉设置

在 AutoCAD 2017 中绘图之前，可以根据需要事先设置开启一些对象捕捉模式，绘图时系统就能自动捕捉这些特殊点，从而加快绘图速度，提高绘图质量。

【执行方式】

- ☑　命令行：DDOSNAP。
- ☑　菜单栏：选择菜单栏中的"工具"→"绘图设置"命令。
- ☑　工具栏：单击"对象捕捉"工具栏中的"对象捕捉设置"按钮 。
- ☑　状态栏：将光标捕捉到二维参照点（对象捕捉功能，仅限于打开与关闭）或单击"对象捕捉"右侧的下拉按钮，弹出下拉菜单，选择"对象捕捉设置"命令，如图 3-8 所示。
- ☑　快捷键：F3（仅限于打开与关闭）。
- ☑　快捷菜单：调用 AutoCAD 中的任意命令后，在绘图区右击，选择快捷菜单中的"捕捉替代"→"对象捕捉设置"命令。

【操作步骤】

执行上述命令后，打开"草图设置"对话框，选择"对象捕捉"选项卡，如图 3-9 所示，在其中可对对象捕捉方式进行设置。

 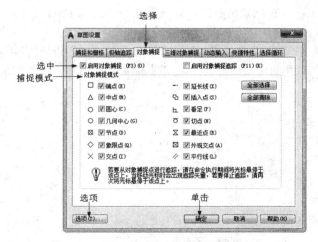

图 3-8　下拉菜单　　　　　　　　　图 3-9　"对象捕捉"选项卡

【操作实践——盘盖的绘制】

本实例绘制如图 3-10 所示的盘盖。

（1）单击"默认"选项卡"图层"面板中的"图层特性"按钮，弹出"图层特性管理器"对话框，新建如下两个图层。

① 第一图层命名为"粗实线"，线宽为 0.30mm，其余属性默认。

② 第二图层命名为"中心线"，颜色为红色，线型为 CENTER，其余属性默认。

（2）将"中心线"图层设置为当前图层，单击"默认"选项卡"绘图"面板中的"直线"按钮，绘制相互垂直的中心线。

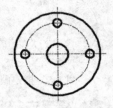

图 3-10 盘盖

（3）选择菜单栏中的"工具"→"绘图设置"命令，打开"草图设置"对话框，选择"对象捕捉"选项卡，单击"全部选择"按钮，选择所有的捕捉模式，然后选中"启用对象捕捉"复选框，如图 3-11 所示，确认退出。

（4）单击"默认"选项卡"绘图"面板中的"圆"按钮，绘制圆形中心线，在指定圆心时，捕捉垂直中心线的交点，如图 3-12（a）所示。绘制效果如图 3-12（b）所示。

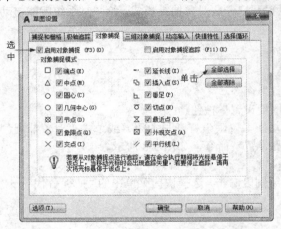

图 3-11 对象捕捉设置

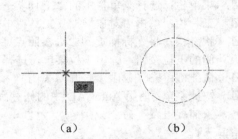

图 3-12 绘制中心线

（5）将"粗实线"图层设置为当前图层，单击"默认"选项卡"绘图"面板中的"圆"按钮，绘制盘盖外圆和内孔，在指定圆心时，捕捉垂直中心线的交点，如图 3-13（a）所示。绘制效果如图 3-13（b）所示。

（6）单击"默认"选项卡"绘图"面板中的"圆"按钮，绘制螺孔，在指定圆心时，捕捉圆形中心线与水平中心线或垂直中心线的交点，如图 3-14（a）所示。绘制效果如图 3-14（b）所示。

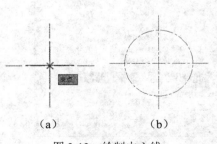

图 3-13 绘制中心线

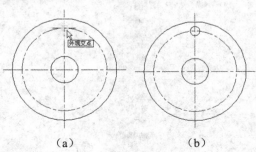

图 3-14 绘制单个均布圆

（7）按同样的方法绘制其他 3 个螺孔，最终效果如图 3-10 所示。

【选项说明】

（1）"启用对象捕捉"复选框：选中该复选框，在"对象捕捉模式"选项组中选中的捕捉模式处于激活状态。

（2）"启用对象捕捉追踪"复选框：用于打开或关闭自动追踪功能。

（3）"对象捕捉模式"选项组：此选项组中列出了各种捕捉模式的复选框，被选中的复选框处于激活状态。单击"全部清除"按钮，则所有模式均被清除。单击"全部选择"按钮，则所有模式均被选中。

另外，在对话框的左下角有一个"选项"按钮，单击该按钮可以打开"选项"对话框的"草图"选项卡，在该对话框中可决定捕捉模式的各项设置。

3.2.3　基点捕捉

在绘制图形时，有时需要指定以某个点为基点，这时，可以利用基点捕捉功能来捕捉此点。基点捕捉要求确定一个临时参考点作为指定后续点的基点，通常与其他对象捕捉模式及相关坐标联合使用。

【执行方式】

☑　命令行：FROM。

☑　快捷菜单：调用 AutoCAD 中的任意命令后，在绘图区右击，在弹出的快捷菜单中选择"捕捉替代"→"自"命令，如图 3-15 所示。

【操作步骤】

当在输入一点的提示下输入"FROM"，或单击相应的工具图标时，命令行提示与操作如下。

图 3-15　快捷菜单

```
基点: (指定一个基点)
<偏移>: (输入相对于基点的偏移量)
```

由此得到一个点，这个点与基点之间坐标差为指定的偏移量。

3.3　对象追踪

对象追踪是指按指定角度或与其他对象建立指定关系绘制对象。可以结合对象捕捉功能进行自动追踪，也可以指定临时点进行临时追踪。

【预习重点】

☑　了解对象追踪应用范围。

☑　练习自动追踪与极轴追踪设置。

3.3.1　自动追踪

利用自动追踪功能，可以对齐路径，有助于以精确的位置和角度创建对象。自动追踪包括"极轴追踪"和"对象捕捉追踪"两种追踪选项。"极轴追踪"是指按指定的极轴角或极轴角的倍数对齐要指定点的路径；"对象捕捉追踪"是指以捕捉到的特殊位置点为基点，按指定的极轴角或极轴角的倍数对齐要指定点的路径。

"极轴追踪"必须配合"对象捕捉"功能一起使用，即依次单击状态栏中的"极轴追踪"按钮 和"对象捕捉"按钮 ；"对象捕捉追踪"必须配合"对象捕捉"功能一起使用，即依次单击状态栏中的"对象捕捉"按钮 和"对象捕捉追踪"按钮 。

【执行方式】

- ☑ 命令行：DDOSNAP。
- ☑ 菜单栏：选择菜单栏中的"工具"→"绘图设置"命令。
- ☑ 工具栏：单击"对象捕捉"工具栏中的"对象捕捉设置"按钮 。
- ☑ 状态栏：依次单击状态栏中的"对象捕捉"按钮 和"对象捕捉追踪"按钮 。
- ☑ 快捷键：F11。
- ☑ 快捷菜单：调用 AutoCAD 中的任意命令后，在绘图区右击，在弹出的快捷菜单中选择"捕捉替代"→"对象捕捉设置"命令。

【操作步骤】

执行上述命令后，或在"对象捕捉"按钮 与"对象捕捉追踪"按钮 上右击，在弹出的快捷菜单中选择"设置"命令，打开"草图设置"对话框，选择"对象捕捉"选项卡，选中"启用对象捕捉追踪"复选框，即可完成对象捕捉追踪的设置。

3.3.2 极轴追踪设置

【执行方式】

- ☑ 命令行：DDOSNAP。
- ☑ 菜单栏：选择菜单栏中的"工具"→"绘图设置"命令。
- ☑ 工具栏：单击"对象捕捉"工具栏中的"对象捕捉设置"按钮 。
- ☑ 状态栏：单击状态栏中的"对象捕捉"按钮 和"极轴追踪"按钮 。
- ☑ 快捷键：F10。
- ☑ 快捷菜单：调用 AutoCAD 中的任意命令后，在绘图区右击，在弹出的快捷菜单中选择"捕捉替代"→"对象捕捉设置"命令。

【操作步骤】

执行上述命令或在"极轴追踪"按钮 上右击，在弹出的快捷菜单中选择"设置"命令，打开如图 3-16 所示"草图设置"对话框中的"极轴追踪"选项卡。

【选项说明】

（1）"启用极轴追踪"复选框：选中该复选框，即启用极轴追踪功能。

（2）"极轴角设置"选项组：设置极轴角的值，可以在"增量角"下拉列表框中选择一种角度值，也可选中"附加角"复选框。单击"新建"按钮设置任意附加角，系统在进行极轴追踪时，同时追踪增量角和附加角，可以设置多个附加角。

（3）"对象捕捉追踪设置"和"极轴角测量"选项组：按界面提示设置相应选项。利用自动追踪可以完成三视图绘制。

【操作实践——方头平键的绘制】

本实例绘制如图 3-17 所示的方头平键。

（1）单击"默认"选项卡"绘图"面板中的"矩形"按钮▭，绘制主视图外形，在空白处单击确定矩形的第一个角点，另一个角点为（@100,11），绘制效果如图3-18所示。

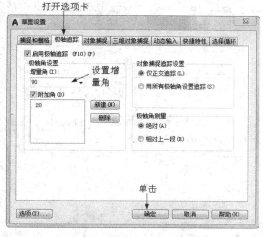

图 3-16 "极轴追踪"选项卡

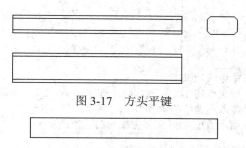

图 3-17 方头平键

图 3-18 绘制主视图外形

（2）依次单击状态栏中的"对象捕捉"和"对象追踪"按钮，启动对象捕捉追踪功能。单击"默认"选项卡"绘图"面板中的"直线"按钮╱，绘制主视图棱线。命令行提示与操作如下。

命令: LINE↙
指定第一点: FROM↙
基点:（捕捉矩形左上角点，如图3-19所示）
<偏移>: @0,-2↙
指定下一点或 [放弃(U)]:（鼠标右移，捕捉矩形右边上的垂足，如图3-20所示）

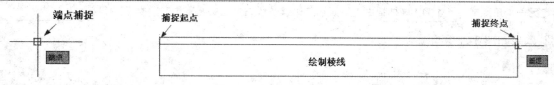

图 3-19 捕捉角点   图 3-20 捕捉垂足

按相同的方法，以矩形左下角点为基点，向上偏移两个单位，利用基点捕捉绘制下面的另一条棱线，效果如图3-21所示。

（3）右击状态栏中的"极轴追踪"按钮◔，打开"草图设置"对话框的"极轴追踪"选项卡，选中"启用极轴追踪"复选框，将"增量角"设置为90，将对象捕捉追踪设置为"仅正交追踪"。

（4）单击"默认"选项卡"绘图"面板中的"矩形"按钮▭，绘制俯视图外形。捕捉上面绘制矩形的左下角点，系统显示追踪线，沿追踪线向下在适当位置指定一点，如图 3-22 所示。输入另一角点坐标（@100,18），绘制效果如图3-23所示。

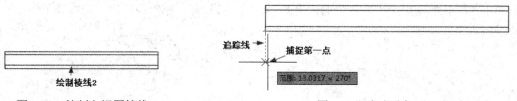

图 3-21 绘制主视图棱线   图 3-22 追踪对象

（5）单击"默认"选项卡"绘图"面板中的"直线"按钮 ✐，结合基点捕捉功能绘制俯视图棱线，偏移距离为 2，绘制效果如图 3-24 所示。

图 3-23　绘制俯视图　　　　　　　　　　图 3-24　绘制俯视图棱线

（6）单击"默认"选项卡"绘图"面板中的"构造线"按钮 ✐，绘制左视图构造线。首先指定适当一点，绘制-45°构造线，继续绘制构造线，如图 3-25 所示，命令行提示与操作如下。

```
命令: _XLINE
指定点或 [水平(H)/垂直(V)/角度(A)/二等分(B)/偏移(O)]: a
输入构造线的角度(0) 或 [参照(R)]: –45
指定通过点:（捕捉主视图右下角点）
```

重复"构造线"命令，绘制另一条水平构造线。再捕捉两条水平构造线与斜构造线交点为指定点，绘制两条竖直构造线，绘制效果如图 3-26 所示。

（7）单击"默认"选项卡"绘图"面板中的"矩形"按钮 ☐，绘制左视图。命令行提示与操作如下。

```
命令: _RECTANG✐
指定第一个角点或 [倒角(C)/标高(E)/圆角(F)/厚度(T)/宽度(W)]: C✐
指定矩形的第一个倒角距离 <0.0000>: 2
指定矩形的第一个倒角距离 <0.0000>: 2
指定第一个角点或 [倒角(C)/标高(E)/圆角(F)/厚度(T)/宽度(W)]:（捕捉主视图矩形上边延长线与第一条竖直构造线
交点，如图 3-27 所示）
指定另一个角点或 [尺寸(D)]:（捕捉主视图矩形下边延长线与第二条竖直构造线交点）
```

绘制效果如图 3-28 所示。

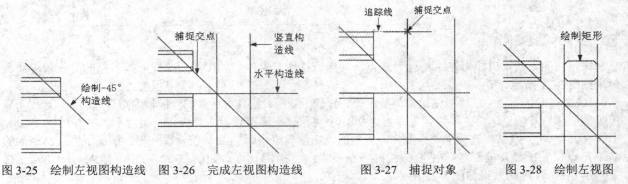

图 3-25　绘制左视图构造线　图 3-26　完成左视图构造线　　图 3-27　捕捉对象　　图 3-28　绘制左视图

（8）单击"默认"选项卡"修改"面板中的"删除"按钮 ✐，删除构造线，最终效果如图 3-17 所示。

3.4　参数化工具

约束能够精确地控制草图中的对象。草图约束有两种类型，即几何约束和尺寸约束。

几何约束建立草图对象的几何特性（如要求某一直线具有固定长度），或是两个或更多草图对象的关系类型（如要求两条直线垂直或平行，或几个圆弧具有相同的半径）。在绘图区，用户可以使用"参数化"选项卡内的"全部显示"、"全部隐藏"或"显示"来显示相关信息，并显示代表这些约束的直观标记，如图 3-29 所示为水平标记━━和共线标记✓。

尺寸约束建立草图对象的大小（如直线的长度、圆弧的半径等），或两个对象之间的关系（如两点之间的距离）。如图 3-30 所示为带有尺寸约束的图形示例。

图 3-29　"几何约束"示意图

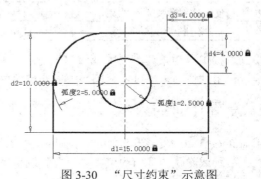

图 3-30　"尺寸约束"示意图

【预习重点】

- ☑　了解对象约束菜单命令的使用。
- ☑　练习几何约束命令的执行方法。
- ☑　练习尺寸约束命令的执行方法。

3.4.1　建立几何约束

利用几何约束工具，可以指定草图对象必须遵守的条件，或草图对象之间必须维持的关系。几何约束的面板及工具栏（其面板在"二维草图与注释"工作空间"参数化"选项卡的"几何"面板中）如图 3-31 所示，其主要几何约束选项功能如表 3-2 所示。

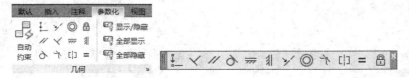

图 3-31　几何约束的面板及工具栏

表 3-2　几何约束选项功能

约 束 模 式	功 能
重合	约束两个点使其重合，或约束一个点使其位于曲线（或曲线的延长线）上。可以使对象上的约束点与某个对象重合，也可以使其与另一对象上的约束点重合
共线	使两条或多条直线段沿同一直线方向，使其共线
同心	将两个圆弧、圆或椭圆约束到同一个中心点，结果与将重合约束应用于曲线的中心点所产生的效果相同
固定	将几何约束应用于一对对象时，选择对象的顺序以及选择每个对象的点可能会影响对象彼此间的放置方式
平行	使选定的直线位于彼此平行的位置，平行约束在两个对象之间应用
垂直	使选定的直线位于彼此垂直的位置，垂直约束在两个对象之间应用

续表

约 束 模 式	功 能
水平	使直线或点位于与当前坐标系 X 轴平行的位置，默认选择类型为对象
竖直	使直线或点位于与当前坐标系 Y 轴平行的位置
相切	将两条曲线约束为保持彼此相切或其延长线保持彼此相切，相切约束在两个对象之间应用
平滑	将样条曲线约束为连续，并与其他样条曲线、直线、圆弧或多段线保持连续性
对称	使选定对象受对称约束，相对于选定直线对称
相等	将选定圆弧和圆的尺寸重新调整为半径相同，或将选定直线的尺寸重新调整为长度相同

在绘图过程中可指定二维对象或对象上点之间的几何约束。在编辑受约束的几何图形时将保留约束，因此，通过使用几何约束，可以在图形中包括设计要求。

3.4.2　设置几何约束

在用 AutoCAD2017 绘图时，可以控制约束栏的显示，利用"约束设置"对话框（如图 3-32 所示）可控制约束栏上显示或隐藏的几何约束类型。单独或全局显示或隐藏几何约束和约束栏，可执行以下操作。

（1）显示（或隐藏）所有的几何约束。

（2）显示（或隐藏）指定类型的几何约束。

（3）显示（或隐藏）所有与选定对象相关的几何约束。

【执行方式】

☑　命令行：CONSTRAINTSETTINGS（快捷命令：CSETTINGS）。

☑　菜单栏：选择菜单栏中的"参数"→"约束设置"命令。

☑　功能区：单击"参数化"选项卡"几何"面板中的"对话框启动器"按钮⬎。

☑　工具栏：单击"参数化"工具栏中的"约束设置"按钮⬚。

【操作步骤】

执行上述命令后，打开"约束设置"对话框，选择"几何"选项卡，如图 3-32 所示，在其中可以设置约束栏上约束类型的显示。

图 3-32　"约束设置"对话框

【操作实践——端盖的绘制】

本实例绘制如图 3-33 所示的端盖。

（1）单击"默认"选项卡"图层"面板中的"图层特性"按钮，弹出"图层特性管理器"对话框，新建如下两个图层。

① 第一图层命名为"粗实线"，线宽为 0.30mm，其余属性默认。

② 第二图层命名为"中心线"，颜色为红色，线型为 CENTER，其余属性默认，如图 3-34 所示。

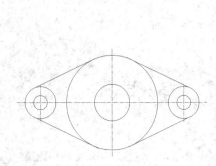

图 3-33 端盖

图 3-34 图层设置

（2）将"中心线"图层设置为当前图层。单击"默认"选项卡"绘图"面板中的"直线"按钮，绘制两条线段，如图 3-35 所示。

（3）单击"参数化"选项卡"几何"面板中的"水平"按钮，选择相对水平的线段，为该线段添加水平约束，该线段就会变成水平状态。用同样的方法，单击"参数化"选项卡"几何"面板中的"竖直"按钮，为相对竖直的线段添加约束，使该线段变成竖直状态，如图 3-36 所示，约束状态符号同时显示在相关位置。

（4）单击"默认"选项卡"绘图"面板中的"直线"按钮，绘制另外两条中心线，并添加竖直约束，如图 3-37 所示。

图 3-35 绘制线段 　　图 3-36 水平和竖直约束 　　图 3-37 绘制中心线

（5）单击"参数化"选项卡"几何"面板中的"对称"按钮，命令行提示与操作如下。

```
命令: GCSYMMETRIC
选择第一个对象或 [两点(2P)]:（选择左边竖直直线）
选择第二个对象:（选择右边竖直直线）
选择对称直线:（选择中间竖直直线）
```

（6）将"粗实线"图层设置为当前图层，绘制 3 组共 6 个圆，半径适当选取，捕捉每组内部圆的圆心为中心线交点，另外一个圆的圆心可以相对随意选取，如图 3-38 所示。

（7）单击"参数化"选项卡"几何"面板中的"固定"按钮🔒，将 3 个内部圆的圆心固定，如图 3-39 所示。

（8）单击"参数化"选项卡"几何"面板中的"同心"按钮◎，命令行提示与操作如下。

命令: GCCONCENTRIC↙
选择第一个对象:（选择最左边的内圆）
选择第二个对象:（选择最左边的外圆）

用同样的方法为另外两组圆添加同心约束，效果如图 3-40 所示。

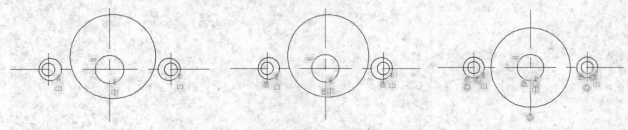

图 3-38　绘制圆　　　　　　　图 3-39　固定圆心　　　　　　　图 3-40　右侧两圆添加同心约束

（9）单击"参数化"选项卡"几何"面板中的"相等"按钮〓，为左、右同心圆建立相等约束，使它们的大小相等，命令行提示与操作如下。

命令: GCEQUAL↙
选择第一个对象或 [多个(M)]:（选择最左边的内圆）
选择第二个对象:（选择最右边的内圆）

用同样的方法为另外两组圆添加相等约束，如图 3-41 所示。

（10）单击"默认"选项卡"绘图"面板中的"直线"按钮╱，绘制 4 条直线，使其大致成为圆的外公切线，如图 3-42 所示。将图形放大，可以发现直线与图并没有真正相切，如图 3-43 所示。

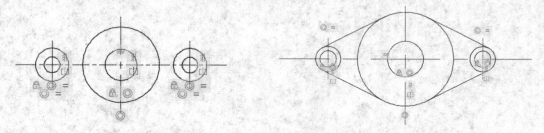

图 3-41　对称约束同心圆　　　　　　　　　　　图 3-42　绘制直线

（11）单击"参数化"选项卡"几何"面板中的"相切"按钮👌，命令行提示与操作如下。

命令: GCTANGENT↙
选择第一个对象:（选择左上边的直线）
选择第二个对象:（选择左边的外圆）

此斜线与圆之间就添加了相切约束，用相同的方法建立其他相切约束，效果如图 3-44 所示。

（12）单击"参数化"选项卡"几何"面板中的"全部隐藏"按钮🔲，将约束标记隐藏，最终效果如图 3-33

所示。

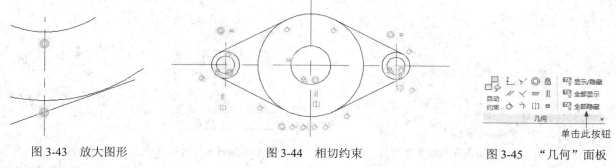

图 3-43　放大图形　　　　　　图 3-44　相切约束　　　　　图 3-45　"几何"面板

高手支招

在设置几何约束时，要注意各种约束条件之间不要出现互相干涉或影响的情况。也不要设置过多约束，这有可能导致不同约束条件之间相互干涉。

【选项说明】

（1）"约束栏显示设置"选项组：该选项组控制图形编辑器中是否为对象显示约束栏或约束点标记。例如，可以为水平约束和竖直约束隐藏约束栏的显示。

（2）"全部选择"按钮：选择全部几何约束类型。

（3）"全部清除"按钮：清除所有选定的几何约束类型。

（4）"仅为处于当前平面中的对象显示约束栏"复选框：选中该复选框后，仅为当前平面上受几何约束的对象显示约束栏。

（5）"约束栏透明度"选项组：设置图形中约束栏的透明度。

（6）"将约束应用于选定对象后显示约束栏"复选框：手动应用约束或使用 AUTOCONSTRAIN 命令时，显示相关约束栏。

（7）"选定对象时显示约束栏"复选框：临时显示选定对象的约束栏。

3.4.3　建立尺寸约束

建立尺寸约束可以限制图形几何对象的大小，即与在草图上标注尺寸相似，同样，设置尺寸标注线也会建立相应的表达式，不同的是，尺寸标注线可以在后续的编辑工作中实现尺寸的参数化驱动。标注约束的面板及工具栏（其面板在"二维草图与注释"工作空间"参数化"选项卡的"标注"面板中）如图 3-46 所示。

在生成尺寸约束时，用户可以选择草图曲线、边、基准平面或基准轴上的点，以生成水平、竖直、平行、垂直和角度尺寸。

生成尺寸约束时，系统会生成一个表达式，其名称和值显示在一个文本框中，如图 3-47 所示，用户可以在其中编辑该表达式的名称和值。

生成尺寸约束时，只要选中了几何体，其尺寸及延伸线和箭头就会全部显示出来。将尺寸拖动到位后单击，就完成了尺寸约束的添加。完成尺寸约束后，用户还可以随时更改尺寸约束，只需在绘图区选中该值双击，就可以使用生成过程中所采用的方式，编辑其名称、值或位置。

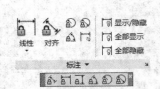

图 3-46　标注约束的面板及工具栏

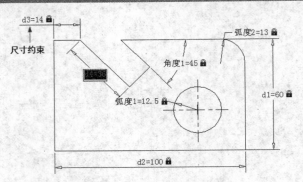

图 3-47　编辑尺寸约束示意图

3.4.4　设置尺寸约束

在用 AutoCAD 2017 绘图时，在"约束设置"对话框的"标注"选项卡中，可设置显示标注约束时的系统配置，标注约束控制设计的大小和比例。尺寸约束的具体内容如下。

（1）对象之间或对象上点之间的距离。

（2）对象之间或对象上点之间的角度。

【执行方式】

☑　命令行：CONSTRAINTSETTINGS（快捷命令：CSETTINGS）。

☑　菜单栏：选择菜单栏中的"参数"→"约束设置"命令。

☑　工具栏：单击"参数化"工具栏中的"约束设置"按钮 。

☑　功能区：单击"参数化"选项卡"标注"面板中的"对话框启动器"按钮 。

【操作步骤】

执行上述命令后，打开"约束设置"对话框，选择"标注"选项卡，如图 3-48 所示。在该对话框中可以设置约束栏上约束类型的显示方式。

【操作实践——修改端盖尺寸】

将 3.4.2 节绘制的端盖尺寸进行修改，如图 3-49 所示。

图 3-48　"标注"选项卡

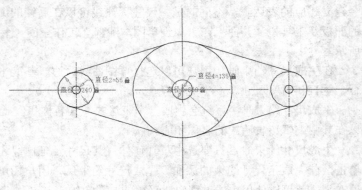

图 3-49　修改尺寸后的端盖

（1）单击快速访问工具栏中的"打开"按钮 📂，打开"端盖"图形，如图 3-50 所示。

（2）单击"参数化"选项卡"标注"面板中的"直径"按钮，更改直径尺寸，命令行提示与操作如下。

命令: DCDIAMETER↙
选择圆弧或圆:（选择最左边的外圆）
指定尺寸线位置:（指定尺寸线位置）

显示效果如图 3-51 所示，然后更改标注尺寸为 240。

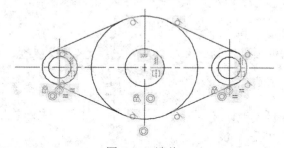

图 3-50 端盖

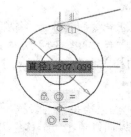

图 3-51 显示效果

（3）单击"参数化"选项卡"标注"面板中的"半径"按钮，更改半径尺寸，命令行提示与操作如下。

命令: DCRADIUS↙
选择圆弧或圆:（选择最左边的内圆）
指定尺寸线位置:（指定尺寸线位置）

显示效果如图 3-52 所示，然后更改标注尺寸为 55。

用同样的方法分别设置中间外圆的直径为 660，内圆的半径为 135。修改后的效果如图 3-53 所示。

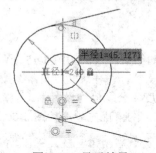

图 3-52 显示效果

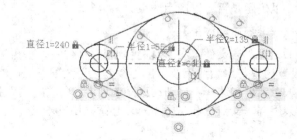

图 3-53 显示结果

【选项说明】

（1）"标注约束格式"选项组：在该选项组内可以设置标注名称格式和锁定图标的显示方式。

（2）"标注名称格式"下拉列表框：为应用标注约束时显示的文字指定格式。将名称格式设置为显示名称、值或名称和表达式，如宽度=长度/2。

（3）"为注释性约束显示锁定图标"复选框：针对已应用注释性约束的对象显示锁定图标。

（4）"为选定对象显示隐藏的动态约束"复选框：显示选定时已设置为隐藏的动态约束。

3.4.5 自动约束

在用 AutoCAD 绘图时，在"约束设置"对话框的"自动约束"选项卡中，可将设定公差范围内的对象自动设置为相关约束。

【执行方式】

- ☑ 命令行：CONSTRAINTSETTINGS（快捷命令：CSETTINGS）。
- ☑ 菜单栏：选择菜单栏中的"参数"→"约束设置"命令。
- ☑ 工具栏：单击"参数化"工具栏中的"约束设置"按钮。
- ☑ 功能区：单击"参数化"选项卡"标注"面板中的"对话框启动器"按钮。

【操作步骤】

执行上述命令后，打开"约束设置"对话框，选择"自动约束"选项卡，如图 3-54 所示，利用此对话框可以控制自动约束的相关参数。

【选项说明】

（1）"约束类型"列表框：显示自动约束的类型以及优先级。可以通过单击"上移"和"下移"按钮调整优先级的先后顺序。单击✔按钮，选择或去掉某约束类型作为自动约束类型。

（2）"相切对象必须共用同一交点"复选框：指定两条曲线必须共用一个点（在距离公差内指定）应用相切约束。

（3）"垂直对象必须共用同一交点"复选框：指定直线必须相交或一条直线的端点必须与另一条直线或直线的端点重合（在距离公差内指定）。

（4）"公差"选项组：设置可接受的"距离"和"角度"公差值，以确定是否可以应用约束。

图 3-54　"自动约束"对话框设置

【操作实践——端盖自动约束】

打开随书光盘"源文件\第 3 章\端盖.dwg"文件，对端盖进行自动约束，效果如图 3-55 所示。

（1）设置约束与自动约束。单击"参数化"选项卡"标注"面板中的"对话框启动器"按钮，打开"约束设置"对话框。选择"自动约束"选项卡，将"距离"和"角度"公差值均设置为 1，取消选中"相切对象必须共用同一交点"和"垂直对象必须共用同一交点"复选框，约束优先顺序按图 3-56 所示设置。

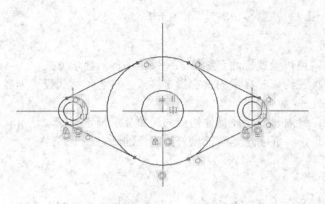

图 3-55　端盖自动约束

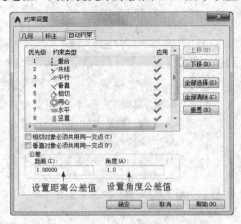

图 3-56　约束设置

（2）按 3.4.2 节端盖的绘制步骤（10）的方法绘制公切线，如图 3-57 所示。

（3）单击"参数化"选项卡"几何"面板中的"自动约束"按钮，命令行提示与操作如下。

```
命令: AUTOCONSTRAIN↙
选择对象或 [设置(S)]:（选择最左端外圆）
选择对象或 [设置(S)]: 找到 1 个
选择对象或 [设置(S)]:（选择左下边直线）
选择对象或 [设置(S)]: 找到 1 个，总计 2 个↙
```

完成操作之后，斜边与圆相切并显示相切约束符号，如图 3-58 所示。

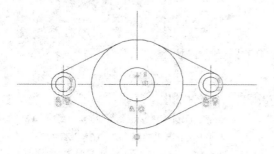

图 3-57　绘制公切线

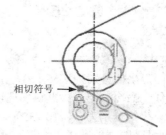

图 3-58　添加相切约束

（4）采用同样的方法，使斜边与各个圆进行自动约束，最终效果如图 3-55 所示。

3.5　综合演练——利用参数化工具绘制轴

本实例绘制如图 3-59 所示的轴并标注约束。

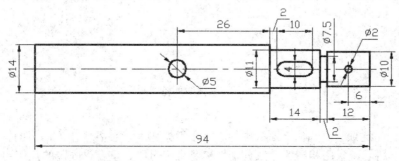

图 3-59　绘制轴

利用"直线""圆弧""多段线"命令绘制如图 3-59 所示的泵轴，利用前面所学的图层设置相关功能设置标注约束。

（1）图层设置。单击"默认"选项卡"图层"面板中的"图层特性"按钮，弹出"图层特性管理器"对话框，新建 3 个图层。

① "轮廓线"图层，线宽属性为 0.30mm，其余属性默认。

② "中心线"图层，颜色设为红色，线型加载为 CENTER2，其余属性默认。

③ "尺寸线"图层，颜色设为蓝色，线型为 Continuous，其余属性默认。

设置完成后，使 3 个图层均处于打开、解冻和解锁状态，各项设置如图 3-60 所示。

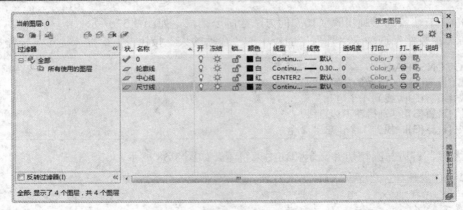

图 3-60　新建图层的各项设置

（2）绘制中心线。将"中心线"图层设置为当前图层，单击"默认"选项卡"绘图"面板中的"直线"
按钮 ✏️ ，绘制两点坐标分别为（65,130），（170,130）的泵轴的中心线。

重复"直线"命令，单击"默认"选项卡"绘图"面板中的"直线"按钮 ✏️ ，绘制 Ø5 圆与 Ø2 圆的竖
直中心线，端点坐标分别为{（110,135），（110,125）}和{（158,133），（158,127）}。

（3）绘制泵轴的外轮廓线。将"轮廓线"图层设置为当前图层。单击"默认"选项卡"绘图"面板中
的"直线"按钮 ✏️ ，按照如图 3-61 所示绘制外轮廓线直线，尺寸不需精确。

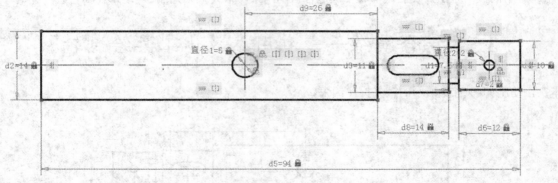

图 3-61　泵轴的外轮廓线

（4）几何约束。

① 单击"参数化"选项卡"几何"面板中的"水平"按钮 〓，使各水平方向上的直线建立水平的几何
约束。按照如图 3-61 所示，采用相同的方法分别创建竖直、对称、重合、固定的几何约束。

② 单击"参数化"选项卡"标注"面板中的"竖直"按钮 ，按照如图 3-61 所示的尺寸对泵轴外轮廓
尺寸进行约束设置，命令行提示与操作如下。

命令: _DCVERTICAL
指定第一个约束点或 [对象(O)] <对象>:（指定第一个约束点）
指定第二个约束点:（指定第二个约束点）
指定尺寸线位置:（指定尺寸线的位置）
标注文字 = 7.5

③ 单击"参数化"选项卡"标注"面板中的"水平"按钮 ，按照如图 3-61 所示的尺寸对泵轴外轮廓

尺寸进行约束设置，命令行提示与操作如下。

```
命令：_DCHORIZONTAL
指定第一个约束点或 [对象(O)] <对象>：（指定第一个约束点）
指定第二个约束点：（指定第二个约束点）
指定尺寸线位置：（指定尺寸线的位置）
标注文字 = 12
```

执行上述命令后，系统将自动对长度进行调整，绘制效果如图 3-61 所示。

（5）绘制泵轴的键槽。单击"默认"选项卡"绘图"面板中的"多段线"按钮 ，绘制多段线，命令行提示与操作如下。

```
命令：_PLINE
指定起点：140,132↙
当前线宽为 0.0000
指定下一个点或 [圆弧(A)/半宽(H)/长度(L)/放弃(U)/宽度(W)]: @6,0↙
指定下一点或 [圆弧(A)/闭合(C)/半宽(H)/长度(L)/放弃(U)/宽度(W)]: A↙（绘制圆弧）
指定圆弧的端点或 [角度(A)/圆心(CE)/闭合(CL)/方向(D)/半宽(H)/直线(L)/半径(R)/第二个点(S)/放弃(U)/宽度(W)]:
@0,-4↙
指定圆弧的端点或 [角度(A)/圆心(CE)/闭合(CL)/方向(D)/半宽(H)/直线(L)/半径(R)/第二个点(S)/放弃(U)/宽度(W)]: L↙
指定下一点或 [圆弧(A)/闭合(C)/半宽(H)/长度(L)/放弃(U)/宽度(W)]: @-6,0↙
指定下一点或 [圆弧(A)/闭合(C)/半宽(H)/长度(L)/放弃(U)/宽度(W)]: A↙
指定圆弧的端点或 [角度(A)/圆心(CE)/闭合(CL)/方向(D)/半宽(H)/直线(L)/半径(R)/第二个点(S)/放弃(U)/宽度(W)]:
_endp 于：选择上面绘制的直线段的左端点，绘制左端的圆弧
指定圆弧的端点或 [角度(A)/圆心(CE)/闭合(CL)/方向(D)/半宽(H)/直线(L)/半径(R)/第二个点(S)/放弃(U)/宽度(W)]: ↙
```

（6）绘制孔。单击"默认"选项卡"绘图"面板中的"圆"按钮 ，以左端中心线的交点为圆心，以任意直径绘制圆。

（7）采用相同的方法，单击"默认"选项卡"绘图"面板中的"圆"按钮 ，以右端中心线的交点为圆心，以任意直径绘制圆。

（8）单击"参数化"选项卡"标注"面板中的"直径"按钮 ，更改左端圆的直径为 5，右端圆的直径为 2。最终绘制的效果如图 3-59 所示。

3.6　名师点拨——精确绘图技巧

1．如何改变自动捕捉标记的大小

选择菜单栏中的"工具"→"选项"命令，在打开的"选项"对话框中选择"绘图"选项卡，在"自动捕捉标记大小"选项下，滑动指针设置大小。

2．栅格工具的操作技巧

在"栅格 X 轴间距"和"栅格 Y 轴间距"文本框中输入数值时，若在"栅格 X 轴间距"文本框中输入一个数值后按 Enter 键，则系统自动传送这个值给"栅格 Y 轴间距"，这样可减少工作量。

3．对象捕捉的作用

绘图时，可以使用新的对象捕捉修饰符来查找任意两点之间的中点。例如，在绘制直线时，可以按住

Shift 键并右击来显示"对象捕捉"快捷菜单，选择"两点之间的中点"命令之后，在图形中指定两点，该直线将以这两点之间的中点为起点。

3.7 上机实验

【练习1】如图 3-62 所示，过四边形上、下边延长线交点作四边形右边的平行线。

1. 目的要求

本练习要绘制的图形比较简单，但是要准确找到四边形上、下边延长线，必须启用"对象捕捉"功能，捕捉延长线交点。通过本练习，读者可以体会到对象捕捉功能的方便与快捷作用。

2. 操作提示

（1）在界面上方的工具栏区右击，选择快捷菜单中的"对象捕捉"命令，打开"对象捕捉"工具栏。

（2）利用"对象捕捉"工具栏中的"捕捉到交点"工具捕捉四边形上、下边的延长线交点作为直线起点。

（3）利用"对象捕捉"工具栏中的"捕捉到平行线"工具捕捉一点作为直线终点。

【练习2】利用对象追踪功能，在如图 3-63（a）所示的图形基础上绘制一条特殊位置直线，如图 3-63（b）所示。

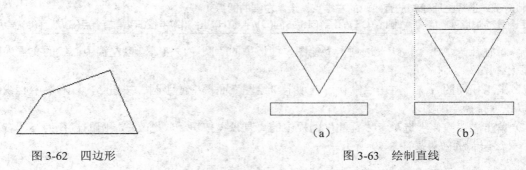

图 3-62 四边形	图 3-63 绘制直线

1. 目的要求

本练习要绘制的图形比较简单，但是要准确找到直线的两个端点，则必须启用"对象捕捉"和"对象捕捉追踪"工具。通过本练习，读者可以体会到对象捕捉和对象捕捉追踪的方便与快捷。

2. 操作提示

（1）启用对象捕捉追踪与对象捕捉功能。

（2）在三角形左边延长线上捕捉一点作为直线起点。

（3）结合对象捕捉追踪与对象捕捉功能在三角形右边延长线上捕捉一点作为直线终点。

3.8 模拟试题

1. 当捕捉设定的间距与栅格所设定的间距不同时，（　　）。

A．捕捉仍然只按栅格进行   B．捕捉时按照捕捉间距进行

C．捕捉既按栅格又按捕捉间距进行 D．无法设置

2．对极轴追踪进行设置，把增量角设为 30°，把附加角设为 10°，采用极轴追踪时，不会显示极轴对齐的是（ ）。

  A．10   B．30   C．40   D．60

3．打开和关闭动态输入的快捷键是（ ）。

  A．F10   B．F11   C．F12   D．F9

4．关于自动约束，下面说法正确的是（ ）。

  A．相切对象必须共用同一交点   B．垂直对象必须共用同一交点

  C．平滑对象必须共用同一交点   D．以上说法均不对

5．移动圆心在（30,30）处的圆，移动中指定圆心的第二个点时，在动态输入框中输入"10,20"，其结果是（ ）。

  A．圆心坐标为（10,20）   B．圆心坐标为（30,30）

  C．圆心坐标为（40,50）   D．圆心坐标为（20,10）

6．执行对象捕捉时，如果在一个指定的位置上包含多个对象符合捕捉条件，则按（ ）键可以在不同对象间切换。

  A．Ctrl   B．Tab   C．Alt   D．Shift

7．下列不是自动约束类型的是（ ）。

  A．共线约束   B．固定约束   C．同心约束   D．水平约束

8．几何约束栏设置不包括（ ）。

  A．垂直   B．平行   C．相交   D．对称

9．栅格状态默认为开启，下面方法中无法关闭该状态的是（ ）。

  A．单击状态栏上的"栅格"按钮

  B．将 Gridmode 变量设置为 1

  C．输入"GRID"后按 Enter 键，然后输入"OFF"并按 Enter 键

  D．以上均不正确

10．默认状态下，若对象捕捉功能关闭，命令执行过程中，按住（ ）键，可以实现对象捕捉。

  A．Shift   B．Shift+A   C．Shift+S   D．Alt

编 辑 命 令

　　二维图形的编辑操作配合绘图命令的使用，可以进一步完成复杂图形对象的绘制工作，并可使用户合理安排和组织图形，保证绘图准确，减少重复，因此，熟练掌握和使用编辑命令有助于提高设计和绘图的效率。本章主要内容包括选择对象、复制类命令、改变位置类命令、删除及恢复类命令、改变几何特性命令和对象编辑等。

4.1 选择对象

【预习重点】

☑ 了解选择对象的途径。

AutoCAD 2017 提供了以下几种方法选择对象。

（1）先选择一个编辑命令，然后选择对象，按 Enter 键结束操作。

（2）使用 SELECT 命令。在命令行中输入"SELECT"，按 Enter 键，然后按提示选择对象，按 Enter 键结束。

（3）利用定点设备选择对象，然后调用编辑命令。

（4）定义对象组。

无论使用哪种方法，AutoCAD 2017 都将提示用户选择对象，并且光标的形状由十字光标变为拾取框。下面结合 SELECT 命令说明选择对象的方法。

SELECT 命令可以单独使用，也可以在执行其他编辑命令时被自动调用。在命令行中输入"SELECT"，按 Enter 键，命令行提示如下。

选择对象:

等待用户以某种方式选择对象作为回答。AutoCAD 2017 提供多种选择方式，可以输入"?"，查看这些选择方式。输入"?"后，命令行出现如下提示。

需要点或窗口(W)/上一个(L)/窗交(C)/框(BOX)/全部(ALL)/栏选(F)/圈围(WP)/圈交(CP)/编组(G)/添加(A)/删除(R)/多个(M)/前一个(P)/放弃(U)/自动(AU)/单个(SI)/子对象(SU)/对象(O)
选择对象:

【选项说明】

（1）点：表示直接通过点取的方式选择对象。利用鼠标或键盘移动拾取框，使其框住要选择的对象，然后单击，被选中的对象就会高亮显示。

（2）窗口(W)：用由两个对角顶点确定的矩形窗口选择位于其范围内部的所有图形，与边界相交的对象不会被选中。指定对角顶点时应该按照从左向右的顺序，执行效果如图 4-1 所示。

（3）上一个(L)：在"选择对象"提示下输入"L"，按 Enter 键，系统自动选择最后绘出的一个对象。

（4）窗交(C)：该方式与"窗口"方式类似，其区别在于它不但选中矩形窗口内部的对象，也选中与矩形窗口边界相交的对象，执行效果如图 4-2 所示。

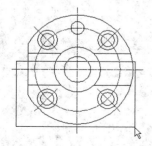 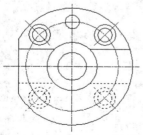 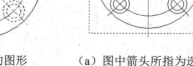
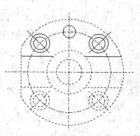 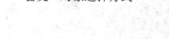

（a）图中箭头所指为选择框　　（b）选择后的图形　　　　　（a）图中箭头所指为选择框　　（b）选择后的图形

图 4-1 "窗口"对象选择方式　　　　　　　　　图 4-2 "窗交"对象选择方式

（5）框(BOX)：使用框时，系统根据用户在绘图区指定的两个对角点的位置而自动引用"窗口"或"窗交"选择方式。若从左向右指定对角点，则为"窗口"方式；反之为"窗交"方式。

（6）全部(ALL)：选择绘图区所有对象。

（7）栏选(F)：用户临时绘制一些直线，这些直线不必构成封闭图形，凡是与这些直线相交的对象均被选中，执行效果如图4-3所示。

（8）圈围(WP)：使用一个不规则的多边形来选择对象。根据提示，用户依次输入构成多边形所有顶点的坐标，直到最后按 Enter 键结束操作，系统将自动连接第一个顶点与最后一个顶点，形成封闭的多边形。凡是被多边形围住的对象均被选中（不包括边界），执行效果如图4-4所示。

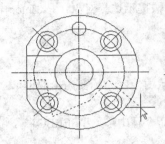 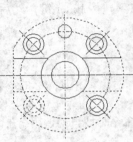 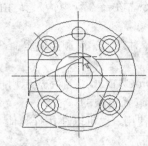 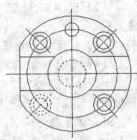

（a）图中虚线为选择栏　　（b）选择后的图形　　（a）箭头所指十字线拉出的多边形为选择框（b）选择后的图形

图4-3　"栏选"对象选择方式　　　　　　　　图4-4　"圈围"对象选择方式

（9）圈交(CP)：类似于"圈围"方式，在提示后输入"CP"，按 Enter 键，后续操作与圈围方式相同。区别在于，执行此命令后与多边形边界相交的对象也被选中。

🎓 **高手支招**

> 若矩形框从左向右定义，即第一个选择的对角点为左侧的对角点，则矩形框内部的对象被选中，框外部及与矩形框边界相交的对象不会被选中；若矩形框从右向左定义，则矩形框内部及与矩形框边界相交的对象都会被选中。

4.2　删除及恢复类命令

【预习重点】

☑　了解删除图形有几种方法。

☑　练习使用 3 种删除方法。

删除及恢复类命令主要用于删除图形某部分或对已被删除的部分进行恢复，包括"删除""恢复""重做""清除"等命令。

4.2.1　"删除"命令

如果所绘制的图形不符合要求或不小心错绘了图形，可以使用"删除"命令 ERASE 将其删除。

【执行方式】

☑　命令行：ERASE（快捷命令：E）。

☑　菜单栏：选择菜单栏中的"修改"→"删除"命令。

☑　工具栏：单击"修改"工具栏中的"删除"按钮 ✐。

☑　功能区：单击"默认"选项卡"修改"面板中的"删除"按钮 ✐。

☑　快捷菜单：选择要删除的对象，在绘图区右击，选择快捷菜单中的"删除"命令。

可以先选择对象后再调用"删除"命令，也可以先调用"删除"命令后再选择对象。选择对象时可以使用前面介绍的对象选择的各种方法。

当选择多个对象时，多个对象都被删除；若选择的对象属于某个对象组，则该对象组中的所有对象都将被删除。

🎓 **高手支招**

在绘图过程中，如果出现了绘制错误或绘制的图形不满意，需要删除时，可以单击"标准"工具栏中的"放弃"按钮 ↩，也可以按 Delete 键，命令行提示"_.erase"。"删除"命令可以一次删除一个或多个图形，如果删除错误，可以利用"放弃"按钮 ↩ 来补救。

4.2.2　"恢复"命令

若不小心误删了图形，可以使用"恢复"命令 OOPS 恢复误删的对象。

【执行方式】

☑　命令行：OOPS 或 U。

☑　工具栏：单击"标准"工具栏中的"放弃"按钮 ↩。

☑　快捷键：Ctrl+Z。

4.3　复制类命令

【预习重点】

☑　了解复制类命令有几种。

☑　简单练习 4 种复制操作方法。

☑　观察在不同情况下使用哪种方法更简便。

本节详细介绍 AutoCAD 2017 的复制类命令，利用这些编辑功能，可以方便地编辑绘制的图形。

4.3.1　"偏移"命令

"偏移"命令是指保持选择对象的形状，在不同的位置以不同尺寸大小新建一个对象。

【执行方式】

☑　命令行：OFFSET（快捷命令：O）。

☑　菜单栏：选择菜单栏中的"修改"→"偏移"命令。

☑　工具栏：单击"修改"工具栏中的"偏移"按钮 ⬒。

☑　功能区：单击"默认"选项卡"修改"面板中的"偏移"按钮 ⬒。

【操作实践——平垫圈的绘制】

本实例绘制如图 4-5 所示的平垫圈。

（1）单击"默认"选项卡"图层"面板中的"图层特性"按钮，弹出"图层特性管理器"对话框，新建如下 3 个图层。

① 第一图层命名为"轮廓线"图层，线宽为 0.30mm，其余属性默认。

② 第二图层命名为"中心线"图层，颜色为红色，线型为 CENTER，其余属性默认。

③ 第三图层命名为"剖面线"图层，颜色设为蓝色，其余属性保持默认设置。

（2）将"中心线"图层设置为当前图层。单击"默认"选项卡"绘图"面板中的"直线"按钮，以
{（115,201），（115,196）}为坐标点绘制一条竖直直线，如图 4-6 所示。

（3）将"轮廓线"图层设置为当前图层。单击"默认"选项卡"绘图"面板中的"直线"按钮，以
{（100,200），（130,200）}为坐标点绘制一条水平直线，以{（100,200），（100,197）}为坐标点绘制一条
竖直直线，效果如图 4-7 所示。

图 4-5　平垫圈　　　　　　图 4-6　绘制中心线　　　　　　图 4-7　绘制轮廓线

（4）单击"默认"选项卡"修改"面板中的"偏移"按钮，将水平直线向下偏移，偏移距离为 3；
重复"偏移"命令，将竖直直线向右偏移，偏移距离分别为 8.5、21.5 和 30，效果如图 4-8 所示。命令行提
示与操作如下。

```
命令: _OFFSET
当前设置: 删除源=否  图层=源  OFFSETGAPTYPE=0
指定偏移距离或 [通过(T)/删除(E)/图层(L)] <0.0000>: 3
指定要偏移的那一侧上的点，或 [退出(E)/多个(M)/放弃(U)] <退出>:
命令: _OFFSET
当前设置: 删除源=否  图层=源  OFFSETGAPTYPE=0
指定偏移距离或 [通过(T)/删除(E)/图层(L)] <3.0000>: 8.5
选择要偏移的对象，或 [退出(E)/放弃(U)] <退出>:
指定要偏移的那一侧上的点，或 [退出(E)/多个(M)/放弃(U)] <退出>:
选择要偏移的对象，或 [退出(E)/放弃(U)] <退出>:
…
```

（5）将"剖面线"图层设置为当前图层，单击"默认"选项卡"绘图"面板中的"图案填充"按钮，
绘制剖面线，最终完成平垫圈的绘制，效果如图 4-9 所示。

图 4-8　偏移处理　　　　　　　　　　图 4-9　平垫圈设计

🎓 高手支招

在 AutoCAD 2017 中，可以使用"偏移"命令，对指定的直线、圆弧、圆等对象作定距离偏移复制操
作。在实际应用中，常利用"偏移"命令的特性创建平行线或等距离分布图形，效果与"阵列"相同。默
认情况下，需要先指定偏移距离，再选择要偏移复制的对象，然后指定偏移方向，以复制出需要的对象。

【选项说明】

（1）指定偏移距离：输入一个距离值或按 Enter 键，使用当前的距离值，系统将把该距离值作为偏移距离，如图 4-10 所示。

（2）通过(T)：指定偏移对象的通过点。选择该选项后出现如下提示。

> 选择要偏移的对象或 [退出(E)/放弃(U)]<退出>：（选择要偏移的对象）
> 指定通过点或 [退出(E)/多个(M)/放弃(U)] <退出>：（指定偏移对象的一个通过点）

操作完毕后，系统根据指定的通过点绘出偏移对象，如图 4-11 所示。

图 4-10　指定偏移对象的距离　　　　　　　　　图 4-11　指定偏移对象的通过点

（3）删除(E)：偏移后将源对象删除。选择该选项后出现如下提示。

> 要在偏移后删除源对象吗？[是(Y)/否(N)]<是>：Y✓
> 指定偏移的距离或 [通过(T)/删除(E)/图层(L)] <通过>：（输入要偏移的距离）
> 选择要偏移的对象，或 [退出(E)/放弃(U)] <退出>：（选择要偏移的对象）
> 指定要偏移的那一侧上的点，或 [退出(E)/多个(M)/放弃(U)] <退出>：（指定偏移方向）

（4）图层(L)：确定将偏移对象创建在当前图层上还是源对象所在的图层上。选择该选项后出现如下提示。

> 输入偏移对象的图层选项 [当前(C)/源(S)]<源>：C✓
> 指定偏移的距离或 [通过(T)/删除(E)/图层(L)] <通过>：（输入要偏移的距离）
> 选择要偏移的对象，或 [退出(E)/放弃(U)] <退出>：（选择要偏移的对象）
> 指定要偏移的那一侧上的点，或 [退出(E)/多个(M)/放弃(U)] <退出>：（指定偏移方向）

（5）多个(M)：使用当前偏移距离重复进行偏移操作，并接受附加的通过点，执行效果如图 4-12 所示。

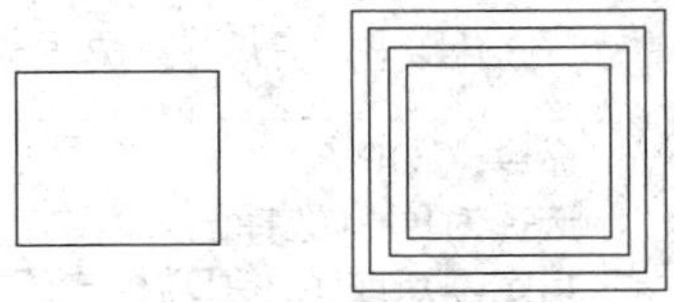

4.3.2　"复制"命令

【执行方式】

- ☑ 命令行：COPY（快捷命令：CO）。
- ☑ 菜单栏：选择菜单栏中的"修改"→"复制"命令。
- ☑ 工具栏：单击"修改"工具栏中的"复制"按钮 。
- ☑ 功能区：单击"默认"选项卡"修改"面板中的"复制"按钮 。
- ☑ 快捷菜单：选中要复制的对象右击，选择快捷菜单中的"复制选择"命令。

图 4-12　偏移选项说明

【操作实践——弹簧的绘制】

本实例绘制如图 4-13 所示的弹簧。

（1）单击"默认"选项卡"图层"面板中的"图层特性"按钮 ，弹出"图层特性管理器"对话框，新建如下 3 个图层。

① 第一图层命名为"粗实线"图层，线宽为 0.30mm，其余属性默认。

② 第二图层命名为"中心线"图层，颜色为红色，线型为 CENTER，其余属性默认。

③ 第三图层命名为"细实线"图层，属性保持默认。

（2）将"中心线"图层设置为当前图层。单击"默认"选项卡"绘图"面板中的"直线"按钮✏，以{（150,150），（230,150）}、{（160,164），（160,154）}、{（162,146），（162,136）}为坐标点绘制中心线，修改线型比例为 0.5，效果如图 4-14 所示。

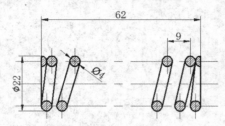

图 4-13　弹簧

图 4-14　绘制中心线

（3）单击"默认"选项卡"修改"面板中的"偏移"按钮▣，将绘制的水平中心线向两侧偏移，偏移距离为 9；将图 4-14 中的竖直中心线 A 向右偏移，偏移距离分别为 4、13、49、58 和 62；将图 4-14 中的竖直中心线 B 向右偏移，偏移距离分别为 6、43、52 和 58，效果如图 4-15 所示。

（4）将"粗实线"图层设置为当前图层。单击"默认"选项卡"绘图"面板中的"圆"按钮◉，以左边第二根竖直中心线与最上边水平中心线交点为圆心，绘制半径为 2 的圆，效果如图 4-16 所示。

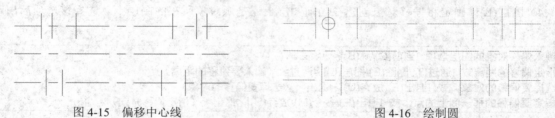

图 4-15　偏移中心线　　　　　　　　　　　图 4-16　绘制圆

（5）单击"默认"选项卡"修改"面板中的"复制"按钮📋，复制圆，命令行提示与操作如下。

命令: COPY↙
选择对象:（选择圆↙）
指定基点或[位移(D)/模式(O)]<位移>:（捕捉圆心为基点）
指定第二个点或 [阵列(A)]<使用第一个点作为位移>:（选择左边第 3 根竖直中心线与最上面水平中心线交点）
指定第二个点或 [阵列(A)/退出(E)/放弃(U)]<退出>:（分别选择竖直中心线和水平中心线的交点）

复制完成后效果如图 4-17 所示。

（6）单击"默认"选项卡"绘图"面板中的"圆弧"按钮✏，绘制圆弧，命令行提示与操作如下。

命令: _ARC↙
指定圆弧的起点或 [圆心(C)]: C↙
指定圆弧的圆心:（指定最左边竖直中心线与最上水平中心线交点）
指定圆弧的起点: @0,-2↙
指定圆弧的端点或 [角度(A)/弦长(L)]: @0,4↙

重复"圆弧"命令，绘制另一段圆弧，效果如图 4-18 所示。

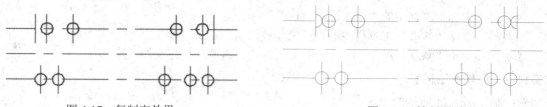

图 4-17　复制完效果　　　　　　　　　　　　　图 4-18　绘制圆弧

（7）单击"默认"选项卡"绘图"面板中的"直线"按钮✏，绘制连接线，效果如图 4-19 所示。

（8）将"细实线"图层设置为当前图层。单击"默认"选项卡"绘图"面板中的"图案填充"按钮▨，设置填充图案为 ANSI31，角度为 0，比例为 0.2，单击状态栏中的"线宽"按钮▤，效果如图 4-20 所示。

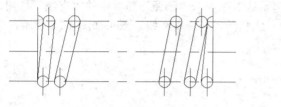

图 4-19　绘制连接线

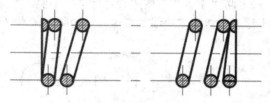

图 4-20　弹簧图案填充

【选项说明】

（1）指定基点：指定一个坐标点后，AutoCAD 2017 把该点作为复制对象的基点，命令行提示与操作如下。

> 指定位移的第二点或 <用第一点作位移>:

指定第二个点后，系统将根据这两点确定的位移矢量把选择的对象复制到第二点处。如果此时直接按 Enter 键，即选择默认的"用第一点作位移"，则第一个点被当作相对于 X、Y、Z 的位移。例如，如果指定基点为（2,3）并在下一个提示下按 Enter 键，则该对象从它当前的位置开始，在 X 方向上移动 2 个单位，在 Y 方向上移动 3 个单位。复制完成后，命令行提示与操作如下。

> 指定位移的第二点:

这时，可以不断指定新的第二点，从而实现多重复制。

（2）位移：直接输入位移值，表示以选择对象时的拾取点为基准，以拾取点坐标为移动方向，纵横比移动指定位移后所确定的点为基点。例如，选择对象时的拾取点坐标为（2,3），输入位移为 5，则表示以（2,3）点为基准，沿纵横比为 3:2 的方向移动 5 个单位所确定的点为基点。

（3）模式：控制是否自动重复该命令，确定复制模式是单个还是多个。

（4）阵列：指定在线性阵列中排列的副本数量。

4.3.3 "镜像"命令

"镜像"命令是指把选择的对象以一条镜像线为轴进行对称复制。镜像操作完成后，可以保留源对象，也可以将其删除。

【执行方式】

☑　命令行：MIRROR（快捷命令：MI）。

☑ 菜单栏：选择菜单栏中的"修改"→"镜像"命令。

☑ 工具栏：单击"修改"工具栏中的"镜像"按钮⚊。

☑ 功能区：单击"默认"选项卡"修改"面板中的"镜像"按钮⚊。

【操作实践——压盖的绘制】

本实例绘制如图 4-21 所示的压盖。

（1）单击"默认"选项卡"图层"面板中的"图层特性"按钮⚊，弹出"图层特性管理器"对话框，新建如下两个图层。

① 第一图层命名为"轮廓线"图层，线宽为 0.30mm，其余属性默认。

② 第二图层命名为"中心线"图层，颜色为红色，线型为 CENTER，其余属性默认。

（2）将"中心线"图层设置为当前图层。单击"默认"选项卡"绘图"面板中的"直线"按钮⚊，在屏幕上适当位置指定直线端点坐标，绘制一条水平中心线和两条竖直中心线，效果如图 4-22 所示。

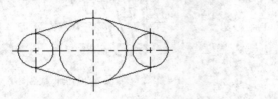 

图 4-21　压盖　　　　　　　　　　　　　图 4-22　绘制中心线

（3）将"轮廓线"图层设置为当前图层。单击"默认"选项卡"绘图"面板中的"圆"按钮⊙，分别捕捉两中心线交点为圆心，指定适当的半径绘制两个圆，如图 4-23 所示。

（4）单击"默认"选项卡"绘图"面板中的"直线"按钮⚊，结合对象捕捉功能，绘制一条切线，如图 4-24 所示。

（5）单击"默认"选项卡"修改"面板中的"镜像"按钮⚊，以水平中心线为对称线镜像刚绘制的切线。命令行提示与操作如下。

命令: MIRROR↙
选择对象：（选择切线↙）
指定镜像线的第一点：（选择水平中心线的左端点）
指定镜像线的第二点：（选择水平中心线的右端点）
要删除源对象吗？ [是(Y)/否(N)]<N> n↙

镜像效果如图 4-25 所示。

图 4-23　绘制圆　　　　　　　图 4-24　绘制切线　　　　　　　图 4-25　镜像效果

（6）单击"默认"选项卡"修改"面板中的"镜像"按钮⚊，以中间竖直中心线为对称线，选择对称线左边的图形对象进行镜像，效果如图 4-21 所示。

4.3.4 "阵列"命令

阵列是指多重复制选择对象并把这些副本按矩形、路径或环形排列。把副本按矩形排列称为建立矩形阵列,把副本按路径排列称为建立路径阵列,把副本按环形排列称为建立环形阵列。

AutoCAD 2017 提供了 ARRAY 命令创建阵列,用该命令可以创建矩形阵列、环形阵列和旋转的矩形阵列。

【执行方式】

- ☑ 命令行:ARRAY(快捷命令:AR)。
- ☑ 菜单栏:选择菜单栏中的"修改"→"阵列"命令。
- ☑ 工具栏:单击"修改"工具栏中的"矩形阵列"按钮▦/"路径阵列"按钮◢/"环形阵列"按钮▦。
- ☑ 功能区:单击"默认"选项卡"修改"面板中的"矩形阵列"按钮▦/"路径阵列"按钮◢/"环形阵列"按钮▦。

【操作实践——密封垫的绘制】

不同材质的密封垫在各大机械零件中是不可或缺的,本实例主要利用"圆"和"环形阵列"命令,绘制如图 4-26 所示的密封垫。

(1)单击"默认"选项卡"图层"面板中的"图层特性"按钮▤,弹出"图层特性管理器"对话框,新建如下 3 个图层。

① 第一图层命名为"粗实线"图层,线宽为 0.30mm,其余属性默认。

② 第二图层命名为"细实线"图层,其余属性默认。

③ 第三图层命名为"中心线"图层,颜色为红色,线型为 CENTER,其余属性默认。

(2)将线宽显示打开。将"中心线"图层设置为当前图层。

① 单击"默认"选项卡"绘图"面板中的"直线"按钮╱,绘制相交中心线{(120,180),(280,180)}和{(200,260),(200,100)},效果如图 4-27 所示。

② 单击"默认"选项卡"绘图"面板中的"圆"按钮◉,捕捉中心线交点为圆心,绘制直径为 128 的圆。命令行提示与操作如下。

命令:_CIRCLE↙
指定圆的圆心或 [三点(3P)/两点(2P)/切点、切点、半径(T)]:(捕捉中心线交点)
指定圆的半径或 [直径(D)]: D
指定圆的直径: 128

效果如图 4-28 所示。将"粗实线"图层设置为当前图层。

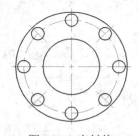
图 4-26 密封垫

图 4-27 绘制中心线

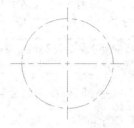
图 4-28 绘制圆

(3)单击"默认"选项卡"绘图"面板中的"圆"按钮◉,捕捉中心线交点为圆心,绘制直径分别为 150、76 的同心圆。绘制效果如图 4-29 所示。

（4）单击"默认"选项卡"绘图"面板中的"圆"按钮⊙，捕捉中心线与圆上交点为圆心，绘制直径为17的圆，绘制效果如图4-30所示。

（5）在"图层特性管理器"下拉列表框中选择"中心线"图层，将其设置为当前图层。

（6）单击"默认"选项卡"绘图"面板中的"直线"按钮╱，捕捉辅助直线适当点绘制中心线，绘制结果如图4-31所示。

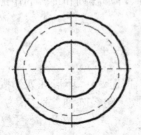

图4-29　绘制圆

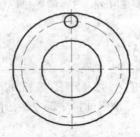

图4-30　绘制同心圆

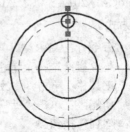

图4-31　删除辅助线

（7）单击"默认"选项卡"修改"面板中的"环形阵列"按钮，项目数设置为8，填充角度设置为360，命令行提示与操作如下。

```
命令: ARRAYPOLAR↙
选择对象:（选择直径为17的圆）
找到1个
选择对象:（选择直径为17的圆的中心线）
找到1个，总计2个↙
指定阵列的中心点或 [基点(B)/旋转轴(A)]:（选择水平中心线与竖直中心线的交点为阵列的中心点）
选择夹点以编辑阵列或 [关联(AS)/基点(B)/项目(I)/项目间角度(A)/填充角度(F)/行(ROW)/层(L)/旋转项目(ROT)/退出(X)]<退出>: I↙
输入阵列中的项目数或 [表达式(E)]<6>: 8↙
选择夹点以编辑阵列或 [关联(AS)/基点(B)/项目(I)/项目间角度(A)/填充角度(F)/行(ROW)/层(L)/旋转项目(ROT)/退出(X)]<退出>: F↙
指定填充角度（+=逆时针、-=顺时针）或 [表达式(EX)]<360>360↙
选择夹点以编辑阵列或 [关联(AS)/基点(B)/项目(I)/项目间角度(A)/填充角度(F)/行(ROW)/层(L)/旋转项目(ROT)/退出(X)]<退出>:
```

阵列效果如图4-26所示。

【选项说明】

（1）矩形阵列：将选定对象的副本分布到行数、列数和层数的任意组合。通过夹点，调整阵列间距、列数、行数和层数；也可以分别选择各选项输入数值。选择该选项后出现如下提示。

```
选择夹点以编辑阵列或 [关联(AS)/基点(B)/计数(COU)/间距(S)/列数(COL)/行数(R)/层数(L)/退出(X)] <退出>:（通过夹点，调整阵列间距、列数、行数和层数；也可以分别选择各选项输入数值）
```

（2）路径阵列：沿路径或部分路径均匀分布选定对象的副本。选择该选项后出现如下提示。

```
选择路径曲线:（选择一条曲线作为阵列路径）
选择夹点以编辑阵列或 [关联(AS)/方法(M)/基点(B)/切向(T)/项目(I)/行(R)/层(L)/对齐项目(A)/Z方向(Z)/退出(X)]<退出>:（通过夹点，调整阵列行数和层数；也可以分别选择各选项输入数值）
```

（3）环形阵列：在绕中心点或旋转轴的环形阵列中均匀分布对象副本。选择该选项后出现如下提示。

指定阵列的中心点或 [基点(B)/旋转轴(A)]:（选择中心点、基点或旋转轴）

选择夹点以编辑阵列或 [关联(AS)/基点(B)/项目(I)/项目间角度(A)/填充角度(F)/行(ROW)/层(L)/旋转项目(ROT)/退出(X)] <退出>:（通过夹点，调整角度、填充角度；也可以分别选择各选项输入数值）

🎓 高手支招

> 　　阵列在平面作图时有 3 种方式，可以在矩形、路径或环形（圆形）阵列中创建对象的副本。对于矩形阵列，可以控制行和列的数目以及它们之间的距离；对于路径阵列，可以沿整个路径或部分路径平均分布对象副本；对于环形阵列，可以控制对象副本的数目并决定是否旋转副本。

4.4 改变几何特性类命令

　　改变几何特性类编辑命令在对指定对象进行编辑后，使编辑对象的几何特性发生改变，包括"修剪"、"延伸"、"拉伸"、"拉长"、"圆角"、"倒角"和"打断"等命令。

【预习重点】

- ☑ 了解改变几何特性类命令有几种。
- ☑ 比较使用"修剪"和"延伸"命令。
- ☑ 比较使用"拉伸"和"拉长"命令。
- ☑ 比较使用"倒角"和"圆角"命令。
- ☑ 比较使用"打断"和"打断于点"命令。

4.4.1 "修剪"命令

【执行方式】

- ☑ 命令行：TRIM（快捷命令：TR）。
- ☑ 菜单栏：选择菜单栏中的"修改"→"修剪"命令。
- ☑ 工具栏：单击"修改"工具栏中的"修剪"按钮￥。
- ☑ 功能区：单击"默认"选项卡"修改"面板中的"修剪"按钮￥。

【操作实践——螺母视图的绘制】

　　本实例绘制如图 4-32 所示的螺母视图。

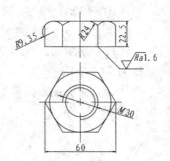

图 4-32　螺母视图

　　（1）单击"默认"选项卡"图层"面板中的"图层特性"按钮🖫，弹出"图层特性管理器"对话框，新建如下 3 个图层。

　　① 第一图层命名为"粗实线"图层，线宽为 0.30mm，其余属性默认。

　　② 第二图层命名为"细实线"图层，其余属性默认。

　　③ 第三图层命名为"中心线"图层，颜色为红色，线型为 CENTER，其余属性默认。

　　（2）绘制中心线。将"中心线"图层设置为当前图层。单击"默认"选项卡"绘图"面板中的"直线"按钮✏，以{（80,140，（150,140）}为坐标点绘制一条水平中心线；重复"直线"命令，分别以{（115,175），（115,105）}和{（115,240），（115,200）}为坐标点绘制两条竖直中心线，如图 4-33 所示。

（3）绘制圆。将"粗实线"图层设置为当前图层。单击"默认"选项卡"绘图"面板中的"圆"按钮⊙，以中心线交点为圆心，绘制直径分别为 25、30 和 60 的同心圆，效果如图 4-34 所示。

（4）绘制正多边形。单击"默认"选项卡"绘图"面板中的"多边形"按钮⬡，绘制直径为 60 的圆的内切正六边形。

（5）删除圆。单击"默认"选项卡"修改"面板中的"删除"按钮✐，删除直径为 60 的圆，效果如图 4-35 所示。

（6）绘制圆。单击"默认"选项卡"绘图"面板中的"圆"按钮⊙，绘制正六边形的内切圆，效果如图 4-36 所示。

　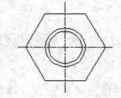　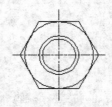

图 4-33　绘制中心线　　　图 4-34　绘制圆　　　图 4-35　绘制正六边形　　　图 4-36　绘制内切圆

（7）细化图形。单击"默认"选项卡"修改"面板中的"修剪"按钮✂，对直径为 30 的圆进行修剪，命令行提示与操作如下。

```
命令: TRIM↙
选择对象<全部选择>: (选择两条中心线)
找到 1 个，总计 2 个↙
[栏选(F)/窗交(C)/投影(P)/边(E)/删除(R)/放弃(U)]: (选择直径为 30 的圆要删除的部分↙)
```

修剪效果如图 4-37 所示。将修剪后的圆改为"细实线"，完成螺母俯视图的绘制。

（8）绘制直线。将"粗实线"图层设置为当前图层。单击"默认"选项卡"绘图"面板中的"直线"按钮✐，以{（80,232），（150,232）}为坐标点绘制一条水平直线。

（9）偏移直线。单击"默认"选项卡"修改"面板中的"偏移"按钮≌，将直线分别向下偏移，偏移距离分别为 12 和 22.5，如图 4-38 所示。

（10）绘制定位线。单击"默认"选项卡"绘图"面板中的"直线"按钮✐，以俯视图中的特征点为起点，利用"正交"功能绘制竖直定位线，效果如图 4-39 所示。

（11）绘制圆。单击"默认"选项卡"绘图"面板中的"圆"按钮⊙，以图 4-40 中点 1 为圆心，绘制直径为 48 的圆。

（12）修剪图形。单击"默认"选项卡"修改"面板中的"修剪"按钮✂，对图形进行修剪，效果如图 4-40 所示。

　　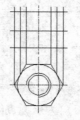　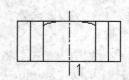

图 4-37　修剪结果　　　图 4-38　偏移直线　　　图 4-39　绘制定位直线　　　图 4-40　绘制圆并修剪

（13）绘制直线。单击"默认"选项卡"绘图"面板中的"直线"按钮 ／，绘制一条过点 2 的直线并和左侧的竖直线交于 4 点。

（14）绘制圆弧。单击"默认"选项卡"绘图"面板中的"圆弧"按钮 ／，绘制过点 2、3、4 的圆弧。

（15）镜像处理。单击"默认"选项卡"修改"面板中的"镜像"按钮 ▲，将步骤（14）绘制的圆弧沿竖直中心线进行镜像处理，效果如图 4-41 所示。

（16）修剪并删除直线。单击"默认"选项卡"修改"面板中的"修剪"按钮 ／ 和"删除"按钮 ✎，对多余的直线进行修剪和删除，最终完成螺母的绘制，效果如图 4-42 所示。

【选项说明】

（1）在选择对象时，如果按住 Shift 键，系统就会自动将"修剪"命令转换成"延伸"命令，"延伸"命令将在 4.4.2 节介绍。

（2）选择"栏选(F)"选项时，系统以栏选的方式选择被修剪的对象，如图 4-43 所示。

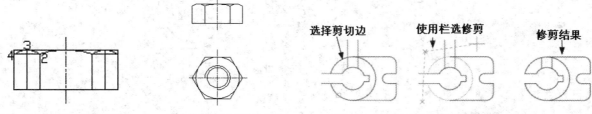

图 4-41　绘制直线和圆弧　　图 4-42　螺母的绘制　　　　图 4-43　"栏选"修剪对象

（3）选择"窗交(C)"选项时，系统以窗交的方式选择被修剪的对象，如图 4-44 所示。

图 4-44　"窗交"选择修剪对象

（4）选择"边(E)"选项时，可以选择对象的修剪方式。

① 延伸(E)：延伸边界进行修剪。在该方式下，如果剪切边没有与要修剪的对象相交，系统会延伸剪切边直至与对象相交，然后再修剪，如图 4-45 所示。

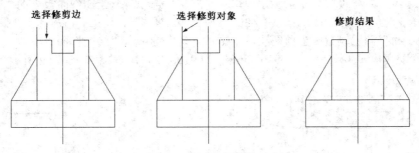

图 4-45　"延伸"修剪对象

② 不延伸(N)：不延伸边界修剪对象，只修剪与剪切边相交的对象。

（5）被选择的对象可以互为边界和被修剪对象，此时系统会在选择的对象中自动判断边界。

🎓 **高手支招**

在使用"修剪"命令选择修剪对象时，通常是逐个单击选择，这种方式效率较低，要较快地实现修剪过程，可以先输入"修剪"命令"TR"或"TRIM"，然后按 Space 或 Enter 键，命令行中就会提示选择修剪的对象，这时可以不选择对象，继续按 Space 或 Enter 键，系统默认全部选择，这样就可以很快地完成修剪过程。

4.4.2 "延伸"命令

"延伸"命令是指延伸对象直到另一个对象的边界线，如图 4-46 所示。

图 4-46 延伸对象

【执行方式】

☑ 命令行：EXTEND（快捷命令：EX）。
☑ 菜单栏：选择菜单栏中的"修改"→"延伸"命令。
☑ 工具栏：单击"修改"工具栏中的"延伸"按钮——/。
☑ 功能区：单击"默认"选项卡"修改"面板中的"延伸"按钮——/。

【操作实践——螺钉的绘制】

本实例绘制如图 4-47 所示的螺钉。

（1）图层设定。单击"默认"选项卡"图层"面板中的"图层特性"按钮❐，弹出"图层特性管理器"对话框，新建如下 3 个图层。

① 第一图层命名为"粗实线"图层，线宽为 0.3mm，其余属性默认。

② 第二图层命名为"细实线"图层，其余属性默认。

③ 第三图层命名为"中心线"图层，颜色为红色，线型为 CENTER，其余属性默认。

（2）将"中心线"图层设置为当前图层，单击"默认"选项卡"绘图"面板中的"直线"按钮／，绘制中心线，坐标分别为{（930,460），（930,430）}和{（921,445），（921,457）}，效果如图 4-48 所示。

（3）将"粗实线"图层设置为当前图层，单击"默认"选项卡"绘图"面板中的"直线"按钮／，绘制轮廓线，坐标分别为{（930,455），（916,455），（916,432）}，效果如图 4-49 所示。

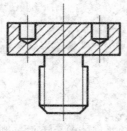 

图 4-47 螺钉　　　　　图 4-48 绘制中心线　　　图 4-49 绘制轮廓线

（4）单击"默认"选项卡"修改"面板中的"偏移"按钮，绘制初步轮廓，将刚绘制的竖直轮廓线分别向右偏移 3、7、8 和 9.25，将刚绘制的水平轮廓线分别向下偏移 4、8、11、21 和 23，如图 4-50 所示。

（5）分别选取适当的界线和对象，单击"默认"选项卡"修改"面板中的"修剪"按钮，修剪偏移产生的轮廓线，效果如图 4-51 所示。

（6）单击"默认"选项卡"修改"面板中的"倒角"按钮，对螺钉端部进行倒角（"倒角"命令将在 4.4.5 节介绍），命令行提示与操作如下。

```
命令:_CHAMFER✓
（"修剪"模式）当前倒角距离 1 = 0.0000，距离 2 = 0.0000
选择第一条直线或 [放弃(U)/多段线(P)/距离(D)/角度(A)/修剪(T)/方式(E)/多个(M)]: D✓
指定第一个倒角距离 <0.0000>: 2✓
指定第二个倒角距离 <2.0000>: ✓
选择第一条直线或 [放弃(U)/多段线(P)/距离(D)/角度(A)/修剪(T)/方式(E)/多个(M)]:（选择最下面的直线）
选择第二条直线，或按住 Shift 键选择要应用角点的直线:（选择与其相交的侧面直线）
```

效果如图 4-52 所示。

（7）绘制螺孔底部。单击"默认"选项卡"绘图"面板中的"直线"按钮，端点坐标分别为{（919,451），（@10<-30）}和{（923,451），（@10<210）}，效果如图 4-53 所示。

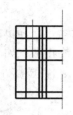
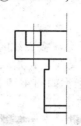
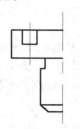
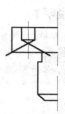

图 4-50　偏移轮廓线　　图 4-51　绘制螺孔和螺柱初步轮廓　　图 4-52　倒角处理　　图 4-53　绘制螺孔底部

（8）单击"默认"选项卡"修改"面板中的"修剪"按钮，修剪多余的线段，修剪效果如图 4-54 所示。

（9）将"细实线"图层设置为当前图层，单击"默认"选项卡"绘图"面板中的"直线"按钮，绘制螺纹牙底线，如图 4-55 所示。

（10）单击"默认"选项卡"修改"面板中的"延伸"按钮，将牙底线延伸至倒角处，命令行提示与操作如下。

```
命令:_EXTEND✓
选择边界的边...
选择对象或<全部选择>:（选择倒角生成的斜线）
找到 1 个
选择对象: ✓
选择要延伸的对象，或按住 Shift 键选择要延伸的对象，或 [栏选(F)/窗交(C)/投影(P)/边(E)/放弃(U)]:（选择刚绘制的细实线）
选择要延伸的对象，或按住 Shift 键选择要延伸的对象，或 [栏选(F)/窗交(C)/投影(P)/边(E)/放弃(U)]:✓
```

效果如图 4-56 所示。

（11）单击"默认"选项卡"修改"面板中的"镜像"按钮，对图形进行镜像处理，以长中心线为轴，该中心线左边所有的图线为对象进行镜像，效果如图 4-57 所示。

（12）绘制剖面。单击"默认"选项卡"绘图"面板中的"图案填充"按钮，打开"图案填充创建"选项卡，如图 4-58 所示。在"图案填充图案"选项卡中选择"类型"为 ANSI31，"角度"为 0，"间距"

为 0.5，单击"边界"面板中的"拾取点"按钮，在图形中要填充的区域拾取点，最终效果如图 4-47 所示。

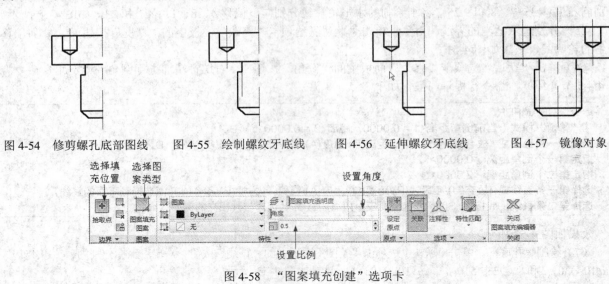

图 4-54　修剪螺孔底部图线　　图 4-55　绘制螺纹牙底线　　图 4-56　延伸螺纹牙底线　　图 4-57　镜像对象

图 4-58　"图案填充创建"选项卡

【选项说明】

（1）如果要延伸的对象是适配样条多义线，则延伸后会在多义线的控制框上增加新节点；如果要延伸的对象是锥形的多义线，系统会修正延伸端的宽度，使多义线从起始端平滑地延伸至新终止端；如果延伸操作导致终止端宽度可能为负值，则取宽度值为 0，操作提示如图 4-59 所示。

图 4-59　延伸对象

（2）选择对象时，如果按住 Shift 键，系统就会自动将"延伸"命令转换成"修剪"命令。

4.4.3　"拉伸"命令

"拉伸"命令是指拖拉选择的对象，并使对象的形状发生改变。拉伸对象时应指定拉伸的基点和移置点。利用一些辅助工具如捕捉、钳夹功能及相对坐标等，可以提高拉伸的精度，拉伸图例如图 4-60 所示。

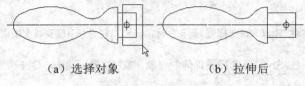

（a）选择对象　　　　　　（b）拉伸后

图 4-60　拉伸

【执行方式】

☑　命令行：STRETCH（快捷命令：S）。
☑　菜单栏：选择菜单栏中的"修改"→"拉伸"命令。

> ☑ 工具栏：单击"修改"工具栏中的"拉伸"按钮。
> ☑ 功能区：单击"默认"选项卡"修改"面板中的"拉伸"按钮。

【操作实践——螺栓的绘制】

本实例绘制如图 4-61 所示的螺栓零件图。

（1）单击"默认"选项卡"图层"面板中的"图层特性"按钮，弹出"图层特性管理器"对话框，新建如下 3 个图层。

① 第一图层命名为"粗实线"图层，线宽为 0.30mm，其余属性默认。

② 第二图层命名为"细实线"图层，其余属性默认。

③ 第三图层命名为"中心线"图层，颜色为红色，线型为 CENTER，其余属性默认。

图 4-61　螺栓

（2）图形缩放。命令行提示与操作如下。

命令: ZOOM↙
指定窗口角点，输入比例因子(nX 或 nXP)，或 [全部(A)/中心点(C)/动态(D)/范围(E)/上一个(P)/比例(S)/窗口(W)]
<实时>: C↙
指定中心点: 25,0↙
输入比例或高度 <31.9572>: 40↙

（3）将"中心线"图层设置为当前图层，单击"默认"选项卡"绘图"面板中的"直线"按钮，坐标点为（-5,0），（@30,0）。

（4）将"粗实线"图层设置为当前图层。单击"默认"选项卡"绘图"面板中的"直线"按钮，绘制 4 条线段或连续线段，端点坐标分别为{（0,0），（@0,5），（@20,0）}、{（20,0），（@0,10），（@-7,0），（@0,-10）}、{（10,0），（@0,5）}和{（1,0），（@0,5）}。

（5）将"细实线"图层设置为当前图层。单击"默认"选项卡"绘图"面板中的"直线"按钮，绘制线段，端点坐标为{（0,4），（@10,0）}，绘制效果如图 4-62 所示。

（6）单击"默认"选项卡"修改"面板中的"倒角"按钮，倒角距离为 1，对图 4-63 中 A 点处的两条直线进行倒角处理。

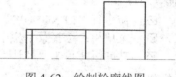

图 4-62　绘制轮廓线图

（7）单击"默认"选项卡"修改"面板中的"镜像"按钮，对所有绘制的对象进行镜像操作，镜像轴为螺栓的中心线，绘制效果如图 4-64 所示。

（8）拉伸处理。命令行提示与操作如下。

命令: STRETCH↙
以交叉窗口或交叉多边形方式选择要拉伸的对象...
选择对象:（选择图 4-65 所示的虚框所显示的范围）
选择对象: ↙
指定基点或 [位移(D)] <位移>:（指定图中任意一点）
指定第二个点或 <使用第一个点作为位移>: @-8,0↙

绘制效果如图 4-66 所示。

命令: STRETCH↙
以交叉窗口或交叉多边形方式选择要拉伸的对象......
选择对象:（选择图 4-67 所示的虚框所显示的范围）
选择对象: ↙

选择要延伸的对象，或按住 Shift 键选择要修剪的对象，或 [栏选(F)/窗交(C)/投影(P)/边(E)/放弃(U)]:（指定图中任意一点）

选择要延伸的对象，或按住 Shift 键选择要修剪的对象，或 [栏选(F)/窗交(C)/投影(P)/边(E)/放弃(U)]: @-15,0↙

绘制效果如图 4-68 所示。

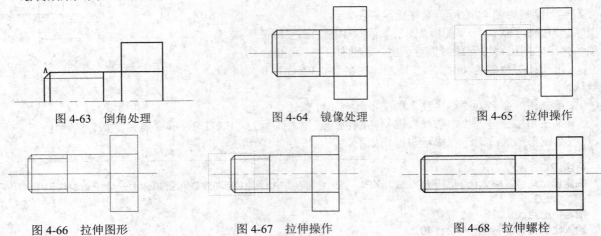

图 4-63　倒角处理　　　　图 4-64　镜像处理　　　　图 4-65　拉伸操作

图 4-66　拉伸图形　　　　图 4-67　拉伸操作　　　　图 4-68　拉伸螺栓

（9）保存文件。在命令行中输入命令"QSAVE"，或者单击"标准"工具栏中的"保存"按钮。最后得到如图 4-61 所示的零件图。

4.4.4　"拉长"命令

【执行方式】
- ☑　命令行：LENGTHEN（快捷命令：LEN）。
- ☑　菜单栏：选择菜单栏中的"修改"→"拉长"命令。
- ☑　功能区：单击"默认"选项卡"修改"面板中的"拉长"按钮。

【操作步骤】

命令：LENGTHEN↙
选择要测量的对象或 [增量(DE)/百分比(P)/总计(T)/动态(DY)] <总计(T)>:（选定对象）

【选项说明】

（1）增量(DE)：用指定增加量的方法改变对象的长度或角度。

（2）百分比(P)：用指定占总长度百分比的方法改变圆弧或直线段的长度。

（3）总计(T)：用指定新总长度或总角度值的方法改变对象的长度或角度。

（4）动态(DY)：在此模式下，可以使用拖拉鼠标的方法动态地改变对象的长度或角度。

4.4.5　"倒角"命令

"倒角"命令即"斜角"命令，是用斜线连接两个不平行的线型对象。可以用斜线连接直线段、双向无限长线、射线和多义线。

系统采用两种方法确定连接两个对象的斜线，指定两个斜线距离；指定斜线角度和一个斜线距离。下面分别介绍这两种方法。

（1）指定两个斜线距离。斜线距离是指从被连接对象与斜线的交点到被连接的两对象交点之间的距离，如图 4-69 所示。

（2）指定斜线角度和一个斜距离连接选择的对象。采用这种方法连接对象时，需要输入两个参数，即斜线与一个对象的斜线距离和斜线与该对象的夹角，如图 4-70 所示。

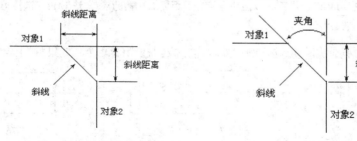

图 4-69　斜线距离　　　　　　图 4-70　斜线距离与夹角

【执行方式】

☑　命令行：CHAMFER（快捷命令"CHA"）。

☑　菜单栏：选择菜单栏中的"修改"→"倒角"命令。

☑　工具栏：单击"修改"工具栏中的"倒角"按钮◻。

☑　功能区：单击"默认"选项卡"修改"面板中的"倒角"按钮◻。

【操作实践——圆柱销的绘制】

本实例绘制如图 4-71 所示的圆柱销。

（1）单击"默认"选项卡"图层"面板中的"图层特性"按钮◳，打开"图层特性管理器"对话框，新建如下两个图层。

① 第一图层命名为"轮廓线"图层，线宽为 0.30mm，其余属性默认。

② 第二图层命名为"中心线"图层，颜色为红色，线型为 CENTER，其余属性默认。

（2）绘制中心线。将"中心线"图层设置为当前图层。单击"默认"选项卡"绘图"面板中的"直线"按钮╱，绘制两点坐标为（0,0），（20,0）的中心线，如图 4-72 所示。

（3）绘制直线。将"轮廓线"图层设置为当前图层。绘制销轴轮廓，端点坐标分别为{（2,-2.5），（2,2.5）}、{（2,2.5），（18,2.5）}、{（18,2.5），（18,-2.5）}和{（18,-2.5），（2,-2.5）}，如图 4-73 所示。

图 4-71　圆柱销　　　　　图 4-72　绘制中心线　　　　图 4-73　销轴轮廓

（4）偏移处理。单击"默认"选项卡"修改"面板中的"偏移"按钮⚏，将两条竖直线分别向内偏移 1，效果如图 4-74 所示。

（5）倒角处理。单击"默认"选项卡"修改"面板中的"倒角"按钮◻，对圆柱销的两端进行倒角处理。倒角尺寸为 1×45°，命令行提示与操作如下。

命令: CHAMFER↙
（"修剪"模式)当前倒角距离 1=0.0000，距离 2=0.0000

选择第一条直线或 [放弃(U)/多段线(P)/距离(D)/角度(A)/修剪(E)/多个(M)]: D↙
选择第一条直线或 [放弃(U)/多段线(P)/距离(D)/角度(A)/修剪(E)/多个(M)]: D 指定第一个倒角距离<0.0000>: 1↙
指定第二个倒角距离<0.0000>: 1↙
选择第一条直线或 [放弃(U)/多段线(P)/距离(D)/角度(A)/修剪(E)/多个(M)]:（选择最左边竖直线段）
选择第二条直线，或按住 Shift 键选择直线以应用角点或 [距离(D)/角度(A)/方法(M)]:（选择最下端的水平直线）

效果如图 4-75 所示。

重复"倒角"命令，对其他几个角进行倒角处理，完成圆柱销的设计，效果如图 4-76 所示。

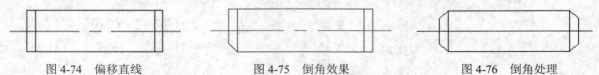

图 4-74　偏移直线　　　　　　　图 4-75　倒角效果　　　　　　　图 4-76　倒角处理

【选项说明】

（1）多段线(P)：对多段线的各个交叉点倒斜角。为了得到最好的连接效果，一般设置斜线是相等的值，系统根据指定的斜线距离把多段线的每个交叉点都作为斜线连接，连接的斜线成为多段线新的构成部分。

（2）距离(D)：选择倒角的两个斜线距离。这两个斜线距离可以相同也可以不相同，若二者均为 0，则系统不绘制连接的斜线，而是把两个对象延伸至相交并修剪超出的部分。

（3）角度(A)：选择第一条直线的斜线距离和第一条直线的倒角角度。

（4）修剪(E)：与圆角连接命令 FILLET 相同，该选项决定连接对象后是否剪切源对象。

（5）方法(M)：决定采用"距离"方式还是"角度"方式来倒斜角。

（6）多个(M)：同时对多个对象进行倒斜角编辑。

4.4.6　"圆角"命令

"圆角"命令是指用一条指定半径的圆弧平滑连接两个对象。可以平滑连接一对直线段、非圆弧的多义线段、样条曲线、双向无限长线、射线、圆、圆弧和椭圆，并且可以在任何时候平滑连接多义线的每个节点。

【执行方式】

☑　　命令行：FILLET（快捷命令：F）。

☑　　菜单栏：选择菜单栏中的"修改"→"圆角"命令。

☑　　工具栏：单击"修改"工具栏中的"圆角"按钮🔲。

☑　　功能区：单击"默认"选项卡"修改"面板中的"圆角"按钮🔲。

【操作实践——内六角螺钉的绘制】

本实例绘制如图 4-77 所示的内六角螺钉。

（1）单击"默认"选项卡"图层"面板中的"图层特性"按钮🗂，弹出"图层特性管理器"对话框，新建如下 3 个图层。

① 第一图层命名为"粗实线"图层，线宽为 0.30mm，其余属性默认。

② 第二图层命名为"细实线"图层，其余属性默认。

③ 第三图层命名为"中心线"图层，颜色为红色，线型为 CENTER，其余属性默认。

图 4-77　内六角螺钉

（2）绘制中心线。将"中心线"图层设置为当前图层。单击"默认"选项卡"绘图"面板中的"直线"

按钮 ✐，绘制两条竖直中心线和一条水平中心线，如图 4-78 所示。

（3）绘制圆。将"粗实线"图层设置为当前图层。单击"默认"选项卡"绘图"面板中的"圆"按钮 ◎，以中心线的交点为圆心，分别绘制直径为 6 和 11 的同心圆，效果如图 4-79 所示。

（4）绘制正多边形。单击"默认"选项卡"绘图"面板中的"多边形"按钮 ⬠，绘制半径为 3 的圆的内接正六边形，完成螺钉俯视图的绘制，效果如图 4-80 所示。

（5）绘制直线。将"粗实线"图层设置为当前图层。单击"默认"选项卡"绘图"面板中的"直线"按钮 ✐，绘制一条水平直线。

（6）偏移直线。单击"默认"选项卡"修改"面板中的"偏移"按钮 ⊜，将水平直线分别向下偏移，偏移距离分别为 6 和 19；重复"偏移"命令，将竖直中心线分别向两侧偏移，偏移距离分别为 5.5 和 3.5，将偏移后的中心线改为"粗实线"，效果如图 4-81 所示。

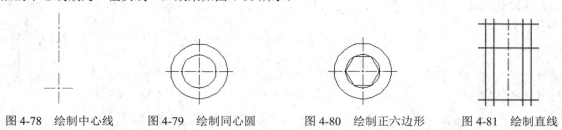

图 4-78　绘制中心线　　　图 4-79　绘制同心圆　　　图 4-80　绘制正六边形　　　图 4-81　绘制直线

（7）修剪处理。单击"默认"选项卡"修改"面板中的"修剪"按钮 ✄，对多余的直线进行修剪，效果如图 4-82 所示。

（8）顶面轮廓线倒圆角。单击"默认"选项卡"修改"面板中的"圆角"按钮 ⌒，对顶面轮廓线进行倒圆角处理，倒圆角半径为 2，命令行提示与操作如下。

```
命令: FILLET↙
当前设置: 模式=修剪, 半径=0.0000
选择第一个对象或 [放弃(U)/多段线(P)/半径(R)/修剪(T)/多个(M)]: R↙
选择第一个对象或 [放弃(U)/多段线(P)/半径(R)/修剪(T)/多个(M)]: R 指定圆角半径<0.0000> 2↙
选择第一个对象或 [放弃(U)/多段线(P)/半径(R)/修剪(T)/多个(M)]: （选择最左边的竖直直线）
选择第二个对象，或按住 Shift 键选择对象以应用角点或 [半径(R)]: （选择最上边的水平线段）
```

效果如图 4-83 所示。

重复"圆角"命令，对另一个角进行圆角处理，效果如图 4-84 所示。

（9）细化螺栓主视图。单击"默认"选项卡"修改"面板中的"偏移"按钮 ⊜，将下侧的两条竖直直线分别向内侧偏移，偏移距离为 1，并将偏移后的直线改为"细实线"，效果如图 4-85 所示。

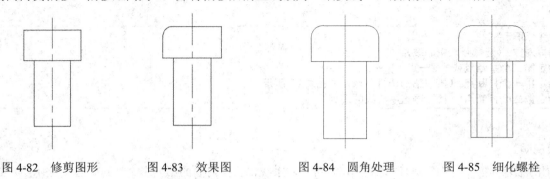

图 4-82　修剪图形　　　图 4-83　效果图　　　图 4-84　圆角处理　　　图 4-85　细化螺栓

（10）单击"默认"选项卡"修改"面板中的"倒角"按钮 ⌒，进行倒角处理，倒角距离为 1，倒角角度为 45°，效果如图 4-86 所示。

（11）单击"默认"选项卡"绘图"面板中的"直线"按钮，绘制水平直线，如图 4-87 所示，完成螺钉的绘制。

【选项说明】

（1）多段线(P)：在一条二维多段线两段直线段的节点处插入圆弧。选择多段线后系统会根据指定的圆弧半径把多段线各顶点用圆弧平滑连接起来。

（2）修剪(T)：决定在平滑连接两条边时，是否修剪这两条边，如图 4-88 所示。

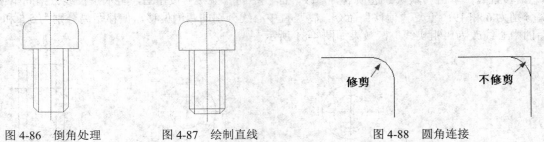

图 4-86　倒角处理　　　图 4-87　绘制直线　　　图 4-88　圆角连接

（3）多个(M)：同时对多个对象进行圆角编辑，而不必重新起用命令。

（4）按住 Shift 键并选择两条直线，可以快速创建零距离倒角或零半径圆角。

4.4.7　"打断"命令

【执行方式】

☑　命令行：BREAK（快捷命令：BR）。
☑　菜单栏：选择菜单栏中的"修改"→"打断"命令。
☑　工具栏：单击"修改"工具栏中的"打断"按钮。
☑　功能区：单击"默认"选项卡"修改"面板中的"打断"按钮。

【操作实践——删除过长中心线】

打开随书光盘"源文件"文件夹下相应的文件，删除如图 4-89 所示的垫片中过长的中心线。

（1）单击"默认"选项卡"标准"面板中的"打开"按钮，打开随书光盘中的"源文件\第 4 章\法兰盘.dwg"文件。

（2）单击"默认"选项卡"修改"面板中的"打断"按钮，将过长的中心线打断，命令行提示与操作如下。

```
命令: BREAK✓
选择对象:（选择竖直中心线）
指定第二个打断点或 [第一点(F)]: F✓
指定第一个打断点:（拾取第一个打断点）如图 4-90 所示
指定第二个打断点:（拾取竖直中心线的端点）
```

效果如图 4-91 所示。

【选项说明】

如果选择"第一点(F)"选项，如图 4-90 所示，系统将丢弃前面的第一个选择点，重新提示用户指定两个打断点。

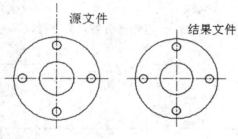

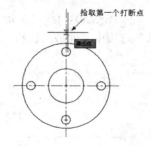

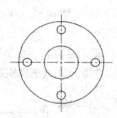

图 4-89　垫片　　　　　　图 4-90　拾取第一个打断点　　　　图 4-91　打断效果

4.4.8　"打断于点"命令

"打断于点"命令是指在对象上指定一点，从而把对象在此点拆分成两部分，此命令与"打断"命令类似。

【执行方式】

☑　工具栏：单击"修改"工具栏中的"打断于点"按钮 ☐。

☑　功能区：单击"默认"选项卡"修改"面板中的"打断于点"按钮 ☐。

【操作步骤】

打开随书光盘"源文件"文件夹下相应的源文件，命令行提示与操作如下。

命令: BREAK↙
选择对象:（选择要打断的对象）
指定第二个打断点或 [第一点(F)]: _F（系统自动执行"第一点(F)"选项）
指定第一个打断点:（选择打断点）
指定第二个打断点: @（系统自动忽略此提示）

4.4.9　"分解"命令

【执行方式】

☑　命令行：EXPLODE（快捷命令：X）。

☑　菜单栏：选择菜单栏中的"修改"→"分解"命令。

☑　工具栏：单击"修改"工具栏中的"分解"按钮 ☐。

☑　功能区：单击"默认"选项卡"修改"面板中的"分解"按钮 ☐。

【操作实践——圆头平键的绘制】

绘制如图 4-92 所示的圆头平键。

（1）单击"默认"选项卡"图层"面板中的"图层特性"按钮 ☐，打开"图层特性管理器"对话框，新建如下两个图层。

① 第一图层命名为"轮廓线"图层，线宽为 0.30mm，其余属性默认。

② 第二图层命名为"中心线"图层，颜色为红色，线型为 CENTER，其余属性默认。

（2）绘制键主视图。

① 绘制矩形。将"轮廓线"图层设置为当前图层。单击"默认"选项卡"绘图"面板中的"矩形"按

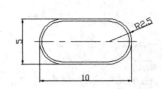

图 4-92　圆头平键

钮 ，以两个角点{（65,200），（165,250）}绘制矩形，如图 4-93 所示。

② 分解矩形。单击"默认"选项卡"修改"面板中的"分解"按钮 ，将矩形分解，命令行提示与操作如下。

```
命令：EXPLODE↙
选择对象：（选择矩形）
找到 1 个
选择对象：↙
```

③ 偏移直线。单击"默认"选项卡"修改"面板中的"偏移"按钮 ，将上侧的水平直线向下偏移 2.5mm，将下侧的水平直线向上偏移 2.5mm，效果如图 4-94 所示。

④ 倒角处理。单击"默认"选项卡"修改"面板中的"倒角"按钮 ，角度、距离模式分别为 45°和 2.5mm，完成键主视图的绘制，效果如图 4-95 所示。

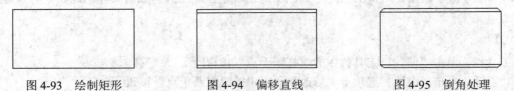

图 4-93　绘制矩形　　　　　图 4-94　偏移直线　　　　　图 4-95　倒角处理

（3）绘制键俯视图。

① 绘制中心线。将"中心线"图层设置为当前图层。单击"默认"选项卡"绘图"面板中的"直线"按钮 ，以{（60,130），（170,130）}为坐标点绘制一条水平中心线，效果如图 4-96 所示。

② 绘制直线。将"默认"选项卡"轮廓线"图层设置为当前图层。单击"绘图"面板中的"直线"按钮 ，以{（90,155），（140,155）}和{（90,105），（140,105）}为坐标点绘制两条水平直线，如图 4-97 所示。

③ 绘制圆弧。单击"默认"选项卡"绘图"面板中的"圆弧"按钮 ，以坐标（90,155）为起点和（90,105）为端点，绘制半径为 25mm 的圆弧。

重复"圆弧"命令，以坐标（140,105）为起点和（140,155）为端点，绘制半径为 25mm 的圆弧，如图 4-98 所示。

④ 偏移直线和圆弧。单击"默认"选项卡"修改"面板中的"偏移"按钮 ，将直线和圆弧分别向内偏移 2.5mm，最终完成键的绘制，效果如图 4-99 所示。

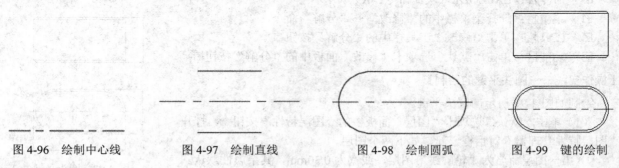

图 4-96　绘制中心线　　　图 4-97　绘制直线　　　图 4-98　绘制圆弧　　　图 4-99　键的绘制

🎓 高手支招

"分解"命令是将一个合成图形分解为其部件的工具。例如，一个矩形被分解后就会变成 4 条直线，且一个有宽度的直线分解后就会失去其宽度属性。

4.4.10 "合并"命令

可以将直线、圆、椭圆弧和样条曲线等独立的图线合并为一个
对象，如图 4-100 所示。

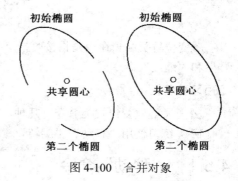

图 4-100　合并对象

【执行方式】

☑　命令行：JOIN。

☑　菜单栏：选择菜单栏中的"修改"→"合并"命令。

☑　工具栏：单击"修改"工具栏中的"合并"按钮 ﹢﹢。

☑　功能区：单击"默认"选项卡"修改"面板中的"合并"
按钮 ﹢﹢。

【操作步骤】

```
命令: JOIN↙
选择源对象或要一次合并的多个对象:（选择一个对象）
找到 1 个
选择要合并的对象:（选择另一个对象）
找到 1 个，总计 2 个
选择要合并的对象: ↙
2 条直线已合并为 1 条直线
```

4.4.11 光顺曲线

在两条选定直线或曲线之间的间隙中创建样条曲线。

【执行方式】

☑　命令行：BLEND。

☑　菜单栏：选择菜单栏中的"修改"→"光顺曲线"命令。

☑　工具栏：单击"修改"工具栏中的"光顺曲线"按钮 。

【操作步骤】

```
命令: BLEND↙
连续性 = 相切
选择第一个对象或 [连续性(CON)]: CON
输入连续性 [相切(T)/平滑(S)] <相切>:
选择第一个对象或 [连续性(CON)]:
选择第二个点:
```

【选项说明】

（1）连续性(CON)：在两种过渡类型中指定一种。

（2）相切(T)：创建一条 3 阶样条曲线，在选定对象的端点处具有相切（G1）连续性。

（3）平滑(S)：创建一条 5 阶样条曲线，在选定对象的端点处具有曲率（G2）连续性。

如果使用"平滑"选项，则不要将显示从控制点切换为拟合点。该操作将样条曲线更改为 3 阶，这会
改变样条曲线的形状。

4.5   改变位置类命令

改变位置类编辑命令是指按照指定要求改变当前图形或图形中某部分的位置，主要包括"移动"、"旋转"和"缩放"命令。

【预习重点】

☑   了解改变位置类命令有几种。

☑   练习使用"移动""旋转""缩放"命令的使用方法。

4.5.1   "移动"命令

【执行方式】

☑   命令行：MOVE（快捷命令：M）。

☑   菜单栏：选择菜单栏中的"修改"→"移动"命令。

☑   工具栏：单击"修改"工具栏中的"移动"按钮✥。

☑   功能区：单击"默认"选项卡"修改"面板中的"移动"按钮✥。

☑   快捷菜单：选择要复制的对象，在绘图区右击，选择快捷菜单中的"移动"命令。

【操作步骤】

命令: MOVE↙
选择对象:（选择对象）

用前面介绍的对象选择方法选择要移动的对象，按 Enter 键结束选择。系统继续提示：

指定基点或 [位移(D)] <位移>:（指定基点或移至点）
指定第二个点或 <使用第一个点作为位移>:

各选项功能与 COPY 命令相关选项功能相同，不同的是，对象被移动后，原位置处的对象将消失。

4.5.2   "旋转"命令

【执行方式】

☑   命令行：ROTATE（快捷命令：RO）。

☑   菜单栏：选择菜单栏中的"修改"→"旋转"命令。

☑   工具栏：单击"修改"工具栏中的"旋转"按钮◯。

☑   功能区：单击"默认"选项卡"修改"面板中的"旋转"按钮◯。

☑   快捷菜单：选择要旋转的对象，在绘图区右击，选择快捷菜单中的"旋转"命令。

【操作实践——挡圈的绘制】

本实例绘制如图 4-101 所示的挡圈。

（1）图层设定。单击"默认"选项卡"图层"面板中的"图

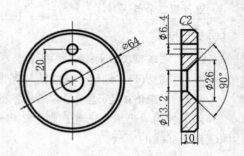

图 4-101   挡圈

层特性"按钮，打开"图层特性管理器"对话框，新建如下 3 个图层。

① 第一图层命名为"粗实线"图层，线宽为 0.30mm，其余属性默认。

② 第二图层命名为"中心线"图层，颜色为红色，线型为 CENTER，其余属性默认。

③ 第三图层命名为"剖面线"图层，颜色为蓝色，其余属性默认。

（2）绘制挡圈主视图。

① 绘制中心线。将"中心线"图层设置为当前图层。单击"默认"选项卡"绘图"面板中的"直线"按钮，分别以{（45,190），（120,190）}、{（77,210），（88,210）}、{（145,210），（165,210）}和{（145,190），（165,190）}为坐标点绘制 4 条水平直线；以{（82.5,227.5），（82.5,152.5）}为坐标点绘制一条竖直直线，如图 4-102 所示。

② 绘制圆。将"粗实线"图层设置为当前图层。单击"默认"选项卡"绘图"面板中的"圆"按钮，以点（82.5,190）为圆心，分别绘制半径为 32、30、13 和 6.6 的同心圆；重复"圆"命令，以点（82.5,210）为圆心，绘制半径为 3.20mm 的圆，如图 4-103 所示。

（3）绘制挡圈剖视图。

① 绘制直线。将"粗实线"图层设置为当前图层。单击"默认"选项卡"绘图"面板中的"直线"按钮，分别以{（150,222），（160,222）}和{（150,158），（160,158）}为坐标点绘制两条水平直线；重复"直线"命令，分别以{（150,222），（150,158）}和{（160,222），（160,158）}为坐标点绘制两条竖直直线，如图 4-104 所示。

② 倒角处理。单击"默认"选项卡"修改"面板中的"倒角"按钮，设置角度、距离模式分别为 45° 和 2mm，效果如图 4-105 所示。

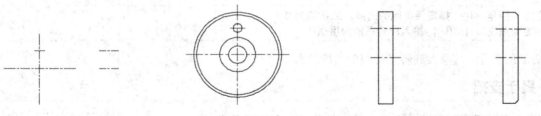

图 4-102　绘制中心线　　　图 4-103　绘制圆　　　图 4-104　绘制直线　　　图 4-105　倒角处理

③ 绘制定位线。单击"默认"选项卡"绘图"面板中的"直线"按钮，以主视图中特征点为起点，利用"正交"功能绘制水平定位线，效果如图 4-106 所示。

④ 旋转并修剪直线。单击"默认"选项卡"修改"面板中的"旋转"按钮，将直线 1 和直线 2 以其与右侧的竖直直线的交点为基点分别旋转 45° 和 -45°。命令行提示与操作如下。

```
USE 当前的正角方向: ANGDIR=逆时针   ANGBASE=0
选择对象:（选择直线 1）
指定基点:（选择直线 1 与右侧的竖直直线的交点为基点）
指定旋转角度，或 [复制(C)/参照(R)]<0>: 45
```

效果如图 4-107 所示。

采用同样的方法旋转直线 2。

⑤ 单击"默认"选项卡"修改"面板中的"修剪"按钮，对图形进行修剪；单击"默认"选项卡"绘图"面板中的"直线"按钮，补全图形，效果如图 4-108 所示。

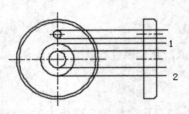

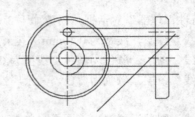

图 4-106　绘制定位线　　　　　　　图 4-107　旋转直线　　　　　图 4-108　旋转并修剪直线

⑥ 绘制剖面线。将"剖面"图层设置为当前图层。单击"默认"选项卡"绘图"面板中的"图案填充"按钮■，绘制剖面线。最终完成挡圈的绘制，效果如图 4-109 所示。

【选项说明】

（1）复制(C)：选择该选项，则在旋转对象的同时，保留源对象，如图 4-110 所示。

旋转前　　　　　　　　旋转后

图 4-109　挡圈的绘制　　　　　　　　　　　　图 4-110　复制旋转

（2）参照(R)：采用"参照"方式旋转对象时，命令行提示与操作如下。

指定参照角 <0>: 指定要参照的角度，默认值为 0
指定新角度或 [点(P)]: 输入旋转后的角度值

操作完毕后，对象被旋转至指定的角度位置。

🎓 **高手支招**

　　可以用拖动鼠标的方法旋转对象。选择对象并指定基点后，从基点到当前光标位置会出现一条连线，拖动鼠标，选择的对象会动态地随着该连线与水平方向夹角的变化而旋转，按 Enter 键确认旋转操作，如图 4-111 所示。

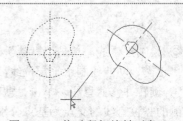

图 4-111　拖动鼠标旋转对象

4.5.3 "缩放"命令

【执行方式】

- ☑　命令行：SCALE（快捷命令：SC）。
- ☑　菜单栏：选择菜单栏中的"修改"→"缩放"命令。
- ☑　工具栏：单击"修改"工具栏中的"缩放"按钮□。
- ☑　功能区：单击"默认"选项卡"修改"面板中的"缩放"按钮□。

　　☑　快捷菜单：选择要缩放的对象，在绘图区右击，选择快捷菜单中的"缩放"命令。

【操作步骤】

命令：SCALE↙
选择对象：（选择要缩放的对象）
选择对象：
指定基点：（指定缩放操作的基点）
指定比例因子或 [复制(C)/参照(R)] <1.0000>：

【选项说明】

　　（1）采用"参照"方式缩放对象时，命令行提示与操作如下。

指定参照长度 <1>：指定参照长度值
指定新的长度或 [点(P)] <1.0000>：指定新长度值

　　若新长度值大于参照长度值，则放大对象；否则缩小对象。操作完毕后，系统以指定的基点按指定的比例因子缩放对象。如果选择"点(P)"选项，则选择两点来定义新的长度。

　　（2）可以用拖动鼠标的方法缩放对象。选择对象并指定基点后，从基点到当前光标位置会出现一条连线，线段的长度即为比例大小。拖动鼠标，选择的对象会动态地随着该连线长度的变化而缩放，按 Enter 键确认缩放操作。

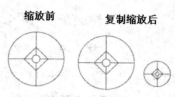

图 4-112　复制缩放

　　（3）选择"复制(C)"选项时，可以复制缩放对象，即缩放对象时，保留源对象，如图 4-112 所示。

4.6　对象编辑命令

　　在对图形进行编辑时，还可以对图形对象本身的某些特性进行编辑，从而方便地进行图形绘制。

【预习重点】

　　☑　了解编辑对象的方法有几种。
　　☑　观察几种编辑方法结果差异。
　　☑　对比几种方法的适用对象。

4.6.1　钳夹功能

　　利用钳夹功能可以快速方便地编辑对象。AutoCAD 2017 在图形对象上定义了一些特殊点，称为夹持点。利用夹持点可以灵活地控制对象，如图 4-113 所示。

　　要使用钳夹功能编辑对象，必须先打开钳夹功能，打开方法是：选择菜单栏中的"工具"→"选项"命令，打开"选项"对话框。选择"选择集"选项卡，选中"夹点"选项组中的"显示夹点"复选框。在该选项卡中还可以设置代表夹点的小方格尺寸和颜色。

　　也可以通过 GRIPS 系统变量控制是否打开钳夹功能，1 代表打开，0 代表关闭。打开了钳夹功能后，应该在编辑对象之前先选择对象。夹点表示对象的控制位置。

　　使用夹点编辑对象，要选择一个夹点作为基点，称为基准夹点。然后，选择一种编辑操作，如删除、移动、复制选择、旋转和缩放。可以按 Space 或 Enter 键循环选择这些功能。下面以其中的拉伸对象操作为例进行讲解，其他操作类似。

在图形上选择一个夹点，该夹点改变颜色，此点为夹点编辑的基准点，此时命令行提示如下。

** 拉伸 **
指定拉伸点或 [基点(B)/复制(C)/放弃(U)/退出(X)]:

在上述拉伸编辑提示下，输入"缩放"命令或右击，选择快捷菜单中的"缩放"命令，系统就会转换为"缩放"操作，其他操作类似。

【操作实践——端盖细节完善】

打开随书光盘"源文件"文件夹下相应的源文件，将如图 4-114 所示的端盖的局部细节进行完善。

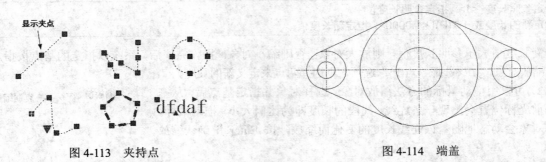

图 4-113　夹持点　　　　　　　　　　　图 4-114　端盖

（1）打开"源文件\第 4 章\端盖.dwg"文件，该图形经过放大显示后可以发现，斜线与圆相切的局部图线不是严格的相切，如图 4-115 所示。

（2）钳夹功能设置。选择菜单栏中的"工具"→"选项"命令，打开"选项"对话框，选择"选择集"选项卡，在"夹点"选项组中选中"显示夹点"复选框。

（3）钳夹编辑。选择如图 4-116 所示的斜线，这条线段上会显示出相应特征的点方框，再选择图中最右边的特征点，该点以醒目方式显示，移动鼠标光标到如图 4-117 所示的相应位置单击，得到如图 4-118 所示的图形。

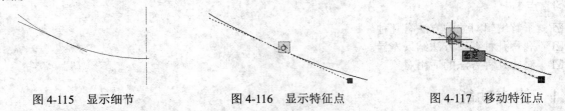

图 4-115　显示细节　　　　图 4-116　显示特征点　　　　图 4-117　移动特征点

整个图形细节编辑完毕后，效果如图 4-119 所示。

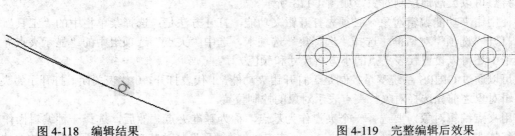

图 4-118　编辑结果　　　　　　　　　　图 4-119　完整编辑后效果

4.6.2 修改对象属性

【执行方式】

☑ 命令行：DDMODIFY 或 PROPERTIES。

☑ 菜单栏：选择菜单栏中的"修改"→"特性"命令。

☑ 工具栏：单击"标准"工具栏中的"特性"按钮🖾。

☑ 功能区：单击"视图"选项卡"选项板"面板中的"特性"按钮🖾，或单击"默认"选项卡"特性"面板中的"对话框启动器"按钮ꔄ。

【操作步骤】

执行上述命令后，打开"特性"对话框，如图 4-120 所示，在其中可以方便地设置或修改对象的各种属性。不同的对象属性种类和值不同，修改属性值，其对象改变为新的属性。

图 4-120 "特性"对话框

4.7 综合演练——齿轮泵机座设计

本实例绘制如图 4-121 所示的齿轮泵机座。

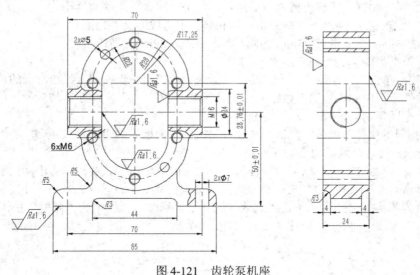

图 4-121 齿轮泵机座

🌀 **手把手教你学**

齿轮泵机座的绘制可以说是系统使用 AutoCAD 二维绘图功能的综合实例。本实例的制作思路是：依次绘制齿轮泵机座主视图、剖视图，充分利用多视图投影对应关系，绘制辅助定位直线。在本例中局部剖视图在齿轮泵机座的绘制过程中也得到了充分应用。

4.7.1　配置绘图环境

首先要新建图层。单击"默认"选项卡"图层"面板中的"图层特性"按钮，打开"图层特性管理器"对话框，新建并设置每一个图层，如图 4-122 所示。

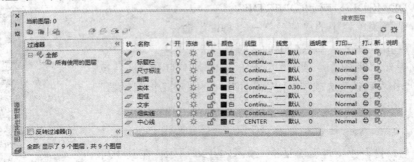

图 4-122　创建好的图层

4.7.2　绘制齿轮泵机座主视图

（1）将"中心线"图层设置为当前图层，单击"默认"选项卡"绘图"面板中的"直线"按钮，绘制 3 条水平直线，坐标点分别为{（47,205），（107,205）}、{（40,190），（114,190）}、{（47,176.24），（107,176.24）}；绘制一条竖直直线，坐标点为{（77,235），（77,146.24）}，如图 4-123 所示。

（2）绘制圆。将"实体"图层设置为当前图层，单击"默认"选项卡"绘图"面板中的"圆"按钮，分别以上下两条中心线和竖直中心线的交点为圆心，分别绘制半径为 17.25mm、22mm 和 28mm 的圆，并将半径为 22mm 的圆设置为"中心线"图层，效果如图 4-124 所示。

图 4-123　绘制中心线

（3）绘制直线。单击"默认"选项卡"绘图"面板中的"直线"按钮，绘制圆的切线，再单击"默认"选项卡"修改"面板中的"修剪"按钮，对图形进行修剪，效果如图 4-125 所示。注意，中间绘制中心线圆时，有一个图层切换过程。

（4）绘制销孔和螺栓孔。单击"默认"选项卡"绘图"面板中的"圆"按钮，绘制销孔和螺栓孔，效果如图 4-126 所示。注意，螺纹用细实线绘制。

（5）绘制底座。单击"默认"选项卡"修改"面板中的"偏移"按钮，将中间的水平中心线向下分别偏移 41mm、46mm 和 50mm，将竖直中心线向两侧分别偏移 22mm 和 42.5mm，并调整直线的长度，将偏移后的直线设置为"实体"图层；单击"默认"选项卡"修改"面板中的"修剪"按钮，对图形进行修剪；单击"默认"选项卡"修改"面板中的"圆角"按钮，进行圆角处理，绘制效果如图 4-127 所示。

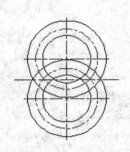

图 4-124　绘制圆

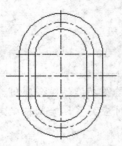

图 4-125　绘制直线

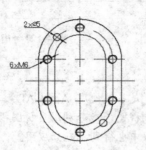

图 4-126　绘制销孔和螺栓孔

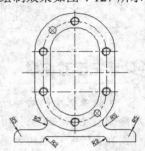

图 4-127　绘制底座

（6）绘制底座螺栓孔。单击"默认"选项卡"修改"面板中的"偏移"按钮⚒，中心线左右偏移量均为 35mm，切换到"细实线"图层；单击"默认"选项卡"绘图"面板中的"样条曲线"按钮～，在底座上绘制曲线构成剖切平面界线；切换到"实体"图层，在剖切平面中，绘制螺栓 Ø7 的通孔。切换到"剖面层"，单击"默认"选项卡"绘图"面板中的"图案填充"按钮▨，绘制剖面线，效果如图 4-128 所示。

（7）绘制进出油管。单击"默认"选项卡"修改"面板中的"偏移"按钮⚒，将竖直中心线分别向两侧偏移 34mm 和 35mm，将中间的水平中心线分别向两侧偏移 7mm、8mm 和 12mm，将偏移 7mm 后的直线改为"细实线"图层；将偏移后的其他直线改为"实体"图层，并在"实体"图层绘制倒角斜线。单击"默认"选项卡"修改"面板中的"修剪"按钮⊬，对图形进行修剪，效果如图 4-129 所示。

（8）细化进出油管。单击"默认"选项卡"修改"面板中的"圆角"按钮⬜，进行圆角处理，圆角半径为 3mm；单击"默认"选项卡"绘图"面板中的"样条曲线"按钮～，绘制曲线构成剖切平面；将"剖面"图层设置为当前图层，单击"默认"选项卡"绘图"面板中的"图案填充"按钮▨，绘制剖面线，完成主视图的绘制，效果如图 4-130 所示。

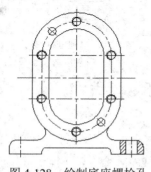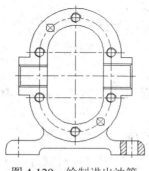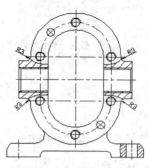

图 4-128　绘制底座螺栓孔　　　图 4-129　绘制进出油管　　　图 4-130　细化进出油管

4.7.3　绘制齿轮泵机座剖视图

（1）绘制定位直线。单击"默认"选项卡"绘图"面板中的"直线"按钮╱，以主视图中特征点为起点，利用"对象捕捉"和"正交"功能绘制水平定位线，效果如图 4-131 所示。

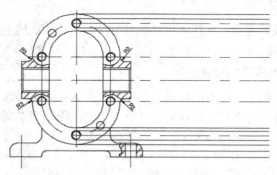

图 4-131　绘制定位直线

（2）绘制剖视图轮廓线。单击"默认"选项卡"绘图"面板中的"直线"按钮╱，以{（175,235），（175,140）}为坐标点绘制一条竖直直线；单击"默认"选项卡"修改"面板中的"偏移"按钮⚒，将竖直直线向左依次偏移 4mm、16mm 和 4mm；单击"默认"选项卡"绘图"面板中的"圆"按钮⊙，以坐标点（187,190）为圆心绘制直径分别为 15mm 和 16mm 的圆，其中 15mm 圆在"实体"图层，16mm 圆在"细实线"图层；单击"默认"选项卡"修改"面板中的"修剪"按钮 ⫶，对图形多余图线进行修剪，效果如图 4-132 所示。

（3）图形倒圆角。单击"默认"选项卡"修改"面板中的"圆角"按钮▱，采用修剪、半径模式，对剖视图进行倒圆角操作，圆角半径为 3mm，效果如图 4-133 所示。

（4）绘制剖面线。将"剖面"图层设置为当前图层，单击"默认"选项卡"绘图"面板中的"图案填充"按钮▨，绘制剖面线，效果如图 4-134 所示。

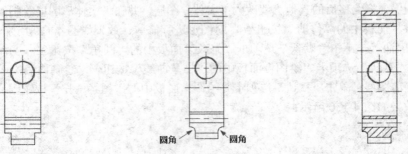

图 4-132　绘制剖视图轮廓线　　　图 4-133　绘制圆角　　　图 4-134　绘制剖面线

4.8　名师点拨——二维编辑跟我学

1．怎样用 TRIM 命令同时修剪多条线段

直线 AB 与 4 条平行线相交，现在要剪切直线 AB 右侧的部分，执行 TRIM 命令，在提示行显示选择对象时选择 AB 并按 Enter 键，然后输入"F"并按 Enter 键，然后在 AB 右侧画一条直线并按 Enter 键，这样就可以了。

2．对圆进行打断操作时的方向问题

AutoCAD 会沿逆时针方向将圆上从第一断点到第二断点之间的那段圆弧删除。

3．"旋转"命令的操作技巧

可以用拖动鼠标的方法旋转对象。选择对象并指定基点后，从基点到当前光标位置会出现一条连线，移动鼠标选择的对象会动态地随着该连线与水平方向的夹角的变化而旋转，按 Enter 键会确认旋转操作。

4．"偏移"（OFFSET）命令的操作技巧

可将对象根据平移方向偏移一个指定的距离，创建一个与原对象相同或类似的新对象，它可操作的图元包括直线、圆、圆弧、多段线、椭圆、构造线、样条曲线等（类似于"复制"），当偏移一个圆时，它还可创建同心圆。当偏移一条闭合的多段线时，也可建立一个与原对象形状相同的闭合图形，可见 OFFSET 应用相当灵活，因此 OFFSET 命令无疑成了 AutoCAD 修改命令中使用频率最高的一条命令。

在使用 OFFSET 时，用户可以通过两种方式创建新线段，一种是输入平行线间的距离，这也是我们最常使用的方式；另一种是指定新平行线通过的点，输入提示参数 T 后，捕捉某个点作为新平行线的通过点，这样在不知道平行线距离时，不需输入平行线之间的距离，而且还不易出错（也可以通过复制来实现）。

5．"镜像"命令的操作技巧

镜像对创建对称的图样非常有用，其可以快速地绘制半个对象，然后将其镜像，而不必绘制整个对象。

默认情况下，镜像文字、属性及属性定义时，它们在镜像后所得图像中不会反转或倒置。文字的对齐和对正方式在镜像图样前后保持一致。如果制图时确实要反转文字，可将 MIRRTEXT 系统变量设置为 1，默认值为 0。

6. "偏移"命令的作用是什么

在 AutoCAD 中，可以使用"偏移"命令，对指定的直线、圆弧、圆等对象作定距离偏移复制。在实际应用中，常利用"偏移"命令的特性创建平行线或等距离分布图。

4.9 上机实验

【练习1】绘制如图 4-135 所示的挂轮架。

1．目的要求

该挂轮架主要由直线、相切的圆及圆弧组成，因此可利用"直线""圆""圆弧"命令，并配合"修剪"命令来绘制图形；挂轮架的上部是对称的结构，可以利用"镜像"命令对其进行操作；对于其中的圆角均采用"圆角"命令绘出，如图 4-135 所示。

2．操作提示

（1）利用"图层"命令设置图层。

（2）利用"直线""圆""偏移""修剪"命令绘制中心线。

（3）利用"直线""圆""偏移"命令绘制挂轮架的中间部分。

（4）利用"圆弧""圆角""剪切"命令继续绘制挂轮架中部图形。

（5）利用"圆弧""圆"命令绘制挂轮架右部。

（6）利用"修剪""圆角"命令修剪与倒圆角。

（7）利用"偏移""圆"命令绘制 R30 圆弧。在这里为了找到 R30 圆弧的圆心，需要以 23 为距离向右偏移竖直对称中心线，并捕捉图 4-136 上边第二条水平中心线与竖直中心线的交点为圆心，绘制 R26 辅助圆，以所偏移中心线与辅助圆交点为 R30 圆弧的圆心。

之所以偏移距离为 23，因为半径为 30 的圆弧的圆心在中心线左右各 30-Ø14/2 处的平行线上。而绘制辅助圆的目的是找到 R30 圆弧的具体圆心位置点，因为 R30 圆弧与 R4 圆弧内切，根据相切的几何关系，R30 圆弧的圆心应以 R4 圆弧圆心为圆心，该辅助圆与上面偏移复制平行线的交点即为 R30 圆弧的圆心。

（8）利用"删除""修剪""镜像""圆角"等命令绘制把手图形部分。

（9）利用"打断""拉长""删除"命令对图形中的中心线进行整理。

【练习2】绘制如图 4-137 所示的均布结构图形。

1．目的要求

本练习设计的图形是一个常见的机械零件。在绘制的过程中，除了要用到"直线"和"圆"等基本绘图命令外，还要用到"剪切"和"阵列"编辑命令。通过本练习，要求读者熟练掌握"剪切"和"阵列"编辑命令的用法。

2．操作提示

（1）设置新图层。

（2）绘制中心线和基本轮廓。

（3）进行阵列编辑。

（4）进行剪切编辑。

【练习3】 绘制如图 4-138 所示的圆锥滚子轴承。

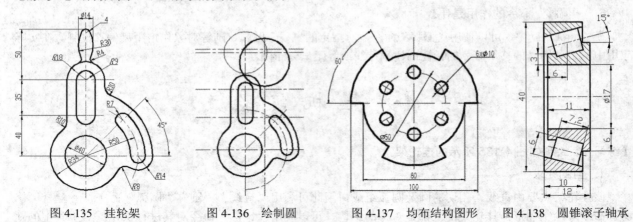

图 4-135　挂轮架　　　　图 4-136　绘制圆　　　　图 4-137　均布结构图形　　　图 4-138　圆锥滚子轴承

1．目的要求

本练习要绘制的是一个圆锥滚子轴承的剖视图。除了要用到一些基本的绘图命令外，还要用到"图案填充"命令以及"旋转"、"镜像"和"剪切"等编辑命令。通过对本练习中图形的绘制，使读者进一步熟悉常见编辑命令以及"图案填充"命令的用法。

2．操作提示

（1）新建图层。

（2）绘制中心线及滚子所在的矩形。

（3）旋转滚子所在的矩形。

（4）绘制半个轴承轮廓线。

（5）对绘制的图形进行剪切。

（6）镜像图形。

（7）分别对轴承外圈和内圈进行图案填充。

4.10　模　拟　试　题

1．关于"分解"（EXPLODE）命令的描述正确的是（　　　）。

　　A．对象分解后颜色、线型和线宽不会改变　　　B．图案分解后图案与边界的关联性仍然存在

　　C．多行文字分解后将变为单行文字　　　　　　D．构造线分解后可得到两条射线

2．使用"复制"命令时，正确的情况是（　　　）。

　　A．复制一个就退出命令　　　　　　　　　　　B．最多可复制 3 个

　　C．复制时，选择放弃，则退出命令　　　　　　D．可复制多个，直到选择退出才结束复制

3．"拉伸"命令对（　　　）对象没有作用。

　　A．多段线　　　　　　　　B．样条曲线　　　　　　C．圆　　　　　　　D．矩形

4．关于偏移，下面说明错误的是（　　　）。

A．偏移值为 30　　　　　　　　　　　B．偏移值为-30

C．偏移圆弧时，即可以创建更大的圆弧，也可以创建更小的圆弧

D．可以偏移的对象类型有样条曲线

5．下面图形不能偏移的是（　　　）。

A．构造线　　　　　B．多线　　　　　C．多段线　　　　D．样条曲线

6．下面图形中偏移后图形属性没有发生变化的是（　　　）。

A．多段线　　　　　B．椭圆弧　　　　C．椭圆　　　　D．样条曲线

7．使用 SCALE 命令缩放图形时，在提示输入比例时输入"R"，然后指定缩放的参照长度分别为 1、2，则缩放后的比例值为（　　　）。

A．2　　　　　　　B．1　　　　　　C．0.5　　　　　D．4

8．能够将物体某部分改变角度的复制命令有（　　　）。

A．MIRROR　　　　B．COPY　　　　C．ROTATE　　　D．ARRAY

9．要剪切与剪切边延长线相交的圆，则需执行的操作为（　　　）。

A．剪切时按住 Shift 键　　　　　　　B．剪切时按住 Alt 键

C．修改"边"参数为"延伸"　　　　　D．剪切时按住 Ctrl 键

10．使用"偏移"命令时，下列说法正确的是（　　　）。

A．偏移值可以小于 0，是反向偏移　　　B．可以框选对象进行一次偏移多个对象

C．一次只能偏移一个对象　　　　　　D．偏移命令执行时不能删除源对象

第5章

文字与表格

　　文字注释是图形中很重要的一部分内容，进行各种设计时，通常不仅要绘出图形，还要在图形中标注一些文字，如技术要求、注释说明等，对图形对象加以解释。

　　AutoCAD 提供了多种写入文字的方法，本章将介绍文本的注释和编辑功能。图表在AutoCAD 图形中也有大量的应用，如明细表、参数表和标题栏等。本章主要内容包括文本样式、文本标注、文本编辑及表格的定义、创建、文字编辑等。

5.1 文 本 样 式

所有 AutoCAD 2017 图形中的文字都有与其相对应的文本样式。当输入文字对象时，AutoCAD 2017 使用当前设置的文本样式。文本样式是用来控制文字基本形状的一组设置。AutoCAD 2017 提供了"文字样式"对话框，通过此对话框可以方便、直观地设置需要的文本样式，或是对已有样式进行修改。

【预习重点】

☑ 打开"文字样式"对话框。
☑ 设置新样式参数。

【执行方式】

☑ 命令行：STYLE（快捷命令：ST）或 DDSTYLE。
☑ 菜单栏：选择菜单栏中的"格式"→"文字样式"命令。
☑ 工具栏：单击"文字"工具栏中的"文字样式"按钮 ⚡。
☑ 功能区：单击"默认"选项卡"注释"面板中的"文字样式"按钮 ⚡（如图 5-1 所示）；或选择"注释"选项卡"文字"面板上"文字样式"下拉菜单中的"管理文字样式"命令（如图 5-2 所示）；或单击"注释"选项卡"文字"面板中的"对话框启动器"按钮 ⬗。

【操作步骤】

执行上述命令后，打开"文字样式"对话框，如图 5-3 所示。

图 5-1 "注释"面板　　图 5-2 "文字"面板　　　　图 5-3 "文字样式"对话框

【选项说明】

（1）"样式"列表框：列出所有已设定的文字样式名或对已有样式名进行相关操作。单击"新建"按钮，打开如图 5-4 所示的"新建文字样式"对话框。在该对话框中可以为新建的文字样式输入名称。从"样式"列表框中选中要改名的文本样式后右击，选择快捷菜单中的"重命名"命令，如图 5-5 所示，可以为所选文本样式输入新的名称。

（2）"字体"选项组：用于确定字体样式。文字的字体确定字符的形状，在 AutoCAD 中，除了固有的 SHX 形状字体文件外，还可以使用 TrueType 字体（如宋体、楷体、Times New Roman 等）。一种字体可以设置不同的效果，从而被多种文本样式使用，如图 5-6 所示为同一种字体（宋体）的不同样式。

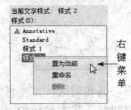

标准基础教程
标准基础教程
标准基础教程

图 5-4　"新建文字样式"对话框　　　图 5-5　快捷菜单　　　图 5-6　同一字体的不同样式

（3）"大小"选项组：用于确定文本样式使用的字体文件、字体风格及字高。"高度"文本框用来设置创建文字时的固定字高，在用 TEXT 命令输入文字时，AutoCAD 不再提示输入字高参数。如果在此文本框中设置字高为 0，系统会在每一次创建文字时提示输入字高，所以，如果不想固定字高，可以把"高度"文本框中的数值设置为 0。

（4）"效果"选项组。

① "颠倒"复选框：选中该复选框，表示将文本文字倒置标注，如图 5-7（a）所示。

② "反向"复选框：确定是否将文本文字反向标注，如图 5-7（b）所示。

③ "垂直"复选框：确定文本是水平标注还是垂直标注。选中该复选框时为垂直标注，否则为水平标注，垂直标注如图 5-8 所示。

④ "宽度因子"文本框：设置宽度系数，确定文本字符的宽高比。当比例系数为 1 时，表示将按字体文件中定义的宽高比标注文字。当此系数小于 1 时，字会变窄，反之变宽。如图 5-6 所示为在不同比例系数下标注的文本文字。

⑤ "倾斜角度"文本框：用于确定文字的倾斜角度。角度为 0 时不倾斜，为正数时向右倾斜，为负数时向左倾斜，效果如图 5-6 所示。

ABCDEFGHIJKLMN
ABCDEFGHIJKLMN
（a）

ABCDEFGHIJKLMN
ABCDEFGHIJKLMN
（b）

图 5-7　文字倒置标注与　　图 5-8　垂直标注文字
　　　　　反向标注

（5）"应用"按钮：确认对文字样式的设置。当创建新的文字样式或对现有文字样式的某些特征进行修改后，都需要单击此按钮，系统才会确认所做的改动。

5.2　文　本　标　注

在绘制图形的过程中，文字传递了很多设计信息，它可能是一个很复杂的说明，也可能是一个简短的文字信息。当需要标注的文本不太长时，可以利用 TEXT 命令创建单行文本；当需要标注很长、很复杂的文字信息时，可以利用 MTEXT 命令创建多行文本。

【预习重点】

☑　对比单行与多行文字的区别。

☑　练习多行文字的应用。

5.2.1　单行文本标注

【执行方式】

☑　命令行：TEXT。

- ☑ 菜单栏：选择菜单栏中的"绘图"→"文字"→"单行文字"命令。
- ☑ 工具栏：单击"文字"工具栏中的"单行文字"按钮**A**。
- ☑ 功能区：单击"默认"选项卡"注释"面板中的"单行文字"按钮**A**或单击"注释"选项卡"文字"面板中的"单行文字"按钮**A**。

【操作步骤】

命令: TEXT↙
当前文字样式: Standard　文字高度: 2.5000　注释性: 否　对正: 左
指定文字的起点或 [对正(J)/样式(S)]:

【选项说明】

（1）指定文字的起点：在此提示下直接在绘图区选择一点作为输入文本的起始点，命令行提示与操作如下。

指定高度 <0.2000>:（确定文字高度）
指定文字的旋转角度 <0>:（确定文本行的倾斜角度）
输入文字:（输入文本）

执行上述命令后，即可在指定位置输入文本文字，输入后按 Enter 键，文本文字另起一行，可继续输入文字，待全部输入完后按两次 Enter 键，退出 TEXT 命令。可见，TEXT 命令也可创建多行文本，只是这种多行文本每一行都是一个对象，不能对多行文本同时进行操作。

🎓 高手支招

只有当前文本样式中设置的字符高度为 0，在使用 TEXT 命令时，系统才出现要求用户确定字符高度的提示。AutoCAD 2017 允许将文本行倾斜排列，如图 5-9 所示为倾斜角度分别是 0°、45° 和 −45° 时的排列效果。在"指定文字的旋转角度 <0>"提示下输入文本行的倾斜角度或在绘图区拉出一条直线来指定倾斜角度。

图 5-9　文本行倾斜排列的效果

（2）对正(J)：在"指定文字的起点或 [对正(J)/样式(S)]"提示下输入"J"，用来确定文本的对齐方式，对齐方式决定文本的哪部分与所选插入点对齐。执行此选项，命令行提示与操作如下。

输入选项 [左(L)/居中(C)/右(R)/对齐(A)/中间(M)/布满(F)/左上(TL)/中上(TC)/右上(TR)/左中(ML)/正中(MC)/右中(MR)/左下(BL)/中下(BC)/右下(BR)]:

在此提示下选择一个选项作为文本的对齐方式。当文本文字水平排列时，AutoCAD 2017 为标注文本的文字定义了如图 5-10 所示的顶线、中线、基线和底线，各种对齐方式如图 5-11 所示，图中大写字母对应上述提示中的各命令。下面以"对齐"方式为例进行简要说明。

图 5-10　文本行的底线、基线、中线和顶线

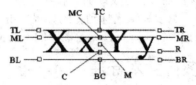

图 5-11　文本的对齐方式

选择"对齐(A)"选项，要求用户指定文本行基线的起始点与终止点的位置，命令行提示与操作如下。

指定文字基线的第一个端点:（指定文本行基线的起点位置）
指定文字基线的第二个端点:（指定文本行基线的终点位置）
输入文字:（输入一行文本后按 Enter 键）
输入文字:（继续输入文本或直接按 Enter 键结束命令）

执行结果：输入的文本文字均匀地分布在指定的两点之间，如果两点间的连线不水平，则文本行倾斜放置，倾斜角度由两点间的连线与 X 轴夹角确定；字高、字宽是根据两点间的距离以及字符的多少和文本样式中设置的宽度系数自动确定。指定了两点之后，每行输入的字符越多，则字宽和字高越小。其他选项与"对齐"选项类似，此处不再赘述。

实际绘图时，有时需要标注一些特殊字符，例如，直径符号、上划线或下划线、温度符号等，由于这些符号不能直接从键盘上输入，AutoCAD 提供了一些控制码以实现这些要求。控制码用两个百分号（%%）加一个字符构成，常用的控制码及功能如表 5-1 所示。

表 5-1　AutoCAD 常用控制码

控 制 码	标注的特殊字符	控 制 码	标注的特殊字符
%%O	上划线	\u+0278	电相位
%%U	下划线	\u+E101	流线
%%D	"度"符号（°）	\u+2261	标识
%%P	正负符号（±）	\u+E102	界碑线
%%C	直径符号（Φ）	\u+2260	不相等（≠）
%%%	百分号（%）	\u+2126	欧姆（Ω）
\u+2248	约等于（≈）	\u+03A9	欧米加（Ω）
\u+2220	角度（∠）	\u+214A	低界线
\u+E100	边界线	\u+2082	下标 2
\u+2104	中心线	\u+00B2	上标 2
\u+0394	差值		

其中，%%O 和%%U 分别是上划线和下划线的开关，第一次出现此符号开始画上划线和下划线，第二次出现此符号，上划线和下划线终止。例如，输入"I want to %%U go to Beijing%%U."，则得到如图 5-12（a）所示的文本行，输入"50%%D+%%C75%%P12"，则得到如图 5-12（b）所示的文本行。

利用 TEXT 命令可以创建一个或若干个单行文本，即此命令可以标注多行文本。在"输入文字"提示下输入一行文本文字后按 Enter 键，命令行继续提示"输入文字"，用户可输入第二行文本文字，依此类推，直到文本文字全部输入完毕，再在此提示下按两次 Enter 键，结束文本输入命令。每按一次 Enter 键就结束一个单行文本的输入，每一个单行文本是一个对象，可以单独修改其文本样式、字高、旋转角度、对齐方式等。

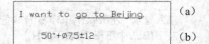

图 5-12　文本行

用 TEXT 命令创建文本时，在命令行输入的文字同时显示在绘图区，而且在创建过程中可以随时改变文本的位置，只要移动光标到新的位置单击，则当前行结束，随后输入的文字在新的文本位置出现，用这种方法可以把多行文本标注到绘图区的不同位置。

5.2.2　多行文本标注

【执行方式】

☑ 命令行：MTEXT（快捷命令：T 或 MT）。

☑ 菜单栏：选择菜单栏中的"绘图"→"文字"→"多行文字"命令。

☑ 工具栏：单击"绘图"工具栏中的"多行文字"按钮 A，或单击"文字"工具栏中的"多行文字"按钮 A。

☑ 功能区：单击"默认"选项卡"注释"面板中的"多行文字"按钮 A 或单击"注释"选项卡"文字"面板中的"多行文字"按钮 A。

技术要求
1. 热处理硬度HRC32~37

2. 未注倒角1×30°

图 5-13　技术要求

【操作实践——标注齿轮泵机座零件图技术要求】

如图 5-13 所示为齿轮泵机座零件图的技术要求，本实例单独讲述其标注方法，尤其是其中的特殊符号"×"的标注方法。

（1）单击"默认"选项卡"绘图"面板中的"多行文字"按钮 A，在空白处单击，指定第一角点，向右下角拖至适当距离，再次单击，指定第二点，打开文字编辑器，在制表位下输入"技术要求"等文字，如图 5-14 所示。命令行提示与操作如下。

命令: _MTEXT↙
当前文字样式: "Standard"　文字高度: 2.5　注释性: 否
指定第一角点: (用鼠标在绘图区点取一点)
指定对角点或 [高度(H)/对正(J)/行距(L)/旋转(R)/样式(S)/宽度(W)/栏(C)]: (用鼠标在绘图区点取另一点)

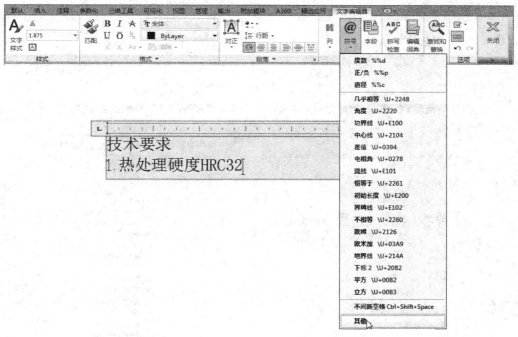

图 5-14　输入文字

（2）单击"文字编辑器"选项卡"插入"面板中的"符号"下拉菜单，选择"其他"命令，弹出"字符映射表"对话框，选择"~"符号，单击下方的"选择"按钮，在"复制字符"文本框中将显示加载的字符"~"，如图 5-15 所示。单击右侧的"复制"按钮，复制字符，然后单击右上角的 ✕ 按钮，退出对话框。

（3）在空白处右击，打开快捷菜单，选择"粘贴"命令，完成字符插入，插入效果如图 5-16 所示。

（4）继续输入文字，单击"文字编辑器"选项卡"插入"面板中的"符号"下拉菜单，打开下拉菜单，选择"度数"命令，如图 5-17 所示。最终完成的技术要求标注效果如图 5-13 所示。

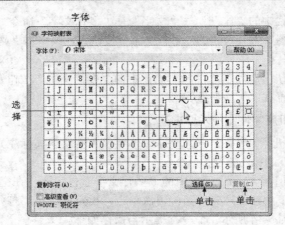

图 5-15 "字符映射表"对话框

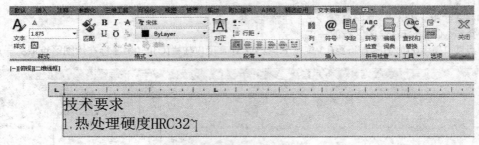

图 5-16 标注"～"符号

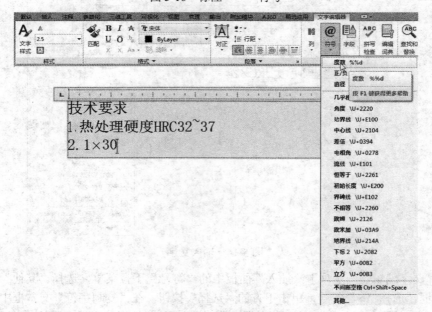

图 5-17 标注度数

【选项说明】

（1）指定对角点：在绘图区选择两个点作为矩形框的两个角点，AutoCAD 以这两个点为对角点构成一个矩形区域，其宽度作为将来要标注的多行文本的宽度，第一个点作为第一行文本顶线的起点。响应后将打开如图 5-18 所示的"文字格式"面板和多行文字编辑器，可利用此编辑器输入多行文本文字并对其格式进行设置。关于该面板中各项的含义及编辑器功能，稍后再详细介绍。

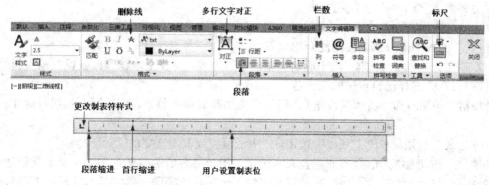

图 5-18 "文字格式"面板和多行文字编辑器

（2）对正(J)：用于确定所标注文本的对齐方式。

这些对齐方式与 TEXT 命令中的各对齐方式相同。选择一种对齐方式后按 Enter 键，系统回到上一级提示。

（3）行距(L)：用于确定多行文本的行间距。这里所说的行间距是指相邻两文本行基线之间的垂直距离。选择此选项，命令行提示如下。

输入行距类型 [至少(A)/精确(E)] <至少(A)>:

在此提示下有"至少"和"精确"两种方式确定行间距。在"至少"方式下，系统根据每行文本中最大的字符自动调整行间距；在"精确"方式下，系统为多行文本赋予一个固定的行间距，可以直接输入一个确切的间距值，也可以输入 nx 的形式，其中，n 是一个具体数，表示行间距设置为单行文本高度的 n 倍，而单行文本高度是本行文本字符高度的 1.66 倍。

（4）旋转(R)：用于确定文本行的倾斜角度。选择此选项，命令行提示如下。

指定旋转角度 <0>:（输入倾斜角度）

输入角度值后按 Enter 键，系统返回到"指定对角点或 [高度(H)/对正(J)/行距(L)/旋转(R)/样式(S)/宽度(W)]:"的提示。

（5）样式(S)：用于确定当前的文本文字样式。

（6）宽度(W)：用于指定多行文本的宽度。可在绘图区选择一点，与前面确定的第一个角点组成一个矩形框的宽作为多行文本的宽度；也可以输入一个数值，精确设置多行文本的宽度。

在创建多行文本时，只要指定文本行的起始点和宽度后，系统就会打开如图 5-18 所示的多行文字编辑器，该编辑器包含一个"文字格式"对话框和一个快捷菜单。用户可以在编辑器中输入和编辑多行文本，包括设置字高、文本样式以及倾斜角度等。该编辑器与 Microsoft Word 编辑器界面相似，并且该编辑器与 Word 编辑器在某些功能上趋于一致。这样既增强了多行文字的编辑功能，又能使用户更熟悉和方便地使用。

（7）栏(C)：根据栏宽、栏间距宽度和栏高组成矩形框，打开如图 5-18 所示的"文字格式"面板和多行文字编辑器。

"文字格式"面板：用来控制文本文字的显示特性。可以在输入文本文字前设置文本的特性，也可以改变已输入的文本文字特性。要改变已有文本文字显示特性，首先应选择要修改的文本，选择文本的方式有以下 3 种。

（1）将光标定位到文本文字开始处，按住鼠标左键拖到文本末尾。

（2）双击某个文字，则该文字被选中。

（3）单击鼠标 3 次，则选中全部内容。

"文字格式"面板中部分选项的功能介绍如下。

（1）"文字高度"下拉列表框：用于确定文本的字符高度，可在文本编辑器中设置输入新的字符高度，也可从该下拉列表框中选择已设定过的高度值。

（2）"加粗"按钮 **B** 和"斜体"按钮 *I*：用于设置加粗或斜体效果，但这两个按钮只对 TrueType 字体有效。

（3）"下划线"按钮 **U** 和"上划线"按钮 **Ō**：用于设置或取消文字的上、下划线。

（4）"堆叠"按钮 ⅛：为层叠或非层叠文本按钮，用于层叠所选的文本文字，也就是创建分数形式。当文本中某处出现"/"、"^"或"#"3 种层叠符号之一时，可层叠文本，其方法是选中需层叠的文字，然后单击此按钮，则符号左边的文字作为分子，右边的文字作为分母进行层叠。AutoCAD 提供了 3 种分数形式；如选中 abcd/efgh 后单击此按钮，得到如图 5-19（a）所示的分数形式；如果选中 abcd^efgh 后单击此按钮，则得到如图 5-19（b）所示的形式，此形式多用于标注极限偏差；如果选中 abcd # efgh 后单击此按钮，则创建斜排的分数形式，如图 5-19（c）所示。如果选中已经层叠的文本对象后单击此按钮，则恢复到非层叠形式。

$$\begin{array}{ccc} \text{abcd} & \text{abcd} & \text{abcd}\!/ \\ \text{efgh} & \text{efgh} & \text{efgh} \\ \text{(a)} & \text{(b)} & \text{(c)} \end{array}$$

图 5-19　文本层叠

（5）"倾斜角度"（*0/*）下拉列表框：用于设置文字的倾斜角度。

✎ **举一反三**

倾斜角度与斜体效果是两个不同的概念，前者可以设置任意倾斜角度，后者是在任意倾斜角度的基础上设置斜体效果，如图 5-20 所示，第一行倾斜角度为 0°，非斜体效果；第二行倾斜角度为 12°，非斜体效果；第三行倾斜角度为 12°，为斜体效果。

都市农夫
都市农夫
都市农夫

图 5-20　倾斜角度与斜体效果

（6）"符号"按钮 **@**：用于输入各种符号。单击此按钮，打开符号列表，如图 5-21 所示，可以从中选择符号输入到文本中。

（7）"插入字段"按钮 ⅜：用于插入一些常用或预设字段。单击此按钮，打开"字段"对话框，用户可从中选择字段，插入到标注文本中。

（8）"追踪"文本框 **a·b**：用于增大或减小选定字符之间的空间。1.0 表示设置常规间距，设置大于 1.0 表示增大间距，设置小于 1.0 表示减小间距。

（9）"宽度因子"文本框 **O**：用于扩展或收缩选定字符。1.0 表示设置代表此字体中字母的常规宽度，可以增大该宽度或减小该宽度。

图 5-21　"字符映射表"对话框

多行文字是由任意数目的文字行或段落组成的，布满指定的宽度，还可以沿垂直方向无限延伸。多行文字中，无论行数是多少，单个编辑任务中创建的每个段落集将构成单个对象；用户可对其进行移动、旋转、删除、复制、镜像或缩放操作。

5.3　文本编辑

AutoCAD 2017 提供了"文字样式"编辑器，通过此编辑器可以方便、直观地设置需要的文本样式，或是对已有样式进行修改。

【预习重点】

☑　利用不同方法打开文本编辑器。

☑　了解编辑器中不同参数及按钮的含义。

【执行方式】

☑　命令行：DDEDIT（快捷命令：ED）。

☑　菜单栏：选择菜单栏中的"修改"→"对象"→"文字"→"编辑"命令。

☑　工具栏：单击"文字"工具栏中的"编辑"按钮 🗛。

【操作步骤】

选择相应的菜单项，或在命令行中输入"DDEDIT"命令后按 Enter 键，命令行提示与操作如下。

```
命令: DDEDIT↙
选择注释对象或 [放弃(U)]:
```

要求选择想要修改的文本，同时光标变为拾取框。用拾取框单击对象，如果选取的文本是用 TEXT 命令创建的单行文本，双击该文本，可对其进行修改。如果选取的文本是用 MTEXT 命令创建的多行文本，选取后则打开多行文字编辑器，可根据前面的介绍对各项设置或内容进行修改。

5.4　表　　格

在以前的 AutoCAD 版本中，要绘制表格必须采用绘制图线或结合"偏移""复制"等编辑命令来完成，这样的操作过程烦琐而复杂，不利于提高绘图效率。而利用表格功能创建表格就变得非常容易，用户可以直接插入设置好样式的表格，而不用绘制由单独图线组成的表格。

【预习重点】

☑　练习如何定义表格样式。

☑　观察"插入表格"对话框中各选项卡设置。

☑　练习插入表格文字。

5.4.1 定义表格样式

和文字样式一样，所有 AutoCAD 图形中的表格都有与其相对应的表格样式。当插入表格对象时，系统使用当前设置的表格样式。表格样式是用来控制表格基本形状和间距的一组设置。模板文件 ACAD.DWT 和 ACADISO.DWT 中定义了名为 Standard 的默认表格样式。

【执行方式】

☑ 命令行：TABLESTYLE。
☑ 菜单栏：选择菜单栏中的"格式"→"表格样式"命令。
☑ 工具栏：单击"样式"工具栏中的"表格样式"按钮 ▦。
☑ 功能区：单击"默认"选项卡"注释"面板中的"表格样式"按钮 ▦（如图 5-22 所示）；或选择"注释"选项卡"表格"面板"表格样式"下拉列表中的"管理表格样式"命令（如图 5-23 所示）；或单击"注释"选项卡"表格"面板中的"对话框启动器"按钮 ▾。

图 5-22　"注释"面板

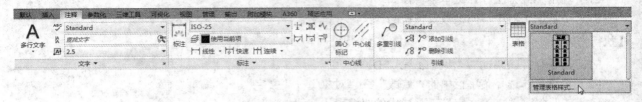

图 5-23　"表格"面板

【操作步骤】

执行上述命令后，打开"表格样式"对话框，如图 5-24 所示。

【选项说明】

（1）"新建"按钮：单击该按钮，打开"创建新的表格样式"对话框，如图 5-25 所示。

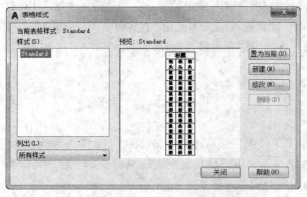

图 5-24　"表格样式"对话框

图 5-25　"创建新的表格样式"对话框

输入新的表格样式名后，单击"继续"按钮，打开"新建表格样式"对话框，如图 5-26 所示，从中可以定义新的表格样式。

"新建表格样式"对话框的"单元样式"下拉列表框中有 3 个重要的选项，即"数据"、"表头"和"标题"，分别控制表格中数据、列标题和总标题的有关参数，如图 5-27 所示。在"新建表格样式"对话框中有 3 个重要的选项卡，分别介绍如下。

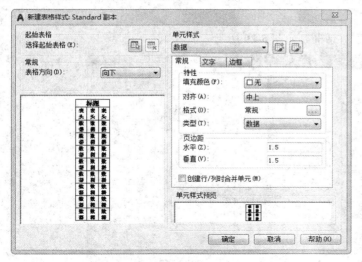

图 5-26　"新建表格样式"对话框

标题		
页眉	页眉	页眉
数据	数据	数据
数据	数据	数据
数据	数据	数据
数据	数据	数据
数据	数据	数据
数据	数据	数据
数据	数据	数据
数据	数据	数据

图 5-27　表格样式

① "常规"选项卡：用于控制数据栏与标题栏的上下位置关系。

② "文字"选项卡：用于设置文字属性，选择该选项卡，在"文字样式"下拉列表框中可以选择已定义的文字样式并应用于数据文字，也可以单击右侧的 ⋯ 按钮重新定义文字样式。其中，"文字高度"、"文字颜色"和"文字角度"各选项设定的相应参数格式可供用户选择。

③ "边框"选项卡：用于设置表格的内外边框，如绘制所有数据边框线、只绘制数据边框外部边框线、只绘制数据边框内部边框线、无边框线、只绘制底部边框线等。选项卡中的"线宽"、"线型"和"颜色"下拉列表框则控制边框线的线宽、线型和颜色；选项卡中的"间距"文本框用于控制单元边界和内容之间的间距。

如图 5-28 所示的表格样式中，数据文字样式为 Standard，文字高度为 4.5，文字颜色为"红色"，对齐方式为"右下"；标题文字样式为 Standard，文字高度为 6，文字颜色为"蓝色"，对齐方式为"正中"，表格方向为"上"，水平单元边距和垂直单元边距均为 1.5。

数据	数据	数据
数据	数据	数据
数据	数据	数据
数据	数据	数据
数据	数据	数据
数据	数据	数据
数据	数据	数据
数据	数据	数据
数据	数据	数据
标题		

图 5-28　表格示例

（2）"修改"按钮，用于对当前表格样式进行修改，方式与新建表格样式相同。

5.4.2　创建表格

在设置好表格样式后，用户可以利用 TABLE 命令创建表格。

【执行方式】

☑　命令行：TABLE。

☑　菜单栏：选择菜单栏中的"绘图"→"表格"命令。

☑　工具栏：单击"绘图"工具栏中的"表格"按钮 ▦。

☑　功能区：单击"默认"选项卡"注释"面板中的"表格"按钮 ▦ 或单击"注释"选项卡"表格"

面板中的"表格"按钮⊞。

【操作步骤】

执行上述命令后，打开"插入表格"对话框，如图 5-29 所示。

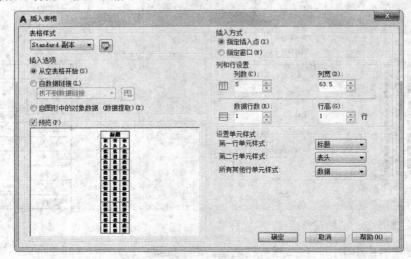

图 5-29 "插入表格"对话框

【选项说明】

（1）"表格样式"选项组：可以在"表格样式"下拉列表框中选择一种表格样式，也可以通过单击后面的⊞按钮新建或修改表格样式。

（2）"插入选项"选项组。

① "从空表格开始"单选按钮：创建可以手动填充数据的空表格。

② "自数据链接"单选按钮：通过启动数据链接管理器创建表格。

③ "自图形中的对象数据（数据提取）"单选按钮：通过启动数据提取向导来创建表格。

（3）"插入方式"选项组。

① "指定插入点"单选按钮：指定表格左上角的位置。可以使用定点设备，也可以在命令行中输入坐标值。如果表格样式将表格的方向设置为由下而上读取，则插入点位于表格的左下角。

② "指定窗口"单选按钮：指定表的大小和位置。可以使用定点设备，也可以在命令行中输入坐标值。选定此选项时，行数、列数、列宽和行高取决于窗口的大小以及列和行设置。

（4）"列和行设置"选项组：指定列和数据行的数目以及列宽与行高。

（5）"设置单元样式"选项组：指定"第一行单元样式"、"第二行单元样式"和"所有其他行单元样式"分别为"标题"、"表头"或者"数据"。

📖 高手支招

在"插入方式"选项组中选中"指定窗口"单选按钮后，列与行设置的两个参数中只能指定一个，另外一个由指定窗口的大小自动等分来确定。

在"插入表格"对话框中进行相应设置后，单击"确定"按钮，系统在指定的插入点或窗口自动插入一个空表格，并打开多行文字编辑器，用户可以逐行逐列输入相应的文字或数据，如图 5-30 所示。

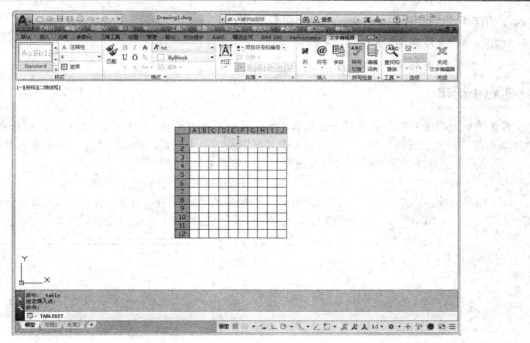

图 5-30　多行文字编辑器

🪛 **举一反三**

在插入后的表格中选择某一个单元格，单击后出现夹点，通过移动夹点可以改变单元格的大小，如图 5-31 所示。

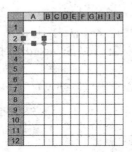

图 5-31　改变单元格大小

5.4.3　表格文字编辑

【执行方式】
- ☑　命令行：TABLEDIT。
- ☑　快捷菜单：选择表和一个或多个单元后右击，选择快捷菜单中的"编辑文字"命令。

【操作步骤】

执行上述命令后，命令行出现"拾取表格单元"的提示，选择要编辑的表格单元，系统打开多行文字编辑器，用户可以对选择的表格单元的文字进行编辑。

【操作实践——A3 样板图的绘制】

绘制如图 5-32 所示的 A3 样板图。

贴心小帮手

样板图就是将绘制图形通用的一些基本内容和参数事先设置好，并绘制出来，以.dwt 的格式保存起来。例如 A3 图纸，可以绘制好图框、标题栏，设置好图层、文字样式、标注样式等，然后作为样板图保存。以后需要绘制 A3 幅面的图形时，可打开此样板图，在其基础上绘图。

（1）绘制图框。单击"默认"选项卡"绘图"面板中的"矩形"按钮□，指定矩形的角点分别为{（0,0），（420,297）}和{（10,10），（410,287）}，分别作为图纸边框和图边框。绘制效果如图 5-33 所示。

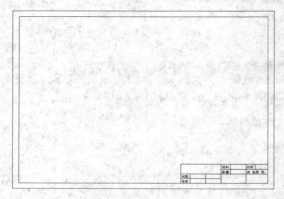

图 5-32　A3 样板图

图 5-33　绘制的边框

（2）绘制标题栏。

① 单击"默认"选项卡"注释"面板中的"表格样式"按钮▣，打开"表格样式"对话框，如图 5-34 所示。

② 单击"修改"按钮，打开"修改表格样式：Standard"对话框，在"单元样式"下拉列表框中选择"数据"选项，在下面的"文字"选项卡中将"文字高度"设置为 3，如图 5-35 所示。再选择"常规"选项卡，将"页边距"选项组中的"水平"和"垂直"都设置为 1，如图 5-36 所示。

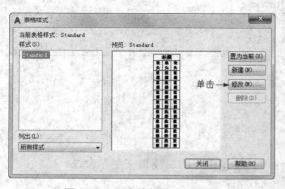

图 5-34　"表格样式"对话框

图 5-35　设置"文字"选项卡

图 5-36　设置"常规"选项卡

高手支招

表格的行高=文字高度+2×垂直页边距，此处设置为 3+2×1=5。

③ 返回到"表格样式"对话框，单击"关闭"按钮退出对话框。

④ 单击"默认"选项卡"注释"面板中的"表格"按钮，打开"插入表格"对话框，在"列和行设置"选项组中将"列数"设置为 28，"列宽"设置为 6，"数据行数"设置为 2（加上标题行和表头行共 4行），"行高"设置为 1 行（即为 10）；在"设置单元样式"选项组中将"第一行单元样式"、"第二行单元样式"和"所有其他行单元样式"都设置为"数据"，如图 5-37 所示。

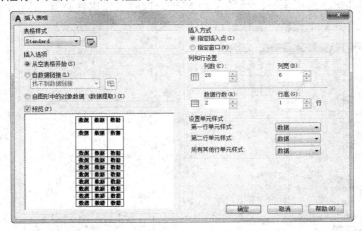

图 5-37　"插入表格"对话框

⑤ 在图框线右下角附近指定表格位置，系统将生成表格，不输入文字，生成的表格如图 5-38 所示。

图 5-38　生成表格

⑥ 单击表格中的一个单元格，系统显示其编辑夹点，右击，在打开的快捷菜单中选择"特性"命令，如图 5-39 所示，打开"特性"对话框，将"单元高度"参数改为 8，如图 5-40 所示，这样，该单元格所在行的高度就统一改为 8。采用同样的方法将其他行的高度改为 8，如图 5-41 所示。

图 5-39 快捷菜单

图 5-40 "特性"对话框

图 5-41 修改表格高度

⑦ 选择 A1 单元格，按住 Shift 键，同时选择左边的 13 个单元格以及下面的两个单元格，右击弹出快捷菜单，选择"合并"→"全部"命令，如图 5-42 所示，这些单元格被合并，如图 5-43 所示。

采用同样的方法合并其他单元格，完成表格绘制，效果如图 5-44 所示。

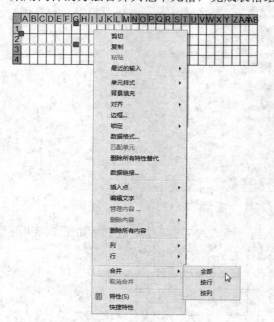

图 5-42 快捷菜单

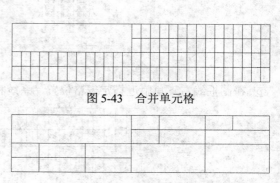

图 5-43 合并单元格

图 5-44 完成表格绘制

⑧ 在单元格上单击 3 次，打开文字编辑器，在单元格中输入文字，将文字大小改为 4，如图 5-45 所示。采用同样的方法输入其他单元格中的文字，如图 5-46 所示。

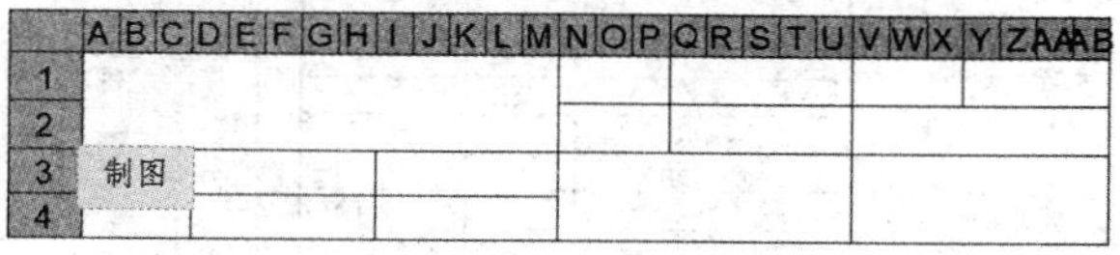

图 5-45　输入文字

图 5-46　完成标题栏文字输入

（3）移动标题栏。刚生成的标题栏无法准确确定与图框的相对位置，需要移动。单击"默认"选项卡"修改"面板中的"移动"按钮✥，命令行提示与操作如下。

命令：MOVE↙
选择对象：（选择刚绘制的表格）
选择对象：↙
指定基点或 [位移(D)] <位移>：（捕捉表格的右下角点）
指定第二个点或 <使用第一个点作为位移>：（捕捉图框的右下角点）

这样就将表格准确地放置在图框的右下角，如图 5-47 所示。

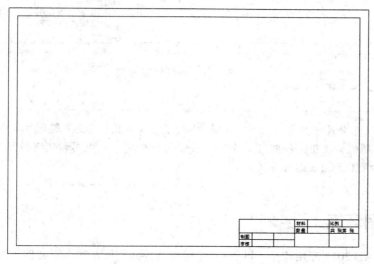

图 5-47　移动表格

（4）保存样板图。单击快速访问工具栏中的"保存"按钮💾，保存绘制好的图形。

🎓 高手支招

　　如果有多个文本格式一样，可以采用复制后修改文字内容的方法填充表格文字，这样只需双击就可以直接修改表格文字的内容，而不用重新设置每个文本格式。

5.5　综合演练——圆柱齿轮设计

圆柱齿轮零件是机械产品中经常使用的一种典型零件，其主视剖面图呈对称形状，侧视图则由一组同心圆构成，如图 5-48 所示。

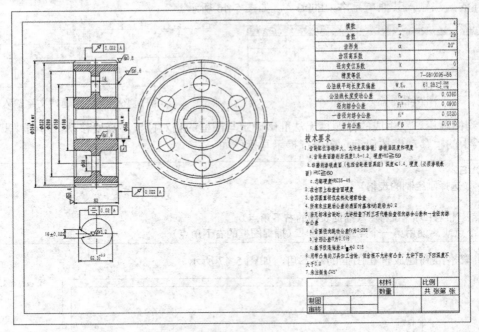

图 5-48　圆柱齿轮

🌟 手把手教你学

　　由于圆柱齿轮的 1:1 全尺寸平面图大于 A3 图幅，为了绘制方便，需要先隐藏"标题栏层"和"图框层"，在绘图窗口中隐去标题栏和图框。按照 1:1 全尺寸绘制圆柱齿轮的主视图和侧视图，与前面章节类似，绘制过程中充分利用多视图互相投影对应关系。

5.5.1　配置绘图环境

　　（1）启动 AutoCAD 2017 应用程序，以 A3.dwt 样板文件为模板，建立新文件，将新文件命名为"圆柱齿轮.dwg"并保存。

　　（2）在新文件中创建"机械制图标注"样式，设置"箭头大小"为 2.5，"文字高度"为 5，并设置为当前使用的标注样式。

5.5.2　绘制圆柱齿轮

　　（1）单击"默认"选项卡"图层"面板中的"图层特性"按钮，打开"图层特性管理器"对话框，新建图层，如图 5-49 所示。

　　（2）绘制中心线与隐藏图层。

　　① 将"中心线层"设置为当前图层。

　　② 单击"默认"选项卡"绘图"面板中的"直线"按钮，绘制直线{（30,170），（400,170）}，直线{（75,47），（75,290）}和{（270,47），（270,290）}，如图 5-50 所示。

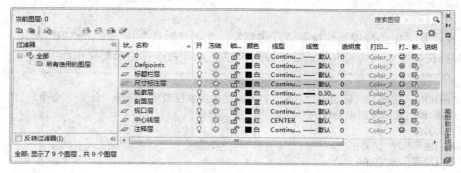

图 5-49　新建图层

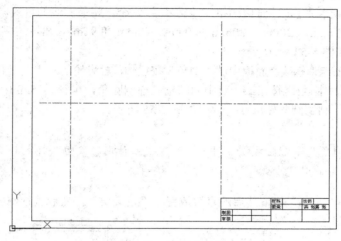

图 5-50　绘制中心线

提示

　　由于圆柱齿轮尺寸较大，因此先按照 1:1 比例绘制圆柱齿轮，绘制完成后，再利用"图形缩放"命令使其缩小，放入 A3 图纸中。为了绘制方便，隐藏 0 层，隐去标题栏和图框，以使版面干净，利于绘图。

　　③ 选择菜单栏中的"格式"→"图层"命令，或单击"默认"选项卡"图层"面板中的"图层特性"按钮 ，或在命令行中输入"LAYER"命令后按 Enter 键，打开"图层特性管理器"对话框，单击 0 层的"打开/关闭图层"图标 ，使其呈灰暗色，关闭该图层，如图 5-51 所示，效果如图 5-52 所示。

图 5-51　关闭 0 层

图 5-52　关闭图层后的绘图窗口

（3）绘制圆柱齿轮主视图。

① 将当前图层从"中心线层"切换到"轮廓层"。单击"默认"选项卡"绘图"面板中的"直线"按钮 ⁄，利用临时捕捉命令绘制两条直线，效果如图 5-53 所示，命令行提示与操作如下。

命令: LINE↙
指定第一点: FROM（按住 Ctrl 键的同时右击，打开临时捕捉快捷菜单，选择"自(F)"命令）↙
基点:（利用对象捕捉选择左侧中心线的交点）
<偏移>: @ -41,0↙
指定下一点或 [放弃(U)]: @ 0,120↙
指定下一点或 [放弃(U)]: @ 41,0↙
指定下一点或 [闭合(C)/放弃(U)]: ↙

② 单击"默认"选项卡"修改"面板中的"偏移"按钮 ，将最左侧的直线向右偏移 33mm，再将最上部的直线依次向下偏移 8mm、20mm、30mm、60mm、70mm 和 91mm。偏移中心线，向上偏移量依次为 75mm 和 116mm，效果如图 5-54 所示。

③ 单击"默认"选项卡"修改"面板中的"倒角"按钮 ，对齿轮的左上角处倒直角 C4；单击"默认"选项卡"修改"面板中的"圆角"按钮 ，对中间凹槽底部倒圆角，半径为 5mm；对中间凹槽开口处倒直角 C4，然后进行修剪，绘制倒圆角轮廓线，效果如图 5-55 所示。

注意 在执行"倒圆角"命令时，需要对不同情况交互使用"修剪"模式和"不修剪"模式。若使用"不修剪"模式，还需调用"修剪"命令进行修剪编辑。

④ 将中心线向上偏移 8mm，将偏移后的直线放置在"轮廓层"，然后进行修剪，结果如图 5-56 所示。

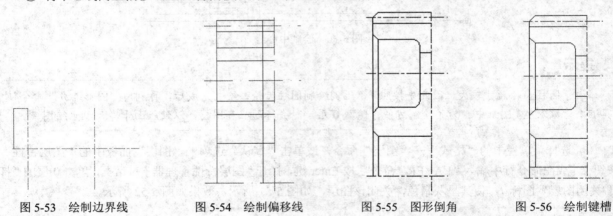

图 5-53　绘制边界线　　　　图 5-54　绘制偏移线　　　　图 5-55　图形倒角　　　　图 5-56　绘制键槽

⑤ 单击"默认"选项卡"修改"面板中的"镜像"按钮 ，分别以两条中心线为镜像轴进行镜像操作，效果如图 5-57 所示。

⑥ 切换到"剖面层"，单击"默认"选项卡"绘图"面板中的"图案填充"按钮 ，打开"图案填充创建"选项卡。单击"图案"面板中的"图案填充图案"按钮，选择 ANSI31 图案作为填充图案。单击"边界"面板中的"拾取点"按钮，利用提取图形对象特征点的方式提取填充区域。单击"确定"按钮，完成圆柱齿轮主视图的绘制，效果如图 5-58 所示。

（4）绘制圆柱齿轮侧视图。

📢 **提示**

> 圆柱齿轮侧视图由一组同心圆和环形分布的圆孔组成。左视图是在主视图的基础上生成的，因此需要借助主视图的位置信息确定同心圆的半径或直径数值，这时就需要从主视图引出相应的辅助定位线，利用"对象捕捉"确定同心圆。6 个减重圆孔可利用"环形阵列"进行绘制。

① 将当前图层切换到"轮廓层"。单击"默认"选项卡"绘图"面板中的"直线"按钮 ✏，利用"对象捕捉"功能在主视图中确定直线起点，再利用"正交"功能保证引出线水平，终点位置任意，绘制效果如图 5-59 所示。

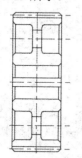
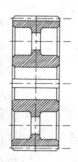
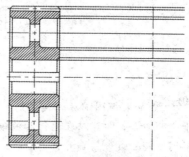

图 5-57　镜像成型　　　　　图 5-58　圆柱齿轮主视图　　　　　　图 5-59　绘制辅助定位线

② 单击"默认"选项卡"绘图"面板中的"圆"按钮 ⊙，以右侧中心线交点为圆心，半径依次捕捉辅助定位线与中心线的交点，绘制 9 个圆；删除辅助直线；单击"默认"选项卡"绘图"面板中的"圆"按钮 ⊙，绘制直径为 30 的减重圆孔；单击"默认"选项卡"绘图"面板中的"直线"按钮 ✏，绘制减重圆孔的中心线，效果如图 5-60 所示。注意，减重圆孔的圆环属于"中心线层"。

③ 单击"默认"选项卡"修改"面板中的"环形阵列"按钮 ❖，以同心圆的圆心为阵列中心点，选取图 5-60 中所绘制的减重圆孔为阵列对象，设置阵列数目为 6，填充角度为 360°，得到环形分布的减重圆孔，整理图形，效果如图 5-61 所示。

④ 单击"默认"选项卡"修改"面板中的"偏移"按钮 ⬚，偏移同心圆的竖直中心线，偏移量为 33.3mm；水平中心线上下偏移量分别为 8mm。更改其图层属性为"轮廓层"，如图 5-62 所示。

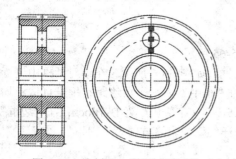
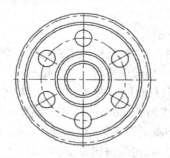
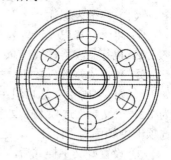

图 5-60　绘制同心圆和减重圆孔　　　图 5-61　环形分布的减重圆孔　　　图 5-62　绘制键槽边界线

⑤ 对键槽进行修剪编辑，得到圆柱齿轮左视图，如图 5-63 所示。

📢 **提示**

> 为了方便对键槽的标注，需要把圆柱齿轮左视图中的键槽图形复制出来单独放置，并单独标注尺寸和形位公差。

⑥ 单击"默认"选项卡"修改"面板中的"复制"按钮🖏，选择键槽轮廓线和中心线，将键槽轮廓线和中心线复制到剖面图下方，整理完成后的效果如图 5-64 所示。

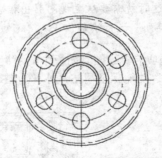

图 5-63　圆柱齿轮左视图

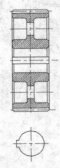

图 5-64　键槽轮廓线

注意　如果视图缩放比例不好，在提取复制对象时可能比较困难，由于"缩放"和"平移"命令都属于透明命令，即可以在运行其他命令过程中调用这两个命令，所以在提取复制对象前，可先调整视图，而不用取消"复制"命令。

⑦ 单击"默认"选项卡"修改"面板中的"缩放"按钮🗔，或者在命令行中输入"SCALE"命令后按 Enter 键，命令行提示与操作如下。

命令: SCALE✓
选择对象:（选择所有图形对象，包括轮廓线、中心线）
选择对象:（可以按 Enter 键或 Space 键结束选择）
指定基点:（指定缩放中心点）
指定比例因子或 复制(C)/参照(R)]: 0.5✓　（缩小为原来的一半）

5.5.3　标注参数表与技术要求

（1）参数表标注。
① 将"注释层"设置为当前图层。
② 执行"表格样式"命令，打开"表格样式"对话框，如图 5-65 所示。
③ 单击"修改"按钮，打开"修改表格样式：Standard"对话框，如图 5-66 所示。在该对话框中进行如下设置："特性"选项组中"填充颜色"为"无"，"对齐"为"正中"，水平页边距和垂直页边距均为 1.5；"文字"选项卡中文字样式为 Standard，"文字高度"为 4.5，"文字颜色"为 ByBlock；在"边框"选项卡中颜色为"洋红"，选择边框类型为第一个边框，颜色为"洋红"，表格方向为"向下"。
④ 设置好文字样式后，单击"确定"按钮退出。
⑤ 单击"默认"选项卡"注释"面板中的"表格"按钮▦，打开"插入表格"对话框，如图 5-67 所示。设置插入方式为"指定插入点"，行和列设置为 9 行 3 列，"列宽"为 8，"行高"为 1 行。"第一行单元样式"、"第二行单元样式"以及"所有其他行单元样式"均设置为"数据"，单击"确定"按钮，在绘图平面指定插入点，则插入如图 5-68 所示的空表格，并显示多行文字编辑器，不输入文字，直接在多行文字编辑器中单击"确定"按钮退出。

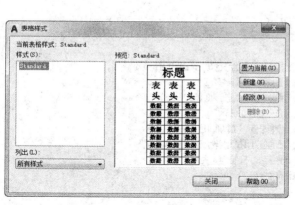

图 5-65　"表格样式"对话框

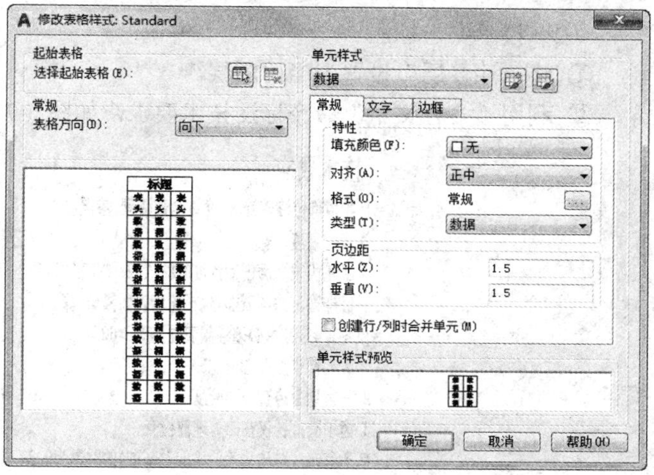

图 5-66　"修改表格样式：Standard"对话框

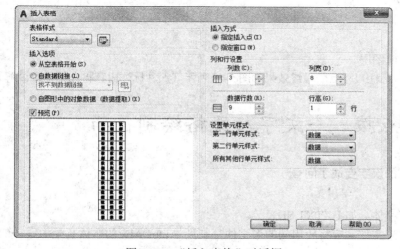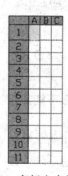

图 5-67　"插入表格"对话框

图 5-68　多行文字编辑器

⑥ 单击第 1 列某一个单元格，出现夹点后，将右边夹点向右拉，使列宽大约变成 60，用同样的方法，将第 2 列和第 3 列的列宽拉成约 15 和 30，效果如图 5-69 所示。

⑦ 双击单元格，重新打开多行文字编辑器，在各单元格中输入相应的文字或数据，效果如图 5-70 所示。

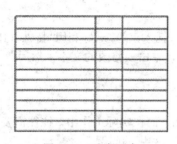

图 5-69　改变列宽

模数	m	4
齿数	Z	29
齿形角	α	20°
齿顶高系数	h	1
径向变位系数	X	0
精度等级		7-GB10095-88
公法线平均长度及偏差	W.E_w	$61.283_{-0.176}^{-0.089}$
公法线长度变动公差	F_w	0.0360
径向综合公差	Fi″	0.0900
一齿径向综合公差	fi″	0.0320
齿向公差	Fβ	0.0110

图 5-70　参数表

（2）技术要求标注。

① 将"注释层"设置为当前图层。

② 利用"多行文字"命令标注技术要求，如图 5-71 所示。

技术要求

1. 轮齿部位渗碳淬火，允许全部渗碳，渗碳层深度和硬度
   a. 轮齿表面磨削后深度0.8～1.2，硬度HRC≥59
   b. 非磨削渗碳表面(包括轮齿表面黑斑)深度≤1.4，硬度(必须渗碳表面)HRC≥60
   c. 芯部硬度HRC35～45
2. 在齿顶上检查齿面硬度
3. 齿顶圆直径仅在热处理前检查
4. 所有未注跳动公差的表面对基准A的跳动为0.2

5. 当无标准齿轮时，允许检查下列三项代替检查径向综合公差和一齿径向综合公差
   a. 齿圈径向跳动公差Fr为0.056
   b. 齿形公差fᵢ为0.016
   c. 基节极限偏差±fₚᵦ为0.018
6. 用带凸角的刀具加工齿轮，但齿根不允许有凸台，允许下凹，下凹深度不大于0.2
7. 未注倒角2x45°

图 5-71　技术要求

5.5.4　填写标题栏

（1）将"标题栏层"设置为当前图层。

（2）在标题栏中输入相应文本。标注尺寸后的最终效果如图 5-48 所示（尺寸标注内容将在第 6 章讲解）。

5.6　名师点拨——文字与表格绘制技巧

1．为什么不能显示汉字？输入的汉字变成了问号

可能原因：

（1）对应的字型没有使用汉字字体，如 HZTXT.SHX 等。

（2）当前系统中没有汉字字体形文件；应将所用到的形文件复制到 AutoCAD 的字体目录中（一般为 \FONTS\）。

（3）对于某些符号，如希腊字母等，同样必须使用对应的字体形文件，否则会显示成"?"号。

2．为什么输入的文字高度无法改变

使用的字型的高度值不为 0 时，用 DTEXT 命令书写文本时都不提示输入高度，这样写出来的文本高度是不变的，包括使用该字型进行的尺寸标注。

3．如何改变已经存在的字体格式

如果想改变已有文字的大小、字体、高宽比例、间距、倾斜角度、插入点等，最好利用"特性"（DDMODIFY）命令（前提是已经定义好了许多文字格式）。选择"特性"命令，单击要修改的文字，然后按 Enter 键，出现"修改文字"窗口，选择要修改的项目进行修改即可。

4．AutoCAD 表格制作的方法

AutoCAD 尽管有强大的图形功能，但表格处理功能相对较弱，而在实际工作中，往往需要在 AutoCAD 中制作各种表格，如工程数量表等，如何高效制作表格，是一个很实用的问题。

在 AutoCAD 环境下用手工画线方法绘制表格，然后在表格中填写文字，不但效率低，而且很难精确控

制文字的书写位置，文字排版也很困难。尽管 AutoCAD 支持对象链接与嵌入，可以插入 Word 或 Excel 表格，但是一方面修改起来不方便，一点小小的修改就需进入 Word 或 Excel，修改完成后又需退回到 AutoCAD；另一方面，一些特殊符号，如一级钢筋符号以及二级钢筋符号等，在 Word 或 Excel 中很难输入，那么有没有两全其美的方法呢？经过研究，可以这样解决：先在 Excel 中制完表格，复制到剪贴板，然后再在 AutoCAD 环境下选择"编辑"菜单中的"选择性粘贴"命令，确定以后，表格即转换成 AutoCAD 实体，用 EXPLODE 命令分解，即可编辑其中的线条及文字，非常方便。

5.7 上机实验

【练习1】 标注如图 5-72 所示的技术要求。

1. 当无标准齿轮时，允许检查下列三项代替检查径向综合公差和一齿径向综合公差
　　a. 齿圈径向跳动公差 Fr 为 0.056
　　b. 齿形公差 ff 为 0.016
　　c. 基节极限偏差 $\pm f_{pb}$ 为 0.018
2. 未注倒角 1x45。

图 5-72　技术要求

1. 目的要求

文字标注在零件图或装配图的技术要求中经常用到，正确进行文字标注是 AutoCAD 绘图中必不可少的一项工作。通过本练习，读者应掌握文字标注的一般方法，尤其是特殊字体的标注方法。

2. 操作提示

（1）设置文字标注的样式。
（2）利用"多行文字"命令进行标注。
（3）利用快捷菜单输入特殊字符。

【练习2】 在练习1标注的技术要求中加入下面一段文字。

3. 尺寸为 $\Phi 30^{+0.05}_{-0.06}$ 的孔抛光处理。

1. 目的要求

文字编辑是对标注的文字进行调整的重要手段。本练习通过添加技术要求文字，让读者掌握文字，尤其是特殊符号的编辑方法和技巧。

2. 操作提示

（1）选择练习1中标注好的文字，进行文字编辑。
（2）在打开的文字编辑器中输入要添加的文字。
（3）在输入尺寸公差时要注意，一定要输入"+0.05^-0.06"，然后选择这些文字，单击"文字格式"对话框中的"堆叠"按钮。

【练习3】 绘制如图 5-73 所示的变速箱组装图明细表。

14	端盖	1	HT150	
13	端盖	1	HT150	
12	定距环	1	Q235A	
11	大齿轮	1	40	
10	键 16×70	1	Q275	GB 1095-79
9	轴	1	45	
8	轴承	2		30208
7	端盖	1	HT200	
6	轴承	2		30211
5	轴	1	45	
4	键8×50	1	Q275	GB 1095-79
3	端盖	1	HT200	
2	调整垫片	2组	08F	
1	减速器箱体	1	HT200	
序号	名　称	数量	材　料	备　注

图 5-73　变速箱组装图明细表

1．目的要求

明细表是工程制图中常用的表格。本练习通过绘制明细表，要求读者掌握表格相关命令的用法，体会表格功能的便捷性。

2．操作提示

（1）设置表格样式。

（2）插入空表格并调整列宽。

（3）重新输入文字和数据。

5.8　模拟试题

1．在设置文字样式时，设置了文字的高度，其效果是（　　）。

　　A．在输入单行文字时，可以改变文字高度　　　　B．在输入单行文字时，不可以改变文字高度

　　C．在输入多行文字时，不能改变文字高度　　　　D．都能改变文字高度

2．使用多行文本编辑器时，其中%%C、%%D、%%P 分别表示（　　）。

　　A．直径、度数、下划线　　　　　　　　　　　　B．直径、度数、正负

　　C．度数、正负、直径　　　　　　　　　　　　　D．下划线、直径、度数

3．在正常输入汉字时却显示"?"，是因为（　　）。

　　A．文字样式没有设定好　　　　　　　　　　　　B．输入错误

　　C．堆叠字符　　　　　　　　　　　　　　　　　D．字高太高

4．在插入字段的过程中，如果显示####，则表示该字段（　　）。

　　A．没有值　　　　　　　　　　　　　　　　　　B．无效

　　C．字段太长，溢出　　　　　　　　　　　　　　D．字段需要更新

5．以下不是表格的单元格式数据类型的是（　　）。

　　A．百分比　　　　　　　　B．时间　　　　　　　C．货币　　　　　　　　D．点

6．在表格中不能插入（　　）。

A. 块　　　　　　　　　B. 字段　　　　　　　　　C. 公式　　　　　　　D. 点

7. 按如图 5-74 所示设置文字样式，则文字的高度、宽度因子是（　　　）。

A. 0，5　　　　　　　　B. 0，0.5　　　　　　　C. 5，0　　　　　　　D. 0，0

图 5-74　"文字样式"对话框

8. 试用 MTEXT 命令输入如图 5-75 所示的文本。

9. 试用 DTEXT 命令输入如图 5-76 所示的文本。

技术要求：

1. Ø20的孔配做。

2. 未注倒角1×45°。

图 5-75　MTEXT 命令练习

用特殊字符输入下划线
字体倾斜角度为15度

图 5-76　DTEXT 命令练习

10. 绘制如图 5-77 所示的齿轮参数表。

齿数	Z	24
模数	m	3
压力角	α	30°
公差等级及配合类别	6H-GE	T3478.1-1995
作用齿槽宽最小值	E_{Vmin}	4.7120
实际齿槽宽最大值	E_{max}	4.8370
实际齿槽宽最小值	E_{min}	4.7590
作用齿槽宽最大值	E_{Vmax}	4.7900

图 5-77　齿轮参数表

尺 寸 标 注

　　尺寸标注是绘图设计过程中相当重要的一个环节。因为图形的主要作用是表达物体的形状,而物体各部分的真实大小和各部分之间的确切位置只能通过尺寸标注来表达。因此,没有正确的尺寸标注,绘制出的图样对于加工制造就没什么意义。AutoCAD 提供了方便、准确的标注尺寸功能。本章将介绍 AutoCAD 的尺寸标注功能。

6.1 尺寸样式

组成尺寸标注的尺寸线、尺寸界线、尺寸文本和尺寸箭头可以采用多种形式，尺寸标注以什么形态出现，取决于当前所采用的尺寸标注样式。标注样式决定尺寸标注的形式，包括尺寸线、尺寸界线、尺寸箭头和中心标记的形式、尺寸文本的位置、特性等。在 AutoCAD 2017 中用户可以利用"标注样式管理器"对话框方便地设置自己需要的尺寸标注样式。

【预习重点】
- ☑ 了解如何设置尺寸样式。
- ☑ 了解设置尺寸样式参数。

6.1.1 新建或修改尺寸样式

在进行尺寸标注前，先要创建尺寸标注的样式。如果用户不创建尺寸样式而直接进行标注，则系统使用默认名称为 Standard 的样式。如果用户认为使用的标注样式设置不合适，也可以修改标注样式。

【执行方式】
- ☑ 命令行：DIMSTYLE（快捷命令：D）。
- ☑ 菜单栏：选择菜单栏中的"格式"→"标注样式"命令或"标注"→"标注样式"命令。
- ☑ 工具栏：单击"标注"工具栏中的"标注样式"按钮 ⊿。
- ☑ 功能区：单击"默认"选项卡"注释"面板中的"标注样式"按钮 ⊿（如图 6-1 所示），或选择"注释"选项卡"标注"面板"标注样式"下拉列表中的"管理标注样式"命令（如图 6-2 所示），或单击"注释"选项卡"标注"面板中的"对话框启动器"按钮 ⊿。

图 6-1 "注释"面板

图 6-2 "标注"面板

【操作步骤】

执行上述命令后，打开"标注样式管理器"对话框，如图 6-3 所示。在其中可定制和浏览尺寸标注样式，包括创建新的标注样式、修改已存在的标注样式、设置当前尺寸标注样式、样式重命名以及删除已有标注样式等。

【选项说明】

（1）"置为当前"按钮：单击该按钮，将在"样式"列表框中选择的样式设置为当前标注样式。

（2）"新建"按钮：创建新的尺寸标注样式。单击该按钮，打开"创建新标注样式"对话框，如图 6-4 所示，在其中可创建一个新的尺寸标注样式，其中各选项的功能说明如下。

① "新样式名"文本框：为新的尺寸标注样式命名。

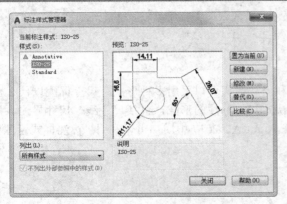

图 6-3 "标注样式管理器"对话框

图 6-4 "创建新标注样式"对话框

② "基础样式"下拉列表框：选择创建新样式所基于的标注样式。单击"基础样式"下拉列表框，打开当前已有的样式列表，从中选择一个作为定义新样式的基础，新的样式是在所选样式的基础上修改一些特性后得到的。

③ "用于"下拉列表框：指定新样式应用的尺寸类型。单击该下拉列表框，打开尺寸类型列表，如果新建样式应用于所有尺寸，则选择"所有标注"选项；如果新建样式只应用于特定的尺寸标注（如只在标注直径时使用此样式），则选择相应的尺寸类型。

④ "继续"按钮：各选项设置好以后，单击"继续"按钮，打开"新建标注样式"对话框，如图 6-5 所示，利用该对话框可对新标注样式的各项特性进行设置。该对话框中各部分的含义和功能将在后面介绍。

（3）"修改"按钮：修改一个已存在的尺寸标注样式。单击该按钮，打开"修改标注样式"对话框，其中的各选项与"新建标注样式"对话框完全相同，在其中可以对已有标注样式进行修改。

（4）"替代"按钮：设置临时覆盖尺寸标注样式。单击该按钮，打开"替代当前样式"对话框，其中的各选项与"新建标注样式"对话框完全相同，用户可改变选项的设置，以覆盖原来的设置，但这种修改只对指定的尺寸标注起作用，不会影响当前其他尺寸变量的设置。

（5）"比较"按钮：比较两个尺寸标注样式在参数上的区别，或浏览一个尺寸标注样式的参数设置。单击该按钮，打开"比较标注样式"对话框，如图 6-6 所示。可以把比较结果复制到剪贴板上，然后再粘贴到其他的 Windows 应用软件上。

图 6-5 "线"选项卡

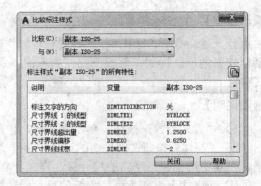

图 6-6 "比较标注样式"对话框

6.1.2　线

在"新建标注样式"对话框中，第一个选项卡就是"线"选项卡，如图 6-5 所示。该选项卡用于设置尺寸线、尺寸界线的形式和特性。下面对该选项卡中的各选项分别进行介绍。

（1）"尺寸线"选项组：用于设置尺寸线的特性，其中各选项的含义如下。

① "颜色"、"线型"和"线宽"下拉列表框：用于设置尺寸线的颜色、线型和线宽。

② "超出标记"数值框：当尺寸箭头设置为短斜线、短波浪线等，或尺寸线上无箭头时，可利用此数值框设置尺寸线超出尺寸界线的距离。

③ "基线间距"数值框：设置以基线方式标注尺寸时，相邻两尺寸线之间的距离。

④ "隐藏"复选框组：确定是否隐藏尺寸线及相应的箭头。选中"尺寸线 1（2）"复选框，表示隐藏第一（二）段尺寸线。

（2）"尺寸界线"选项组：用于确定尺寸界线的形式，其中各选项的含义如下。

① "颜色"和"线宽"下拉列表框：用于设置尺寸界线的颜色和线宽。

② "尺寸界线 1（2）的线型"下拉列表框：用于设置第一条尺寸界线的线型（DIMLTEX1 系统变量）。

③ "超出尺寸线"数值框：用于确定尺寸界线超出尺寸线的距离。

④ "起点偏移量"数值框：用于确定尺寸界线的实际起始点相对于指定尺寸界线起始点的偏移量。

⑤ "隐藏"复选框组：确定是否隐藏尺寸界线。

⑥ "固定长度的尺寸界线"复选框：选中该复选框，系统以固定长度的尺寸界线标注尺寸，可以在其下面的"长度"文本框中输入长度值。

（3）"尺寸样式"显示框：在"新建标注样式"对话框的右上方，有一个尺寸样式显示框，该显示框以样例的形式显示用户设置的尺寸样式。

6.1.3　符号和箭头

在"新建标注样式"对话框中，第二个选项卡是"符号和箭头"选项卡，如图 6-7 所示。该选项卡用于设置箭头、圆心标记、弧长符号及半径标注折弯的形式和特性。下面对该选项卡中的各选项分别说明如下。

（1）"箭头"选项组：用于设置尺寸箭头的形式。AutoCAD 中提供了多种箭头形状，列在"第一个"和"第二个"下拉列表框中。另外，还允许采用用户自定义的箭头形状。两个尺寸箭头可以采用相同的形式，也可以采用不同的形式。

① "第一（二）个"下拉列表框：用于设置第一（二）个尺寸箭头的形式。单击此下拉列表框，打开各种箭头形式，其中列出了各类箭头的形状即名称。一旦选择了第一个箭头的类型，第二个箭头则自动与其匹配，要想第二个箭头取不同的形状，可在"第二个"下拉列表框中设定。

如果在列表框中选择了"用户箭头"选项，则打开如图 6-8 所示的"选择自定义箭头块"对话框，可以事先把自定义的箭头存成一个图块，在该对话框中输入该图块名即可。

② "引线"下拉列表框：确定引线箭头的形式，与"第一个"下拉列表框设置类似。

③ "箭头大小"数值框：用于设置尺寸箭头的大小。

（2）"圆心标记"选项组：用于设置半径标注、直径标注和中心标注中的中心标记和中心线形式。其中各项含义介绍如下。

① "无"单选按钮：选中该单选按钮，既不产生中心标记，也不产生中心线。

② "标记"单选按钮：选中该单选按钮，中心标记为一个点记号。

③ "直线"单选按钮：选中该单选按钮，中心标记采用中心线的形式。

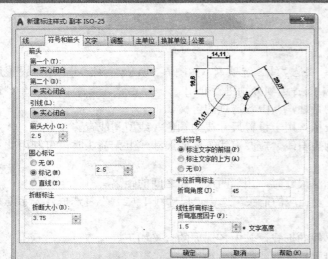

图 6-7　"符号和箭头"选项卡　　　　　　　图 6-8　"选择自定义箭头块"对话框

④　"大小"数值框：用于设置中心标记和中心线的大小和粗细。

（3）"折断标注"选项组：用于控制折断标注的间距宽度。

（4）"弧长符号"选项组：用于控制弧长标注中圆弧符号的显示，对其中的 3 个单选按钮含义介绍如下。

①　"标注文字的前缀"单选按钮：选中该单选按钮，将弧长符号放在标注文字的左侧，如图 6-9（a）所示。

②　"标注文字的上方"单选按钮：选中该单选按钮，将弧长符号放在标注文字的上方，如图 6-9（b）所示。

③　"无"单选按钮：选中该单选按钮，不显示弧长符号，如图 6-9（c）所示。

（5）"半径折弯标注"选项组：用于控制折弯（Z 字形）半径标注的显示。折弯半径标注通常在中心点位于页面外部时创建。在"折弯角度"文本框中可以输入连接半径标注的尺寸界线和尺寸线的横向直线角度，如图 6-10 所示。

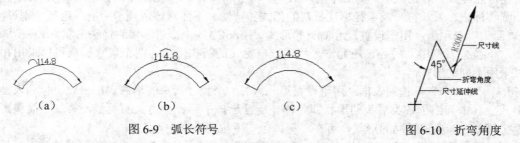

图 6-9　弧长符号　　　　　　　　　　　　图 6-10　折弯角度

（6）"线性折弯标注"选项组：用于控制折弯线性标注的显示。当标注不能精确表示实际尺寸时，常将折弯线添加到线性标注中。通常，实际尺寸比所需值小。

6.1.4　文字

在"新建标注样式"对话框中，第 3 个选项卡是"文字"选项卡，如图 6-11 所示。该选项卡用于设置尺寸文本文字的形式、布置、对齐方式等，下面对该选项卡中的各选项分别进行介绍。

（1）"文字外观"选项组。

①　"文字样式"下拉列表框：用于选择当前尺寸文本采用的文字样式。

② "文字颜色"下拉列表框：用于设置尺寸文本的颜色。

③ "填充颜色"下拉列表框：用于设置标注中文字背景的颜色。

④ "文字高度"数值框：用于设置尺寸文本的字高。如果选用的文本样式中已设置了具体的字高（不是0），则此处的设置无效；如果文本样式中设置的字高为0，则以此处设置为准。

⑤ "分数高度比例"数值框：用于确定尺寸文本的比例系数。

⑥ "绘制文字边框"复选框：选中该复选框，在尺寸文本的周围会加上边框。

（2）"文字位置"选项组。

① "垂直"下拉列表框：用于确定尺寸文本相对于尺寸线在垂直方向的对齐方式，如图6-12所示。

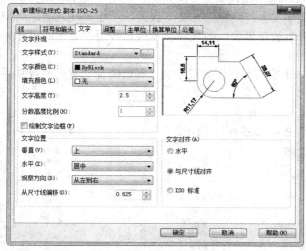

图6-11 "文字"选项卡

图6-12 尺寸文本在垂直方向的放置

② "水平"下拉列表框：用于确定尺寸文本相对于尺寸线和尺寸界线在水平方向的对齐方式。单击该下拉列表框，可从中选择的对齐方式有5种，分别是居中、第一条尺寸界线、第二条尺寸界线、第一条尺寸界线上方、第二条尺寸界线上方，如图6-13所示。

图6-13 尺寸文本在水平方向的放置

③ "观察方向"下拉列表框：用于控制标注文字的观察方向（可用DIMTXTDIRECTION系统变量设置）。

④ "从尺寸线偏移"数值框：当尺寸文本放在断开的尺寸线中间时，该数值框用来设置尺寸文本与尺寸线之间的距离。

（3）"文字对齐"选项组。用于控制尺寸文本的排列方向。各选项说明如下。

① "水平"单选按钮：选中该单选按钮，尺寸文本沿水平方向放置。不管标注什么方向的尺寸，尺寸文本总保持水平。

② "与尺寸线对齐"单选按钮：选中该单选按钮，尺寸文本沿尺寸线方向放置。

③ "ISO标准"单选按钮：选中该单选按钮，当尺寸文本在尺寸界线之间时，沿尺寸线方向放置；在尺寸界线之外时，沿水平方向放置。

6.1.5 调整

在"新建标注样式"对话框中，第 4 个选项卡是"调整"选项卡，如图 6-14 所示。该选项卡根据两条尺寸界线之间的空间，设置将尺寸文本、尺寸箭头放置在两尺寸界线内还是外。如果空间允许，则总是把尺寸文本和箭头放置在尺寸界线的里面，如果空间不够，则根据本选项卡的各项设置放置。下面对该选项卡中的各选项分别进行介绍。

（1）"调整选项"选项组。

① "文字或箭头（最佳效果）"单选按钮：选中该单选按钮，如果空间允许，把尺寸文本和箭头都放置在两尺寸界线之间；如果两尺寸界线之间只够放置尺寸文本，则把尺寸文本放置在尺寸界线之间，而把箭头放置在尺寸界线之外；如果只够放置箭头，则把箭头放在里面，把尺寸文本放在外面；如果两尺寸界线之间既放不下文本也放不下箭头，则把二者均放在外面。

② "文字和箭头"单选按钮：选中该单选按钮，如果空间允许，把尺寸文本和箭头都放置在两尺寸界线之间；否则把文本和箭头都放在尺寸界线外面。

其他选项含义类似，这里不再赘述。

（2）"文字位置"选项组。用于设置尺寸文本的位置，如图 6-15 所示。

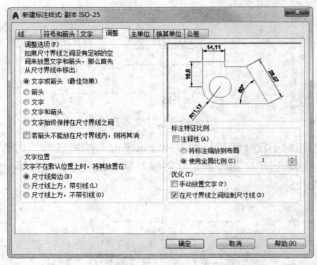

图 6-14 "调整"选项卡

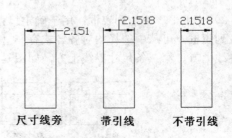

图 6-15 尺寸文本的位置

（3）"标注特征比例"选项组。

① "将标注缩放到布局"单选按钮：根据当前模型空间视口和图纸空间之间的比例确定比例因子。当在图纸空间而不是模型空间视口中工作时，或当 TILEMODE 被设置为 1 时，将使用默认的比例因子 1.0。

② "使用全局比例"单选按钮：确定尺寸的整体比例系数。其后面的"比例值"数值框可以用来选择需要的比例。

（4）"优化"选项组。用于设置附加的尺寸文本布置选项，包含以下两个选项。

① "手动放置文字"复选框：选中该复选框，标注尺寸时由用户确定尺寸文本的放置位置，忽略前面的对齐设置。

② "在尺寸界线之间绘制尺寸线"复选框：选中该复选框，不论尺寸文本在尺寸界线里面还是外面，AutoCAD 均在两尺寸界线之间绘出一尺寸线；否则当尺寸界线内放不下尺寸文本而将其放在外面时，尺寸

界线之间无尺寸线。

6.1.6 主单位

在"新建标注样式"对话框中，第 5 个选项卡是"主单位"选项卡，如图 6-16 所示。该选项卡用来设置尺寸标注的主单位和精度，以及为尺寸文本添加固定的前缀或后缀。下面对该选项卡中的各选项分别进行介绍。

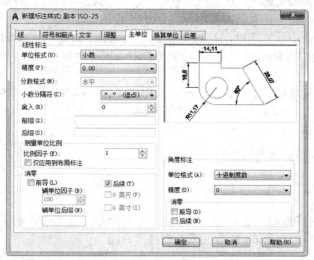

图 6-16　"主单位"选项卡

1．"线性标注"选项组

用来设置标注长度型尺寸时采用的单位和精度。

（1）"单位格式"下拉列表框：用于确定标注尺寸时使用的单位制（角度型尺寸除外）。在其下拉列表框中提供了"科学""小数""工程""建筑""分数""Windows 桌面"6 种单位制，可根据需要进行选择。

（2）"精度"下拉列表框：用于确定标注尺寸时的精度，也就是精确到小数点后几位。

🎓 **高手支招**

精度设置一定要和用户的需求吻合，如果设置的精度过低，标注会出现误差。

（3）"分数格式"下拉列表框：用于设置分数的形式。AutoCAD 2017 提供了"水平""对角""非堆叠"3 种形式供用户选用。

（4）"小数分隔符"下拉列表框：用于确定十进制单位（Decimal）的分隔符。AutoCAD 2017 提供了句点（.）、逗点（，）和空格 3 种形式。

🎓 **高手支招**

系统默认的小数分隔符是逗点，所以每次标注尺寸时要注意把此处设置为句点。

（5）"舍入"数值框：用于设置除角度之外的尺寸测量圆整规则。在文本框中输入一个值，如果输入 1，则所有测量值均圆整为整数。

（6）"前缀"文本框：为尺寸标注设置固定前缀。可以输入文本，也可以利用控制符产生特殊字符，这些文本将被加在所有尺寸文本之前。

（7）"后缀"文本框：为尺寸标注设置固定后缀。

（8）"测量单位比例"选项组：用于确定 AutoCAD 自动测量尺寸时的比例因子。其中"比例因子"数值框用来设置除角度之外所有尺寸测量的比例因子。例如，用户确定"比例因子"为 2，AutoCAD 则把实际测量为 1 的尺寸标注为 2。如果选中"仅应用到布局标注"复选框，则设置的比例因子只适用于布局标注。

（9）"消零"选项组：用于设置是否省略标注尺寸时的 0。

① "前导"复选框：选中该复选框，省略尺寸值处于高位的 0。例如，0.50000 标注为.50000。

② "后续"复选框：选中该复选框，省略尺寸值小数点后末尾的 0。例如，8.5000 标注为 8.5，而 30.0000 标注为 30。

③ "0 英尺（寸）"复选框：选中该复选框，采用"工程"和"建筑"单位制时，如果尺寸值小于 1 尺（寸）时，省略尺（寸）。例如，0'-6 1/2" 标注为 6 1/2"。

2. "角度标注"选项组

用于设置标注角度时采用的角度单位。

6.1.7 换算单位

在"新建标注样式"对话框中，第 6 个选项卡是"换算单位"选项卡，如图 6-17 所示，该选项卡用于对替换单位的设置。下面对该选项卡中的各选项分别进行介绍。

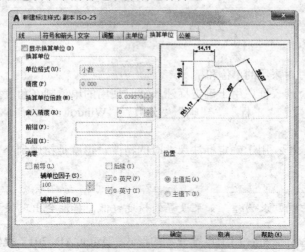

图 6-17 "换算单位"选项卡

（1）"显示换算单位"复选框：选中该复选框，则替换单位的尺寸值也同时显示在尺寸文本上。

（2）"换算单位"选项组：用于设置替换单位，其中各选项的含义如下。

① "单位格式"下拉列表框：用于选择替换单位采用的单位制。

② "精度"下拉列表框：用于设置替换单位的精度。

③ "换算单位倍数"数值框：用于指定主单位和替换单位的转换因子。

④ "舍入精度"数值框：用于设定替换单位的圆整规则。

⑤ "前缀"文本框：用于设置替换单位文本的固定前缀。

⑥ "后缀"文本框：用于设置替换单位文本的固定后缀。

（3）"消零"选项组。

① "辅单位因子"数值框：将辅单位的数量设置为一个单位。它用于在距离小于一个单位时以辅单位为单位计算标注距离。例如，如果后缀为 m 而辅单位后缀为以 cm 显示，则输入 100。

② "辅单位后缀"文本框：用于设置标注值辅单位中包含的后缀。可以输入文字或使用控制代码显示特殊符号。例如，输入 cm 可将 96m 显示为 96cm。

其他选项含义与"主单位"选项卡中"消零"选项组含义类似，不再赘述。

（4）"位置"选项组：用于设置替换单位尺寸标注的位置。

6.1.8　公差

在"新建标注样式"对话框中，第 7 个选项卡是"公差"选项卡，如图 6-18 所示。该选项卡用于确定标注公差的方式。下面对该选项卡中的各选项分别进行介绍。

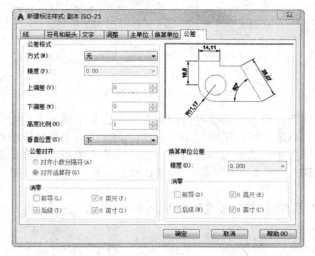

图 6-18　"公差"选项卡

（1）"公差格式"选项组：用于设置公差的标注方式。

① "方式"下拉列表框：用于设置公差标注的方式。AutoCAD 中提供了 5 种标注公差的方式，分别是"无""对称""极限偏差""极限尺寸""基本尺寸"，其中"无"表示不标注公差，其余 4 种标注情况如图 6-19 所示。

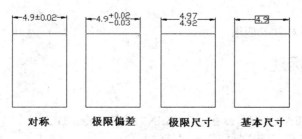

图 6-19　公差标注的形式

② "精度"下拉列表框：用于确定公差标注的精度。

高手支招

> 公差标注的精度设置一定要准确，否则标注出的公差值会出现错误。

③ "上（下）偏差"数值框：用于设置尺寸的上（下）偏差。

④ "高度比例"数值框：用于设置公差文本的高度比例，即公差文本的高度与一般尺寸文本的高度之比。

高手支招

> 国家标准规定，公差文本的高度是一般尺寸文本高度的 0.5 倍，设置时要注意。

⑤ "垂直位置"下拉列表框：用于控制"对称"和"极限偏差"形式公差标注的文本对齐方式，如图 6-20 所示。

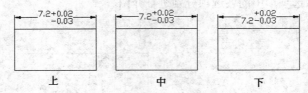

图 6-20　公差文本的对齐方式

（2）"公差对齐"选项组：用于在堆叠时，控制上偏差值和下偏差值的对齐。

① "对齐小数分隔符"单选按钮：选中该单选按钮，通过值的小数分隔符堆叠值。

② "对齐运算符"单选按钮：选中该单选按钮，通过值的运算符堆叠值。

（3）"消零"选项组：用于控制是否禁止输出前导 0 和后续 0 以及 0 英尺和 0 英寸部分（可用 DIMTZIN 系统变量设置）。

（4）"换算单位公差"选项组：用于对形位公差标注的替换单位进行设置，各项的设置方法与上面相同。

6.2　标　注　尺　寸

正确地进行尺寸标注是设计绘图工作中非常重要的一个环节，AutoCAD 2017 提供了方便快捷的尺寸标注方法，可通过执行命令实现，也可利用菜单或工具按钮实现。本节重点介绍如何对各种类型的尺寸进行标注。

【预习重点】

☑　了解尺寸标注类型。

☑　练习不同类型尺寸标注的应用。

6.2.1　长度型尺寸标注

【执行方式】

☑　命令行：DIMLINEAR（缩写命令：DIMLIN，快捷命令：DLI）。

☑　菜单栏：选择菜单栏中的"标注"→"线性"命令。

☑　工具栏：单击"标注"工具栏中的"线性"按钮├┤。

☑　功能区：单击"默认"选项卡"注释"面板中的"线性"按钮├┤（如图 6-21 所示）；或单击"注释"选项卡"标注"面板中的"线性"按钮├┤（如图 6-22 所示）。

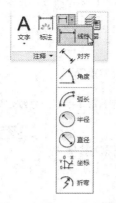

图 6-21 "注释"面板

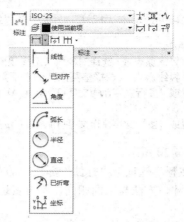

图 6-22 "标注"面板

【操作实践——标注垫圈尺寸】

本实例标注如图 6-23 所示的垫圈尺寸。

原始图形

标注结果

图 6-23 垫圈

（1）打开随书光盘中"源文件\第 6 章\胶垫"图形文件。

（2）单击"默认"选项卡"注释"面板中的"标注样式"按钮，打开"标注样式管理器"对话框，如图 6-24 所示。

由于系统的标注样式有些不符合要求，因此，根据图 6-23 中的标注样式，对角度、直径、半径标注样式进行设置。单击"新建"按钮，打开"创建新标注样式"对话框，如图 6-25 所示，在"用于"下拉列表框中选择"线性标注"选项，然后单击"继续"按钮，打开"新建标注样式"对话框，选择"文字"选项卡，设置"文字高度"为 2.5，其他选项保持默认设置，单击"确定"按钮，返回"标注样式管理器"对话框。单击"置为当前"按钮，将设置的标注样式置为当前标注样式，再单击"关闭"按钮。

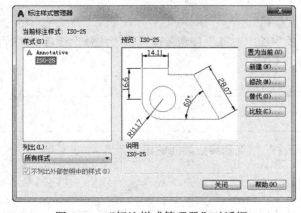

图 6-24 "标注样式管理器"对话框

图 6-25 "创建新标注样式"对话框

（3）单击"注释"选项卡"标注"面板中的"线性"按钮▯▯，标注主视图内径，命令行提示与操作如下。

命令: DIMLINEAR✓
指定第一个尺寸界线原点或<选择对象>: （选择垫圈内孔的左下角）
指定第二条尺寸界线原点: （选择垫圈内孔的右下角）
指定尺寸线位置或 [多行文字(M)/文字(T)/角度(A)/水平(H)/垂直(V)/旋转(R)]: T✓
输入标注文字<13>: %%C13✓
指定尺寸线位置或 [多行文字(M)/文字(T)/角度(A)/水平(H)/垂直(V)/旋转(R)]: （指定尺寸线位置）

标注效果如图 6-26 所示。

（4）单击"注释"选项卡"标注"面板中的"线性"按钮▯▯，标注其他水平与竖直方向的尺寸，方法与上面相同，不再赘述。最后效果如图 6-23 所示。

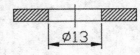

图 6-26　标注尺寸

【选项说明】

（1）指定尺寸线位置：用于确定尺寸线的位置。用户可移动鼠标选择合适的尺寸线位置，然后按 Enter 键或单击，AutoCAD 会自动测量要标注线段的长度并标注出相应的尺寸。

（2）多行文字(M)：用多行文本编辑器确定尺寸文本。

（3）文字(T)：用于在命令行提示下输入或编辑尺寸文本。选择该选项后，命令行提示如下。

输入标注文字 <默认值>:

其中的默认值是 AutoCAD 自动测量得到的被标注线段的长度，直接按 Enter 键即可采用此长度值，也可输入其他数值代替默认值。当尺寸文本中包含默认值时，可使用尖括号"<>"表示默认值。

（4）角度(A)：用于确定尺寸文本的倾斜角度。

（5）水平(H)：水平标注尺寸，不论标注什么方向的线段，尺寸线总保持水平放置。

（6）垂直(V)：垂直标注尺寸，不论标注什么方向的线段，尺寸线总保持垂直放置。

（7）旋转(R)：输入尺寸线旋转的角度值，旋转标注尺寸。

6.2.2　对齐标注

【执行方式】

☑　命令行：DIMALIGNED（快捷命令：DAL）。
☑　菜单栏：选择菜单栏中的"标注"→"对齐"命令。
☑　工具栏：单击"标注"工具栏中的"对齐"按钮✎。
☑　功能区：单击"默认"选项卡"注释"面板中的"对齐"按钮✎或单击"注释"选项卡"标注"面板中的"对齐"按钮✎。

【操作步骤】

命令: DIMALIGNED✓
指定第一个尺寸界线原点或 <选择对象>:

这种命令标注的尺寸线与所标注轮廓线平行，标注起始点到终点之间的距离尺寸。

6.2.3　基线标注

基线标注用于产生一系列基于同一尺寸界线的尺寸标注，适用于长度尺寸、角度和坐标标注。在使用基线标注方式之前，应该先标注出一个相关的尺寸作为基线标准。

【执行方式】

- ☑ 命令行：DIMBASELINE（快捷命令：DBA）。
- ☑ 菜单栏：选择菜单栏中的"标注"→"基线"命令。
- ☑ 工具栏：单击"标注"工具栏中的"基线"按钮┡。
- ☑ 功能区：单击"注释"选项卡"标注"面板中的"基线"按钮┡。

【操作步骤】

命令: DIMBASELINE↙
指定第二条尺寸界线原点或 [放弃(U)/选择(S)] <选择>:

【选项说明】

（1）指定第二条尺寸界线原点：直接确定另一个尺寸的第二条尺寸界线的起点，AutoCAD 2017 以上次标注的尺寸为基准标注，标注出相应尺寸。

（2）选择(S)：在上述提示下直接按 Enter 键，命令行提示如下。

选择基准标注：（选择作为基准的尺寸标注）

🎓 **高手支招**

线性标注有水平、垂直或对齐放置。使用对齐标注时，尺寸线将平行于两尺寸界线原点之间的直线。基线（或平行）和连续（或尺寸链）标注是一系列基于线性标注的连续标注，连续标注是首尾相连的多个标注。在创建基线或连续标注之前，必须创建线性、对齐或角度标注。可从当前任务最近创建的标注中以增量方式创建基线标注。

6.2.4 连续标注

连续标注又叫尺寸链标注，用于产生一系列连续的尺寸标注，后一个尺寸标注均把前一个标注的第二条尺寸界线作为它的第一条尺寸界线。连续标注适用于长度型尺寸、角度型和坐标标注。在使用连续标注方式之前，应该先标注出一个相关的尺寸。

【执行方式】

- ☑ 命令行：DIMCONTINUE（快捷命令：DCO）。
- ☑ 菜单栏：选择菜单栏中的"标注"→"连续"命令。
- ☑ 工具栏：单击"标注"工具栏中的"连续"按钮┞┞。
- ☑ 功能区：单击"注释"选项卡"标注"面板中的"连续"按钮┞┞。

【操作步骤】

命令: DIMCONTINUE↙
指定第二条尺寸界线原点或 [放弃(U)/选择(S)] <选择>:

此提示下的各选项与基线标注中完全相同，此处不再赘述。

高手支招

AutoCAD 允许用户利用连续标注方式和基线标注方式进行角度标注，如图 6-27 所示。

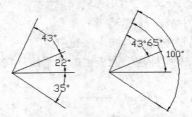

图 6-27　连续型和基线型角度标注

【操作实践——标注螺栓尺寸】

本实例标注如图 6-28 所示的螺栓尺寸。

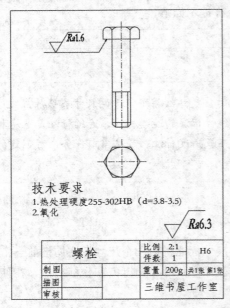 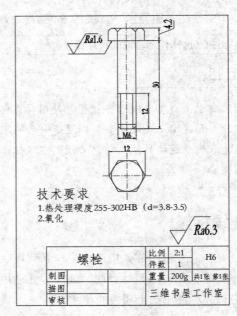

图 6-28　螺栓

（1）单击快速访问工具栏中的"打开"按钮，打开随书光盘中的"源文件\第 6 章\螺栓.dwg"文件。

（2）将"尺寸标注"图层设置为当前图层，单击"默认"选项卡"注释"面板中的"线性"按钮，标注 M6 尺寸，命令行提示与操作如下。

命令: DIMLINEAR↙
指定第一个尺寸界线原点或 <选择对象>:（捕捉标注为 M6 的边的一个端点，作为第一条尺寸标注的起点）
指定第二条尺寸界线原点:（捕捉标注为 M6 的边的另一个端点，作为第一条尺寸标注的终点）
指定尺寸线位置或 [多行文字(M)/文字(T)/水平(H)/垂直(V)/旋转(R)]: t↙
输入标注文字<6>: M6↙（将 M 字体设置为斜体）
指定尺寸线位置或 [多行文字(M)/文字(T)/角度(A)/水平(H)/垂直(V)/旋转(R)]:（指定尺寸线位置）

完成后效果如图 6-29 所示。

（3）单击"默认"选项卡"注释"面板中的"线性"按钮□，标注尺寸 12，效果如图 6-30 所示。

（4）单击"注释"选项卡"标注"面板中的"基线"按钮□，标注尺寸 30，命令行提示与操作如下。

命令: DIMBASELINE
指定第二条尺寸界线原点或 [放弃(U)/选择(S)]<选择>:（选择螺栓头的低端为第二条尺寸界线）
标注文字=30
指定第二条尺寸界线原点或 [放弃(U)/选择(S)]<选择>: ↙
选择基准标注: ↙

效果如图 6-31 所示。

（5）单击"注释"选项卡"标注"面板中的"连续"按钮|⊣|，标注尺寸 4.2，命令行提示与操作如下。

命令: DIMCONTINUE↙
指定第二条尺寸界线原点或 [放弃(U)/选择(S)]<选择>:（选择螺栓头的顶端为第二条尺寸界线）
标注文字=4.2
指定第二条尺寸界线原点或 [放弃(U)/选择(S)]<选择>: ↙
选择连续标注: ↙

效果如图 6-32 所示。

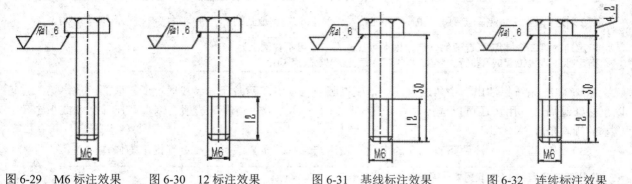

图 6-29　M6 标注效果　　图 6-30　12 标注效果　　图 6-31　基线标注效果　　图 6-32　连续标注效果

（6）单击"注释"选项卡"标注"面板中的"线性"按钮□，标注尺寸 12，效果如图 6-28 所示。

6.2.5　角度型尺寸标注

【执行方式】

- ☑　命令行：DIMANGULAR（快捷命令：DAN）。
- ☑　菜单栏：选择菜单栏中的"标注"→"角度"命令。
- ☑　工具栏：单击"标注"工具栏中的"角度"按钮△。
- ☑　功能区：单击"默认"选项卡"注释"面板中的"角度"按钮△或单击"注释"选项卡"标注"面板中的"角度"按钮△。

【操作实践——标注柱销尺寸】

本实例标注如图 6-33 所示的柱销尺寸。

（1）单击快速访问工具栏中的"打开"按钮☞，打开随书光盘中的"源文件\第 6 章\销.dwg"文件。

（2）单击"默认"选项卡"注释"面板中的"线性"按钮□，标注尺寸 90；重复"线性"命令，标注尺寸 4 和尺寸 Ø25。

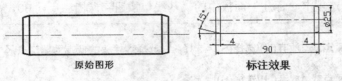

原始图形　　　　　　　标注效果

图 6-33　柱销

（3）单击"默认"选项卡"注释"面板中的"角度"按钮△，标注尺寸 15°，命令行提示与操作如下。

命令: DIMANGULAR↙
选择圆弧、圆、直线或 <指定顶点>:（选择柱销的下端水平直线）
选择第二条直线:（选择标注为 4 的斜线段）
指定标注弧线位置或 [多行文字(M)/文字(T)/角度(A)/象限点(Q)]:（指定标注弧线位置）

【选项说明】

（1）选择圆弧：标注圆弧的中心角。当用户选择一段圆弧后，命令行提示与操作如下。

指定标注弧线位置或 [多行文字(M)/文字(T)/角度(A) /象限点(Q)]:（确定尺寸线的位置或选取某一项）

（2）选择圆：标注圆上某段圆弧的中心角。当用户选择圆上的一点后，命令行提示与操作如下。

指定角的第二个端点:（选取另一点，该点可在圆上，也可不在圆上）
指定标注弧线位置或 [多行文字(M)/文字(T)/角度(A)/象限点(Q)]:

AutoCAD 系统标注出一个角度值，该角度以圆心为顶点，两条尺寸界线通过所选取的两点，第二点可以不必在圆周上。用户还可以选择"多行文字"、"文字"或"角度"选项，编辑其尺寸文本或指定尺寸文本的倾斜角度。

（3）选择直线：标注两条直线间的夹角。当用户选择一条直线后，命令行提示与操作如下。

选择第二条直线:（选取另外一条直线）
指定标注弧线位置或 [多行文字(M)/文字(T)/角度(A)/象限点(Q)]:

系统自动标出两条直线之间的夹角。该角以两条直线的交点为顶点，以两条直线为尺寸界线，所标注角度取决于尺寸线的位置。用户还可以选择"多行文字"、"文字"或"角度"选项，编辑其尺寸文本或指定尺寸文本的倾斜角度。

（4）指定顶点：直接按 Enter 键，命令行提示与操作如下。

指定角的顶点:（指定顶点）
指定角的第一个端点:（输入角的第一个端点）
指定角的第二个端点:（输入角的第二个端点）
创建了无关联的标注

指定标注弧线位置或 [多行文字(M)/文字(T)/角度(A)/象限点(Q)]:（输入一点作为角的顶点）给定尺寸线的位置，AutoCAD 根据指定的三点标注出角度。另外，用户还可以选择"多行文字"、"文字"或"角度"选项，编辑其尺寸文本或指定尺寸文本的倾斜角度。

（5）指定标注弧线位置：指定尺寸线的位置并确定绘制延伸线的方向。指定位置之后，DIMANGULAR 命令将结束。

（6）多行文字(M)：显示在位文字编辑器，可用它来编辑标注文字。要添加前缀或后缀，可在生成的测量值前后输入前缀或后缀。

（7）文字(T)：自定义标注文字，生成的标注测量值显示在尖括号"<>"中。

输入标注文字，或按 Enter 键接受生成的测量值。要包括生成的测量值，可用尖括号"< >"表示生成的测量值。

（8）角度(A)：修改标注文字的角度。

（9）象限点(Q)：指定标注应锁定到的象限。打开象限行为后，将标注文字放置在角度标注外时，尺寸线会延伸超过延伸线。

高手支招

角度标注可以测量指定的象限点，该象限点是在直线或圆弧的端点、圆心或两个顶点之间对角度进行标注时形成的。创建角度标注时，可以测量 4 个可能的角度。通过指定象限点，使用户可以确保标注正确的角度。指定象限点后，放置角度标注时，用户可以将标注文字放置在标注的尺寸界线之外，尺寸线将自动延长。

6.2.6 直径标注

【执行方式】

- ☑ 命令行：DIMDIAMETER（快捷命令：DDI）。
- ☑ 菜单栏：选择菜单栏中的"标注"→"直径"命令。
- ☑ 工具栏：单击"标注"工具栏中的"直径"按钮◎。
- ☑ 功能区：单击"默认"选项卡"注释"面板中的"直径"按钮◎或单击"注释"选项卡"标注"面板中的"直径"按钮◎。

【操作步骤】

```
命令: DIMDIAMETER✓
选择圆弧或圆：（选择要标注直径的圆或圆弧）
指定尺寸线位置或 [多行文字(M)/文字(T)/角度(A)]:（确定尺寸线的位置或选择某一选项）
```

用户可以选择"多行文字"、"文字"或"角度"选项来输入、编辑尺寸文本或确定尺寸文本的倾斜角度，也可以直接确定尺寸线的位置，标注出指定圆或圆弧的直径。

【选项说明】

（1）指定尺寸线位置：确定尺寸线的角度和标注文字的位置。如果未将标注放置在圆弧上而导致标注指向圆弧外，则 AutoCAD 会自动绘制圆弧延伸线。

（2）多行文字(M)：显示在位文字编辑器，可用它来编辑标注文字。要添加前缀或后缀，可在生成的测量值前后输入前缀或后缀。用控制代码和 Unicode 字符串来输入特殊字符或符号，请参见 5.2.2 节中介绍的内容。

（3）文字(T)：自定义标注文字，生成的标注测量值显示在尖括号"<>"中。

（4）角度(A)：修改标注文字的角度。

6.2.7 半径标注

【执行方式】

- ☑ 命令行：DIMRADIUS（快捷命令：DRA）。
- ☑ 菜单栏：选择菜单栏中的"标注"→"半径"命令。
- ☑ 工具栏：单击"标注"工具栏中的"半径"按钮◎。
- ☑ 功能区：单击"默认"选项卡"注释"面板中的"半径"按钮◎或单击"注释"选项卡"标注"面板中的"半径"按钮◎。

【操作实践——标注螺母尺寸】

本实例标注如图 6-34 所示的螺母尺寸。

（1）单击快速访问工具栏中的"打开"按钮➢，打开随书光盘中的"源文件\第 6 章\螺母.dwg"文件。

（2）单击"默认"选项卡"注释"面板中的"线性"按钮╠，标注尺寸 4.8 和 12，如图 6-35 所示。

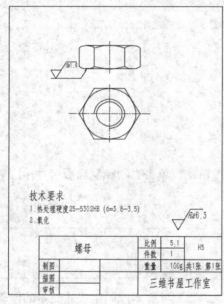

图 6-34 螺母

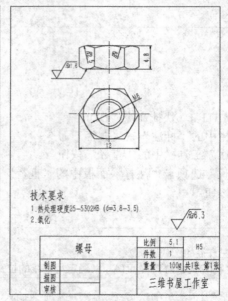

图 6-35 标注线性尺寸

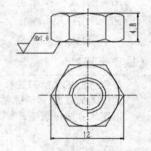

（3）单击"默认"选项卡"注释"面板中的"半径"按钮◎，标注尺寸 R2.5，命令行提示与操作如下。

命令: DIMRADIUS↙
选择圆弧或圆:（选择螺母左上角的圆弧）
标注文字=2.5
指定尺寸线位置或 [多行文字(M)/文字(T)/角度(A)]: t↙
输入标注文字<9>: R2.5↙（将 R 字体设置为斜体）
指定尺寸线位置或 [多行文字(M)/文字(T)/角度(A)]:（指定尺寸线位置）

结果如图 6-36 所示。

（4）单击"默认"选项卡"注释"面板中的"半径"按钮◎，标注尺寸 R9，效果如图 6-37 所示。

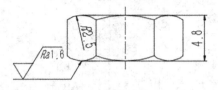 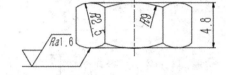

图 6-36 标注尺寸 R2.5   图 6-37 标注尺寸 R9

（5）单击"默认"选项卡"注释"面板中的"直径"按钮◎，标注尺寸 M6，命令行提示与操作如下。

命令: DIMDIAMETER✓
选择圆弧或圆：（选择螺母俯视图螺纹孔）
标注文字=6
指定尺寸线位置或 [多行文字(M)/文字(T)/角度(A)]: t✓
输入标注文字<6>: M6✓ （将 M 字体设置为斜体）
指定尺寸线位置或 [多行文字(M)/文字(T)/角度(A)]: （指定尺寸线位置）

6.2.8 其他尺寸标注

其他尺寸标注还有：快速尺寸标注⊡（QDIM）、坐标⊡（DIMORDINATE）、弧长⌒（DIMARC）、已折弯⌐（DIMJOGGED）、圆心标记⊕（DIMCENTER）、调整间距⊑（DIMSPACE）、打断⊥（DIMBREAK）等，读者可以自行了解，这里不再赘述。

6.3 引 线 标 注

AutoCAD 提供了引线标注功能，利用该功能不仅可以标注特定的尺寸，如圆角、倒角等，还可以实现在图中添加多行旁注、说明。在引线标注中指引线可以是折线，也可以是曲线，指引线端部可以有箭头，也可以没有箭头。

【预习重点】
☑ 熟悉引线标注打开方法。
☑ 练习不同引线标注。

6.3.1 一般引线标注

LEADE 命令可以创建灵活多样的引线标注形式，可根据需要把指引线设置为折线或曲线，指引线可带箭头，也可不带箭头，注释文本可以是多行文本，也可以是形位公差，还可以从图形其他部位复制，也可以是一个图块。

【执行方式】
☑ 命令行：LEADER。

【操作实践——标注挡圈尺寸】
本实例标注如图 6-38 所示的挡圈尺寸。
（1）打开随书光盘中的"源文件\第 6 章\挡圈.dwg"文件。
（2）主视图尺寸标注。

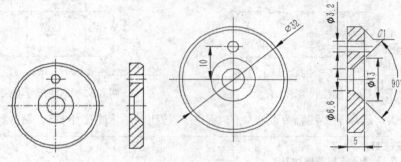

图 6-38　挡圈

① 将"尺寸标注"图层设置为当前图层。单击"默认"选项卡"注释"面板中的"文字样式"按钮，设置"机械制图标注"样式并将其设置为当前使用的标注样式。

② 单击"注释"选项卡"标注"面板中的"线性"按钮和"直径"按钮，对主视图进行尺寸标注，结果如图 6-39 所示。

（3）左视图尺寸标注。

① 单击"注释"选项卡"标注"面板中的"线性"按钮，对左视图进行线性尺寸标注，如图 6-40 所示。

② 在命令行中输入"LEADER"命令，标注倒角尺寸，命令行提示与操作如下。

命令: LEADER↙
指定引线起点:（选择倒角处中点）
指定下一点:（在适当处选择下一点）
指定下一点或 [注释(A)/格式(F)/放弃(U)]<注释>:（在适当处选择下一点）
指定下一点或 [注释(A)/格式(F)/放弃(U)]<注释>: ↙
输入注释文字的第一行或<选项>: ↙
输入注释选项 [公差(T)/副本(C)/块(B)/无(N)多行文字(M)]<多行文字>: ↙

弹出"文字格式"对话框，在文本框中输入"C1"，单击"确定"按钮，效果如图 6-41 所示。

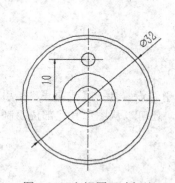

图 6-39　主视图尺寸标注

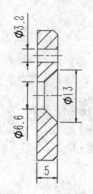

图 6-40　左视图线性尺寸标注

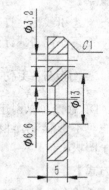

图 6-41　左视图引线标注

③ 单击"默认"选项卡"注释"面板中的"标注样式"按钮，打开"标注样式管理器"对话框，选择"机械制图标注"样式，单击"替代"按钮，打开"替代当前样式"对话框，选择"文字"选项卡，在"文字对齐"选项组中选中"水平"单选按钮，单击"确定"按钮退出对话框，如图 6-42 所示。

④ 单击"注释"选项卡"标注"面板中的"角度"按钮，标注角度，效果如图 6-43 所示。

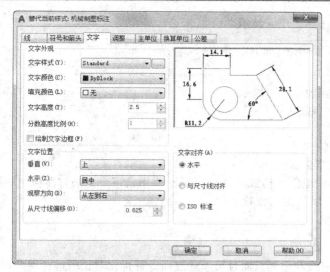

图 6-42 "替代当前样式"对话框

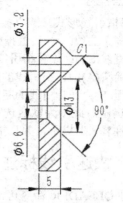

图 6-43 角度尺寸标注

【选项说明】

（1）指定下一点：直接输入一点，AutoCAD 根据前面的点画出折线作为指引线。

（2）注释：输入注释文本，为默认项。在上面提示下直接按 Enter 键，显示提示如下。

输入注释文字的第一行或 <选项>:

---

① 输入注释文本：在此提示下输入第一行文本后按 Enter 键，可继续输入第二行文本，如此反复执行，直到输入全部注释文本，然后在此提示下直接按 Enter 键，AutoCAD 会在指引线终端标注出所输入的多行文本，并结束 LEADER 命令。

② 直接按 Enter 键：如果在上面的提示下直接按 Enter 键，显示提示如下。

输入注释选项 [公差(T)/副本(C)/块(B)/无(N)/多行文字(M)] <多行文字>:

选择一个注释选项或直接按 Enter 键选择默认的"多行文字"选项，其中各选项的含义如下。

☑ 公差(T)：标注形位公差。

☑ 副本(C)：把已由 LEADER 命令创建的注释复制到当前指引线末端。

执行该选项，系统提示如下。

选择要复制的对象:

在此提示下选取一个已创建的注释文本，则 AutoCAD 把它复制到当前指引线的末端。

☑ 块(B)：插入块，把已经定义好的图块插入到指引线的末端。

执行该选项，系统提示如下。

输入块名或 [?]:

在此提示下输入一个已定义好的图块名，AutoCAD 将把该图块插入到指引线的末端；或输入"?"列出当前已有图块，用户可从中选择。

☑ 无(N)：不进行注释，没有注释文本。

☑ 多行文字：用多行文本编辑器标注注释文本并定制文本格式，为默认选项。

（3）格式(F)：确定指引线的形式。选择该项，显示提示如下。

输入引线格式选项 [样条曲线(S)/直线(ST)/箭头(A)/无(N)] <退出>:
选择指引线形式，或直接按 Enter 键回到上一级提示

选择指引线形式，或直接按 Enter 键回到上一级提示。
① 样条曲线(S)：设置指引线为样条曲线。
② 直线(ST)：设置指引线为折线。
③ 箭头(A)：在指引线的起始位置画箭头。
④ 无(N)：在指引线的起始位置不画箭头。
⑤ 退出：此项为默认选项，选取该项退出"格式"选项，返回"指定下一点或 [注释(A)/格式(F)/放弃(U)] <注释>:"提示，并且指引线形式按默认方式设置。

6.3.2 快速引线标注

利用 QLEADER 命令可快速生成指引线及注释，而且可以通过命令行优化对话框进行用户自定义，由此可以消除不必要的命令行提示，取得最高的工作效率。

【执行方式】

☑ 命令行：QLEADER。

【操作步骤】

命令: QLEADER✓
指定第一个引线点或 [设置(S)] <设置>:

【选项说明】

（1）指定第一个引线点：在上面的提示下确定一点作为指引线的第一点，显示提示如下。

指定下一点:（输入指引线的第二点）
指定下一点:（输入指引线的第三点）

AutoCAD 提示用户输入的点的数目由"引线设置"对话框确定。输入完指引线的点后 AutoCAD 提示如下。

指定文字宽度 <0.0000>:（输入多行文本的宽度）
输入注释文字的第一行 <多行文字(M)>:

此时，有两种命令输入选择，含义如下。
① 输入注释文字的第一行：在命令行输入第一行文本。
② 多行文字(M)：打开多行文字编辑器，输入编辑多行文字。
直接按 Enter 键，结束 QLEADER 命令并把多行文本标注在指引线的末端附近。
（2）设置：直接按 Enter 键或输入"S"，打开"引线设置"对话框，对引线标注进行设置。该对话框包含"注释"、"引线和箭头"及"附着"3 个选项卡，下面分别进行介绍。
① "注释"选项卡：用于设置引线标注中注释文本的类型、多行文本的格式并确定注释文本是否多次使用，如图 6-44 所示。
② "引线和箭头"选项卡：用来设置引线标注中指引线和箭头的形式，如图 6-45 所示。其中"点数"选项组设置执行 QLEADER 命令时 AutoCAD 提示用户输入的点的数目。例如，设置点数为 3，执行 QLEADER 命令时当用户在提示下指定 3 个点后，AutoCAD 自动提示用户输入注释文本。注意设置的点数要比用户希

望的指引线的段数多 1。可利用数值框进行设置，如果选中"无限制"复选框，AutoCAD 会一直提示用户输入点直到连续按 Enter 键两次为止。"角度约束"选项组设置第一段和第二段指引线的角度约束。

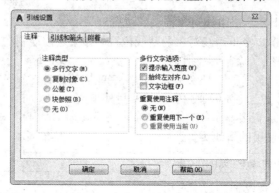

图 6-44　"注释"选项卡

③ "附着"选项卡：设置注释文本和指引线的相对位置，如图 6-46 所示。如果最后一段指引线指向右边，系统自动把注释文本放在右侧；反之放在左侧。利用本选项卡左侧和右侧的单选按钮分别设置位于左侧和右侧的注释文本与最后一段指引线的相对位置，二者可相同也可不相同。

图 6-45　"引线和箭头"选项卡

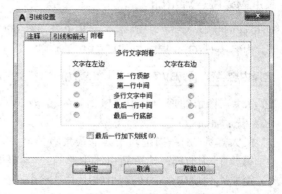

图 6-46　"附着"选项卡

6.3.3　多重引线标注

多重引线可创建为箭头优先、引线基线优先或内容优先。

【执行方式】

☑　命令行：MLEADER。

☑　菜单栏：选择菜单栏中的"标注"→"多重引线"命令。

☑　工具栏：单击"标注"工具栏中的"多重引线"按钮 。

☑　功能区：选择"注释"选项卡"引线"面板"多重引线样式"下拉列表中的"管理多重引线样式"命令或单击"注释"选项卡"引线"面板中的"对话框启动器"按钮 。

【操作步骤】

命令: MLEADER✓
指定引线箭头的位置或 [引线基线优先(L)/内容优先(C)/选项(O)]<选项>（指定引线箭头的位置）
指定引线基线的位置：（指定引线基线位置）

此时弹出"文字格式"对话框，在文本框中输入文字即可。

【选项说明】

（1）引线箭头的位置：指定多重引线对象箭头的位置。

（2）引线基线优先(L)：指定多重引线对象的基线位置。如果之前绘制的多重引线对象是基线优先，则后续的多重引线也将先创建基线（除非另外指定）。

（3）内容优先(C)：指定与多重引线对象相关联的文字或块的位置。如果之前绘制的多重引线对象是内容优先，则后续的多重引线对象也将先创建内容（除非另外指定）。

（4）选项(O)：指定用于放置多重引线对象的选项，各选项含义如下。

① 引线类型(L)：指定要使用的引线类型。

选择引线类型 [直线(S)/样条曲线(P)/无(N)] <直线>:

☑ 类型(T)：指定直线、样条曲线或无引线。

选择引线类型 [直线(S)/样条曲线(P)/无(N)]:

☑ 基线(L)：更改水平基线的距离。

使用基线 [是(Y)/否(N)]:

如果此时选择"否"，则不会有与多重引线对象相关联的基线。

② 内容类型(C)：指定要使用的内容类型。

选择内容类型 [块(B)/多行文字(M)/无(N)] <多行文字>:

☑ 块：指定图形中的块，以与新的多重引线相关联。
☑ 无：指定"无"内容类型。
③ 最大点数(M)：指定新引线的最大点数。
④ 第一个角度(F)：约束新引线中的第一个点的角度。
⑤ 第二个角度(S)：约束新引线中的第二个点的角度。
⑥ 退出选项(X)：返回到第一个 MLEADER 命令提示。

6.4 形位公差

为方便机械设计工作，AutoCAD 提供了标注形位公差的功能。形位公差的标注形式如图 6-47 所示，包括指引线、特征符号、公差值和其附加符号以及基准代号。

【预习重点】

☑ 对比新旧标准差异。
☑ 了解新标准、新应用。
☑ 对比新旧标注执行方式变化。

【执行方式】

☑ 命令行：TOLERANCE（快捷命令：TOL）。
☑ 菜单栏：选择菜单栏中的"标注"→"公差"命令。

☑　工具栏：单击"标注"工具栏中的"公差"按钮 ⊞¹。

☑　功能区：单击"注释"选项卡"标注"面板中的"公差"按钮 ⊞¹。

【操作步骤】

执行上述命令后，打开如图 6-48 所示的"形位公差"对话框，可通过该对话框对形位公差标注进行设置。

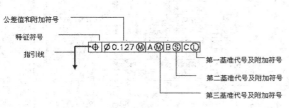

图 6-47　形位公差标注

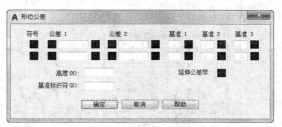

图 6-48　"形位公差"对话框

【选项说明】

（1）符号：用于设定或改变公差代号。单击下面的黑块，打开如图 6-49 所示的"特征符号"列表框，可从中选择需要的公差代号。

（2）公差 1/2：用于产生第 1 或第 2 个公差的公差值及"附加符号"符号。白色文本框左侧的黑块控制是否在公差值之前加一个直径符号，单击则出现一个直径符号；再次单击，则消失。白色文本框用于确定公差值，在其中输入一个具体数值。右侧黑块用于插入"包容条件"符号，单击则打开如图 6-50 所示的"附加符号"列表框，用户可从中选择所需的符号。

图 6-49　"特征符号"列表框

图 6-50　"附加符号"列表框

（3）基准 1/2/3：用于确定第 1 或第 2、3 个基准代号及材料状态符号。在白色文本框中输入一个基准代号。单击其右侧的黑块，打开"包容条件"列表框，可从中选择适当的"包容条件"符号。

（4）"高度"文本框：用于确定标注复合形位公差的高度。

（5）延伸公差带：单击此黑块，在复合公差带后面加一个复合公差符号，如图 6-51（d）所示，其他形位公差标注如图 6-51 所示。

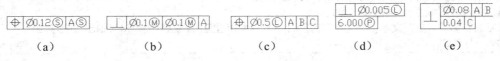

（a）　　　　　　（b）　　　　　　（c）　　　　　　（d）　　　　　　（e）

图 6-51　形位公差标注举例

（6）"基准标识符"文本框：用于产生一个标识符号，用一个字母表示。

🎓 高手支招

在"形位公差"对话框中有两行可以同时对形位公差进行设置，可实现复合形位公差的标注。如果在两行中输入的公差代号相同，则得到如图 6-51（e）所示的形式。

【操作实践——标注圆柱齿轮尺寸】

本实例标注如图 6-52 所示的圆柱齿轮尺寸。

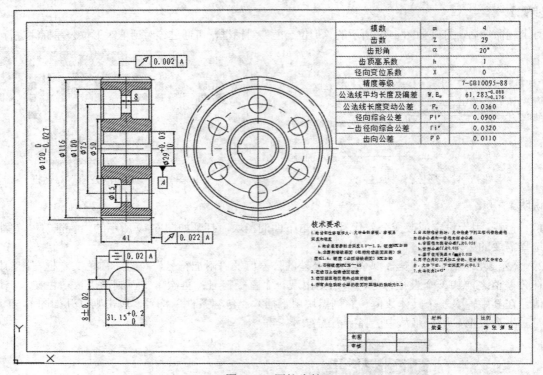

模数	m	4
齿数	Z	29
齿形角	α	20°
齿顶高系数	h	1
径向变位系数	X	0
精度等级		7-GB10095-88
公法线平均长度及偏差	W, E_w	61.283 ₋₀.176 ⁻⁰·⁰⁸⁸
公法线长度变动公差	F_w	0.0360
径向综合公差	Fi'	0.0900
一齿径向综合公差	fi'	0.0320
齿向公差	Fβ	0.0110

图 6-52　圆柱齿轮

（1）打开随书光盘中的"源文件\第 6 章\圆柱齿轮零件图.dwg"文件，以图 6-52 为参考对图形进行标注。

（2）无公差尺寸标注。

① 将当前图层切换到"注释层"。单击"默认"选项卡"注释"面板中的"标注样式"按钮，将"机械制图标注"样式设置为当前使用的标注样式。

② 单击"注释"选项卡"标注"面板中的"线性"按钮，标注同心圆使用特殊符号表示法%%C 表示 Ø，如%%C50 表示 Ø50；标注其他无公差尺寸，如图 6-53 所示。命令行提示与操作如下。

命令: DIMLINEAR ✓
指定第一条尺寸界线原点或 <选择对象>:（选择起点）
指定第二条尺寸界线原点:（选择终点）
指定尺寸线位置或 [多行文字(M)/文字(T)/角度(A)/水平(H)/垂直(V)/旋转(R)]: M（弹出"文字格式"对话框，数字前面输入"%%C"）✓

（3）带公差尺寸标注。

① 设置带公差标注样式：单击"默认"选项卡"注释"面板中的"标注样式"按钮，打开"创建新标注样式"对话框，在其中建立一个名为"副本 机械制图标注（带公差）"的样式，"基础样式"为"机械制图标注"，如图 6-54 所示。单击"标注"工具栏中的"标注样式"按钮，在打开的"新建标注样式"对话框中，设置"公差"选项卡各选项如图 6-55 所示，并把"副本 机械制图标注（带公差）"的样式设置为当前使用的标注样式。

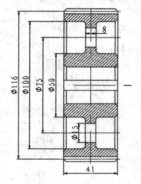

图 6-53 无公差尺寸标注

图 6-54 新建标注样式

② 线性标注：单击"注释"选项卡"标注"面板中的"线性"按钮 ⊢，标注带公差的尺寸。

③ 设置其他公差：单击"默认"选项卡"注释"面板中的"标注样式"按钮，打开"标注样式管理器"对话框，单击"替代"按钮，设置其他公差项，效果如图 6-56 所示。

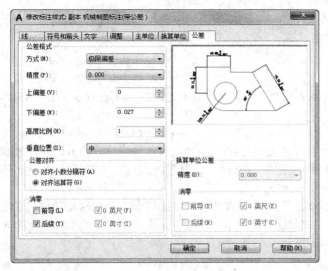

图 6-55 "公差"选项卡设置

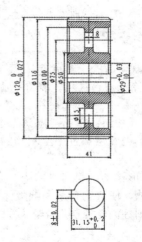

图 6-56 标注公差尺寸

（4）形位公差标注。

① 绘制引线：命令行提示与操作如下。

```
命令:_LEADER
指定引线起点:（指定引线起点）
指定下一点（指定另一点）
指定下一点或 [注释(A)/格式(F)/放弃(U)]<注释>:（指定下一点）
指定下一点或 [注释(A)/格式(F)/放弃(U)]<注释>: ✓
```

② 标注形位公差：单击"注释"选项卡"标注"面板中的"公差"按钮 ⊞，弹出"形位公差"对话框，如图 6-57 所示。单击"符号"按钮，弹出"特征符号"对话框，如图 6-58 所示在其中选择项目符号，然后填写公差数值和基准代号，单击"确定"按钮，将其放置在绘图区引线位置。

③ 标注其他形位公差：用同样的方法，完成圆柱齿轮其他形位公差标注，效果如图 6-59 所示。

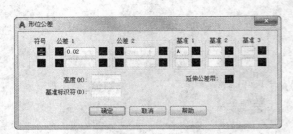

图 6-57　"形位公差"对话框

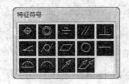

图 6-58　"特征符号"对话框

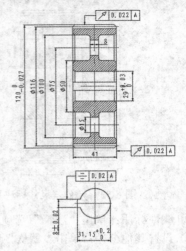

图 6-59　标注圆柱齿轮的形位公差

④ 绘制基准符号：单击"默认"选项卡"绘图"面板中的"矩形"按钮□、"多边形"按钮⬡和"多行文字"按钮**A**，绘制基准符号，如图 6-60 所示。

🎓 **高手支招**

> 若发现形位公差符号选择有错误，可以再次单击"符号"按钮重新选择；也可以单击"特征符号"对话框右下角的空白选项，取消当前选择。

⑤ 打开图层：单击"默认"选项卡"图层"面板中的"图层特性"按钮🗂，打开"图层特性管理器"对话框，单击 0 层属性中呈灰暗的"打开/关闭图层"图标💡，使其呈鲜亮色💡，在绘图窗口中显示图幅边框和标题栏。

⑥ 图形移动：单击"默认"选项卡"修改"面板中的"移动"按钮✛，分别移动圆柱齿轮主视图、侧视图和键槽，使其均布于图纸版面中。单击"默认"选项卡"修改"面板中的"打断"按钮▢，删除过长的中心线，圆柱齿轮绘制完毕，效果如图 6-61 所示。

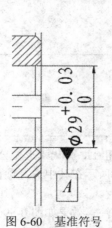

图 6-60　基准符号

图 6-61　效果图

6.5　编辑尺寸标注

　　AutoCAD 允许对已经创建好的尺寸标注进行编辑修改，包括修改尺寸文本的内容、改变其位置、使尺寸文本倾斜一定的角度等，还可以对尺寸界线进行编辑。

　　利用 DIMEDIT 命令可以修改已有尺寸标注的文本内容、把尺寸文本倾斜一定的角度，还可以对尺寸界线进行修改，使其旋转一定角度从而标注一段线段在某一方向上的投影尺寸。DIMEDIT 命令可以同时对多个尺寸标注进行编辑。

【预习重点】

　　☑　熟悉编辑标注命令执行方法。
　　☑　了解编辑标注应用。

【执行方式】

　　☑　命令行：DIMEDIT（快捷命令：DED）。
　　☑　菜单栏：选择菜单栏中的"标注"→"对齐文字"→"默认"命令。
　　☑　工具栏：单击"标注"工具栏中的"编辑标注"按钮。

【操作实践——标注齿轮泵机座尺寸】

　　本实例标注如图 6-62 所示的齿轮泵机座尺寸。

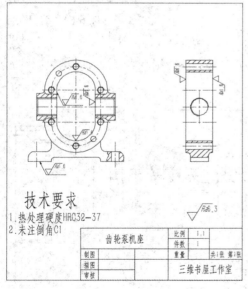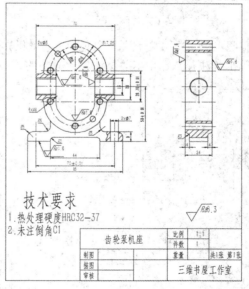

图 6-62　齿轮泵机座

　　（1）单击快速访问工具栏中的"打开"按钮，打开随书光盘中的"源文件\第 6 章\齿轮泵机座.dwg"文件。

　　（2）将"尺寸标注"图层设置为当前图层，单击"注释"选项卡"标注"面板中的"线性"按钮，标注线性尺寸，标注效果如图 6-63 所示。

　　（3）在命令行中输入"DIMEDIT"，命令行提示与操作如下。

命令: DIMEDIT↙
输入标注编辑类型 [默认(H)/新建(N)/旋转(R)/倾斜(O)]默认: N↙

此时弹出"文字编辑器"选项框，并且在绘图区弹出一个文本框，在文本框中输入"70±0.01"，输入完标注后单击"文字编辑器"选项卡中的"关闭"按钮。

选择对象:（选择下方尺寸为 70 的标注↙）

标注效果如图 6-64 所示。

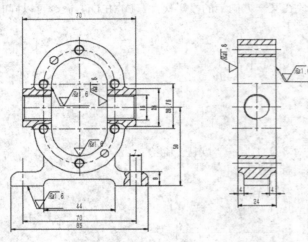

图 6-63　标注线性尺寸

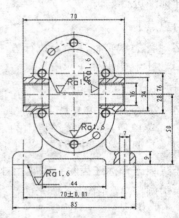

图 6-64　编辑尺寸

（4）按照步骤（3）的方法编辑其他尺寸，效果如图 6-65 所示。

（5）单击"注释"选项卡"标注"面板中的"半径"按钮○，标注半径尺寸，结果如图 6-66 所示。

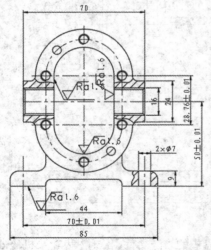

图 6-65　编辑尺寸

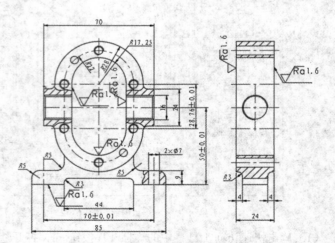

图 6-66　半径标注

（6）单击"注释"选项卡"标注"面板中的"直径"按钮○，标注直径尺寸，结果如图 6-67 所示。

（7）在命令行中输入"DIMEDIT"，命令行提示与操作如下。

命令: DIMEDIT↙

输入标注编辑类型 [默认(H)/新建(N)/旋转(R)/倾斜(O)]默认: N↙

此时弹出"文字编辑器"选项框，并且在绘图区弹出一个文本框，在文本框中输入"2×%%c5"，输入完标注后单击"文字编辑器"选项卡中的"关闭"按钮。

选择对象:（选择尺寸为 Ø5 的标注↙）

最终标注效果如图 6-68 所示。

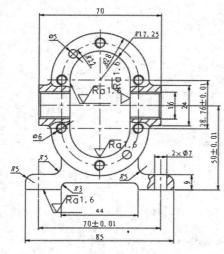

图 6-67　标注直径尺寸

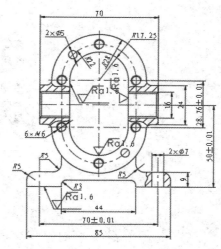

图 6-68　编辑尺寸

【选项说明】

（1）默认(H)：按尺寸标注样式中设置的默认位置和方向放置尺寸文本，如图 6-69（a）所示。选择此选项，命令行提示与操作如下。

选择对象: 选择要编辑的尺寸标注

（2）新建(N)：选择此选项，系统打开多行文字编辑器，可利用此编辑器对尺寸文本进行修改。

（3）旋转(R)：改变尺寸文本行的倾斜角度。尺寸文本的中心点不变，使文本沿指定的角度方向倾斜排列，如图 6-69（b）所示。若输入角度为 0，则按"新建标注样式"对话框"文字"选项卡中设置的默认方向排列。

（4）倾斜(O)：修改长度型尺寸标注的尺寸界线，使其倾斜一定角度，与尺寸线不垂直，如图 6-69（c）所示。

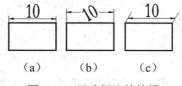

图 6-69　尺寸标注的编辑

另外，利用 DIMEDIT 命令可以改变尺寸文本的位置，使其位于尺寸线上的左端、右端或中间，而且可使文本倾斜一定的角度，这里不再赘述。

6.6　综合演练——齿轮泵前盖设计

本实例绘制如图 6-70 所示的齿轮泵前盖。

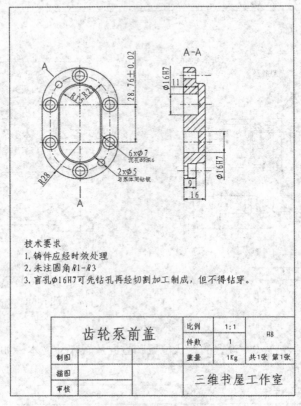

图 6-70　齿轮泵前盖设计

手把手教你学

　　泵体是组成机器部件的主要零件，常有轴孔、螺孔、销孔等结构。齿轮泵前盖外形比较简单，内部结构比较复杂，因此除绘制主视图外，还需要绘制剖视图才能将其表达清楚。从图 6-70 中可以看到其结构不完全对称，主视图与剖视图都有其相关性，在绘制时只能部分运用"镜像"命令。本实例首先用"直线""圆""修剪"等命令绘制出主视图的轮廓线，然后再绘制剖视图。

6.6.1　配置绘图环境

　　（1）打开随书光盘中的"源文件\第 6 章\A4 竖向样板图.dwt"，将其文件命名为"前盖.dwg"并另存。

　　（2）单击"默认"选项卡"图层"面板中的"图层特性"按钮，打开"图层特性管理器"对话框，新建并设置每一个图层，如图 6-71 所示。

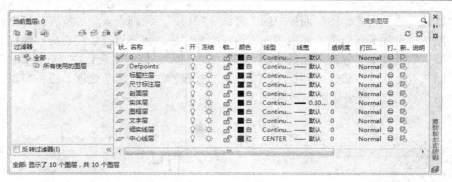

图 6-71   创建好的图层

6.6.2   绘制齿轮泵前盖

（1）绘制齿轮泵前盖主视图。

① 将"中心线层"图层设置为当前图层。单击"默认"选项卡"绘图"面板中的"直线"按钮，分别以{（55,198），（115,198）}和{（55,169.24），（115,169.24）}为坐标点绘制两条水平中心线；重复"直线"命令，以{（85,228），（85,139.24）}为坐标点绘制一条竖直中心线，如图 6-72 所示。

② 将"实体层"图层设置为当前图层。单击"默认"选项卡"绘图"面板中的"圆"按钮，以中心线的两个交点为圆心，分别绘制半径为 15、16、22 和 28 的圆，效果如图 6-73 所示。

③ 单击"默认"选项卡"绘图"面板中的"直线"按钮，分别绘制与圆相切的直线，效果如图 6-74 所示。

图 6-72   绘制中心线

④ 单击"默认"选项卡"修改"面板中的"修剪"按钮，对多余直线进行修剪，并将修剪后的半径为 22 的圆弧及其切线设置为"中心线层"，效果如图 6-75 所示。

⑤ 单击"默认"选项卡"绘图"面板中的"圆"按钮和"直线"按钮，按图 6-76 所示尺寸分别绘制螺栓孔和销孔，完成齿轮泵前盖主视图的设计。（注意：将绘制的直线设置为"中心线层"。）

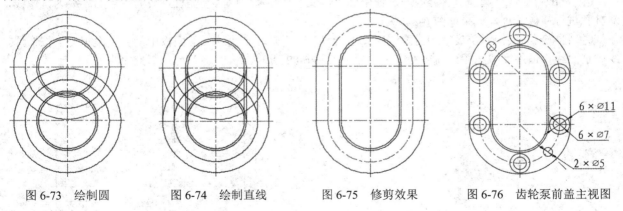

图 6-73   绘制圆   图 6-74   绘制直线   图 6-75   修剪效果   图 6-76   齿轮泵前盖主视图

（2）绘制齿轮泵前盖剖视图。

① 单击"默认"选项卡"绘图"面板中的"直线"按钮，以主视图中的特征点为起点，利用"正交"功能绘制水平定位线，效果如图 6-77 所示。

② 单击"默认"选项卡"绘图"面板中的"直线"按钮✎，绘制一条与定位直线相交的竖直直线。

③ 单击"默认"选项卡"修改"面板中的"偏移"按钮⊆，将竖直直线向右分别偏移 9 和 16。

④ 单击"默认"选项卡"修改"面板中的"修剪"按钮┼，修剪多余直线，效果如图 6-78 所示。

⑤ 单击"默认"选项卡"修改"面板中的"圆角"按钮◻，进行圆角处理。点 1 和点 2 处的圆角半径为 1.5，其他圆角半径为 2，效果如图 6-79 所示。

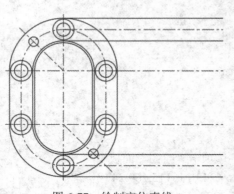

图 6-77　绘制定位直线

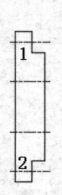

图 6-78　修剪后图形

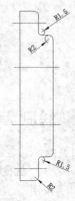

图 6-79　倒圆角

⑥ 单击"默认"选项卡"修改"面板中的"偏移"按钮⊆，将直线 1 分别向两侧偏移，偏移距离为 2.5；重复"偏移"命令，将直线 2 分别向两侧偏移 3.5 和 5.5，将偏移后的直线设置为"实体层"，将下端右侧的竖直直线向左偏移，偏移距离为 6。

⑦ 单击"默认"选项卡"修改"面板中的"修剪"按钮┼，对多余的直线进行修剪，效果如图 6-80 所示。

⑧ 单击"默认"选项卡"修改"面板中的"偏移"按钮⊆，将直线 3 分别向两侧偏移，偏移距离为 8，将偏移后的直线设置为"实体层"；重复"偏移"命令，将左侧的竖直直线向右偏移，偏移距离为 11。

⑨ 单击"默认"选项卡"修改"面板中的"修剪"按钮┼，对多余的直线进行修剪。

⑩ 单击"默认"选项卡"绘图"面板中的"直线"按钮✎，绘制轴孔端锥角。

⑪ 单击"默认"选项卡"修改"面板中的"镜像"按钮⚐，以两端竖直直线的中点的连线为镜像线，对轴孔进行镜像处理，效果如图 6-81 所示。

⑫ 将"剖面层"图层设置为当前图层，单击"默认"选项卡"绘图"面板中的"图案填充"按钮▨，绘制剖面线。最终完成齿轮泵前盖的绘制，效果如图 6-82 所示。

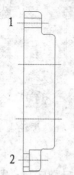

图 6-80　绘制销孔和螺栓孔

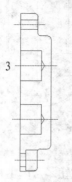

图 6-81　绘制轴孔

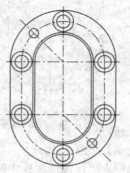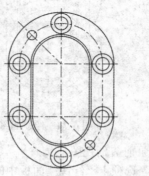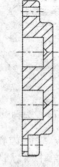

图 6-82　齿轮泵前盖剖视图

6.6.3 标注齿轮泵前盖

（1）主视图尺寸标注。

① 将"尺寸标注层"图层设置为当前图层。单击"默认"选项卡"注释"面板中的"标注样式"按钮 ，新建"机械制图标注"样式，并设置为当前使用的标注样式。

② 单击"默认"选项卡"注释"面板中的"半径"按钮 ，对主视图进行尺寸标注，效果如图 6-83 所示。

③ 单击"默认"选项卡"注释"面板中的"标注样式"按钮 ，打开"标注样式管理器"对话框，选择"机械制图标注"样式，单击"替代"按钮，打开"替代当前样式"对话框，在"文字"选项卡的"文字对齐"选项组中选中"水平"单选按钮，单击"确定"按钮退出对话框，如图 6-84 所示。

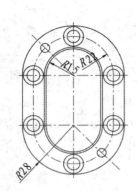

图 6-83 主视图半径尺寸标注

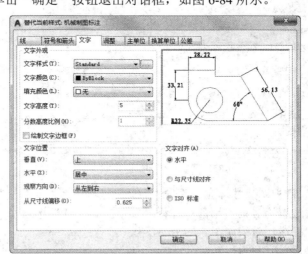

图 6-84 "文字"选项卡

④ 单击"默认"选项卡"注释"面板中的"直径"按钮 ，标注直径，如图 6-85 所示。

⑤ 单击"默认"选项卡"绘图"面板中的"多行文字"按钮 A，在尺寸 6×Ø7 和 2×Ø5 的尺寸线下面分别标注文字"沉孔 Ø9 深 6"和"与泵体同钻铰"。注意设置字体大小，与尺寸数字大小匹配。如果尺寸线的水平部分不够长，可以单击"默认"选项卡"绘图"面板中的"直线"按钮 补画，使尺寸线的水平部分能够覆盖文本长度范围，效果如图 6-86 所示。

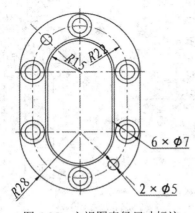

图 6-85 主视图直径尺寸标注

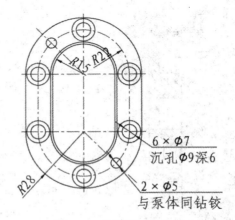

图 6-86 主视图文字标注

⑥ 单击"默认"选项卡"注释"面板中的"标注样式"按钮，打开"标注样式管理器"对话框，选择"机械制图标注"样式，单击"替代"按钮，打开"替代当前样式"对话框，在"公差"选项卡的"公差格式"选项组中进行如图 6-87 所示的设置，然后单击"确定"按钮退出对话框。

⑦ 单击"默认"选项卡"注释"面板中的"线性"按钮，标注水平轴线之间的距离，如图 6-88 所示。

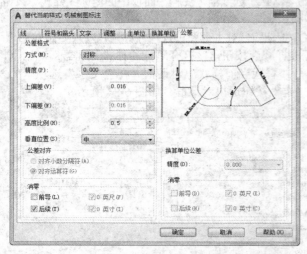

图 6-87   "公差"选项卡

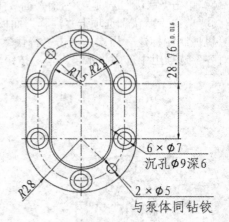

图 6-88   标注公差尺寸

（2）剖视图尺寸标注。单击"默认"选项卡"注释"面板中的"标注样式"按钮，将"机械制图标注"样式设置为当前使用的标注样式。单击"默认"选项卡"注释"面板中的"线性"按钮，对剖视图进行尺寸标注，效果如图 6-89 所示。

（3）剖切符号标注。

① 将"实体层"图层设置为当前图层。单击"默认"选项卡"绘图"面板中的"直线"按钮，绘制剖切符号。

② 将"文字层"图层设置为当前图层。单击"默认"选项卡"绘图"面板中的"多行文字"按钮A，标注标记文字，最终绘制结果如图 6-90 所示。

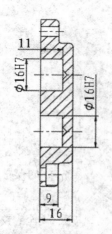

图 6-89   剖视图尺寸标注

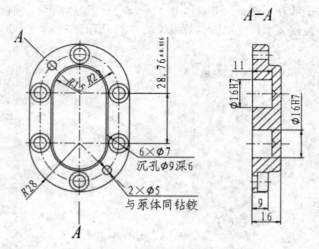

图 6-90   标注剖切符号

6.6.4 填写标题栏与技术要求

分别将"标题栏层"和"文字层"图层设置为当前图层，单击"默认"选项卡"绘图"面板中的"多行文字"按钮**A**，填写技术要求和标题栏相关项，如图 6-91 所示。前盖设计最终效果如图 6-70 所示。

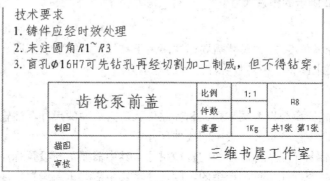

图 6-91 技术要求与标题栏

6.7 名师点拨——尺寸标注技巧

1．尺寸标注后，为什么图形中有时会出现一些小的白点却无法删除

AutoCAD 在标注尺寸时，自动生成 DEFPOINTS 层，保存有关标注点的位置等信息，该层一般是冻结的。由于某种原因，这些小白点有时会显示出来。要删除时可先将 DEFPOINTS 层解冻后再删除。但要注意，如果删除了与尺寸标注还有关联的点，将同时删除对应的尺寸标注。

2．标注时如何使标注离图有一定的距离

执行 DIMEXO 命令，再输入数字调整距离。

3．如何修改尺寸标注的比例

方法 1：DIMSCALE 决定了尺寸标注的比例，其值为整数，默认为 1，在命令行中输入该命令后可设置新的比例。

方法 2：选择菜单栏中的"格式"→"标注样式"命令，在弹出的对话框中选择要修改的标注样式，单击"修改"按钮，在弹出的对话框中选择"主单位"选项卡，在"比例因子"文本框中设置新的标注比例。

4．为什么绘制的剖面线或尺寸标注线不是连续线型

AutoCAD 绘制的剖面线、尺寸标注都可以具有线型属性。如果当前的线型不是连续线型，那么绘制的剖面线和尺寸标注就不会是连续线。

5．标注样式的操作技巧

可利用 DWT 模板文件创建某专业 CAD 制图的统一文字及标注样式，方便下次制图直接调用，而不必重复设置样式。用户也可以从 CAD 设计中心查找所需的标注样式，然后直接导入至新建的图纸中，即完成了对其的调用。

6.8 上机实验

【练习1】标注如图 6-92 所示的垫片尺寸。

1．目的要求

本练习有线性、直径、角度 3 种尺寸需要标注，由于具体尺寸的要求不同，需要重新设置和转换尺寸标注样式。通过本例，要求读者掌握各种标注尺寸的基本方法。

2．操作提示

（1）利用"文字样式"命令设置文字样式和标注样式，为后面的尺寸标注输入文字做准备。

（2）利用"线性"命令标注垫片图形中的线性尺寸。

（3）利用"直径"命令标注垫片图形中的直径尺寸，其中需要重新设置标注样式。

（4）利用"角度"命令标注垫片图形中的角度尺寸，其中需要重新设置标注样式。

【练习2】为如图 6-93 所示的阀盖尺寸设置标注样式。

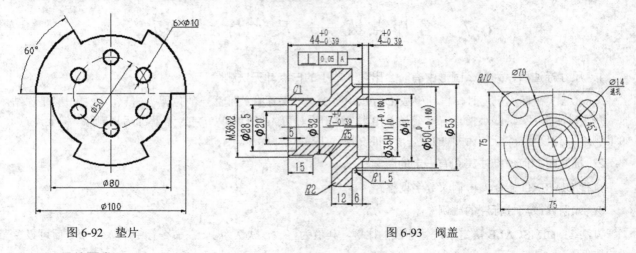

图 6-92 垫片　　　　　　　　　　　　　　　　图 6-93 阀盖

1．目的要求

设置标注样式是标注尺寸的首要工作。一般可以根据图形的复杂程度和尺寸类型的多少，决定设置几种尺寸标注样式。本例要求针对图 6-93 所示的阀盖设置 3 种尺寸标注样式，分别用于普通线性标注、带公差的线性标注以及角度标注。

2．操作提示

（1）利用"标注样式"命令，打开"标注样式管理器"对话框。

（2）单击"新建"按钮，打开"创建新标注样式"对话框，在"新样式名"文本框中输入新样式名。

（3）单击"继续"按钮，打开"新建标注样式"对话框。

（4）在对话框的各个选项卡中进行直线和箭头、文字、调整、主单位、换算单位和公差的设置。

（5）单击"确定"按钮退出。采用相同的方法设置另外两个标注样式。

6.9　模 拟 试 题

1. 若尺寸的公差是 20±0.034，则应在"公差"选项卡中显示公差的（　　）设置。

　　A．极限偏差　　　　　　B．极限尺寸　　　　　　C．基本尺寸　　　　　　D．对称

2. 在标注样式设置中，将调整下的"使用全局比例"值增大，将改变尺寸的哪些内容？（　　）

　　A．使所有标注样式设置增大　　　　　　　　B．使标注的测量值增大

　　C．使全图的箭头增大　　　　　　　　　　　D．使尺寸文字增大

3. 所有尺寸标注共用一条尺寸界线的是（　　）。

　　A．引线标注　　　　　　B．连续标注　　　　　　C．基线标注　　　　　　D．公差标注

4. 在尺寸公差的上偏差中输入 0.021，下偏差中输入 0.015，则标注尺寸公差的结果是（　　）。

　　A．上偏 0.021，下偏 0.015　　　　　　　　B．上偏-0.021，下偏 0.015

　　C．上偏 0.021，下偏-0.015　　　　　　　　D．上偏-0.021，下偏-0.015

5. 创建标注样式时，下面不是文字对齐方式的是（　　）。

　　A．垂直　　　　　　　　　　　　　　　　　B．与尺寸线对齐

　　C．ISO 标准　　　　　　　　　　　　　　　D．水平

6. 如果显示的标注对象小于被标注对象的实际长度，应采用（　　）。

　　A．折弯标注　　　　　　B．打断标注　　　　　　C．替代标注　　　　　　D．检验标注

7. 不能作为多重引线线型类型的是（　　）。

　　A．直线　　　　　　　　B．多段线　　　　　　　C．样条曲线　　　　　　D．以上均可以

8. 尺寸公差中的上下偏差可以在线性标注的（　　）选项中堆叠起来。

　　A．多行文字　　　　　　B．文字　　　　　　　　C．角度　　　　　　　　D．水平

9. 为如图 6-94 所示的图形标注尺寸。

10. 标注如图 6-95 所示的尺寸公差。

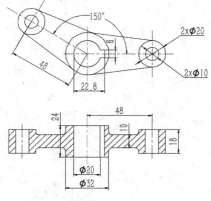

图 6-94　尺寸标注练习

图 6-95　尺寸公差标注

第7章

高级绘图工具

为了减少系统整体的图形设计效率，并有效地管理整个系统的所有图形设计文件，AutoCAD 经过不断地探索和完善，推出了大量的集成化绘图工具，利用设计中心和工具选项板，用户可以建立自己的个性化图库，也可以利用别人提供的强大的资源快速准确地进行图形设计。

本章主要介绍查询工具、图块工具、外部参照、设计中心、工具选项板等知识。

7.1　图块操作

图块也叫块，它是由一组图形组成的集合，一组对象一旦被定义为图块，它们将成为一个整体，拾取图块中任意一个图形对象即可选中构成图块的所有对象。AutoCAD 把一个图块作为一个对象进行编辑修改等操作，用户可根据绘图需要把图块插入到图中任意指定的位置，而且在插入时还可以指定不同的缩放比例和旋转角度。如果需要对组成图块的单个图形对象进行修改，还可以利用"分解"命令把图块炸开分解成若干个对象。图块还可以重新定义，一旦被重新定义，整个图中基于该块的对象都将随之改变。

【预习重点】

- ☑　了解图块定义。
- ☑　练习图块应用操作。

7.1.1　定义图块

【执行方式】

- ☑　命令行：BLOCK。
- ☑　菜单栏：选择菜单栏中的"绘图"→"块"→"创建"命令。
- ☑　工具栏：单击"绘图"工具栏中的"创建块"按钮 🖵。
- ☑　功能区：单击"默认"选项卡"块"面板中的"创建"按钮 🖵（如图 7-1 所示）；或单击"插入"选项卡"块定义"面板中的"创建块"按钮 🖵（如图 7-2 所示）。

图 7-1　"块"面板

【操作步骤】

执行上述命令后，AutoCAD 打开如图 7-3 所示的"块定义"对话框，利用该对话框可定义图块并为之命名。

图 7-2　"块定义"面板

【选项说明】

（1）"基点"选项组：确定图块的基点，默认值是（0,0,0）。也可以在下面的 X（Y、Z）文本框中输入块的基点坐标值。单击"拾取点"按钮，AutoCAD 临时切换到做图屏幕，用鼠标在图形中拾取一点后，返回"块定义"对话框，把所拾取的点作为图块的基点。

（2）"对象"选项组：该选项组用于选择制作图块的对象以及对象的相关属性。

如图 7-4 所示，把图 7-4（a）中的正五边形定义为图块，图 7-4（b）为选中"删除"单选按钮的结果，图 7-4（c）为选中"保留"单选按钮的结果。

（3）"设置"选项组：指定从 AutoCAD 设计中心拖动图块时用于测量图块的单位，以及缩放、分解和超链接等设置。

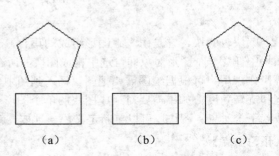

（a） （b） （c）

图 7-3 "块定义"对话框   图 7-4 删除图形对象

（4）"在块编辑器中打开"复选框：选中该复选框，系统打开块编辑器，在其中可以定义动态块，具体内容将在后面详细讲解。

7.1.2 图块的存盘

用 BLOCK 命令定义的图块保存在其所属的图形当中，该图块只能在其所属的图中插入，而不能插入到其他图中，但是有些图块在许多图中经常用到，这时可以用 WBLOCK 命令把图块以图形文件的形式（后缀为.dwg）写入磁盘，图形文件可以在任意图形中用 INSERT 命令插入。

【执行方式】

☑ 命令行：WBLOCK。

☑ 功能区：单击"插入"选项卡"块定义"面板中的"写块"按钮。

【操作实践——键图块】

将图 7-5 所示图形定义为图块，取名为"键"，并保存。

（1）单击快速访问工具栏中的"打开"按钮，打开随书光盘中的"源文件\第 7 章\键.dwg"。

（2）单击"默认"选项卡"块"面板中的"创建块"按钮，打开"块定义"对话框。

（3）在"名称"下拉列表框中输入"键"。

（4）单击"拾取点"按钮切换到做图屏幕，选择键最左边竖直线段的中点为插入基点，返回"块定义"对话框。

（5）单击"选择对象"按钮切换到做图屏幕，选择图 7-5 中的对象后，按 Enter 键返回"块定义"对话框。

（6）单击"确定"按钮关闭对话框。

（7）在命令行中输入"WBLOCK"命令，打开"写块"对话框，如图 7-6 所示，在"源"选项组中选中"块"单选按钮，在后面的下拉列表框中选择"键"，进行其他相关设置后单击"确定"按钮退出。

【选项说明】

（1）"源"选项组：确定要保存为图形文件的图块或图形对象。其中选中"块"单选按钮，单击右侧的下拉按钮，在下拉列表框中选择一个图块，将其保存为图形文件。选中"整个图形"单选按钮，则把当前的整个图形保存为图形文件。选中"对象"单选按钮，则把不属于图块的图形对象保存为图形文件。对象的选取通过"对象"选项组来完成。

210

图 7-5 创建键图块

图 7-6 "写块"对话框

（2）"基点"选项组：用于选择图形。

（3）"目标"选项组：用于指定图形文件的名字、保存路径和插入单位等。

7.1.3 图块的插入

在用 AutoCAD 绘图的过程中，可根据需要随时把已经定义好的图块或图形文件插入到当前图形的任意位置，在插入的同时还可以改变图块的大小、旋转一定角度或把图块炸开等。插入图块的方法有多种，下面逐一进行介绍。

【执行方式】

☑ 命令行：INSERT。

☑ 菜单栏：选择菜单栏中的"插入"→"块"命令。

☑ 工具栏：单击"插入"工具栏中的"插入块"按钮 或"绘图"工具栏中的"插入块"按钮 。

☑ 功能区：单击"默认"选项卡"块"面板中的"插入"按钮 或单击"插入"选项卡"块"面板中的"插入"按钮 。

【操作步骤】

命令: INSERT↙

执行上述命令后，打开"插入"对话框，如图 7-7 所示，在其中可以指定要插入的图块及插入位置。

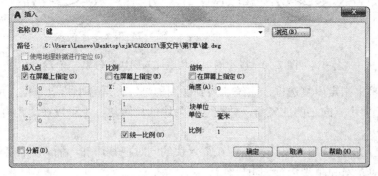

图 7-7 "插入"对话框

【选项说明】

（1）"路径"选项：指定图块的保存路径。

（2）"插入点"选项组：指定插入点，插入图块时该点与图块的基点重合。可以在屏幕上指定该点，也可以通过下面的文本框输入该点坐标值。

（3）"比例"选项组：确定插入图块时的缩放比例。图块被插入到当前图形中时，可以以任意比例放大或缩小，如图 7-8 所示，图 7-8（a）是被插入的图块，图 7-8（b）取比例系数为 1.5 插入该图块的结果，图 7-8（c）是取比例系数为 0.5 的结果，X 轴方向和 Y 轴方向的比例系数也可以取不同，如图 7-8（d）所示，X 轴方向的比例系数为 1，Y 轴方向的比例系数为 1.5。另外，比例系数还可以是一个负数，当为负数时表示插入图块的镜像，其效果如图 7-9 所示。

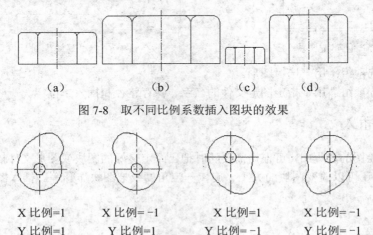

图 7-8　取不同比例系数插入图块的效果

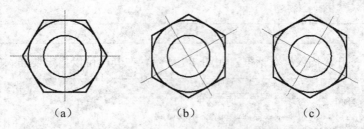

图 7-9　取比例系数为负值插入图块的效果

（4）"旋转"选项组：指定插入图块时的旋转角度。图块被插入到当前图形中时，可以绕其基点旋转一定的角度，角度可以是正数（表示沿逆时针方向旋转），也可以是负数（表示沿顺时针方向旋转）。如图 7-10（b）是图 7-10（a）所示图块旋转 30°插入的效果，图 7-10（c）是旋转-30°插入的效果。

图 7-10　以不同旋转角度插入图块的效果

如果选中"在屏幕上指定"复选框，系统切换到做图屏幕，在屏幕上拾取一点，AutoCAD 自动测量插入点与该点连线和 X 轴正方向之间的夹角，并把它作为块的旋转角。也可以在"角度"文本框中直接输入插入图块时的旋转角度。

（5）"分解"复选框：选中该复选框，则在插入块的同时把其炸开，插入到图形中的组成块的对象不再是一个整体，可对每个对象单独进行编辑操作。

7.1.4 动态块

动态块具有灵活性和智能性。用户在操作时可以轻松地更改图形中的动态块参照。可以通过自定义夹点或自定义特性来操作动态块参照中的几何图形。这使得用户可以根据需要在位调整块，而不用搜索另一个块以插入或重定义现有的块。

例如，如果在图形中插入一个门块参照，编辑图形时可能需要更改门的大小。如果该块是动态的，并且定义为可调整大小，那么只需拖动自定义夹点或在"特性"面板中指定不同的大小就可以修改门的大小，如图 7-11 所示。用户可能还需要修改门的打开角度，如图 7-12 所示。该门块还可能会包含对齐夹点，使用对齐夹点可以轻松地将门块参照与图形中的其他几何图形对齐，如图 7-13 所示。

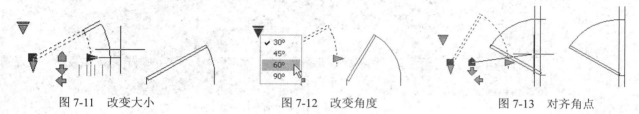

图 7-11 改变大小　　　　图 7-12 改变角度　　　　图 7-13 对齐角点

可以使用块编辑器创建动态块。块编辑器是一个专门的编写区域，用于添加能够使块成为动态块的元素。用户可以从头创建块，也可以向现有的块定义中添加动态行为，还可以像在绘图区域中一样创建几何图形。

【执行方式】

- ☑ 命令行：BEDIT。
- ☑ 菜单栏：选择菜单栏中的"工具"→"块编辑器"命令。
- ☑ 工具栏：单击"标准"工具栏中的"块编辑器"按钮🖧。
- ☑ 功能区：单击"默认"选项卡"块"面板中的"编辑"按钮🖧或单击"插入"选项卡"块定义"面板中的"块编辑器"按钮🖧。
- ☑ 快捷菜单：选择一个块参照，在绘图区域中右击，选择快捷菜单中的"块编辑器"命令。

【操作步骤】

执行上述命令后，打开"编辑块定义"对话框，如图 7-14 所示，在"要创建或编辑的块"文本框中输入块名或在列表框中选择已定义的块或当前图形，单击"确定"按钮，打开"块编写选项板"和"块编辑器"工具栏，如图 7-15 所示。

图 7-14 "编辑块定义"对话框

213

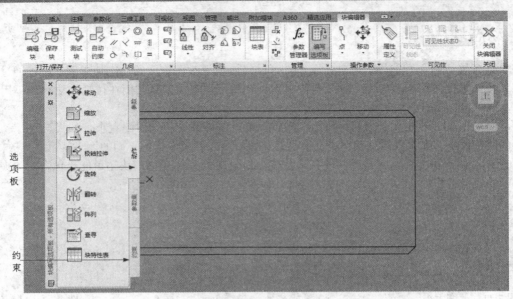

图 7-15　块编辑状态绘图平面

【选项说明】

1. 块编写选项板

（1）"参数"选项卡：提供用于向块编辑器中的动态块定义中添加参数的工具。参数用于指定几何图形在块参照中的位置、距离和角度。将参数添加到动态块定义中时，该参数将定义块的一个或多个自定义特性。该选项卡也可以通过 BPARAMETER 命令打开。

① 点参数：可向动态块定义中添加一个点参数，并为块参照定义自定义 X 和 Y 特性。点参数定义图形中的 X 和 Y 位置。在块编辑器中，点参数类似于一个坐标标注。

② 线性参数：可向动态块定义中添加一个线性参数，并为块参照定义自定义距离特性。线性参数显示两个目标点之间的距离。线性参数限制沿预设角度进行的夹点移动。在块编辑器中，线性参数类似于对齐标注。

③ 极轴参数：可向动态块定义中添加一个极轴参数，并为块参照定义自定义距离和角度特性。极轴参数显示两个目标点之间的距离和角度值。可以使用夹点和"特性"面板来共同更改距离值和角度值。在块编辑器中，极轴参数类似于对齐标注。

④ XY 参数：可向动态块定义中添加一个 XY 参数，并为块参照定义自定义水平距离和垂直距离特性。XY 参数显示距参数基点的 X 距离和 Y 距离。在块编辑器中，XY 参数显示为一对标注（水平标注和垂直标注）。这一对标注共享一个公共基点。

⑤ 旋转参数：可向动态块定义中添加一个旋转参数，并为块参照定义自定义角度特性。旋转参数用于定义角度。在块编辑器中，旋转参数显示为一个圆。

⑥ 对齐参数：可向动态块定义中添加一个对齐参数。对齐参数用于定义 X 位置、Y 位置和角度。对齐参数总是应用于整个块，并且无须与任何动作相关联。对齐参数允许块参照自动围绕一个点旋转，以便与图形中的其他对象对齐。对齐参数影响块参照的角度特性。在块编辑器中，对齐参数类似于对齐线。

⑦ 翻转参数：可向动态块定义中添加一个翻转参数，并为块参照定义自定义翻转特性。翻转参数用于翻转对象。在块编辑器中，翻转参数显示为投影线，可以围绕这条投影线翻转对象。翻转参数将显示一个值，该值显示块参照是否已被翻转。

⑧　可见性参数：可向动态块定义中添加一个可见性参数，并为块参照定义自定义可见性特性。通过可见性参数，用户可以创建可见性状态并控制块中对象的可见性。可见性参数总是应用于整个块，并且无须与任何动作相关联。在图形中单击夹点可以显示块参照中所有可见性状态的列表。在块编辑器中，可见性参数显示为带有关联夹点的文字。

⑨　查寻参数：可向动态块定义中添加一个查寻参数，并为块参照定义自定义查寻特性。查寻参数用于定义自定义特性，用户可以指定或设置该特性，以便从定义的列表或表格中计算出某个值。该参数可以与单个查寻夹点相关联。在块参照中单击该夹点，可以显示可用值的列表。在块编辑器中，查寻参数显示为文字。

⑩　基点参数：可向动态块定义中添加一个基点参数。基点参数用于定义动态块参照相对于块中的几何图形的基点。基点参数无法与任何动作相关联，但可以属于某个动作的选择集。在块编辑器中，基点参数显示为带有十字光标的圆。

（2）“动作”选项卡：提供用于向块编辑器中的动态块定义中添加动作的工具。动作定义了在图形中操作块参照的自定义特性时，动态块参照的几何图形将如何移动或变化。应将动作与参数相关联。此选项卡也可以通过 BACTIONTOOL 命令来打开。

①　移动动作：可在用户将移动动作与点参数、线性参数、极轴参数或 XY 参数关联时，将该动作添加到动态块定义中。移动动作类似于 MOVE 命令。在动态块参照中，移动动作将使对象移动指定的距离和角度。

②　缩放动作：可在用户将缩放动作与线性参数、极轴参数或 XY 参数关联时将该动作添加到动态块定义中。缩放动作类似于 SCALE 命令。在动态块参照中，当通过移动夹点或使用“特性”面板编辑关联的参数时，缩放动作将使其选择集发生缩放。

③　拉伸动作：可在用户将拉伸动作与点参数、线性参数、极轴参数或 XY 参数关联时将该动作添加到动态块定义中。拉伸动作将使对象在指定的位置移动和拉伸指定的距离。

④　极轴拉伸动作：可在用户将极轴拉伸动作与极轴参数关联时将该动作添加到动态块定义中。当通过夹点或“特性”面板更改关联的极轴参数上的关键点时，极轴拉伸动作将使对象旋转、移动和拉伸指定的角度和距离。

⑤　旋转动作：可在用户将旋转动作与旋转参数关联时将该动作添加到动态块定义中。旋转动作类似于 ROTATE 命令。在动态块参照中，当通过夹点或“特性”面板编辑相关联的参数时，旋转动作将使其相关联的对象进行旋转。

⑥　翻转动作：可在用户将翻转动作与翻转参数关联时将该动作添加到动态块定义中。使用翻转动作可以围绕指定的轴（称为投影线）翻转动态块参照。

⑦　阵列动作：可在用户将阵列动作与线性参数、极轴参数或 XY 参数关联时将该动作添加到动态块定义中。通过夹点或“特性”面板编辑关联的参数时，阵列动作将复制关联的对象并按矩形的方式进行阵列。

⑧　查寻动作：可向动态块定义中添加一个查寻动作。向动态块定义中添加查寻动作并将其与查寻参数相关联后，将创建查寻表。可以使用查寻表将自定义特性和值指定给动态块。

（3）“参数集”选项卡：提供用于在块编辑器中向动态块定义中添加一个参数及至少一个动作的工具。将参数集添加到动态块中时，动作将自动与参数相关联。将参数集添加到动态块中后，双击黄色警示图标（或使用 BACTIONSET 命令），然后按照命令行上的提示将动作与几何图形选择集相关联。该选项卡也可以通过 BPARAMETER 命令来打开。

①　点移动：可向动态块定义中添加一个点参数。系统会自动添加与该点参数相关联的移动动作。

②　线性移动：可向动态块定义中添加一个线性参数。系统会自动添加与该线性参数的端点相关联的移动动作。

③　线性拉伸：可向动态块定义中添加一个线性参数。系统会自动添加与该线性参数相关联的拉伸动作。

④ 线性阵列：可向动态块定义中添加一个线性参数。系统会自动添加与该线性参数相关联的阵列动作。

⑤ 线性移动配对：可向动态块定义中添加一个线性参数。系统会自动添加两个移动动作，一个与基点相关联，另一个与线性参数的端点相关联。

⑥ 线性拉伸配对：可向动态块定义中添加一个线性参数。系统会自动添加两个拉伸动作，一个与基点相关联，另一个与线性参数的端点相关联。

⑦ 极轴移动：可向动态块定义中添加一个极轴参数。系统会自动添加与该极轴参数相关联的移动动作。

⑧ 极轴拉伸：可向动态块定义中添加一个极轴参数。系统会自动添加与该极轴参数相关联的拉伸动作。

⑨ 环形阵列：可向动态块定义中添加一个极轴参数。系统会自动添加与该极轴参数相关联的阵列动作。

⑩ 极轴移动配对：可向动态块定义中添加一个极轴参数。系统会自动添加两个移动动作，一个与基点相关联，另一个与极轴参数的端点相关联。

⑪ 极轴拉伸配对：可向动态块定义中添加一个极轴参数。系统会自动添加两个拉伸动作，一个与基点相关联，另一个与极轴参数的端点相关联。

⑫ XY 移动：可向动态块定义中添加一个 XY 参数。系统会自动添加与 XY 参数的端点相关联的移动动作。

⑬ XY 移动配对：可向动态块定义中添加一个 XY 参数。系统会自动添加两个移动动作，一个与基点相关联，另一个与 XY 参数的端点相关联。

⑭ XY 移动方格集：运行 BPARAMETER 命令，然后指定 4 个夹点并选择"XY 参数"选项，可向动态块定义中添加一个 XY 参数。系统会自动添加 4 个移动动作，分别与 XY 参数上的 4 个关键点相关联。

⑮ XY 拉伸方格集：可向动态块定义中添加一个 XY 参数。系统会自动添加 4 个拉伸动作，分别与 XY 参数上的 4 个关键点相关联。

⑯ XY 阵列方格集：可向动态块定义中添加一个 XY 参数。系统会自动添加与该 XY 参数相关联的阵列动作。

⑰ 旋转集：可向动态块定义中添加一个旋转参数。系统会自动添加与该旋转参数相关联的旋转动作。

⑱ 翻转集：可向动态块定义中添加一个翻转参数。系统会自动添加与该翻转参数相关联的翻转动作。

⑲ 可见性集：可向动态块定义中添加一个可见性参数并允许定义可见性状态。无须添加与可见性参数相关联的动作。

⑳ 查寻集：可向动态块定义中添加一个查寻参数。系统会自动添加与该查寻参数相关联的查寻动作。

（4）"约束"选项卡：提供用于将几何约束和约束参数应用于对象的工具。将几何约束应用于一对对象时，选择对象的顺序以及选择每个对象的点可能影响对象相对于彼此的放置方式。

（5）几何约束。

① 重合约束：可同时将两个点或一个点约束至曲线（或曲线的延伸线）。对象上的任意约束点均可以与其他对象上的任意约束点重合。

② 垂直约束：可使选定直线垂直于另一条直线。垂直约束在两个对象之间应用。

③ 平行约束：可使选定的直线位于彼此平行的位置。平行约束在两个对象之间应用。

④ 相切约束：可使曲线与其他曲线相切。相切约束在两个对象之间应用。

⑤ 水平约束：可使直线或点位于与当前坐标系的 X 轴平行的位置。

⑥ 竖直约束：可使直线或点位于与当前坐标系的 Y 轴平行的位置。

⑦ 共线约束：使两条直线位于同一无限长的线上。

⑧ 同心约束：可将两条圆弧、圆或椭圆约束到同一个中心点。结果与将重合应用于曲线的中心点所产生的结果相同。

⑨ 平滑约束：可在共享一个重合端点的两条样条曲线之间创建曲率连续（G2）条件。

⑩ 对称约束：可使选定的直线或圆沿对称轴对称的约束。

⑪ 相等约束：可将选定圆弧和圆的尺寸重新调整为半径相同，或将选定直线的尺寸重新调整为长度相同。

⑫ 固定约束：可将点和曲线锁定在位。

（6）约束参数。

① 对齐约束：可约束直线的长度或两条直线之间、对象上的点和直线之间或不同对象上的两个点之间的距离。

② 水平约束：可约束直线或不同对象上的两个点之间的 X 距离。有效对象包括直线段和多段线线段。

③ 竖直约束：可约束直线或不同对象上的两个点之间的 Y 距离。有效对象包括直线段和多段线线段。

④ 角度约束：可约束两条直线段或多段线线段之间的角度。这与角度标注类似。

⑤ 半径约束：可约束圆、圆弧或多段圆弧段的半径。

⑥ 直径约束：可约束圆、圆弧或多段圆弧段的直径。

2. "块编辑器"工具栏

该工具栏提供了在块编辑器中使用、创建动态块以及设置可见性状态的工具。

（1）编辑或创建块定义：显示"编辑块定义"对话框。

（2）保存块定义：保存当前块定义。

（3）将块另存为：显示"将块另存为"对话框，可以在其中用一个新名称保存当前块定义的副本。

（4）名称：显示当前块定义的名称。

（5）测试块：运行 BTESTBLOCK 命令，可从块编辑器中打开一个外部窗口以测试动态块。

（6）自动约束对象：运行 AUTOCONSTRAIN 命令，可根据对象相对于彼此的方向将几何约束应用于对象的选择集。

（7）应用几何约束：运行 GEOMCONSTRAINT 命令，可在对象或对象上的点之间应用几何关系。

（8）显示/隐藏约束栏：运行 CONSTRAINTBAR 命令，可显示或隐藏对象上的可用几何约束。

（9）参数约束：运行 BCPARAMETER 命令，可将约束参数应用于选定对象，或将标注约束转换为参数约束。

（10）块表：运行 BTABLE 命令，可显示对话框以定义块的变量。

（11）定义属性：显示"属性定义"对话框，从中可以定义模式、属性标记、提示、值、插入点和属性的文字选项。

（12）编写选项板：编写选项板处于未激活状态时执行 BAUTHORPALETTE 命令；否则，将执行 BAUTHORPALETTECLOSE 命令。

（13）参数管理器 fx：参数管理器处于未激活状态时执行 PARAMETERS 命令；否则，将执行 PARAMETERSCLOSE 命令。

（14）关闭块编辑器：运行 BCLOSE 命令，可关闭块编辑器，并提示用户保存或放弃对当前块定义所做的任何更改。

7.2　图块的属性

图块除了包含图形对象以外，还可以具有非图形信息，例如把一个椅子的图形定义为图块后，还可把椅子的号码、材料、重量、价格以及说明等文本信息一并加入到图块当中。图块的这些非图形信息叫作图块的属性，它是图块的组成部分，与图形对象一起构成一个整体，在插入图块时 AutoCAD 把图形对象连同属性一起插入到图形中。

【预习重点】

☑ 编辑图块属性。

☑ 练习编辑图块应用。

7.2.1 定义图块属性

【执行方式】

☑ 命令行：ATTDEF。

☑ 菜单栏：选择菜单栏中的"绘图"→"块"→"定义属性"命令。

☑ 功能区：单击"默认"选项卡"块"面板中的"定义属性"按钮◎或单击"插入"选项卡"块定义"面板中的"定义属性"按钮◎。

【操作步骤】

执行上述命令后，打开"属性定义"对话框，如图 7-16 所示。

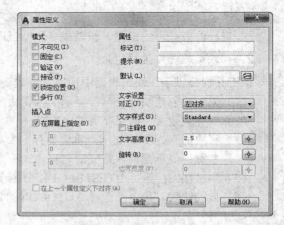

图 7-16　"属性定义"对话框

【选项说明】

（1）"模式"选项组：用于确定属性的模式。

① "不可见"复选框：选中该复选框，属性为不可见显示方式，即插入图块并输入属性值后，属性值在图中并不显示出来。

② "固定"复选框：选中该复选框，属性值为常量，即属性值在属性定义时给定，在插入图块时系统不再提示输入属性值。

③ "验证"复选框：选中该复选框，当插入图块时，系统重新显示属性值提示用户验证该值是否正确。

④ "预设"复选框：选中该复选框，当插入图块时，系统自动把事先设置好的默认值赋予属性，而不再提示输入属性值。

⑤ "锁定位置"复选框：锁定块参照中属性的位置。解锁后，属性可以相对于使用夹点编辑块的其他部分移动，并且可以调整多行文字属性的大小。

⑥ "多行"复选框：选中该复选框，可以指定属性值包含多行文字，也可以指定属性的边界宽度。

（2）"属性"选项组：用于设置属性值。在每个文本框中，AutoCAD 允许输入不超过 256 个字符。

① "标记"文本框：输入属性标签。属性标签可由除空格和感叹号以外的所有字符组成，系统自动把小写字母改为大写字母。

② "提示"文本框：输入属性提示。属性提示是插入图块时系统要求输入属性值的提示，如果不在该文本框中输入文字，则以属性标签作为提示。如果在"模式"选项组中选中"固定"复选框，即设置属性为常量，则不需设置属性提示。

③ "默认"文本框：设置默认的属性值。可把使用次数较多的属性值作为默认值，也可不设默认值。

（3）"插入点"选项组：用于确定属性文本的位置。可以在插入时由用户在图形中确定属性文本的位置，也可在 X、Y、Z 文本框中直接输入属性文本的位置坐标。

（4）"文字设置"选项组：用于设置属性文本的对齐方式、文本样式、字高和倾斜角度。

（5）"在上一个属性定义下对齐"复选框：选中该复选框表示把属性标签直接放在前一个属性的下面，而且该属性继承前一个属性的文本样式、字高和倾斜角度等特性。

高手支招

在动态块中，由于属性的位置包括在动作的选择集中，因此必须将其锁定。

7.2.2　修改属性的定义

在定义图块之前，可以对属性的定义加以修改，不仅可以修改属性标签，还可以修改属性提示和属性默认值。

【执行方式】

☑　命令行：DDEDIT。

☑　菜单栏：选择菜单栏中的"修改"→"对象"→"文字"→"编辑"命令。

☑　快捷方法：双击要修改的属性定义。

【操作步骤】

执行上述命令后，AutoCAD 打开"编辑属性定义"对话框，如图 7-17 所示，该对话框表示要修改的属性的标记为"文字"，提示为"数值"，无默认值，可在各文本框中对各项进行修改。

图 7-17　"编辑属性定义"对话框

7.2.3　图块属性编辑

当属性被定义到图块中，或者图块被插入到图形中之后，用户还可以对属性进行编辑。利用 ATTEDIT 命令可以通过对话框对指定图块的属性值进行修改，利用 ATTEDIT 命令不仅可以修改属性值，而且可以对属性的位置、文本等其他设置进行编辑。

【执行方式】

☑　命令行：ATTEDIT。

☑　菜单栏：选择菜单栏中的"修改"→"对象"→"属性"→"单个"命令。

☑　工具栏：单击"修改 II"工具栏中的"编辑属性"按钮。

☑　功能区：单击"插入"选项卡"块"面板中的"编辑属性"按钮。

【操作步骤】

执行上述命令后，光标变为拾取框，选择要修改属性的图块，系统打开如图 7-18 所示的"编辑属性"对话框。该对话框中显示出所选图块中包含的前 8 个属性的值，用户可对这些属性值进行修改。如果该图块中还有其他的属性，可单击"上一个"和"下一个"按钮对它们进行观察和修改。

当用户通过菜单栏或工具栏执行上述命令时，系统打开"增强属性编辑器"对话框，如图 7-19 所示。该对话框不仅可以编辑属性值，还可以编辑属性的文字选项和图层、线型、颜色等特性值。

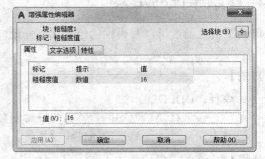

图 7-18 "编辑属性"对话框　　　　　　图 7-19 "增强属性编辑器"对话框

　　另外，还可以通过"块属性管理器"对话框来编辑属性。单击"默认"选项卡"块"面板中的"块属性管理器"按钮，打开"块属性管理器"对话框，如图 7-20 所示。

　　单击"编辑"按钮，系统打开"编辑属性"对话框，如图 7-21 所示，可以通过该对话框编辑属性。

图 7-20 "块属性管理器"对话框　　　　　　图 7-21 "编辑属性"对话框

【操作实践——标注圆柱齿轮粗糙度】

　　本实例标注如图 7-22 所示的圆柱齿轮粗糙度。

1. 方法一

　　（1）单击快速访问工具栏中的"打开"按钮，打开随书光盘中的"源文件\第 7 章\圆柱齿轮.dwg"。

　　（2）将"注释层"设置为当前图层，单击"默认"选项卡"绘图"面板中的"直线"按钮，在空白处捕捉一点，依次输入点坐标（@-5,0）、（@5<-60）、（@10<60）和（@5,0），绘制粗糙度符号，效果如图 7-23 所示。

　　（3）单击"默认"选项卡"注释"面板中的"多行文字"按钮 A，输入粗糙度数值 1.6，如图 7-24 所示。

　　（4）单击"默认"选项卡"修改"面板中的"复制"按钮，将粗糙度符号和数值复制到适当位置，如图 7-25 所示。

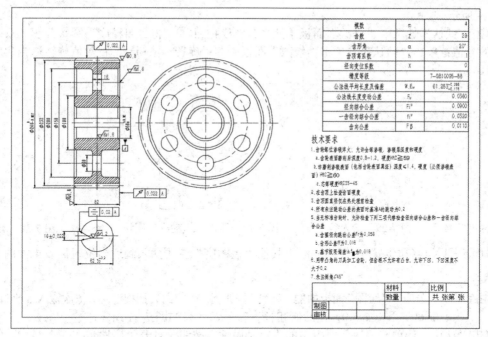

模数	m	4
齿数	Z	29
齿形角	α	20°
齿顶高系数	h	1
径向变位系数	X	0
精度等级		7-GB10095-88
公法线平均长度及偏差	$W.E_w$	$61.253^{-0.266}_{-0.176}$
公法线长度变动公差	F_w	0.0360
径向综合公差	F_i''	0.0900
一齿径向综合公差	f_i''	0.0320
齿向公差	Fβ	0.0110

技术要求

1. 齿轮需位渗碳淬火，允许全部渗碳，渗碳层深度和硬度
   1. 齿轮表面渗碳层深度0.8~1.2，硬度HRC≧59
   2. 齿器割渗碳表面(包括齿轮表面周程)深度<1.4，硬度(过质渗碳表面)HRC≧60
   3. 芯部硬度HRC35-45
2. 在齿顶上检查齿面硬度
   齿顶圆直径允位表水提直检查
3. 所有未注圆锥公差的表面对基准A的跳动为0.2
4. 当无标准齿轮时，允许检查下列三项代替检查径向综合公差和一齿径向综合公差
   1. 齿圈径向跳动公差F,为0.056
   2. 齿节公差f,为0.018
   3. 基节极限偏差±0.018
6. 用带凸角的刀具加工齿轮，但齿根不允许有凸台，允许下凹，下凹深度不大于0.2
7. 未注倒角C45°

材料		比例	
数量		共 张第 张	
制图			
审核			

图 7-22 圆柱齿轮粗糙度

（5）在命令行中输入"LEADER"命令，绘制引线，然后单击"默认"选项卡"修改"面板中的"复制"按钮，将粗糙度符号和数值复制到引线上，效果如图 7-26 所示。

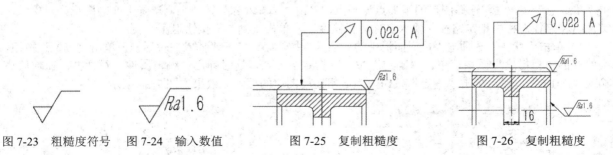

图 7-23 粗糙度符号　图 7-24 输入数值　　　图 7-25 复制粗糙度　　　　图 7-26 复制粗糙度

（6）单击"默认"选项卡"修改"面板中的"复制"按钮和"旋转"按钮，将粗糙度符号和数值复制到适当位置，旋转适当角度，双击数值可以更改数值的大小，最终完成圆锥齿轮粗糙度的标注，效果如图 7-22 所示。

2．方法二

（1）单击"默认"选项卡"绘图"面板中的"直线"按钮，在空白处捕捉一点，依次输入点坐标（@-5,0）、（@5<-60）、（@10<60）和（@5,0），绘制粗糙度符号，效果如图 7-27 所示。

（2）单击"默认"选项卡"绘图"面板中的"多行文字"按钮A，输入粗糙度数值 1.6，如图 7-28 所示。

（3）单击"默认"选项卡"块"面板中的"创建"按钮，打开"块定义"对话框，单击"拾取点"按钮，选择图形的下尖点为基点，单击"选择对象"按钮，选择粗糙度符号和数值，输入图块名称"粗糙度"，单击"确定"按钮将图形保存为图块。

（4）在命令行中输入"LEADER"命令，绘制引线，然后单击"默认"选项卡"块"面板中的"插入"按钮，打开"插入"对话框。在该对话框中设置旋转角度，将"粗糙度"图块插入到"圆柱齿轮"图形中，效果如图 7-29 所示。

（5）单击"默认"选项卡"修改"面板中的"分解"按钮，将"粗糙度"图块分解，双击数值，将其改为所需的数值；单击"默认"选项卡"修改"面板中的"旋转"按钮，将数值旋转适当角度，效果如图 7-30 所示。

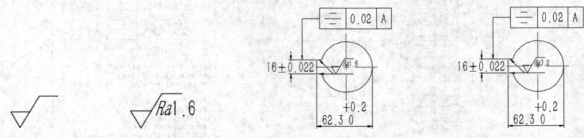

图 7-27　粗糙度符号　　　图 7-28　输入数值　　　图 7-29　插入"粗糙度"图块　　　图 7-30　修改图块

（6）按照步骤（4）和步骤（5）的方法将其他"粗糙度"图块插入到适当位置，效果如图 7-22 所示。

3．方法三

（1）单击"默认"选项卡"绘图"面板中的"直线"按钮，在空白处捕捉一点，依次输入点坐标（@-5,0）、（@5<-60）、（@10<60）和（@5,0），绘制粗糙度符号，效果如图 7-31 所示。

（2）单击"默认"选项卡"块"面板中的"定义属性"按钮，打开"属性定义"对话框，在其中进行如图 7-32 所示的设置，单击"确定"按钮，将数值 RA1.6 放置于水平直线下边的适当位置，如图 7-33 所示。

图 7-31　粗糙度符号

（3）在命令行中输入"WBLOCK"命令，按 Enter 键，打开"写块"对话框。单击"拾取点"按钮，选择图形的下尖点为基点，单击"选择对象"按钮，选择上面的图形为对象，在"文件名和路径"栏中指定路径并输入名称"粗糙度"，单击"确定"按钮退出。

（4）单击"默认"选项卡"块"面板中的"插入"按钮，打开"插入"对话框，单击"浏览"按钮，找到保存的"粗糙度"图块，单击"确定"按钮，指定插入点，这时弹出"编辑属性"对话框，在数值栏中输入"Ra1.6"，然后单击"确定"按钮，完成粗糙度图块的插入，效果如图 7-34 所示。

图 7-32　"属性定义"对话框

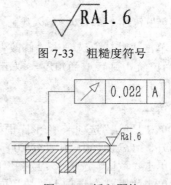

图 7-33　粗糙度符号

图 7-34　插入图块

（5）双击插入的"粗糙度"图块，打开"增强属性编辑器"对话框，对"文字选项"选项卡进行设置，如图 7-35 所示，单击"确定"按钮，完成文字的倾斜，效果如图 7-36 所示。

（6）按照步骤（4）和步骤（5）的方法将其他"粗糙度"图块插入到图形中的适当位置，效果如图 7-22

所示。

图 7-35 "文字选项"选项卡

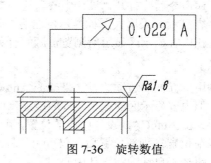

图 7-36 旋转数值

7.3 设 计 中 心

使用 AutoCAD 设计中心可以很容易地组织设计内容，并把它们拖动到自己的图形中。可以使用 AutoCAD 设计中心窗口的内容显示框，来观察用 AutoCAD 设计中心的资源管理器所浏览资源的细目，如图 7-37 所示。在图 7-37 中，左边窗格为 AutoCAD 设计中心的资源管理器，右边窗格为 AutoCAD 设计中心窗口的内容显示框。其中上面窗格为文件显示框，中间窗格为图形预览显示框，下面窗格为说明文本显示框。

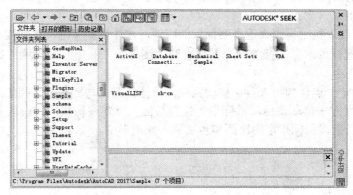

图 7-37 AutoCAD 设计中心的资源管理器和内容显示区

【预习重点】

- ☑ 打开设计中心。
- ☑ 利用设计中心操作图形。

7.3.1 启动设计中心

【执行方式】

- ☑ 命令行：ADCENTER。
- ☑ 菜单栏：选择菜单栏中的"工具"→"选项板"→"设计中心"命令。
- ☑ 工具栏：单击"标准"工具栏中的"设计中心"按钮▦。
- ☑ 功能区：单击"视图"选项卡"选项板"面板中的"设计中心"按钮▦。
- ☑ 快捷键：Ctrl+2。

【操作步骤】

执行上述命令后，打开"设计中心"选项板。第一次启动设计中心时，默认打开的选项卡为"文件夹"选项卡。内容显示区采用大图标显示，左边的资源管理器采用树状显示方式显示系统的树形结构，浏览资源的同时，在内容显示区显示所浏览资源的有关细目或内容，如图7-37所示。

【选项说明】

可以利用鼠标拖动边框的方法来改变 AutoCAD 设计中心资源管理器和内容显示区以及 AutoCAD 绘图区的大小，但内容显示区的最小尺寸应能显示两列大图标。

如果要改变 AutoCAD 设计中心的位置，可以按住鼠标左键拖动它，松开鼠标左键后，AutoCAD 设计中心便处于当前位置，到新位置后，仍可用鼠标改变各窗口的大小。也可以通过设计中心边框左上方的"自动隐藏"按钮 来自动隐藏设计中心。

7.3.2 插入图块

可以将图块插入到图形中。当将一个图块插入到图形中时，块定义就被复制到图形数据库中。在一个图块被插入图形之后，如果原来的图块被修改，则插入到图形中的图块也随之改变。

当其他命令正在执行时，不能插入图块到图形中。例如，如果在插入块时，提示行正在执行一个命令，此时光标变成一个带斜线的圆，提示操作无效。另外，一次只能插入一个图块。

系统根据鼠标拉出的线段的长度与角度确定比例与旋转角度。

插入图块的步骤如下。

（1）从文件夹列表或查找结果列表选择要插入的图块，按住鼠标左键，将其拖动到打开的图形中。松开鼠标左键，此时，被选择的对象被插入到当前被打开的图形中。利用当前设置的捕捉方式，可以将对象插入到任何存在的图形当中。

（2）单击鼠标，指定一点作为插入点，移动鼠标，鼠标位置点与插入点之间的距离为缩放比例，按下鼠标左键确定比例。同样方法移动鼠标，鼠标指定位置与插入点连线构成的线段与水平线之间的角度为旋转角度。被选择的对象就根据鼠标指定的比例和角度插入到图形中。

7.3.3 图形复制

1. 在图形之间复制图块

利用 AutoCAD 设计中心可以浏览和装载需要复制的图块，然后将图块复制到剪贴板，利用剪贴板将图块粘贴到图形当中。具体方法如下。

（1）在控制板选择需要复制的图块，右击，打开快捷菜单，选择"复制"命令。

（2）将图块复制到剪贴板上，然后通过"粘贴"命令粘贴到当前图形上。

2. 在图形之间复制图层

利用 AutoCAD 设计中心可以从任何一个图形复制图层到其他图形。例如，如果已经绘制了一个包括设计所需的所有图层的图形，在绘制另外的新的图形时，可以新建一个图形，并通过 AutoCAD 设计中心将已有的图层复制到新的图形中，这样可以节省时间，并保证图形间的一致性。

（1）拖动图层到已打开的图形：确认要复制图层的目标图形文件被打开，并且是当前的图形文件。在控制板或查找结果列表框中选择要复制的一个或多个图层，拖动图层到打开的图形文件中，松开鼠标后被选择的图层被复制到打开的图形中。

（2）复制或粘贴图层至打开的图形中：确认要复制的图层的图形文件被打开，并且是当前的图形文件。

在控制板或查找结果列表框中选择要复制的一个或多个图层，右击，打开快捷菜单，在其中选择"复制到粘贴板"命令。如果要粘贴图层，需先确认粘贴的目标图形文件已被打开，并为当前文件，右击，打开快捷菜单，在其中选择"粘贴"命令。

7.4　工具选项板

该选项板是"工具选项板"窗口中选项卡形式的区域，提供组织、共享和放置块及填充图案的有效方法。工具选项板还可以包含由第三方开发人员提供的自定义工具。

【预习重点】

- ☑　打开工具选项板。
- ☑　设置工具选项板。

7.4.1　打开工具选项板

【执行方式】

- ☑　命令行：TOOLPALETTES。
- ☑　菜单栏：选择菜单栏中的"工具"→"工具选项板窗口"命令。
- ☑　工具栏：单击"标准"工具栏中的"工具选项板"按钮▦。
- ☑　功能区：单击"视图"选项卡"选项板"面板中的"工具选项板"按钮▦。
- ☑　快捷键：Ctrl+3。

【操作步骤】

命令: TOOLPALETTES✓

系统自动打开工具选项板窗口。

【选项说明】

在工具选项板中，系统设置了一些常用图形选项卡，这些常用图形可以方便用户绘图。

7.4.2　工具选项板的显示控制

1．移动和缩放工具选项板窗口

用户可以用鼠标按住工具选项板窗口深色边框，拖动鼠标，即可移动工具选项板窗口。将鼠标指向工具选项板窗口边缘，出现双向伸缩箭头，按住鼠标左键拖动即可缩放工具选项板窗口。

2．自动隐藏

在工具选项板窗口深色边框下面有一个"自动隐藏"按钮，单击该按钮即可自动隐藏工具选项板窗口，再次单击，则自动打开工具选项板窗口。

3．"透明度"控制

在工具选项板窗口深色边框下面有一个"特性"按钮▩，单击该按钮，打开快捷菜单，如图 7-38 所示。选择"透明度"命令，打开"透明度"对话框，如图 7-39 所示。通过调节按钮可以调节工具选项板窗口的透明度。

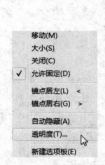

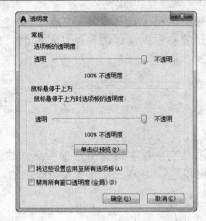

图 7-38　快捷菜单　　　　　　　　　图 7-39　"透明度"对话框

7.4.3　新建工具选项板

用户可以建立新工具板，这样有利于个性化做图，也能够满足特殊做图需要。

【执行方式】

☑　命令行：CUSTOMIZE。

☑　菜单栏：选择菜单栏中的"工具"→"自定义"→"工具选项板"命令。

☑　功能区：单击"管理"选项卡"自定义设置"面板中的"工具选项板"按钮。

☑　快捷菜单：在任意工具栏上右击，然后选择快捷菜单中的"自定义"命令。

【操作步骤】

执行上述命令后，打开"自定义"对话框的"工具选项板-所有选项板"选项卡，如图 7-40 所示。右击，打开快捷菜单，选择"新建选项板"命令，在弹出的对话框中可以为新建的工具选项板命名，如图 7-41 所示。完成后，工具选项板中就增加了一个新的选项卡。

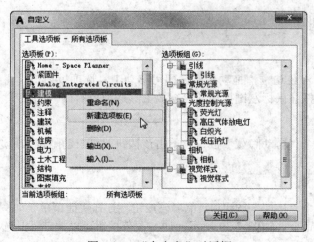

图 7-40　"自定义"对话框

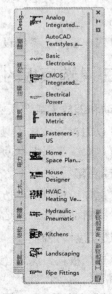

图 7-41　新建选项卡

7.4.4 向工具选项板添加内容

（1）将图形、块和图案填充从设计中心拖动到工具选项板上。例如，在 DesignCenter 文件夹上右击，打开快捷菜单，从中选择"创建工具选项板"命令，如图 7-42（a）所示。设计中心中存储的图元就出现在工具选项板中新建的 DesignCenter 选项卡上，如图 7-42（b）所示。这样就可以将设计中心与工具选项板结合起来，建立一个快捷方便的工具选项板。将工具选项板中的图形拖动到另一个图形中时，图形将作为块插入。

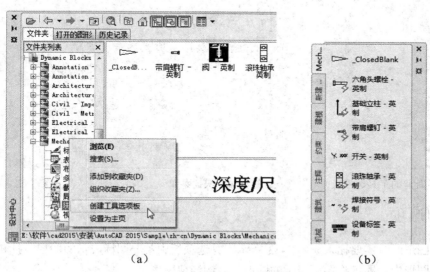

（a）　　　　　　　　　　　　　　　　　　　（b）

图 7-42　将存储图元创建成"设计中心"工具选项板

（2）使用"剪切"、"复制"和"粘贴"命令将一个工具选项板中的工具移动或复制到另一个工具选项板中。

7.5　综合演练——建立紧固件工具选项板

紧固件包括螺母、螺栓、螺钉等，这些零件在绘图中应用广泛，对于这些图形可以建立紧固件选项板，需要时直接调用它们，从而可以提高绘图效率。本实例通过定义块来实现紧固件选项板的建立。

7.5.1 新建工具选项板

单击"视图"选项卡"选项板"面板中的"设计中心"按钮▦，打开随书光盘文件"源文件\第 7 章\紧固件选项\紧固件.dwg"图形，在设计中心右击文件名，从弹出的快捷菜单中选择"创建工具选项板"命令，即可在工具板中创建新选项板，该选项板的名称为图形文件名，且选项板中已经定义了选项板的名称，如图 7-43 所示。在工具选项板中，选中新建的选项板中的图标，右击，弹出快捷菜单，如图 7-44 所示，在其中选择"重命名"命令，然后更改图形名称，如图 7-45 所示。

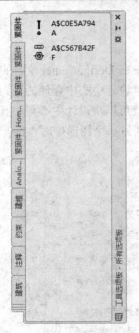

| 图 7-43　新建的工具选项板 | 图 7-44　快捷菜单 | 图 7-45　更名结果 |

7.5.2　添加选项

如果在绘制图形时，需要插入如图 7-43 所示工具选项板中某一图标表示的图形，打开该选项板，将对应的图标拖动到图形中，即可将图标表示的图形插入到当前图形中。

7.6　名师点拨——高效绘图技巧

1．设计中心的操作技巧

通过设计中心，用户可以组织对图形、块、图案填充和其他图形内容的访问。可以将源图形中的任何内容拖动到当前图形中。可以将图形、块和填充拖动到工具选项板上。源图形可以位于用户的计算机上、网络位置或网站上。另外，如果打开了多个图形，则可以通过设计中心在图形之间复制和粘贴其他内容（如图层定义、布局和文字样式）来简化绘图过程。AutoCAD 制图人员一定要利用好设计中心的优势。

2．块的作用是什么

用户可以将绘制的图例创建为块，即将图例以块为单位进行保存，并归类于每一个文件夹内，以后再次需要利用此图例制图时，只需"插入"该图块即可，同时还可以对块进行属性赋值。图块的使用可以大大提高制图效率。

3．图块应用时应注意什么

（1）图块组成对象图层的继承性。

（2）图块组成对象颜色、线型和线宽的继承性。

（3）ByLayer、ByBlock 的意义，即随层与随块的意义。

（4）0 层的使用。

AutoCAD 提供了"动态图块编辑器"。块编辑器是专门用于创建块定义并添加动态行为的编写区域。块编辑器提供了专门的编写选项板。通过这些选项板可以快速访问块编写工具。除了块编写选项板之外，块编辑器还提供了绘图区域，用户可以根据需要在程序的主绘图区域中绘制和编辑几何图形，还可以指定块编辑器绘图区域的背景色。

4．内部图块与外部图块的区别

内部图块是在一个文件内定义的图块，可以在该文件内部自由作用，内部图块一旦被定义，即和文件同时被存储和打开。外部图块将"块"以主文件的形式写入磁盘，其他图形文件也可以使用它，注意这是外部图块和内部图块的一个重要区别。

7.7 上 机 实 验

【练习 1】将如图 7-46 所示的图形定义为图块，取名为"螺母"。

1．目的要求

通过本练习使读者掌握怎样创建图块。

2．操作提示

（1）利用"块定义"对话框进行适当设置定义块。

（2）利用 WBLOCK 命令，进行适当设置，保存块。

【练习 2】标注如图 7-47 所示的图形表面粗糙度。

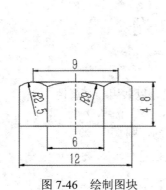

图 7-46　绘制图块　　　　　　图 7-47　标注表面粗糙度

1．目的要求

通过本练习，使读者了解怎样将图形数值设置成图块属性，怎样进行图形的标注。

2．操作提示

（1）利用"直线"命令绘制表面粗糙度符号。

（2）定义表面粗糙度符号的属性，将表面粗糙度值设置为其中需要验证的标记。

（3）将绘制的表面粗糙度符号及其属性定义成图块。

（4）保存图块。

（5）在图形中插入表面粗糙度图块，每次插入时输入不同的表面粗糙度值作为属性值。

【练习3】利用设计中心绘制盘盖组装图。

1. 目的要求

利用设计中心建立一个常用机械零件工具选项板，并利用该选项板绘制如图 7-48 所示的盘盖组装图。

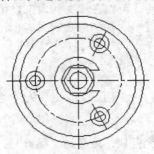

图 7-48　盘盖组装图

2. 操作提示

（1）打开设计中心与工具选项板。

（2）建立一个新的工具选项板标签。

（3）在"设计中心"对话框中查找已经绘制好的常用机械零件图。

（4）将这些零件图拖入到新建立的工具选项板标签中。

（5）打开一个新图形文件界面。

（6）将需要的图形文件模块从工具选项板上拖入到当前图形中，并进行适当调整。

7.8　模 拟 试 题

1. 使用块的优点有（　　）。

    A. 一个块中可以定义多个属性　　　　B. 多个块可以共用一个属性

    C. 块必须定义属性　　　　　　　　　　D. A 和 B

2. 如果插入的块所使用的图形单位与为图形指定的单位不同，则（　　）。

    A. 对象以一定比例缩放以维持视觉外观

    B. 英制的放大 25.4 倍

    C. 公制的缩小 25.4 倍

    D. 块将自动按照两种单位相比的等价比例因子进行缩放

3. 用 BLOCK 命令定义的内部图块，下面说法正确的是（　　）。

    A. 只能在定义它的图形文件内自由调用

    B. 只能在另一个图形文件内自由调用

    C. 既能在定义它的图形文件内自由调用，又能在另一个图形文件内自由调用

    D. 两者都不能用

4. 利用 AutoCAD "设计中心" 不可能完成的操作是（   ）。

  A．根据特定的条件快速查找图形文件

  B．打开所选的图形文件

  C．将某一图形中的块通过鼠标拖放添加到当前图形中

  D．删除图形文件中未使用的命名对象，例如块定义、标注样式、图层、线型和文字样式等

5. 在 AutoCAD 的 "设计中心" 对话框的（   ）选项卡中，可以查看当前图形中的图形信息。

  A．文件夹   B．打开的图形   C．历史记录   D．联机设计中心

6. 下列操作不能在 "设计中心" 完成的有（   ）。

  A．两个 dwg 文件的合并   B．创建文件夹的快捷方式

  C．创建 Web 站点的快捷方式   D．浏览不同的图形文件

7. 在设计中心中打开图形错误的方法是（   ）。

  A．在设计中心内容区中的图形图标上右击，选择快捷菜单中的 "在应用程序窗口中打开" 命令

  B．按住 Ctrl 键，同时将图形图标从设计中心内容区拖动至绘图区域

  C．将图形图标从设计中心内容区拖动到应用程序窗口绘图区域以外的任何位置

  D．将图形图标从设计中心内容区拖动到绘图区域中

8. 无法通过设计中心更改的是（   ）。

  A．大小   B．名称   C．位置   D．外观

9. 什么是设计中心？设计中心有什么功能？

10. 什么是工具选项板？怎样利用工具选项板进行绘图？

第 **8** 章

零件图与装配图

　　本章通过小齿轮轴零件图和齿轮泵装配图的绘制，学习用 AutoCAD 绘制完整零件图和装配图的基础知识及绘制方法和技巧。

8.1 完整零件图绘制方法

零件图是设计者用于表达对零件设计意图的一种技术文件。

【预习重点】
- ☑ 了解零件图的内容。
- ☑ 练习零件图的绘制。

8.1.1 零件图内容

零件图是表示零件的结构形状、大小和技术要求的工程图样，并根据它加工制造出零件。一幅完整零件图应包括以下内容。

（1）一组视图：表达零件的形状与结构。

（2）一组尺寸：标出零件上结构的大小、结构间的位置关系。

（3）技术要求：标出零件加工、检验时的技术指标。

（4）标题栏：注明零件的名称、材料、设计者、审核者、制造厂家等信息的表格。

8.1.2 零件图绘制过程

零件图的绘制过程包括绘制草图和绘制工作图，AutoCAD 一般用作绘制工作图，下面是绘制零件图的基本步骤。

（1）设置作图环境。绘图环境的设置一般包括两个方面。

① 选择比例：根据零件的大小和复杂程度选择比例，尽量采用 1:1 的比例。

② 选择图纸幅面：根据图形、标注尺寸、技术要求所需图纸幅面，选择标准幅面。

（2）确定绘图顺序，选择尺寸转换为坐标值的方式。

（3）标注尺寸，标注技术要求，填写标题栏。标注尺寸前要关闭剖面层，以免剖面线在标注尺寸时影响端点捕捉。

（4）校核与审核。

8.2 端盖零件图的绘制

本节绘制如图 8-1 所示的端盖零件图。

☞ 手把手教你学

在绘制端盖之前，首先应该对端盖进行系统的分析。根据国家标准，需要确定零件图的图幅、零件图中要表达的内容、零件各部分的线型、线宽、公差及公差标注样式以及粗糙度等，另外还需要确定要用几个视图才能清楚地表达该零件。

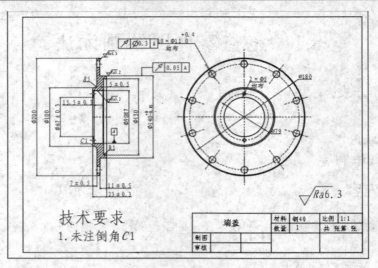

图 8-1 端盖

☆ **手把手教你学**

根据国家标准和工程分析，要将端盖表达清楚、完整，需要一个主视剖视图以及一个左视图。为了将图形表达得更加清楚，选择绘图的比例为 1:1，图幅为 A2。如图 8-2 所示为要绘制的端盖零件图，下面介绍端盖零件图的绘制方法和步骤。

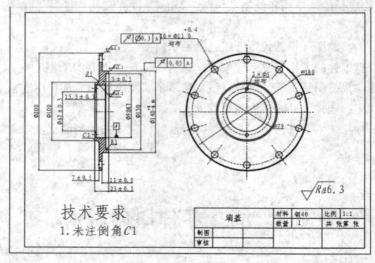

图 8-2 端盖零件图

8.2.1 调入样板图

单击快速访问工具栏中的"新建"按钮，弹出"选择样板"对话框，如图 8-3 所示，在该对话框中选择需要的样板图。

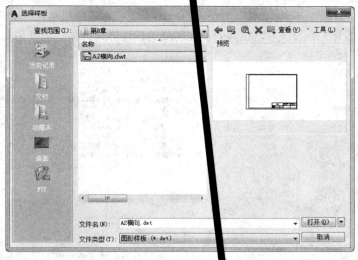

图 8-3 "选择样板"对话框

在其中选择已经绘制好的样板图后，单击"打开"按钮，则会返回绘图区域。同时选择的样板图也会出现在绘图区域内，如图 8-4 所示，其中样板图左下端点坐标为（0,0）。

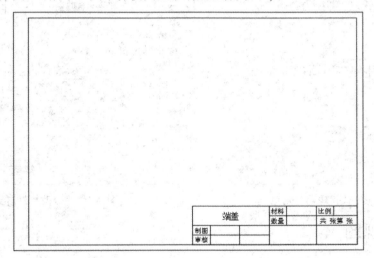

图 8-4 插入的样板图

8.2.2 设置图层与标注样式

（1）设置图层。根据机械制图国家标准，端盖的外形轮廓用粗实线绘制，填充线用细实线绘制，中心线用点划线绘制。

根据以上分析来设置图层。在命令行中输入"LAYER"命令或选择菜单栏中的"格式"→"图层"命令，弹出"图层特性管理器"对话框，用户可以参照前面介绍的命令在其中创建需要的图层，如图 8-5 所示为创建好的图层。

（2）设置标注样式。使用 DDIM 命令或单击"默认"选项卡"注释"面板中的"标注样式"按钮，弹出"标注样式管理器"对话框，如图 8-6 所示，在该对话框中显示了当前的标注样式，用户可根据需要单击

"新建"按钮创建直径、半径、角度、线性和引线的标注样式，然后可以单击"修改"按钮，弹出"修改标注样式"对话框，如图 8-7 所示，可以在其中设置需要的标注样式。本实例使用标准的标注样式。

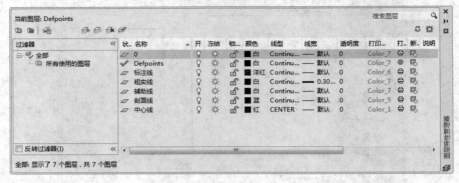

图 8-5　创建好的图层

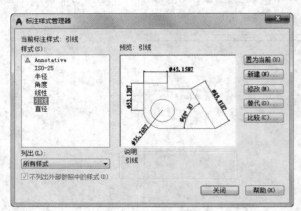

图 8-6　"标注样式管理器"对话框

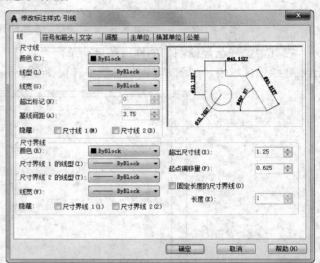

图 8-7　"修改标注样式"对话框

8.2.3　绘制主视图

主视图全剖视图关于中心线对称分布，所以只需绘制中心线一边的图形，另一边的图形使用"镜像"命令镜像即可。以下为绘制主视图的方法和步骤。

（1）绘制端盖中心线和孔中心线。将"中心线"图层设置为当前图层。根据端盖的尺寸，绘制端盖中心线的长度为 30，孔中心线的长度为 10，线间间距如图 8-8 所示。以下为绘制端盖中心线和孔中心线的命令序列。

```
命令: LINE↙
指定第一点: 140,240↙
指定下一点或 [放弃(U)]: @30,0↙
指定下一点或 [放弃(U)]: ↙
命令: LINE↙
指定第一点: 135,279.5↙
```

指定下一点或 [放弃(U)]: @10,0✓
指定下一点或 [放弃(U)]: ✓
命令: LINE✓
指定第一点: 145,330✓
指定下一点或 [放弃(U)]: @10,0✓
指定下一点或 [放弃(U)]:✓

绘制效果如图 8-8 所示。

（2）绘制主视图的轮廓线。根据分析可以知道，该主视图的轮廓线主要由直线组成，由于端盖零件具有对称性，所以先绘制主视图轮廓线的一半，然后再使用"镜像"命令绘制完整的轮廓线。在绘制主视图轮廓线的过程中需要用到"直线""倒角""圆角"等命令。以下为绘制端盖轮廓线的命令序列。

① 将"粗实线"图层设置为当前图层，绘制直线，命令行提示与操作如下。

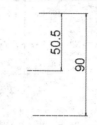

图 8-8 绘制的中心线

命令: LINE✓
指定第一点: 140,240✓
指定下一点或 [放弃(U)]: @0,50✓
指定下一点或 [放弃(U)]: @7,0✓
指定下一点或 [放弃(U)]: @ 0,50✓
指定下一点或 [放弃(U)]: @5,0✓
指定下一点或 [放弃(U)]: @0,-30✓
指定下一点或 [放弃(U)]: @11,0✓
指定下一点或 [放弃(U)]:（在对象捕捉模式下用鼠标拾取端盖中心线的垂直交点）
指定下一点或 [放弃(U)]: ✓

绘制效果如图 8-9 所示。

命令: LINE✓
指定第一点: 163,305✓
指定下一点或 [放弃(U)]: @-5,0✓
指定下一点或 [放弃(U)]: @0,-20✓
指定下一点或 [放弃(U)]: @-15.5, 0 ✓
指定下一点或 [放弃(U)]:（在对象捕捉模式下用鼠标拾取端盖中心线的垂直交点）
指定下一点或 [放弃(U)]: ✓

绘制效果如图 8-10 所示。

② 将"粗实线"图层设置为当前图层，对其进行倒角处理，命令行提示与操作如下。

命令: CHAMFER✓
（"修剪"模式）当前倒角距离 1 = 0.0000，距离 2 = 0.0000
选择第一条直线或 [多段线(P)/距离(D)/角度(A)/修剪(T)/方式(M)/多个(U)]: D✓
指定第一个倒角距离 <0.0000>: 1✓
指定第二个倒角距离 <1.0000>: 1✓
选择第一条直线或 [多段线(P)/距离(D)/角度(A)/修剪(T)/方式(M)/多个(U)]:（用鼠标选择图 8-10 中的直线 1）
选择第二条直线:（用鼠标选择图 8-10 中的直线 2）

绘制效果如图 8-11 所示。

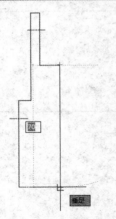

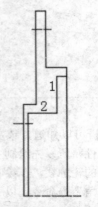

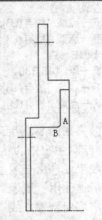

图 8-9 绘制直线后的图形 1   图 8-10 绘制直线后的图形 2   图 8-11 倒角后的图形

③ 将"粗实线"图层设置为当前图层,绘制直线,命令行提示与操作如下。

命令: LINE↙
指定第一点:(在对象捕捉模式下用鼠标拾取图 8-11 中的点 A)
指定下一点或 [放弃(U)]:(在对象捕捉模式下用鼠标拾取端盖中心线的垂直交点)
指定下一点或 [放弃(U)]:↙
命令: LINE↙
指定第一点:(在对象捕捉模式下用鼠标拾取图 8-11 中的点 B)
指定下一点或 [放弃(U)]:(在对象捕捉模式下用鼠标拾取端盖中心线的垂直交点)
指定下一点或 [放弃(U)]:↙

绘制效果如图 8-12 所示。

④ 将"粗实线"图层设置为当前图层,绘制孔直线,命令行提示与操作如下。

命令: LINE↙
指定第一点: 140,282↙
指定下一点或 [放弃(U)]: @2.5,0↙
指定下一点或 [放弃(U)]: ↙
命令: LINE↙
指定第一点: 147,335.5↙
指定下一点或 [放弃(U)]: @5,0↙
指定下一点或 [放弃(U)]: ↙
命令: LINE↙
指定第一点: 140,273.5↙
指定下一点或 [放弃(U)]: @2.5,0↙
指定下一点或 [放弃(U)]: ↙

绘制效果如图 8-13 所示。

⑤ 将"粗实线"图层设置为当前图层,镜像直线,命令行提示与操作如下。

命令: MIRROR↙
选择对象:(用鼠标拾取图 8-13 中的直线 A)
选择对象: ↙
指定镜像线的第一点:(选择图 8-13 中的中心线 a 上的一点)

指定镜像线的第二点：（选择图 8-13 中的中心线 a 上的另一点）

是否删除源对象？[是(Y)/否(N)] <N>: ↙

命令: MIRROR↙

选择对象：（用鼠标拾取图 8-13 中的直线 B）

选择对象: ↙

指定镜像线的第一点：（选择图 8-13 中的中心线 b 上的一点）

指定镜像线的第二点：（选择图 8-13 中的中心线 b 上的另一点）

是否删除源对象？[是(Y)/否(N)] <N>: ↙

绘制效果如图 8-14 所示。

⑥ 将"粗实线"图层设置为当前图层，对其进行倒角处理，命令行提示与操作如下。

命令: CHAMFER↙

（"修剪"模式）当前倒角距离 1 = 0.0000，距离 2 = 0.0000

选择第一条直线或 [多段线(P)/距离(D)/角度(A)/修剪(T)/方式(M)/多个(U)]: D↙

指定第一个倒角距离 <0.0000>: 2↙

指定第二个倒角距离 <1.0000>: 2↙

选择第一条直线或 [多段线(P)/距离(D)/角度(A)/修剪(T)/方式(M)/多个(U)]:（用鼠标选择图 8-14 中的直线 A）

选择第二条直线:（用鼠标选择图 8-14 中的直线 B）

绘制效果如图 8-15 所示，依次使用该命令绘制图 8-15 中 a 处和 b 处的倒角，相应的尺寸为 $1 \times 45°$，效果如图 8-16 所示。

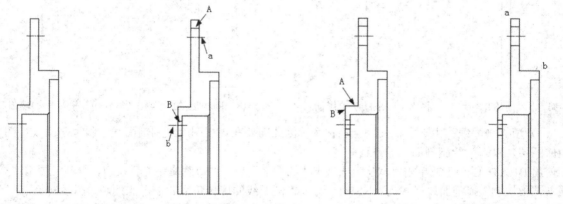

图 8-12　绘制直线后的图形　图 8-13　绘制孔直线后的图形　图 8-14　镜像孔直线后的图形　图 8-15　倒角后的图形 1

⑦ 将"粗实线"图层设置为当前图层，对其进行圆角处理，命令行提示与操作如下。

命令: FILLET↙

当前设置: 模式 = 修剪，半径 = 5.0000

选择第一个对象或 [多段线(P)/半径(R)/修剪(T)/多个(U)]: R↙

指定圆角半径 <5.0000>: 5↙

选择第一个对象或 [多段线(P)/半径(R)/修剪(T)/多个(U)]:（用鼠标选择图 8-16 中的直线 1）

选择第二个对象:（用鼠标选择图 8-16 中的直线 2）

命令: FILLET↙

当前设置: 模式 = 修剪，半径 = 5.0000

选择第一个对象或 [多段线(P)/半径(R)/修剪(T)/多个(U)]: R↙

指定圆角半径 <5.0000>: 1↙

选择第一个对象或 [多段线(P)/半径(R)/修剪(T)/多个(U)]:（用鼠标选择图 8-16 中的直线 3）
选择第二个对象:（用鼠标选择图 8-16 中的直线 4）

绘制效果如图 8-17 所示。依次使用该命令绘制图 8-17 中 a 处和 b 处的圆角，尺寸为 R1，效果如图 8-18 所示。

⑧ 镜像图形。绘制好端盖上半部分轮廓线后，再使用"镜像"命令即可快速地产生端盖的零件图。命令行提示与操作如下。

命令: MIRROR✓
选择对象:（用窗口选择方式选择图 8-18 所示的全部图形）
选择对象: ✓
指定镜像线的第一点:（选择端盖中心线上的一点）
指定镜像线的第二点:（选择端盖中心线上的另一点）
是否删除源对象? [是(Y)/否(N)] <N>: ✓

效果如图 8-19 所示。

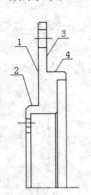 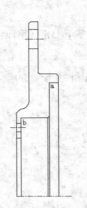 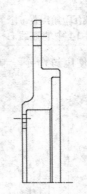 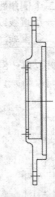

图 8-16　倒角后的图形 2　　图 8-17　圆角后的图形　　图 8-18　圆角后的图形　　图 8-19　镜像后的端盖轮廓线

（3）填充剖面线。由于主视图为全剖视图，因此需要在该视图上绘制剖面线。将"剖面线"图层设置为当前图层，以下为绘制剖面线的过程。

使用 BHATCH 命令或单击"默认"选项卡"绘图"面板中的"图案填充"按钮，打开"图案填充创建"选项卡，在其中选择剖面线样式为 ANSI31，并设置剖面线的旋转角度和显示比例，如图 8-20 所示。设置好剖面线的类型后，单击"边界"面板中的"拾取点"按钮，用鼠标在图中需添加剖面线的区域内拾取任意一点，选择完毕后按 Enter 键，剖面线绘制完毕。

图 8-20　设置好的"图案填充创建"选项卡

如果对填充后的效果不满意，可以双击图形中的剖面线，弹出"图案填充"对话框，如图 8-21 所示。用户可以在其中重新设定填充的样式，设置好以后，单击"关闭"按钮，则剖面线会以刚刚设置好的参数显示，重复此过程，直到满意为止。如图 8-22 所示为绘制剖面线后的图形。

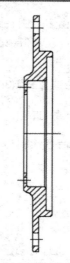

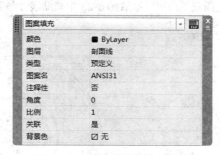

图 8-21　"图案填充"对话框　　　　　　图 8-22　绘制剖面线的主视图

8.2.4　绘制左视图

在绘制左视图前，首先应该分析一下该部分的结构，该部分主要由圆组成，可以通过辅助线方便地绘制。本部分用到的命令有"圆"和"直线"等。以下为绘制左视图的方法和步骤。

（1）绘制中心线和辅助线。

① 将"中心线"图层设置为当前图层，绘制中心线，命令行提示与操作如下。

命令: LINE↙
指定第一点: 280,240↙
指定下一点或 [放弃(U)]: @220,0↙
指定下一点或 [放弃(U)]: ↙
命令: LINE↙
指定第一点: 390,125↙
指定下一点或 [放弃(U)]: @0,230↙
指定下一点或 [放弃(U)]: ↙

② 将"辅助线"图层设置为当前图层，绘制辅助线，命令行提示与操作如下。

命令: LINE↙
指定第一点:（在对象捕捉模式下用鼠标拾取零件的左上端点）
指定下一点或 [放弃(U)]: @260,0↙
指定下一点或 [放弃(U)]: ↙

使用该命令依次绘制其他辅助线，效果如图 8-23 所示。

（2）绘制左视图的轮廓线。

① 将"粗实线"图层设置为当前图层，绘制轮廓圆，命令行提示与操作如下。

命令: CIRCLE↙
指定圆的圆心或 [三点(3P)/两点(2P)/切点、切点、半径(T)]:（在对象捕捉模式下用鼠标拾取右边两条中心线的交点）
指定圆的半径或 [直径(D)] <55.0036>:（在对象捕捉模式下用鼠标拾取图 8-23 中辅助线 1 与竖直中心线的交点）

由于该视图由多个圆轮廓线组成，在绘制完成上一个圆轮廓线后，依次使用该命令绘制其他圆轮廓线。

② 将"中心线"图层设置为当前图层，绘制定位圆，命令行提示与操作如下。

命令: CIRCLE↙
指定圆的圆心或 [三点(3P)/两点(2P)/切点、切点、半径(T)]:（在对象捕捉模式下用鼠标拾取右边两条中心线的交点）
指定圆的半径或 [直径(D)] <55.0036>:（在对象捕捉模式下用鼠标拾取图 8-23 中辅助线 8 与竖直中心线的交点）

依次使用该命令绘制其他定位圆，效果如图 8-24 所示。

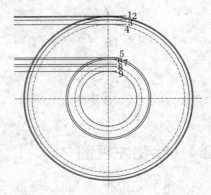

图 8-23　绘制中心线和辅助线后的图形　　　　图 8-24　绘制的轮廓圆和定位圆

③ 将"粗实线"图层设置为当前图层，绘制中部圆孔，命令行提示与操作如下。

命令: CIRCLE↙
指定圆的圆心或 [三点(3P)/两点(2P)/切点、切点、半径(T)]:（在对象捕捉模式下用鼠标拾取图 8-24 中竖直中心线与辅助线 8 的交点）
指定圆的半径或 [直径(D)] <55.0036>:（在对象捕捉模式下用鼠标拾取图 8-24 中竖直中心线与辅助线 7 的交点）
命令: MIRROR↙
选择对象:（选择步骤③中绘制的圆）
选择对象: ↙
指定镜像线的第一点:（用鼠标拾取图 8-24 中右视图水平中心线上的一点）
指定镜像线的第二点:（用鼠标拾取图 8-24 中右视图水平中心线上的另一点）
是否删除源对象？[是(Y)/否(N)] <N>: ↙

绘制效果如图 8-25 所示。

④ 将"粗实线"图层设置为当前图层，绘制端部圆孔，命令行提示与操作如下。

命令: CIRCLE↙
指定圆的圆心或 [三点(3P)/两点(2P)/切点、切点、半径(T)]:（在对象捕捉模式下用鼠标拾取图 8-24 中竖直中心线与辅助线 4 的交点）
指定圆的半径或 [直径(D)] <55.0036>:（在对象捕捉模式下用鼠标拾取图 8-24 中竖直中心线与辅助线 3 的交点）

---

⑤ 将"中心线"图层设置为当前图层，绘制直线，命令行提示与操作如下。

命令: LINE↙
指定第一点: 390,310↙
指定下一点或 [放弃(U)]: @ 0,40↙
指定下一点或 [放弃(U)]: ↙

绘制效果如图 8-26 所示。

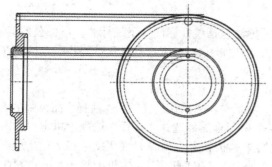
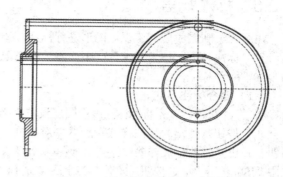

图 8-25　绘制中部圆孔后的图形　　　　　　　图 8-26　绘制端部单圆孔后的图形

⑥ 使用"阵列"命令阵列步骤④和步骤⑤中绘制的圆和直线，在命令行中输入"ARRAY"命令，执行命令后，命令行提示与操作如下。

命令: ARRAYPOLAR↙
选择对象:（选择绘制的圆和直线↙）
找到 1 个，总计 2 个
指定阵列的中心点或 [基点(B)/旋转轴(A)]:（选择右视图水平中心线与竖直中心线的交点）
选择夹点以编辑阵列或 [关联(AS)/基点(B)/项目(I)/项目间角度(A)/填充角度(F)/行(ROW)/层(L)/旋转项目(ROT)/退出(X)]<退出>: I↙
输入阵列中的项目数或 [表达式(E)]<6>: 10↙
选择夹点以编辑阵列或 [关联(AS)/基点(B)/项目(I)/项目间角度(A)/填充角度(F)/行(ROW)/层(L)/旋转项目(ROT)/退出(X)]<退出>: ↙

完成阵列后效果如图 8-27 所示。

⑦ 删除所用的辅助线，命令行提示与操作如下。

命令: ERASE↙
选择对象:（依次选择之前绘制的 9 条辅助线）
选择对象: ↙

效果如图 8-28 所示。

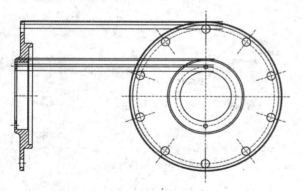
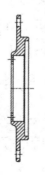
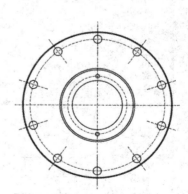

图 8-27　圆周阵列　　　　　　　　　　图 8-28　删除辅助线后的图形

8.2.5 标注端盖

在图形绘制完成后，还要对图形进行标注，该零件图的标注包括线性标注、引线标注、形位公差标注、参考尺寸标注和填写技术要求等。下面着重介绍混合标注方式（如图 8-29 所示）以及带基孔配合标注（如图 8-30 所示）。

（1）混合标注方式。

① 标注直径。首先将"标注线"图层设置为当前图层，然后单击"默认"选项卡"注释"面板中的"标注样式"按钮，弹出"标注样式管理器"对话框，如图 8-31 所示。然后选择"直径"选项，单击"修改"按钮，弹出"修改标注样式:直径"对话框。在"文字高度"文本框中输入"8"，在"文字对齐"选项组中选中"ISO 标准"单选按钮，如图 8-32 所示。选择"主单位"选项卡，在"前缀"文本框中输入"10×%%C"，如图 8-33 所示；在"公差"选项卡的"方式"下拉列表框中选择"极限偏差"选项，在"上偏差"文本框中输入"0.4"，在"下偏差"文本框中输入"0"，如图 8-34 所示。

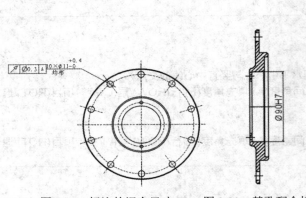

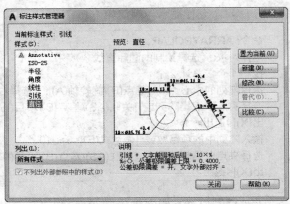

图 8-29 标注的混合尺寸　　图 8-30 基孔配合标注　　图 8-31 "标注样式管理器"对话框

图 8-32 "文字"选项卡　　　　　　　图 8-33 "主单位"选项卡

按照上述选项设置好以后，标注图中 $10×\varnothing11^{+0.4}_{0}$ 的尺寸。命令行提示与操作如下。

命令: DIMDIAMETER↙
选择圆弧或圆:（选择要标注的圆）
标注文字 =11
指定尺寸线位置或 [多行文字(M)/文字(T)/角度(A)]:（用鼠标指定标注位置）

效果如图 8-35 所示。

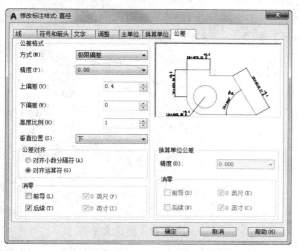

图 8-34　"公差"选项卡

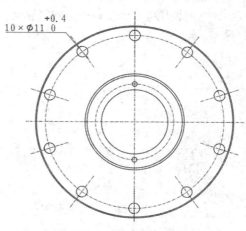

图 8-35　标注的直径

② 标注形位公差。使用 TOLERANCE 命令或单击"注释"选项卡"标注"面板中的"公差"按钮，弹出"形位公差"对话框，然后单击"符号"选项组中的黑框，弹出"特征符号"对话框，用户可以在其中选择需要的符号，如图 8-36 所示，单击"公差 1"选项组中的黑框，则在黑框处显示符号 Ø，然后在其右侧文本框中输入"0.3"，在"基准 1"选项组中输入"A"，如图 8-37 所示为填写好的"形位公差"对话框。填完之后，单击"确定"按钮，此时在命令行提示"输入公差位置:"，在图形中选择要标注的位置，效果如图 8-38 所示。

图 8-36　"特征符号"对话框

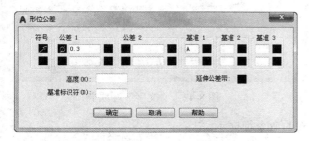

图 8-37　填写好的"形位公差"对话框

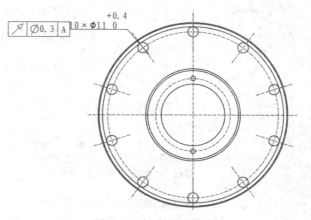

图 8-38　标注的形位公差

③ 标注文字，命令行提示与操作如下。

命令: MTEXT↙
当前文字样式:"STANDARD"　文字高度: 8　注释性: 否
指定第一角点:（指定输入文字的第一角点）
指定对角点或 [高度(H)/对正(J)/行距(L)/旋转(R)/样式(S)/宽度(W)]:（指定输入文字的对角点）

此时会打开"文字编辑器"选项卡及多行文字编辑器，在其中设置需要的样式、字体和高度，然后在多行文字编辑器中输入文字的内容，如图 8-39 所示。然后单击"关闭"按钮，则输入的内容会出现在绘图区域中，然后使用"移动"命令，将其移动到相应的位置，效果如图 8-40 所示。

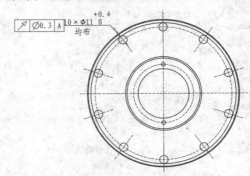

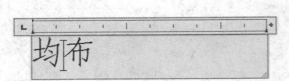

图 8-39　文字编辑器

图 8-40　标注文字

（2）带基孔配合的标注。首先将"标注线"图层设置为当前图层，然后单击"默认"选项卡"注释"面板中的"标注样式"按钮，弹出"标注样式管理器"对话框，如图 8-41 所示。选择"线性"选项，再单击"修改"按钮，弹出"修改标注样式：线性"对话框。在"文字"选项卡的"文字高度"文本框中输入"8"，在"文字对齐"选项组中选中"与尺寸线对齐"单选按钮，如图 8-42 所示；在"主单位"选项卡的"前缀"文本框中输入"%%C"，在"后缀"文本框中输入"H7"，如图 8-43 所示。

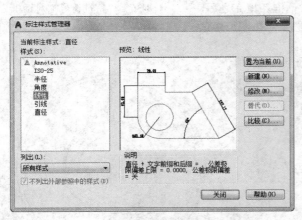

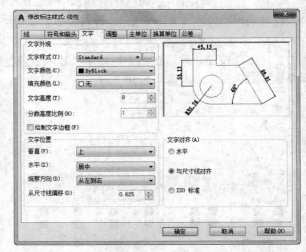

图 8-41　"标注样式管理器"对话框

图 8-42　"文字"选项卡

设置好以后再进行标注。以下为使用命令标注该尺寸的命令行提示。

命令: DIMLINEAR↙
指定第一条尺寸界线原点或 <选择对象>:（选择要标注尺寸的第一界限点）

指定第二条尺寸界线原点:（选择要标注尺寸的第二界限点）
指定尺寸线位置或 [多行文字(M)/文字(T)/角度(A)/水平(H)/垂直(V)/旋转(R)]:（用鼠标指定标注的位置）
标注文字 =90

效果如图 8-44 所示。

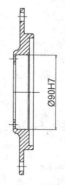

图 8-43　"主单位"选项卡　　　　　图 8-44　带基孔配合的标注

除了上面介绍的标注外,本实例还需要标注其他尺寸。在 AutoCAD 中可以方便地标注多种类型的尺寸,标注的外观由当前尺寸标注样式控制,如果尺寸外观不符合用户的要求,则可以通过调整标注样式进行修改,这里不再详细介绍,读者可以参照其他实例中的相应介绍。

8.2.6　填写标题栏

标题栏是反映图形属性的一个重要信息来源,用户可以在其中查找零部件的材料、设计者以及修改信息等,其填写与标注文字的过程相似,这里不再赘述,读者可以参照其他实例中的相应介绍。如图 8-45 所示为填写好的标题栏。

端盖		材料	钢40	比例	1:1
		数量	1	共1张第1张	
制图					
审核					

图 8-45　填写好的标题栏

8.3　完整装配图绘制方法

装配图表达了部件的设计构思、工作原理和装配关系,也表达出各零件间的相互位置、尺寸及结构形状,是绘制零件工作图、部件组装、调试及维护等的技术依据。设计装配工作图时要综合考虑工作要求、材料、强度、刚度、磨损、加工、装拆、调整、润滑和维护以及经济等因素,并要用足够的视图表达清楚。

【预习重点】

☑ 了解装配图的内容。

☑ 练习装配图的绘制。

8.3.1 装配图内容

（1）一组图形：用一般表达方法和特殊表达方法，正确、完整、清晰和简便地表达装配体的工作原理，零件之间的装配关系、连接关系和零件的主要结构形状。

（2）必要的尺寸：在装配图上必须标注出表示装配体的性能、规格以及装配、检验、安装时所需的尺寸。

（3）技术要求：用文字或符号说明装配体的性能、装配、检验、调试、使用等方面的要求。

（4）标题栏、零件的序号和明细表：按一定的格式，将零件、部件进行编号，并填写标题栏和明细表，以便读图。

8.3.2 装配图绘制过程

绘制装配图时应注意检验、校正零件的形状、尺寸，纠正零件草图中的不妥或错误之处。

（1）绘图前应当进行必要的设置，如绘图单位、图幅大小、图层线型、线宽、颜色、字体格式、尺寸格式等，设置方法可参见前面章节。为了绘图方便，比例选择为1:1，也可以调入事先绘制的装配图标题栏及有关设置。

（2）绘图步骤如下。

① 根据零件草图、装配示意图绘制各零件图，各零件的比例应当一致，零件尺寸必须准确，可以暂不标注尺寸，将每个零件用 WBLOCK 命令定义为 DWG 文件。定义时必须选好插入点，插入点应当是零件间相互有装配关系的特殊点。

② 调入装配干线上的主要零件，如轴，然后沿装配干线展开，逐个插入相关零件。插入后，若需要剪断不可见的线段，应当炸开插入块。插入块时应当注意确定其轴向和径向定位。

③ 根据零件之间的装配关系，检查各零件的尺寸是否有干涉现象。

④ 根据需要对图形进行缩放、布局排版，然后根据具体情况设置尺寸样式，标注好尺寸及公差，最后填写标题栏，完成装配图。

8.4　齿轮泵总成设计

本节绘制如图 8-46 所示的齿轮泵总成。

🖐 手把手教你学

齿轮泵总成的绘制过程是系统使用 AutoCAD 2017 二维绘图功能的综合实例。本实例的制作思路是，首先将绘制图形中的零件图生成图块，然后将这些图块插入到装配图中，再补全装配图中的其他零件，最后再添加尺寸标注、标题栏等，完成齿轮泵总成设计。

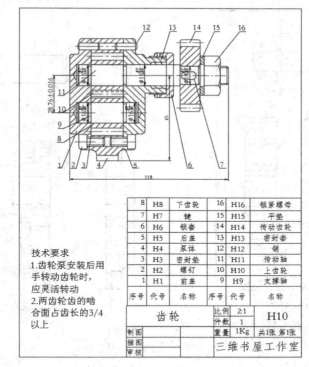

图 8-46　齿轮泵总成设计

8	H8	下齿轮	16	H16	锁紧螺母
7	H7	键	15	H15	平垫
6	H6	锁套	14	H14	传动齿轮
5	H5	后盖	13	H13	密封套
4	H4	泵体	12	H12	销
3	H3	密封垫	11	H11	传动轴
2	H2	螺钉	10	H10	上齿轮
1	H1	前盖	9	H9	支撑轴
序号	代号	名称	序号	代号	名称

技术要求
1.齿轮泵安装后用手转动齿轮时,应灵活转动
2.两齿轮齿的啮合面占齿长的3/4以上

齿轮　比例 2:1　件数 1　H10　重量 1Kg　共1张 第1张
制图　描图　审核　三维书屋工作室

8.4.1　配置绘图环境

打开随书光盘中的"源文件\第 8 章\A4 竖向样板图.dwt",将其命名为"齿轮泵总成.dwg"并另存为新文件。

8.4.2　绘制齿轮泵总成

(1)绘制图形。单击快速访问工具栏中的"打开"按钮，打开随书光盘中的"源文件\第 8 章\轴总成.dwg",选择"轴总成"中的所有图形,单击鼠标右键,在弹出的快捷菜单中选择"剪贴板"→"复制"命令,将复制的"轴总成"复制到"齿轮泵总成.dwg"中。将其他图形也以同样的方式复制到"齿轮泵总成.dwg"中,如图 8-47 所示。

(2)定义块。分别选择齿轮泵总成中的"轴总成.dwg"、"齿轮泵前盖.dwg"、"齿轮泵后盖.dwg"和"齿轮泵体.dwg"文件,单击"默认"选项卡"块"面板中的"创建"按钮,块名分别为"轴总成"、"齿轮泵前盖"、"齿轮泵后盖"和"齿轮泵体",单击"拾取点"按钮,拾取点分别选取点 A、点 B、点 C和点 D,如图 8-48 所示,再选中"删除"单选按钮,则自动将所选择对象转换成块。

(3)绘制齿轮泵总成。

① 插入轴总成块。单击"默认"选项卡"块"面板中的"插入"按钮中的下拉三角,选择"更多选项",弹出的对话框如图 8-49 所示,选择"轴总成"图块,指定 A 点为插入点,效果如图 8-50 所示。

② 插入齿轮泵前盖块。单击"默认"选项卡"块"面板中的"插入"按钮中的下拉三角,选择"更多选项",选择"齿轮泵前盖"图块,插入点选择 B 点,效果如图 8-51 所示。

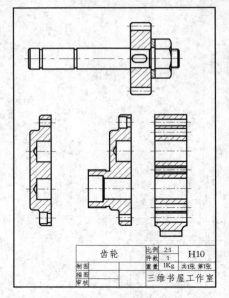

图 8-47 绘制图形

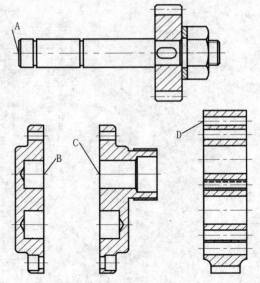

图 8-48 定义块

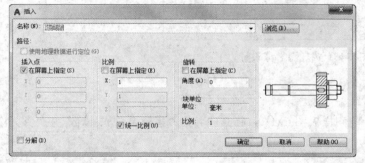

图 8-49 "插入"对话框

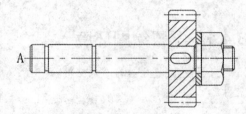

图 8-50 插入轴总成块

③ 插入齿轮泵后盖块。单击"默认"选项卡"块"面板中的"插入"按钮中的下拉三角，选择"更多选项"，选择"齿轮泵后盖"图块，插入点选择 C 点，效果如图 8-52 所示。

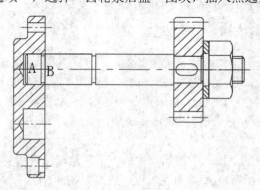

图 8-51 插入齿轮泵前盖块

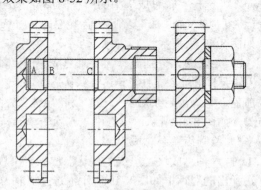

图 8-52 插入齿轮泵后盖块

④ 插入泵体块。单击"默认"选项卡"块"面板中的"插入"按钮中的下拉三角，选择"更多选项"，

选择"齿轮泵体"图块，插入点选择 D 点，效果如图 8-53 所示。

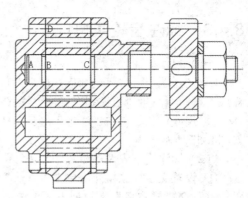

图 8-53 插入齿轮泵体块

高手支招

> 泵体块已经包含了齿轮块。

⑤ 分解块。单击"默认"选项卡"修改"面板中的"分解"按钮，将插入的各块分解。

⑥ 删除并修剪多余直线。单击"默认"选项卡"修改"面板中的"删除"按钮，将多余直线删除。单击"默认"选项卡"修改"面板中的"修剪"按钮，对多余直线进行修剪，效果如图 8-54 所示。

⑦ 绘制传动轴。单击"默认"选项卡"修改"面板中的"复制"按钮和"镜像"按钮，绘制传动轴，效果如图 8-55 所示。

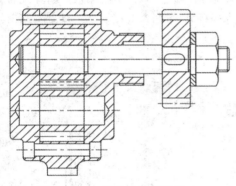

图 8-54 删除并修剪结果

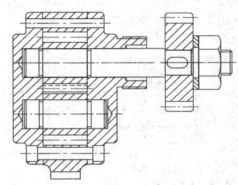

图 8-55 绘制传动轴

⑧ 细化销钉和螺钉。单击"默认"选项卡"绘图"面板中的"直线"按钮和"默认"选项卡"修改"面板中的"偏移"按钮，细化销钉和螺钉，效果如图 8-56 所示。

⑨ 绘制轴套、密封圈和压紧螺母。单击"默认"选项卡"绘图"面板中的"直线"按钮和"默认"选项卡"修改"面板中的"偏移"按钮，绘制轴套、密封圈和压紧螺母；单击"默认"选项卡"绘图"面板中的"填充图案"按钮，切换到"剖面线"图层，绘制剖面线，最终完成齿轮泵总成的绘制，效果如图 8-57 所示。

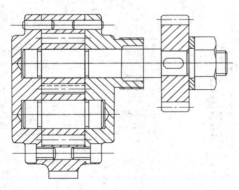

图 8-56 细化销钉和螺钉

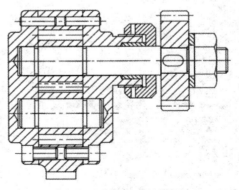

图 8-57 齿轮泵总成绘制

8.4.3 标注齿轮泵总成

（1）尺寸标注。

① 切换图层。将"尺寸标注层"图层设置为当前图层，单击"默认"选项卡"注释"面板中的"标注样式"按钮，将"机械制图标注"样式设置为当前使用的标注样式。

② 尺寸标注。单击"注释"选项卡"标注"面板中的"线性"按钮，对主视图进行尺寸标注，效果如图 8-58 所示。

（2）标注明细表及序号。

① 设置文字标注格式。单击"默认"选项卡"注释"面板中的"文字样式"按钮，打开"文字样式"对话框，在"样式名"下拉列表框中选择"技术要求"选项，单击"应用"按钮，将其设置为当前使用的文字样式。

② 设置表格样式。单击"默认"选项卡"注释"面板中的"表格样式"按钮，打开"表格样式"对话框，如图 8-59 所示。单击"新建"按钮，打开"创建新的表格样式"对话框，输入"新样式名"为"明细表"，如图 8-60 所示。单击"继续"按钮，打开"新建表格样式:明细表"对话框，设置"数据"单元样式的各个参数，如图 8-61 所示。

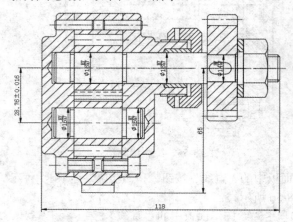

图 8-58　尺寸标注

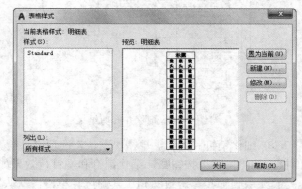

图 8-59　"表格样式"对话框

图 8-60　"创建新的表格样式"对话框

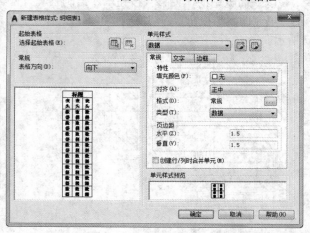

图 8-61　"新建表格样式:明细表"对话框

③ 插入表格。单击"默认"选项卡"注释"面板中的"表格"按钮▦，打开"插入表格"对话框，设置"列数"为 12，"列宽"为 10，"数据行数"为 7，"行高"为 1，设置所有的单元样式为"数据"，如图 8-62 所示，单击"确定"按钮，将表格放置在标题栏的上方。

④ 编辑表格。按住 Shift 键，选择第 1 行的第 3～6 列；单击鼠标右键，在弹出的快捷菜单中选择"合并"→"全部"命令，如图 8-63 所示，将选择的单元合并成一行。

图 8-62　"插入表格"对话框　　　　　　　　　　图 8-63　合并单元

用同样的方法，完成明细表格的创建，如图 8-64 所示。

⑤ 文字标注。单击"默认"选项卡"注释"面板中的"多行文字"按钮**A**，在明细表格中输入文字并标注序号，如图 8-65 和图 8-66 所示。

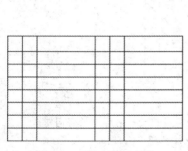

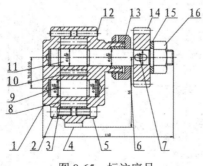

8	H8	下齿轮	16	H16	锁紧螺母
7	H7	键	15	H15	平垫
6	H6	镶套	14	H14	传动齿轮
5	H5	后盖	13	H13	密封套
4	H4	泵体	12	H12	销
3	H3	密封垫	11	H11	传动轴
2	H2	螺钉	10	H10	上齿轮
1	H1	前盖	9	H9	支撑轴

图 8-64　创建明细表格　　　　　　图 8-65　标注序号　　　　　　图 8-66　明细表

8.4.4　填写标题栏及技术要求

用前面学习的方法标注技术要求和标题栏。技术要求如图 8-67 所示，齿轮泵总成设计最终效果图如图 8-46 所示。

技术要求

1. 齿轮安装后用手转动齿轮时，应灵活转动。
2. 两齿轮轮齿的啮合面占齿长的3/4以上。

图 8-67　标注技术要求

8.5　上机实验

【练习1】绘制如图 8-68～图 8-71 所示的滑动轴承的 4 个零件图。

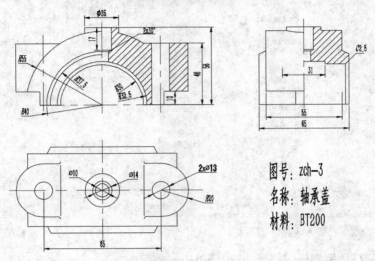

图号：zch-3
名称：轴承盖
材料：BT200

图 8-68　滑动轴承的上盖

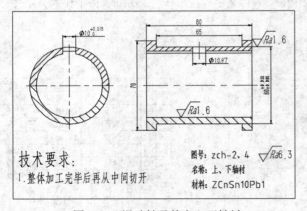

技术要求：
1.整体加工完毕后再从中间切开

图号：zch-2、4
名称：上、下轴衬
材料：ZCnSn10Pb1

图 8-69　滑动轴承的上、下轴衬

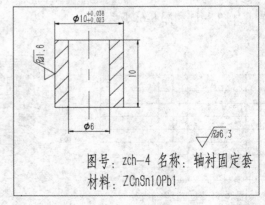

图号：zch-4　名称：轴衬固定套
材料：ZCnSn10Pb1

图 8-70　滑动轴承的轴衬固定套

1．目的要求

通过本练习，使读者掌握零件图的完整绘制过程和方法。

2．操作提示

（1）进行基本设置。

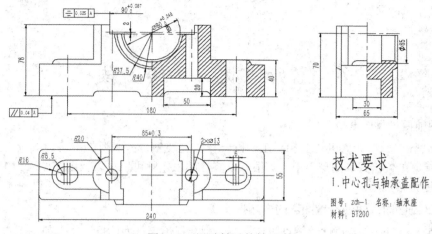

图 8-71 滑动轴承的轴承座

（2）绘制视图。

（3）标注尺寸和技术要求。

【练习 2】绘制如图 8-72 所示的滑动轴承装配图。

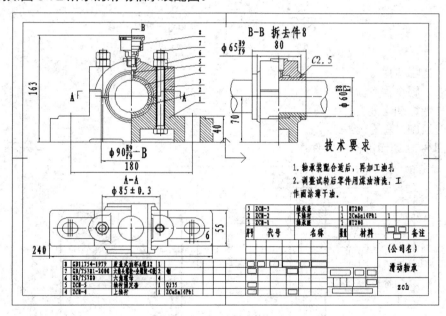

图 8-72 滑动轴承装配图

1．目的要求

通过本练习，使读者掌握装配图的完整绘制过程和方法。

2．操作提示

（1）绘制或插入图框和标题栏。

（2）进行基本设置。

（3）绘制视图。

（4）标注尺寸和技术要求。

（5）填写标题栏。

8.6　名师点拨——绘图技巧

1．开始绘图前要做哪些准备

"磨刀不误砍柴工。"计算机绘图和手工画图一样，也要做一些必要的准备，如设置图层、线型、标注样式、目标捕捉、单位格式、图形界限等。很多重复性的工作则可以在模板图，如 ACAD.DWT 中预先做好，便于需要时能直接使用。

2．AutoCAD 制图时，快速设置图层的方法是什么

使用 AutoCAD 制图时，若每次绘图都设定图层，则会很烦琐，为此可以将其他图纸中设置好的图层复制过来，方法如下：在某幅图中设定好图层，并在该图的各个图层上绘制线条，下次新建文件时，只要把原来的图复制粘贴过来即可，其图层也会随之复制过来，再删除所复制的图样，即可开始继续制图，从而省去重复设置图层的时间。该方法类似于模板文件的使用。

8.7　模拟试题

1．零件图包括哪些内容？

2．零件图的绘制过程有哪些？

3．零件图与装配图之间有什么关系？

4．装配图的绘制过程有哪些？

5．绘制如图 8-73 所示的阀盖零件图。

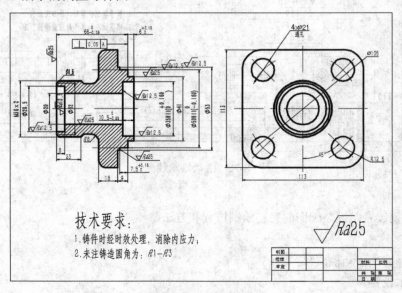

图 8-73　阀盖零件图

6．绘制如图 8-74 所示的阀体零件图。

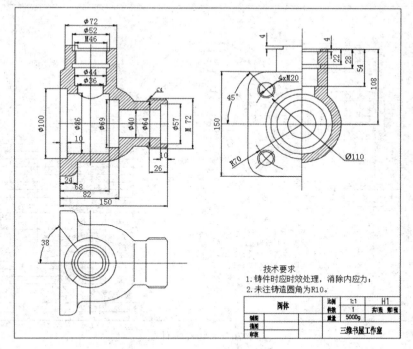

图 8-74　阀体零件图

7．绘制如图 8-75 所示的阶梯轴零件图。

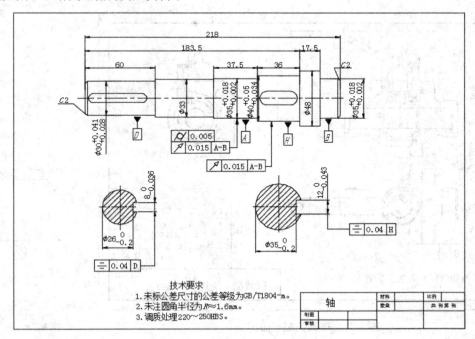

图 8-75　阶梯轴零件图

8. 绘制如图 8-76 所示的大齿轮的零件图。

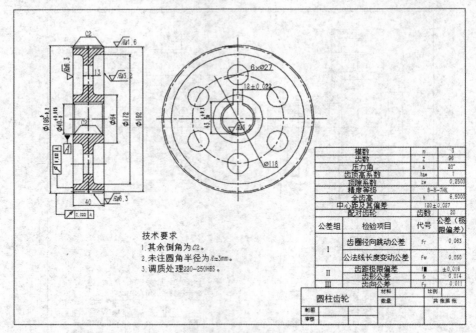

技术要求
1. 其余倒角为C2。
2. 未注圆角半径为 $R \approx 3mm$。
3. 调质处理220~250HBS。

模数	m	3
齿数	z	96
压力角	a	20°
齿顶高系数	h_a*	1
顶隙系数	$c*$	0.2500
精度等级		8-8-7HK
全齿高	h	6.5000
中心距及其偏差		120±0.027
配对齿轮	齿数	20

公差组	检验项目	代号	公差（极限偏差）
I	齿圈径向跳动公差	Fr	0.063
	公法线长度变动公差	Fw	0.050
II	齿距极限偏差	±fpt	±0.016
	齿形公差	ff	0.014
III	齿向公差	Fβ	0.011

圆柱齿轮	材料		比例	数量	共 张第 张
制图					
审核					

图 8-76 大齿轮零件图

9. 绘制如图 8-77 所示的球阀装配平面图。

10. 绘制如图 8-78 所示的箱体装配图。

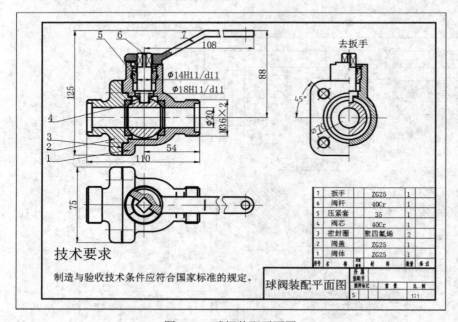

技术要求

制造与验收技术条件应符合国家标准的规定。

7	扳手	ZG25	1
6	阀杆	40Cr	1
5	压紧套	35	1
4	阀芯	40Cr	1
3	密封圈	聚四氟烯	2
2	阀盖	ZG25	1
1	阀体	ZG25	1
序号	名称	材料	数量	备注

球阀装配平面图		
	重量	比例
		1:1

图 8-77 球阀装配平面图

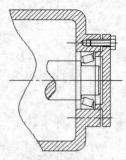

图 8-78 箱体装配图

第9章

三维造型绘制

　　随着 AutoCAD 技术的普及，越来越多的工程技术人员都使用 AutoCAD 进行工程设计。虽然在工程设计中，通常使用二维图形来描述三维实体，但是由于三维图形的逼真效果，可以通过三维立体图直接得到透视图或平面效果图。因此，计算机三维设计越来越受到工程技术人员的青睐。

　　本章主要介绍三维坐标系统、创建三维坐标系、动态观察三维图形、三维网格曲面的绘制、三维网格的绘制、三维实体的绘制、三维特征的操作、布尔运算等知识。

9.1 三维坐标系统

AutoCAD 2017 使用的是笛卡尔坐标系。AutoCAD 2017 使用的直角坐标系有两种类型，一种是绘制二维图形时常用的坐标系，即世界坐标系（WCS），由系统默认提供。世界坐标系又称为通用坐标系或绝对坐标系。对于二维绘图来说，世界坐标系足以满足要求。为了方便创建三维模型，AutoCAD 2017 允许用户根据自己的需要设定坐标系，即另一种坐标系——用户坐标系（UCS）。合理地创建 UCS，可以方便地创建三维模型。

【预习重点】

- ☑ 了解两种坐标系的区别、建立。
- ☑ 了解动态 UCS。

9.1.1 坐标系建立

【执行方式】

- ☑ 命令行：UCS。
- ☑ 菜单栏：选择菜单栏中的"工具"→"新建 UCS"→"世界"命令。
- ☑ 工具栏：单击 UCS 工具栏中的 按钮。
- ☑ 功能区：单击"视图"选项卡"坐标"面板中的 UCS 按钮 。

【操作步骤】

```
命令: UCS↙
当前 UCS 名称: *世界*
指定 UCS 的原点或 [面(F)/命名(NA)/对象(OB)/上一个(P)/视图(V)/世界(W)/X/Y/Z/Z 轴(ZA)]<世界>:
```

【选项说明】

（1）指定 UCS 的原点：使用一点、两点或三点定义一个新的 UCS。如果指定单个点 1，当前 UCS 的原点将会移动而不会更改 X、Y 和 Z 轴的方向。选择该项，系统提示与操作如下。

```
指定 X 轴上的点或<接受>:（继续指定 X 轴通过的点 2，或直接按 Enter 键接受原坐标系 X 轴为新坐标系 X 轴）
指定 XY 平面上的点或<接受>:（继续指定 XY 平面通过的点 3 以确定 Y 轴，或直接按 Enter 键接受原坐标系 XY 平面为新坐标系 XY 平面，根据右手法则，相应的 Z 轴也同时确定）
```

示意图如图 9-1 所示。

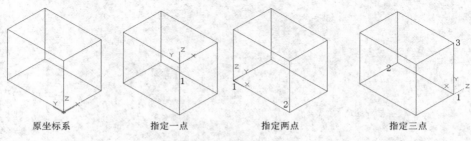

| 原坐标系 | 指定一点 | 指定两点 | 指定三点 |

图 9-1 指定原点

（2）面(F)：将 UCS 与三维实体的选定面对齐。要选择一个面，请在此面的边界内或面的边上单击，被选中的面将亮显，UCS 的 X 轴将与找到的第一个面上的最近的边对齐。选择该项，系统提示如下。

选择实体对象的面:（选择面）
输入选项 [下一个(N)/X 轴反向(X)/Y 轴反向(Y)] <接受>: ✓（结果如图 9-2 所示）

如果选择"下一个"选项，系统将 UCS 定位于邻接的面或选定边的后向面。

（3）对象(OB)：根据选定三维对象定义新的坐标系，如图 9-3 所示。新建 UCS 的拉伸方向（Z 轴正方向）与选定对象的拉伸方向相同。选择该项，系统提示如下。

选择对齐 UCS 的对象: 选择对象

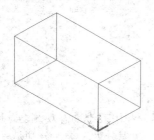 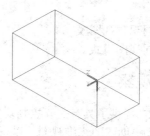

图 9-2　选择面确定坐标系　　　　　图 9-3　选择对象确定坐标系

对于大多数对象，新 UCS 的原点位于离选定对象最近的顶点处，并且 X 轴与一条边对齐或相切。对于平面对象，UCS 的 XY 平面与该对象所在的平面对齐。对于复杂对象，将重新定位原点，但是轴的当前方向保持不变。

🎓 高手支招

> "对象(OB)"选项不能用于三维多段线、三维网格和构造线。

（4）视图(V)：以垂直于观察方向（平行于屏幕）的平面为 XY 平面，建立新的坐标系。UCS 原点保持不变。

（5）世界(W)：将当前用户坐标系设置为世界坐标系。WCS 是所有用户坐标系的基准，不能被重新定义。

（6）X、Y、Z：绕指定轴旋转当前 UCS。

（7）Z 轴：用指定的 Z 轴正半轴定义 UCS。

9.1.2　动态 UCS

动态 UCS 的具体操作方法是：单击状态栏上的将 UCS 捕捉到活动实体平面（动态 UCS）按钮。

可以使用动态 UCS 在三维实体的平整面上创建对象，而无须手动更改 UCS 方向。

在执行命令的过程中，当将光标移动到面上方时，动态 UCS 会临时将 UCS 的 XY 平面与三维实体的平整面对齐，如图 9-4 所示。

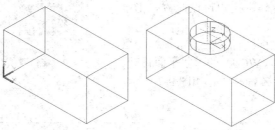

图 9-4　动态 UCS

动态 UCS 激活后，指定的点和绘图工具（如极轴追踪和栅格）都将与动态 UCS 建立的临时 UCS 相关联。

9.2　观察模式

图形的观察功能有动态观察功能、相机功能、漫游和飞行以及运动路径动画的功能。本节主要介绍最常用的观察模式。

【预习重点】

☑　了解不同观察视图模式。

☑　对比不同视图模式。

9.2.1　动态观察

AutoCAD 2017 提供了具有交互控制功能的三维动态观测器，利用三维动态观测器，用户可以实时地控制和改变当前视口中创建的三维视图，以得到期望的效果。动态观察分为 3 类，分别是受约束的动态观察、自由动态观察和连续动态观察，具体介绍如下。

1. 受约束的动态观察

【执行方式】

☑　命令行：3DORBIT（快捷命令：3DO）。

☑　菜单栏：选择菜单栏中的"视图"→"动态观察"→"受约束的动态观察"命令。

☑　工具栏：单击"动态观察"工具栏中的"受约束的动态观察"按钮 或"三维导航"工具栏中的"受约束的动态观察"按钮，如图 9-5 所示。

图 9-5　"动态观察"和"三维导航"工具栏

☑　功能区：单击"视图"选项卡"导航"面板上"动态观察"下拉列表中的"动态观察"按钮。

☑　快捷菜单：启用交互式三维视图后，在视口中右击，打开快捷菜单，如图 9-6 所示，选择"其他导航模式"→"受约束的动态观察"命令。

【操作步骤】

执行上述操作后，视图的目标将保持静止，而视点将围绕目标移动。但是，从用户的视点看起来就像三维模型正在随着光标的移动而旋转，用户可以此方式指定模型的任意视图。

系统显示三维动态观察光标图标。如果水平拖动鼠标，图形将平行于世界坐标系（WCS）的 XY 平面移动。如果垂直拖动鼠标，图形将沿 Z 轴移动，如图 9-7 所示。

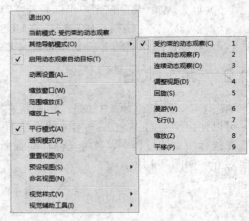

图 9-6　快捷菜单

 高手支招

3DORBIT 命令处于活动状态时，无法编辑对象。

原始图形   拖动鼠标

图 9-7 受约束的三维动态观察

2. 自由动态观察

【执行方式】

- ☑ 命令行：3DFORBIT。
- ☑ 菜单栏：选择菜单栏中的"视图"→"动态观察"→"自由动态观察"命令。
- ☑ 工具栏：单击"动态观察"工具栏中的"自由动态观察"按钮❷或"三维导航"工具栏中的"自由动态观察"按钮❷。
- ☑ 功能区：单击"视图"选项卡"导航"面板上"动态观察"下拉列表中的"自由动态观察"按钮❷。
- ☑ 快捷菜单：启用交互式三维视图后，在视口中右击，打开快捷菜单，如图 9-6 所示，选择"其他导航模式"→"自由动态观察"命令。

【操作步骤】

执行上述操作后，在当前视口出现一个绿色的大圆，在大圆上有 4 个绿色的小圆，如图 9-8 所示。此时通过拖动鼠标即可对视图进行旋转观察。

在三维动态观测器中，查看目标的点被固定，用户可以利用鼠标控制相机位置绕观察对象得到动态的观测效果。当用鼠标光标在绿色大圆的不同位置进行拖动时，光标的表现形式是不同的，视图的旋转方向也不同。视图的旋转由光标的表现形式和其位置决定，光标在不同位置有⊙、⊙、Φ和⊕几种表现形式，可分别对对象进行不同形式的旋转。

3. 连续动态观察

【执行方式】

- ☑ 命令行：3DCORBIT。
- ☑ 菜单栏：选择菜单栏中的"视图"→"动态观察"→"连续动态观察"命令。
- ☑ 工具栏：单击"动态观察"工具栏中的"连续动态观察"按钮❷或"三维导航"工具栏中的"连续动态观察"按钮❷。
- ☑ 功能区：单击"视图"选项卡"导航"面板"动态观察"下拉列表中的"连续动态观察"按钮❷。
- ☑ 快捷菜单：启用交互式三维视图后，在视口中右击，打开快捷菜单，如图 9-6 所示，选择"其他导航模式"→"连续动态观察"命令。

【操作步骤】

执行上述操作后，绘图区出现动态观察图标，按住鼠标左键拖动鼠标，图形按鼠标拖动的方向旋转，旋转速度为鼠标拖动的速度，如图 9-9 所示。

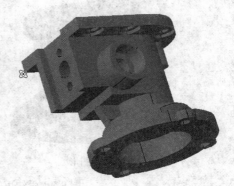

图 9-8　自由动态观察　　　　　图 9-9　连续动态观察

🎓 **高手支招**

如果设置了相对于当前 UCS 的平面视图，即可在当前视图上用绘制二维图形的方法在三维对象的相应面上绘制图形。

9.2.2　视图控制器

使用视图控制器功能，可以方便地转换方向视图。

【执行方式】

☑　命令行：NAVVCUBE。

【操作步骤】

命令: NAVVCUBE↙
输入选项 [开(ON)/关(OFF)/设置(S)/]<OFF>: ON↙

上述命令控制视图控制器的打开与关闭，当打开该功能时，绘图区的左上角自动显示视图控制器，如图 9-10 所示。

单击控制器的显示面或指示箭头，界面图形就自动转换到相应的方向视图。如图 9-10 所示为单击控制器"上"面后，系统转换到上视图的情形。单击控制器上的 🏠 按钮，系统回到西南等轴测视图。

图 9-10　视图控制器

9.2.3　相机

相机是 AutoCAD 提供的另外一种三维动态观察功能。相机与动态观察的不同之处在于：动态观察是视点相对对象位置发生变化，相机观察是视点相对对象位置不发生变化。

1．创建相机

【执行方式】

☑　命令行：CAMERA。

☑　菜单栏：选择菜单栏中的"视图"→"创建相机"命令。

☑　工具栏：单击"视图"工具栏中的"创建相机"按钮📷。

☑　功能区：单击"可视化"选项卡"相机"面板中的"创建相机"按钮📷。

【操作步骤】

命令: CAMERA
当前相机设置: 高度=0 镜头长度=50 毫米
指定相机位置:（指定相机位置）
指定目标位置:（指定目标位置）
输入选项 [?/名称(N)/位置(LO)/高度(H)/目标(T)/镜头(LE)/剪裁(C)/视图(V)/退出(X)]<退出>:

设置完毕后，界面出现一个相机符号，表示创建了一个相机。

【选项说明】

（1）位置(LO)：指定相机的位置。

（2）高度(H)：更改相机高度。

（3）目标(T)：指定相机的目标。

（4）镜头(LE)：更改相机的焦距。

（5）剪裁(C)：定义前后剪裁平面并设置它们的值。选择该项，系统提示如下。

是否启用前向剪裁平面? [是(Y)/否(N)] <否>:（指定"是"启用前向剪裁）
指定从目标平面的前向剪裁平面偏移 <当前>:（输入距离）
是否启用后向剪裁平面? [是(Y)/否(N)] <否>:（指定"是"启用后向剪裁）
指定从目标平面的后向剪裁平面偏移 <当前>:（输入距离）

剪裁范围内的对象不可见，如图 9-11 所示为设置剪裁平面后单击相机符号，系统显示对应的相机预览视图。

（6）视图(V)：设置当前视图以匹配相机设置。选择该选项，系统提示如下。

是否切换到相机视图? [是(Y)/否(N)] <否>

2．调整距离

【执行方式】

☑　命令行：3DDISTANCE。

☑　菜单栏：选择菜单栏中的"视图"→"相机"→"调整视距"命令。

☑　工具栏：单击"相机调整"工具栏中的"调整视距"按钮🖥或"三维导航"工具栏中的"调整视距"按钮🖥。

☑　快捷菜单：启用交互式三维视图后，在视口中右击，在弹出的快捷菜单中选择"调整视距"命令。

【操作步骤】

命令: 3DDISTANCE↙
按 Esc 键或 Enter 键退出，或者右击打开快捷菜单

执行该命令后，系统将光标更改为具有上箭头和下箭头的直线。单击并向屏幕顶部垂直拖动光标使相机靠近对象，从而使对象显示得更大。单击并向屏幕底部垂直拖动光标使相机远离对象，从而使对象显示得更小，如图 9-12 所示。

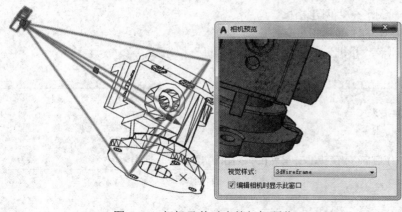

图 9-11 相机及其对应的相机预览　　　　　　　　　图 9-12 调整距离

3. 回旋

【执行方式】

- ☑ 命令行：3DSWIVEL。
- ☑ 菜单栏：选择菜单栏中的"视图"→"相机"→"回旋"命令。
- ☑ 工具栏：单击"相机调整"工具栏中的"回旋"按钮，或"三维导航"工具栏中的"回旋"按钮。
- ☑ 快捷菜单：启用交互式三维视图后，在视口中右击，在弹出的快捷菜单中选择"回旋"命令。

【操作步骤】

命令: 3DSWIVEL↙
按 Esc 键或 Enter 键退出，或者右击打开快捷菜单

执行该命令后，系统在拖动方向上模拟平移相机，查看的目标将随之更改。可以沿 XY 平面或 Z 轴回旋视图，如图 9-13 所示。

图 9-13 回旋

9.2.4 漫游和飞行

使用漫游和飞行功能，可以产生一种在 XY 平面行走或飞越视图的观察效果。

1. 漫游

【执行方式】

- ☑ 命令行：3DWALK。

- ☑　菜单栏：选择菜单栏中的"视图"→"漫游和飞行"→"漫游"命令。
- ☑　工具栏：单击"漫游和飞行"工具栏中的"漫游"按钮👣或"三维导航"工具栏中的"漫游"按钮👣。
- ☑　功能区：单击"可视化"选项卡"动画"面板中的"漫游"按钮👣。
- ☑　快捷菜单：启用交互式三维视图后，在视口中右击，在弹出的快捷菜单中选择"漫游"命令。

【操作步骤】

命令：3DWALK↙

执行该命令后，系统在当前视口中激活漫游模式，在当前视图上显示一个绿色的十字形表示当前漫游位置，同时系统打开"定位器"面板。在键盘上使用 4 个箭头键或 W（前）、A（左）、S（后）、D（右）键和鼠标来确定漫游的方向。要指定视图的方向，可沿要进行观察的方向拖动鼠标，也可以直接通过定位器调节目标指示器设置漫游位置，如图 9-14 所示。

2．飞行

【执行方式】

- ☑　命令行：3DFLY。
- ☑　菜单栏：选择菜单栏中的"视图"→"漫游和飞行"→"飞行"命令。
- ☑　工具栏：单击"漫游和飞行"工具栏中的"飞行"按钮✛或"三维导航"工具栏中的"飞行"按钮✛。
- ☑　功能区：单击"可视化"选项卡"动画"面板中的"飞行"按钮✛。
- ☑　快捷菜单：启用交互式三维视图后，在视口中右击，在弹出的快捷菜单中选择"飞行"命令。

【操作步骤】

命令：3DFLY↙

执行该命令后，系统在当前视口中激活飞行模式，同时打开"定位器"面板。可以离开 XY 平面，就像在模型中飞越或环绕模型飞行一样。在键盘上使用 4 个箭头键或 W（前）、A（左）、S（后）、D（右）键和鼠标来确定飞行的方向，如图 9-15 所示。

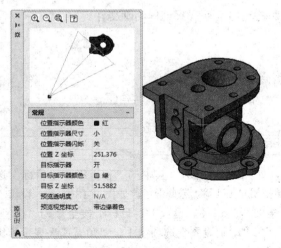

图 9-14　漫游设置

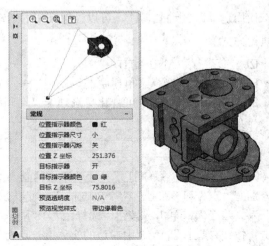

图 9-15　飞行设置

3. 漫游和飞行设置

【执行方式】

- ☑ 命令行：WALKFLYSETTINGS。
- ☑ 菜单栏：选择菜单栏中的"视图"→"漫游和飞行"→"漫游和飞行设置"命令。
- ☑ 工具栏：单击"漫游和飞行"工具栏中的"漫游和飞行设置"按钮 或"三维导航"工具栏中的"漫游和飞行设置"按钮 。
- ☑ 功能区：单击"可视化"选项卡"动画"面板中的"漫游和飞行设置"按钮 。
- ☑ 快捷菜单：启用交互式三维视图后，在视口中右击，在弹出的快捷菜单中选择"飞行"命令。

【操作步骤】

命令: WALKFLYSETTINGS✓

执行该命令后，系统打开"漫游和飞行设置"对话框，如图 9-16 所示，可以通过该对话框设置漫游和飞行的相关参数。

图 9-16　"漫游和飞行设置"对话框

9.2.5　运动路径动画

使用运动路径动画功能，可以设置观察的运动路径，并输出运动观察过程动画文件。

【执行方式】

- ☑ 命令行：ANIPATH。
- ☑ 菜单栏：选择菜单栏中的"视图"→"运动路径动画"命令。
- ☑ 功能区：单击"可视化"选项卡"动画"面板中的"动画运动路径"按钮 。

【操作步骤】

命令: ANIPATH✓

执行该命令后，系统打开"运动路径动画"对话框，如图 9-17 所示。其中的"相机"和"目标"选项组分别有"点"和"路径"两个单选按钮，可以分别设置相机或目标为点或路径。如图 9-18 所示，设置"相机"为"路径"，单击 按钮，选择图 9-18 中左边的样条曲线为路径。设置"将目标链接至"为"路径"，单击 按钮，选择图 9-18 中右边的实体上一点为目标点。在"动画设置"选项组中，"角减速"表示相机转弯时，以较低的速率移动相机。"反向"表示反转动画的方向。

设置好各个参数后，单击"确定"按钮，系统生成动画，同时给出动画预览，如图 9-19 所示，可以使用播放器播放产生的动画。

图 9-17　"运动路径动画"对话框

图 9-18　路径和目标

图 9-19　动画预览

9.2.6　控制盘

在 AutoCAD 2017 中，使用该功能可以方便地观察图形对象。

【执行方式】

☑　命令行：NAVSWHEEL。

☑　菜单栏：选择菜单栏中的"视图"→Steeringwheels 命令。

【操作步骤】

命令：NAVSWHEEL↙

执行该命令后，视图区显示控制盘，如图 9-20 所示，控制盘随着鼠标一起移动，在控制盘中选择某项显示命令并按住鼠标左键，移动鼠标，则图形对象进行相应的显示变化。单击控制盘上的 ▼ 按钮，系统打开如图 9-21 所示的快捷菜单，可以进行相关操作。单击控制盘上的 ✕ 按钮，则关闭控制盘。

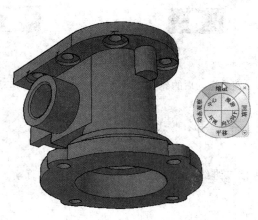

图 9-20　控制盘

图 9-21　快捷菜单

9.2.7　运动显示器

在 AutoCAD 2017 中，使用该功能可以建立运动。

【执行方式】

☑　命令行：NAVSMOTION。
☑　菜单栏：选择菜单栏中的"视图"→ShowMotion 命令。
☑　功能区：单击"视图"选项卡"视口工具"面板中的"显示运动"按钮。

【操作步骤】

命令：NAVSMOTION✓

执行上面的命令后，打开"运动显示器"工具栏，如图 9-22 所示。单击其中的按钮，打开"新建视图/快照特性"对话框，如图 9-23 所示，对其中各项特性进行设置后，即可建立一个运动。

图 9-22　"运动显示器"工具栏

如图 9-24 所示为设置建立运动后的界面，如图 9-25 所示为单击"运动显示器"工具栏中的▷按钮，然后执行动作后的结果界面。

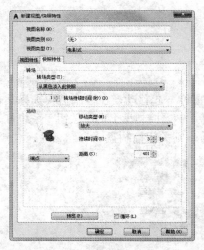

图 9-23　"新建视图/快照特性"对话框

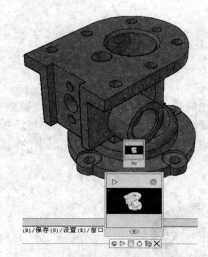

图 9-24　建立运动后的界面

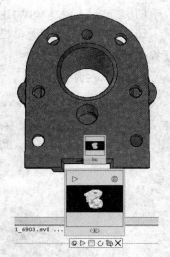

图 9-25　执行运动后的界面

9.3　显　示　形　式

在 AutoCAD 中，三维实体有多种显示形式，包括二维线框、三维线框、三维消隐、真实、概念、消隐等显示形式。

【预习重点】

☑　了解多种视图的显示形式。

☑　　了解视觉样式管理器的设置。

9.3.1　消隐

【执行方式】

☑　　命令行：HIDE。
☑　　菜单栏：选择菜单栏中的"视图"→"消隐"命令。
☑　　工具栏：单击"渲染"工具栏中的"隐藏"按钮 ⊜。
☑　　功能区：单击"视图"选项卡"视觉样式"面板中的"隐藏"按钮 ⊜。

【操作步骤】

命令: HIDE↙

系统将被其他对象挡住的图线隐藏起来，以增强三维视觉效果，如图 9-26 所示。

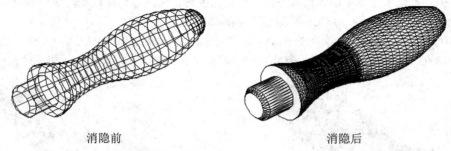

消隐前　　　　　　　　　　　　　　　　　　消隐后

图 9-26　消隐效果

9.3.2　视觉样式

三维造型中的视觉样式包括二维线框、线框、消隐、真实、概念、着色等，本节主要介绍二维线框。

【执行方式】

☑　　命令行：VSCURRENT。
☑　　菜单栏：选择菜单栏中的"视图"→"视觉样式"→"二维线框"命令。
☑　　工具栏：单击"视觉样式"工具栏中的"二维线框"按钮 ▣。
☑　　功能区：单击"视图"选项卡"视觉样式"面板中的"二维线框"按钮 ▣。

【操作步骤】

命令: VSCURRENT↙
输入选项 [二维线框(2)/线框(W)/隐藏(H)/真实(R)/概念(C)/着色(S)/带边缘着色(E)/灰度(G)/勾画(SK)/X 射线(X)/其他(O)] <二维线框>:

【选项说明】

（1）二维线框：用直线和曲线表示对象的边界。光栅和 OLE 对象、线型和线宽都是可见的。即使将 COMPASS 系统变量的值设置为 1，也不会出现在二维线框视图中。如图 9-27 所示为 UCS 坐标和手柄二维线框图。

（2）线框(W)：显示对象时使用直线和曲线表示边界。显示一个已着色的三维 UCS 图标。光栅、OLE 对象、线型及线宽不可见，可将 COMPASS 系统变量设置为 1 来查看坐标球，将显示应用到对象的材质颜

271

色。如图 9-28 所示为 UCS 坐标和手柄三维线框图。

（3）消隐(H)：显示用三维线框表示的对象并隐藏表示后向面的直线。如图 9-29 所示是 UCS 坐标和手柄的消隐图。

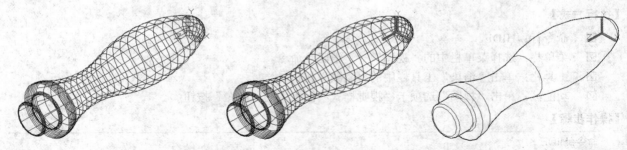

图 9-27 UCS 坐标和手柄的二维线框图　图 9-28 UCS 坐标和手柄的三维线框图　图 9-29 UCS 坐标和手柄的消隐图

（4）真实(R)：着色多边形平面间的对象，并使对象的边平滑化。如果已为对象附着材质，将显示已附着到对象的材质。如图 9-30 所示为 UCS 坐标和手柄的真实图。

（5）概念(C)：着色多边形平面间的对象，并使对象的边平滑化。着色使用冷色和暖色之间的过渡。效果缺乏真实感，但是可以更方便地查看模型的细节。如图 9-31 所示为 UCS 坐标和手柄的概念图。

图 9-30 UCS 坐标和手柄的真实图　　　　　图 9-31 概念图

9.3.3 视觉样式管理器

【执行方式】

☑ 命令行：VISUALSTYLES。
☑ 菜单栏：选择菜单栏中的"视图"→"视觉样式"→"视觉样式管理器"或"工具"→"选项板"→"视觉样式"命令。
☑ 工具栏：单击"视觉样式"工具栏中的"视觉样式管理器"按钮⊗。
☑ 功能区：单击"视图"选项卡"视觉样式"面板中"视觉样式"下拉列表中的"视觉样式管理器"按钮；或单击"视图"选项卡"视觉样式"面板中的"对话框启动器"按钮↘；或单击"视图"选项卡"选项板"面板中的"视觉样式"按钮⊗。

【操作步骤】

命令: VISUALSTYLES✓

执行上述命令后，系统打开"视觉样式管理器"对话框，可以对视觉样式的各参数进行设置，如图 9-32 所示。如图 9-33 所示为按图 9-32 进行设置的概念图的显示结果，可以与前面的图 9-31 进行比较。

图 9-32 视觉样式管理器

图 9-33 显示结果

9.4 绘制三维网格曲面

本节主要介绍各种三维网格的绘制命令。

【预习重点】

☑ 了解几种三维网格曲面的绘制命令。

☑ 通过实例练习三维网格命令的使用方法。

9.4.1 平移网格

【执行方式】

☑ 命令行：TABSURF。

☑ 菜单栏：选择菜单栏中的"绘图"→"建模"→"网格"→"平移网格"命令。

☑ 功能区：单击"三维工具"选项卡"建模"面板中的"平移曲面"按钮 。

【操作步骤】

```
命令: TABSURF↙
当前线框密度: SURFTAB1=6
选择用作轮廓曲线的对象:（选择一个已经存在的轮廓曲线）
选择用作方向矢量的对象:（选择一个方向线）
```

【选项说明】

（1）轮廓曲线：可以是直线、圆弧、圆、椭圆、二维或三维多段线。AutoCAD 从轮廓曲线上离选定点最近的点开始绘制曲面。

（2）方向矢量：指出形状的拉伸方向和长度。在多段线或直线上选定的端点决定了拉伸方向。

9.4.2 直纹网格

【执行方式】

☑ 命令行：RULESURF。

☑　菜单栏：选择菜单栏中的"绘图"→"建模"→"网格"→"直纹网格"命令。

☑　功能区：单击"三维工具"选项卡"建模"面板中的"直纹曲面"按钮 。

【操作步骤】

命令: RULESURF↙
当前线框密度: SURFTAB1=6
选择第一条定义曲线:（指定的一条曲线）
选择第二条定义曲线:（指定的二条曲线）

9.4.3　旋转网格

【执行方式】

☑　命令行：REVSURF。

☑　菜单栏：选择菜单栏中的"绘图"→"建模"→"网格"→"旋转网格"命令。

图 9-34　圆柱滚子轴承

【操作实践——绘制圆柱滚子轴承】

　　本实例绘制的圆柱滚子轴承如图 9-34 所示，首先利用二维绘图的方法绘制平面图形，然后利用"旋转曲面"命令形成回转体，然后创建滚动体形成滚子。绘制过程中要用到"直线""多段线"编辑等命令，以及"旋转网格"命令。

　　（1）设置线框密度，命令行提示与操作如下。

命令: SURFTAB1↙
输入 SURFTAB1 的新值 <6>: 20↙
命令: SURFTAB2↙
输入 SURFTAB2 的新值 <6>: 20↙

　　（2）单击"默认"选项卡"绘图"面板中的"直线"按钮 ，绘制图形，命令行提示与操作如下。

命令: LINE↙
指定第一个点: 0,17.5↙
指定下一点或 [放弃(U)]: 0,26.57↙
指定下一点或 [放弃(U)]: 3,26.57↙
指定下一点或 [闭合(C)/放弃(U)]: 2.3,23.5↙
指定下一点或 [闭合(C)/放弃(U)]: 11.55,21↙
指定下一点或 [闭合(C)/放弃(U)]: 11.84,22↙
指定下一点或 [闭合(C)/放弃(U)]: 18.5,22↙
指定下一点或 [闭合(C)/放弃(U)]: 18.5,17.5↙
指定下一点或 [放弃(U)]: C↙

重复"直线"命令，命令行提示与操作如下。

命令: LINE↙
指定第一个点: 3.5,32.7↙
指定下一点或 [放弃(U)]: 3.5,36↙
指定下一点或 [放弃(U)]: 18.5,36↙
指定下一点或 [闭合(C)/放弃(U)]: 18.5,28.75↙
指定下一点或 [放弃(U)]: C↙

接下来利用"延伸"和"修剪"命令修改图形，效果如图 9-35 所示。

注意　图 9-35 中图形 2 和图形 3 重合部位，使用图线重新绘制一次，为后面生成面域做准备。

（3）单击"默认"选项卡"绘图"面板中的"面域"按钮，创建面域，命令行提示与操作如下。

命令: REGION↙
选择对象:（选择所有图形↙）
已创建 3 个面域

这样图 9-35 中将创建 3 个封闭面域。

（4）单击"三维工具"选项卡"建模"面板中的"旋转"按钮，创建轴承内外圈，命令行提示与操作如下。

命令: REVOLVE↙
当前线框密度: ISOLINES=8，闭合轮廓创建模式 = 实体
REVOLVE 选择要旋转的对象或 [模式(MO)]:（分别选取面域 1 及 3↙）
REVOLVE 指定轴起点或根据以下选项之一定义轴 [对象(O)X Y Z]<对象>: X↙
REVOLVE 指定旋转角度或 [起点角度(ST)/反转(R)/表达式(EX)]<360>: ↙

效果如图 9-36 所示。

（5）创建滚动体。方法同上，以面域 2 的上边延长的斜线为轴线，旋转面域 2，创建滚动体。

（6）切换到左视图。单击"视图"选项卡"视图"面板"视图"下拉菜单中的"左视"按钮，效果如图 9-37 所示。

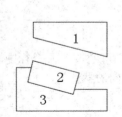

图 9-35　绘制二维图形

图 9-36　旋转面域

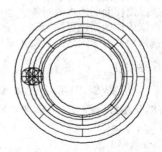

图 9-37　创建滚动体后的左视图

（7）阵列滚动体。单击"默认"选项卡"修改"面板中的"环形阵列"按钮，将创建的滚动体进行环形阵列，阵列中心为图 9-36 中水平轴线在左视图中显示的点，数目为 10，结果如图 9-38 所示。

（8）切换视图。单击"视图"选项卡"视图"面板"视图"下拉菜单中的"东南等轴测"按钮，效果如图 9-39 所示。

（9）消隐。单击"视图"选项卡"视觉样式"面板中的"隐藏"按钮，进行消隐处理后的图形如图 9-40 所示。

【选项说明】

（1）起点角度如果设置为非零值，平面将从生成路径曲线位置的某个偏移处开始旋转。

（2）包含角用来指定绕旋转轴旋转的角度。

（3）系统变量 SURFTAB1 和 SURFTAB2 用来控制生成网格的密度。SURFTAB1 指定在旋转方向上绘

制的网格线的数目，SURFTAB2 将指定绘制的网格线数目进行等分。

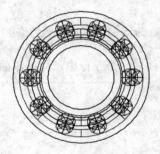
图 9-38　阵列滚动体

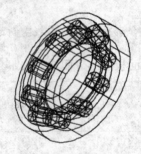
图 9-39　删除辅助线

图 9-40　消隐后的轴承

9.4.4　边界网格

【执行方式】

☑　命令行：EDGESURF。
☑　菜单栏：选择菜单栏中的"绘图"→"建模"→"网格"→"边界网格"命令。
☑　功能区：单击"三维工具"选项卡"建模"面板中的"边界曲面"按钮◿。

【操作步骤】

命令: EDGESURF✓
当前线框密度: SURFTAB1=6 SURFTAB2=6
选择用作曲面边界的对象 1:（指定第一条边界线）
选择用作曲面边界的对象 2:（指定第二条边界线）
选择用作曲面边界的对象 3:（指定第三条边界线）
选择用作曲面边界的对象 4:（指定第四条边界线）

【选项说明】

系统变量 SURFTAB1 和 SURFTAB2 分别控制 M、N 方向的网格分段数。可通过在命令行中输入"SURFTAB1"改变 M 方向的默认值，在命令行中输入"SURFTAB2"改变 N 方向的默认值。

9.5　绘制基本三维网格

三维基本图元与三维基本形体表面类似，有长方体表面、圆柱体表面、棱锥面、楔体表面、球面、圆锥面、圆环面等。

【预习重点】

☑　区别三维基本图元与三维基本形体表面。
☑　了解几种基本三维网格图元的创建方法。

9.5.1　绘制网格长方体

【执行方式】

☑　命令行：MESH。

☑ 菜单栏：选择菜单栏中的"绘图"→"建模"→"网格"→"图元"→"长方体"命令。

☑ 工具栏：单击"平滑网格图元"工具栏中的"网格长方体"按钮 ▦。

☑ 功能区：单击"三维工具"选项卡"建模"面板中的"网格长方体"按钮 ▦。

【操作步骤】

命令: MESH
当前平滑度设置为: 0
输入选项 [长方体(B)/圆锥体(C)/圆柱体(CY)/棱锥体(P)/球体(S)/楔体(W)/圆环体(T)/设置(SE)] <长方体>:B
指定第一个角点或 [中心(C)]:
指定其他角点或 [立方体(C)/长度(L)]:
指定高度或 [两点(2P)] <15>:

【选项说明】

（1）指定第一角点/角点：设置网格长方体的第一个角点。

（2）中心(C)：设置网格长方体的中心。

（3）立方体(C)：将长方体的所有边设置为长度相等。

（4）宽度：设置网格长方体沿 Y 轴的宽度。

（5）高度：设置网格长方体沿 Z 轴的高度。

（6）两点（高度）：基于两点之间的距离设置高度。

9.5.2 绘制网格圆锥体

【执行方式】

☑ 命令行：MESH。

☑ 菜单栏：选择菜单栏中的"绘图"→"建模"→"网格"→"图元"→"圆锥体"命令。

☑ 工具栏：单击"平滑网格图元"工具栏中的"网络圆锥体"按钮 ⚠。

☑ 功能区：单击"三维工具"选项卡"建模"面板中的"网络圆锥体"按钮 ⚠。

【操作步骤】

命令: _MESH
当前平滑度设置为: 0
输入选项 [长方体(B)/圆锥体(C)/圆柱体(CY)/棱锥体(P)/球体(S)/楔体(W)/圆环体(T)/设置(SE)] <圆锥体>: _CONE
指定底面的中心点或[三点(3P)/两点(2P)/切点、切点、半径(T)/椭圆(E)]:
指定底面半径或 [直径(D)]:
指定高度或 [两点(2P)/轴端点(A)/顶面半径(T)] <100.0000>:

【选项说明】

（1）指定底面的中心点：设置网格圆锥体底面的中心点。

（2）三点(3P)：通过指定三点设置网格圆锥体的位置、大小和平面。

（3）两点（直径）：根据两点定义网格圆锥体的底面直径。

（4）切点、切点、半径：定义具有指定半径，且半径与两个对象相切的网格圆锥体的底面。

（5）椭圆：指定网格圆锥体的椭圆底面。

（6）指定底面半径：设置网格圆锥体底面的半径。

（7）指定直径：设置圆锥体的底面直径。

（8）指定高度：设置网格圆锥体沿与底面所在平面垂直的轴的高度。

（9）两点（高度）：通过指定两点之间的距离定义网格圆锥体的高度。

（10）指定轴端点：设置圆锥体的顶点位置，或圆锥体平截面顶面的中心位置。轴端点的方向可以为三维空间中的任意位置。

（11）指定顶面半径：指定创建圆锥体平截面时圆锥体的顶面半径。

其他三维网格，例如网格圆柱体、网格棱锥体、网格球体、网格楔体、网格圆环体，其绘制方式与前面所讲述的网格长方体绘制方法类似，这里不再赘述。

9.6　绘制基本三维实体

本节主要介绍各种基本三维实体的绘制方法。

【预习重点】

☑　　了解各种基本三维实体命令。

☑　　通过实例练习基本三维实体命令的使用方法。

9.6.1　螺旋

螺旋是一种特殊的基本三维实体。如果没有专门的命令，要绘制一个螺旋体还是很困难的，从 AutoCAD 2017 开始，就提供了一个螺旋绘制功能来完成螺旋体的绘制。

【执行方式】

☑　　命令行：HELIX。

☑　　菜单栏：选择菜单栏中的"绘图"→"螺旋"命令。

☑　　工具栏：单击"建模"工具栏中的"螺旋"按钮▤。

☑　　功能区：单击"默认"选项卡"绘图"面板中的"螺旋"按钮▤。

【操作步骤】

命令: HELIX✓
圈数=3.0000　　　扭曲=CCW
指定底面的中心点:（指定中心点）
指定底面半径或 [直径(D)]<1.0000>（指定底面半径✓）
指定顶面半径或 [直径(D)]<1.0000>（指定顶面半径✓）
指定螺旋高度或 [轴端点(A)/圈数(T)/圈高(H)/扭曲(W)]: <1.0000>（指定高度✓）

【选项说明】

（1）轴端点：指定螺旋轴的端点位置，它定义了螺旋的长度和方向。

（2）圈数：指定螺旋的圈（旋转）数。螺旋的圈数不能超过 500。

（3）圈高：指定螺旋内一个完整圈的高度。当指定圈高值时，螺旋中的圈数将相应地自动更新。如果已指定螺旋的圈数，则不能输入圈高的值。

（4）扭曲：指定是以顺时针（CW）方向还是以逆时针方向（CCW）绘制螺旋。螺旋扭曲的默认值是逆时针。

9.6.2　长方体

【执行方式】

- ☑　命令行：BOX。
- ☑　菜单栏：选择菜单栏中的"绘图"→"建模"→"长方体"命令。
- ☑　工具栏：单击"建模"工具栏中的"长方体"按钮▭。
- ☑　功能区：单击"三维工具"选项卡"建模"面板中的"长方体"按钮▭。

【操作步骤】

```
命令: BOX↙
指定第一个角点或 [中心(C)]:（指定第一个角点）
指定其他角点或 [立方体(C)/长度(L)]: L↙
指定长度<100.0000>:（指定长度↙）
指定宽度<200.0000>:（指定宽度↙）
指定高度或 [两点(2P)]<50.0000>:（指定高度↙）
```

【选项说明】

（1）指定第一个角点：确定长方体的一个顶点的位置。选择该选项后，系统继续提示如下。

指定其他角点或 [立方体(C)/长度(L)]:（指定第二点或输入选项）

① 指定其他角点：输入另一角点的数值，即可确定该长方体。如果输入的是正值，则沿着当前 UCS 的 X、Y 和 Z 轴的正向绘制长度。如果输入的是负值，则沿着 X、Y 和 Z 轴的负向绘制长度。如图 9-41 所示为使用相对坐标绘制的长方体。

② 立方体：创建一个长、宽、高相等的长方体。如图 9-42 所示为使用指定长度命令创建的正方体。

③ 长度：要求输入长、宽、高的值。如图 9-43 所示为使用长、宽和高命令创建的长方体。

（2）中心：使用指定的中心点创建长方体。如图 9-44 所示为使用中心点命令创建的正方体。

图 9-41　利用角点命令创建的长方体

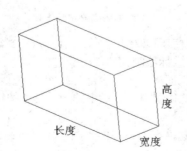
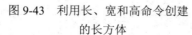

图 9-42　利用立方体命令创建　　图 9-43　利用长、宽和高命令创建
　　　　　的长方体　　　　　　　　　　　的长方体

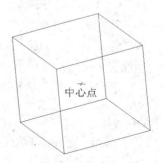

图 9-44　使用中心点命令创建
　　　　　的长方体

9.6.3 圆柱体

【执行方式】

- ☑ 命令行：CYLINDER。
- ☑ 菜单栏：选择菜单栏中的"绘图"→"建模"→"圆柱体"命令。
- ☑ 工具栏：单击"建模"工具栏中的"圆柱体"按钮 ▢。
- ☑ 功能区：单击"三维工具"选项卡"建模"面板中的"圆柱体"按钮 ▢。

【操作实践——绘制叉拨架】

本例首先绘制长方体，完成架体的绘制，然后在架体不同位置绘制圆柱体，最后利用差集运算完成架体上孔的形成，结果如图 9-45 所示。

（1）单击"三维工具"选项卡"建模"面板中的"长方体"按钮 ▢，绘制顶端立板长方体，命令行提示与操作如下。

命令：_BOX✓
指定第一个角点或 [中心(C)]: 0.5,2.5,0✓
指定其他角点或 [立方体(C)/长度(L)]: 0,0,3✓

（2）单击"视图"选项卡"视图"面板"视图"下拉菜单中的"东南等轴测"按钮 ◈，设置视图角度，将当前视图设为东南等轴测视图，效果如图 9-46 所示。

（3）单击"三维工具"选项卡"建模"面板中的"长方体"按钮 ▢，以（0,2.5,0）和（@2.72,-0.5,3）为角点坐标绘制连接立板长方体，效果如图 9-47 所示。

图 9-45　叉拨架

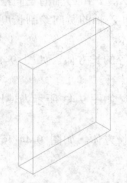

图 9-46　绘制长方体

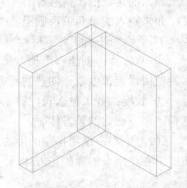

图 9-47　绘制第二个长方体

（4）单击"三维工具"选项卡"建模"面板中的"长方体"按钮 ▢，以（2.72,2.5,0）、（@-0.5,-2.5,3）；（2.22,0,0）和（@2.75,2.5,0.5）为角点坐标绘制其他部分长方体。

（5）单击"视图"选项卡"导航"面板中的"全部"按钮，缩放图形，效果如图 9-48 所示。

（6）单击"三维工具"选项卡"实体编辑"面板中的"并集"按钮 ⦿，将步骤（5）绘制的图形合并，效果如图 9-49 所示。

（7）单击"三维工具"选项卡"建模"面板中的"圆柱体"按钮 ▢，绘制圆柱体，命令行提示与操作如下。

命令：_CYLINDER✓
指定底面的中心点或 [三点(3P)/两点(2P)/切点、切点、半径(T)/椭圆(E)]: 0,1.25,2✓

指定底面半径或 [直径(D)]: 0.5✓
指定高度或 [两点(2P)/轴端点(A)]: a✓
指定轴端点: 0.5,1.25,2✓
命令:_CYLINDER✓
指定底面的中心点或 [三点(3P)/两点(2P)/切点、切点、半径(T)/椭圆(E)]: 2.22,1.25,2✓
指定底面半径或 [直径(D)]: 0.5✓
指定高度或 [两点(2P)/轴端点(A)]: A✓
指定轴端点: 2.72,1.25,2✓

效果如图 9-50 所示。

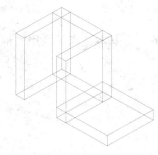

图 9-48　缩放图形

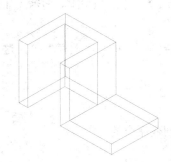

图 9-49　并集运算

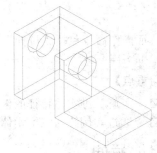

图 9-50　绘制圆柱体

（8）单击"三维工具"选项卡"建模"面板中的"圆柱体"按钮，以（3.97,1.25,0）为中心点、0.75 为底面半径、0.5 为高度绘制圆柱体，效果如图 9-51 所示。

（9）单击"三维工具"选项卡"实体编辑"面板中的"差集"按钮，将轮廓建模与 3 个圆柱体进行差集处理。单击"视图"选项卡"视觉样式"面板中的"隐藏"按钮，对实体进行消隐。消隐之后的图形如图 9-52 所示。

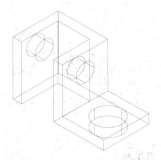

图 9-51　绘制圆柱体

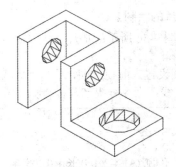

图 9-52　差集运算

【选项说明】

（1）中心点：输入底面圆心的坐标，该选项为系统的默认选项，然后指定底面的半径和高度。AutoCAD 按指定的高度创建圆柱体，且圆柱体的中心线与当前坐标系的 Z 轴平行，如图 9-53 所示。也可以指定另一个端面的圆心来指定高度。AutoCAD 根据圆柱体两个端面的中心位置来创建圆柱体。该圆柱体的中心线就是两个端面的连线，如图 9-54 所示。

（2）椭圆：绘制椭圆柱体。其中，端面椭圆的绘制方法与平面椭圆一样，效果如图 9-55 所示。

其他基本实体（如螺旋、楔体、圆锥体、球体、圆环体等）的绘制方法与前面讲述的长方体和圆柱体类似，这里不再赘述。

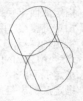

图 9-53　按指定的高度创建圆柱体　　　图 9-54　指定圆柱体另一个端面的中心位置　　　图 9-55　椭圆柱体

9.7　特　征　操　作

特征操作命令包括"拉伸""旋转""扫掠""放样"等，这类命令的一个基本特点是利用二维图形生成三维实体造型。

【预习重点】

☑　了解三维实体特征的创建。
☑　通过实例练习三维实体特征创建命令的使用方法。

9.7.1　拉伸

【执行方式】

☑　命令行：EXTRUDE（快捷命令：EXT）。
☑　菜单栏：选择菜单栏中的"绘图"→"建模"→"拉伸"命令。
☑　工具栏：单击"建模"工具栏中的"拉伸"按钮🔲。
☑　功能区：单击"三维工具"选项卡"建模"面板中的"拉伸"按钮🔲。

【操作实践——垫片的绘制】

本实例绘制如图 9-56 所示的垫片。

（1）绘制外形轮廓。

① 将当前视图设置为前视方向，单击"默认"选项卡"绘图"面板中的"多段线"按钮🔷，绘制多段线，命令行提示与操作如下。

图 9-56　垫片

命令:_PLINE
指定起点: -28, -28.76↙
当前线宽为 0.0000
指定下一个点或 [圆弧(A)/半宽(H)/长度(L)/放弃(U)/宽度(W)]: @0,28.76↙
指定下一点或 [圆弧(A)/闭合(C)/半宽(H)/长度(L)/放弃(U)/宽度(W)]: A↙
指定圆弧的端点或 [角度(A)/圆心(CE)/闭合(CL)/方向(D)/半宽(H)/直线(L)/半径(R)/第二个点(S)/放弃(U)/宽度(W)]: A↙
指定包含角: -180↙
指定圆弧的端点或 [圆心(CE)/半径(R)]: @56,0↙
指定圆弧的端点或 [角度(A)/圆心(CE)/闭合(CL)/方向(D)/半宽(H)/直线(L)/半径(R)/第二个点(S)/放弃(U)/宽度(W)]: L↙
指定下一点或 [圆弧(A)/闭合(C)/半宽(H)/长度(L)/放弃(U)/宽度(W)]: @0,-28.76
指定下一点或 [圆弧(A)/闭合(C)/半宽(H)/长度(L)/放弃(U)/宽度(W)]: A↙
指定圆弧的端点或 [角度(A)/圆心(CE)/闭合(CL)/方向(D)/半宽(H)/直线(L)/半径(R)/第二个点(S)/放弃(U)/宽度(W)]: A↙
指定包含角: -180↙
指定圆弧的端点或 [圆心(CE)/半径(R)]: @-56,0↙
指定圆弧的端点或 [角度(A)/圆心(CE)/闭合(CL)/方向(D)/半宽(H)/直线(L)/半径(R)/第二个点(S)/放弃(U)/宽度(W)]:↙

绘制效果如图 9-57 所示。

② 单击"视图"选项卡"视图"面板"视图"下拉菜单中的"西南等轴测"按钮，将当前视图设置为西南等轴测方向。

③ 单击"三维工具"选项卡"建模"面板中的"拉伸"按钮，拉伸绘制的多段线，拉伸距离为 1，效果如图 9-58 所示。

```
命令: _EXTRUDE
当前线框密度: ISOLINES=8，闭合轮廓创建模式 = 实体
选择要拉伸的对象或 [模式(MO)]: 选择绘制的图形
选择要拉伸的对象或 [模式(MO)]: 找到 1 个
选择要拉伸的对象或 [模式(MO)]: ↙
指定拉伸的高度或 [方向(D)/路径(P)/倾斜角(T)/表达式(E)] <20.0000>: 1（输入高度）
```

④ 单击"视图"选项卡"视图"面板"视图"下拉菜单中的"前视"按钮，将当前视图设置为主视方向。

⑤ 单击"默认"选项卡"绘图"面板中的"多段线"按钮，绘制多段线，命令行提示与操作如下。

```
命令: _PLINE
指定起点: -16.25,-28.76↙
当前线宽为 0.0000
指定下一个点或 [圆弧(A)/半宽(H)/长度(L)/放弃(U)/宽度(W)]: @0,24↙
指定下一点或 [圆弧(A)/闭合(C)/半宽(H)/长度(L)/放弃(U)/宽度(W)]: @-1,0↙
指定下一点或 [圆弧(A)/闭合(C)/半宽(H)/长度(L)/放弃(U)/宽度(W)]: @0,4.76↙
指定下一点或 [圆弧(A)/闭合(C)/半宽(H)/长度(L)/放弃(U)/宽度(W)]: A↙
指定圆弧的端点或 [角度(A)/圆心(CE)/闭合(CL)/方向(D)/半宽(H)/直线(L)/半径(R)/第二个点(S)/放弃(U)/宽度(W)]: A↙
指定包含角: -180↙
指定圆弧的端点或 [圆心(CE)/半径(R)]: @34.5,0↙
指定圆弧的端点或 [角度(A)/圆心(CE)/闭合(CL)/方向(D)/半宽(H)/直线(L)/半径(R)/第二个点(S)/放弃(U)/宽度(W)]: L↙
指定下一点或 [圆弧(A)/闭合(C)/半宽(H)/长度(L)/放弃(U)/宽度(W)]: @0,-4.76↙
指定下一点或 [圆弧(A)/闭合(C)/半宽(H)/长度(L)/放弃(U)/宽度(W)]: @-1,0↙
指定下一点或 [圆弧(A)/闭合(C)/半宽(H)/长度(L)/放弃(U)/宽度(W)]: @0, -24↙
指定下一点或 [圆弧(A)/闭合(C)/半宽(H)/长度(L)/放弃(U)/宽度(W)]: @1,0↙
指定下一点或 [圆弧(A)/闭合(C)/半宽(H)/长度(L)/放弃(U)/宽度(W)]: A↙
指定圆弧的端点或 [角度(A)/圆心(CE)/闭合(CL)/方向(D)/半宽(H)/直线(L)/半径(R)/第二个点(S)/放弃(U)/宽度(W)]:A↙
指定包含角: -180↙
指定圆弧的端点或 [圆心(CE)/半径(R)]: @-34.5,0↙
指定圆弧的端点或 [角度(A)/圆心(CE)/闭合(CL)/方向(D)/半宽(H)/直线(L)/半径(R)/第二个点(S)/放弃(U)/宽度(W)]: L↙
指定下一点或 [圆弧(A)/闭合(C)/半宽(H)/长度(L)/放弃(U)/宽度(W)]: @1,0↙
指定下一点或 [圆弧(A)/闭合(C)/半宽(H)/长度(L)/放弃(U)/宽度(W)]:↙
```

绘制效果如图 9-59 所示。

⑥ 单击"视图"选项卡"视图"面板"视图"下拉菜单中的"西南等轴测"按钮，将当前视图设置为西南等轴测方向。

⑦ 单击"三维工具"选项卡"建模"面板中的"拉伸"按钮，将步骤⑤中绘制的多段线进行拉伸处理，拉伸距离为 1，效果如图 9-60 所示。

⑧ 单击"三维工具"选项卡"实体编辑"面板中的"差集"按钮，将创建的两个拉伸实体进行差集处理，效果如图 9-61 所示。

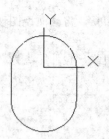
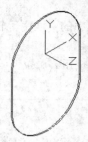
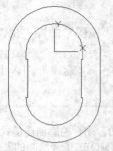
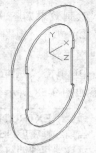

图 9-57　绘制多段线　　　图 9-58　拉伸多段线　　　图 9-59　绘制多段线　　　图 9-60　拉伸多段线

（2）创建孔。

① 绘制圆。将当前视图设置为前视方向，单击"默认"选项卡"绘图"面板中的"圆"按钮⊙，以坐标点（0,0,0）为圆心，绘制半径为 3.5 的圆。

② 复制圆。单击"默认"选项卡 "修改"面板中的"复制"按钮⁸³，将步骤①绘制的圆进行复制，命令行提示与操作如下。

```
命令: _COPY
选择对象: 找到 1 个（用鼠标选择步骤①绘制的圆）
选择对象: ↙
当前设置: 复制模式 = 多个
指定基点或 [位移(D)/模式(O)] <位移>: 0,0↙
指定第二个点或 [阵列(A)] <使用第一个点作为位移>: @22<0↙
指定第二个点或 [阵列(A)/退出(E)/放弃(U)] <退出>: @22<45↙
指定第二个点或 [阵列(A)/退出(E)/放弃(U)] <退出>: @22<90↙
指定第二个点或 [阵列(A)/退出(E)/放弃(U)] <退出>: @22<135↙
指定第二个点或 [阵列(A)/退出(E)/放弃(U)] <退出>: @22<180↙
指定第二个点或 [阵列(A)/退出(E)/放弃(U)] <退出>: @0,-28.76↙
指定第二个点或 [阵列(A)/退出(E)/放弃(U)] <退出>: ↙
```

效果如图 9-62 所示。

重复"复制"命令，绘制下侧的圆，命令行提示与操作如下。

```
命令: _COPY
选择对象: 找到 1 个（用鼠标选择图 9-62 中下侧的圆）
选择对象: ↙
当前设置: 复制模式 = 多个
指定基点或 [位移(D)/模式(O)] <位移>:（在对象捕捉模式下用鼠标选择图 9-62 中下侧圆的圆心）
指定第二个点或 [阵列(A)] <使用第一个点作为位移>: @22<0↙
指定第二个点或 [阵列(A)/退出(E)/放弃(U)] <退出>: @22<-45↙
指定第二个点或 [阵列(A)/退出(E)/放弃(U)] <退出>: @22<-90↙
指定第二个点或 [阵列(A)/退出(E)/放弃(U)] <退出>: @22<-135↙
指定第二个点或 [阵列(A)/退出(E)/放弃(U)] <退出>: @22<-180↙
指定第二个点或 [阵列(A)/退出(E)/放弃(U)] <退出>: ↙
```

绘制效果如图 9-63 所示。

③ 删除圆。单击"默认"选项卡"修改"面板中的"删除"按钮⌀，删除图 9-63 中内侧轮廓线内的两个圆，效果如图 9-64 所示。

④ 设置视图方向。单击"视图"选项卡"视图"面板"视图"下拉菜单中的"西南等轴测"按钮◈，将当

前视图设置为西南等轴测方向。

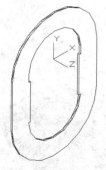
图 9-61 差集处理

图 9-62 复制圆

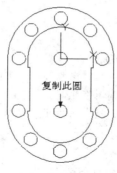
图 9-63 复制圆

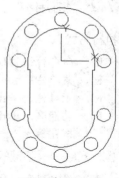
图 9-64 删除圆

⑤ 拉伸圆。单击"三维工具"选项卡"建模"面板中的"拉伸"按钮⬛，将前面复制的 10 个圆进行拉伸处理，拉伸距离为 1，效果如图 9-65 所示。

⑥ 差集处理。单击"三维工具"选项卡"实体编辑"面板中的"差集"按钮⬤，将垫片视图和步骤⑤创建的拉伸圆进行差集处理，结果如图 9-66 所示。

【选项说明】

（1）指定拉伸的高度：按指定的高度拉伸出三维实体对象。输入高度值后，根据实际需要，指定拉伸的倾斜角度。如果指定的角度为 0，AutoCAD 则把二维对象按指定的高度拉伸成柱体；如果输入角度值，拉伸后实体截面沿拉伸方向按此角度变化，成为一个棱台或圆台体。

（2）路径(P)：以现有的图形对象作为拉伸创建三维实体对象。如图 9-67 所示为沿圆弧曲线路径拉伸圆的结果。

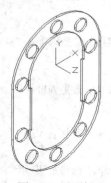
图 9-65 拉伸圆

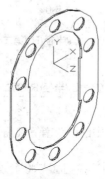
图 9-66 差集处理

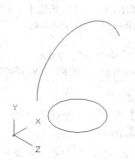
图 9-67 沿圆弧曲线路径拉伸圆

🪛 举一反三

可以使用创建圆柱体的"轴端点"命令确定圆柱体的高度和方向。轴端点是圆柱体顶面的中心点，轴端点可以位于三维空间的任意位置。

🎓 高手支招

在绘制垫片外形轮廓时，也可以先绘制内部和外部的轮廓线，然后再拉伸，此时拉伸的效果是两个多段线一起拉伸，并且其拉伸的高度是相等的。

9.7.2 倒角

【执行方式】

☑ 命令行：CHAMFEREDGE。

☑ 菜单栏：选择菜单栏中的"修改"→"实体编辑"→"倒角边"命令。

☑ 工具栏：单击"实体编辑"工具栏中的"倒角边"按钮 ⬤ 。

☑ 功能区：单击"三维工具"选项卡"实体编辑"面板中的"倒角边"按钮 ⬤ 。

图 9-68　平键

【操作实践——平键的绘制】

本实例绘制如图 9-68 所示的平键。

（1）单击"视图"选项卡"视图"面板"视图"下拉菜单中的"前视"按钮 ⬛ ，单击"默认"选项卡"绘图"面板中的"多段线"按钮 ⤴ ，绘制多段线。命令行提示与操作如下。

命令：_PLINE
指定起点：0,0✓
当前线宽为 0.0000
指定下一个点或 [圆弧(A)/半宽(H)/长度(L)/放弃(U)/宽度(W)]: @5,0✓
指定下一点或 [圆弧(A)/闭合(C)/半宽(H)/长度(L)/放弃(U)/宽度(W)]: A✓
指定圆弧的端点或 [角度(A)/圆心(CE)/闭合(CL)/方向(D)/半宽(H)/直线(L)/半径(R)/第二个点(S)/放弃(U)/宽度(W)]: A✓
指定包含角：-180✓
指定圆弧的端点或 [圆心(CE)/半径(R)]: @0,-5✓
指定圆弧的端点或 [角度(A)/圆心(CE)/闭合(CL)/方向(D)/半宽(H)/直线(L)/半径(R)/第二个点(S)/放弃(U)/宽度(W)]: L✓
指定下一点或 [圆弧(A)/闭合(C)/半宽(H)/长度(L)/放弃(U)/宽度(W)]: @-5,0✓
指定下一点或 [圆弧(A)/闭合(C)/半宽(H)/长度(L)/放弃(U)/宽度(W)]: A✓
指定圆弧的端点或 [角度(A)/圆心(CE)/闭合(CL)/方向(D)/半宽(H)/直线(L)/半径(R)/第二个点(S)/放弃(U)/宽度(W)]: A✓
指定包含角：-180✓
指定圆弧的端点或 [圆心(CE)/半径(R)]: 0,0✓
指定圆弧的端点或 [角度(A)/圆心(CE)/闭合(CL)/方向(D)/半宽(H)/直线(L)/半径(R)/第二个点(S)/放弃(U)/宽度(W)]: ✓

绘制效果如图 9-69 所示。

（2）单击"视图"选项卡"视图"面板"视图"下拉菜单中的"西南等轴测"按钮 ⬤ ，将当前视图设置为西南等轴测方向，效果如图 9-70 所示。

（3）单击"三维工具"选项卡"建模"面板中的"拉伸"按钮 ⬛ ，将多段线进行拉伸，命令行提示与操作如下。

命令：_EXTRUDE
当前线框密度：ISOLINES=10，闭合轮廓创建模式 = 实体
选择要拉伸的对象或 [模式(MO)]:（用鼠标选择绘制的多段线）
选择要拉伸的对象或 [模式(MO)]: ✓
指定拉伸的高度或 [方向(D)/路径(P)/倾斜角(T)/表达式(E)]: 5✓

效果如图 9-71 所示。

（4）单击"三维工具"选项卡"实体编辑"面板中的"倒角边"按钮 ⬤ ，对拉伸体 2 处进行倒角操作，命令行提示与操作如下。

命令: _CHAMFEREDGE 距离 1 = 1.0000, 距离 2 = 1.0000
CHAMFEREDGE 选择第一条边或[环(L)/距离(D)]: D↙
CHAMFEREDGE 指定距离 1 或 [表达式(E)] <1.0000>: 0.1↙
CHAMFEREDGE 指定距离 2 或 [表达式(E)] <1.0000>: 0.1↙
CHAMFEREDGE 选择第一条边或[环(L)/距离(D)]: L↙
CHAMFEREDGE 选择环边或[边(E)/距离(D)]: 选择要倒角的边
CHAMFEREDGE 输入选项 [接受(A)/下一个(N)] <接受>: ↙

效果如图 9-72 所示。

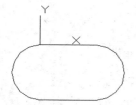

图 9-69 绘制多段线

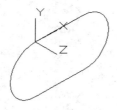

图 9-70 设置视图方向

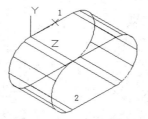

图 9-71 拉伸后的图形

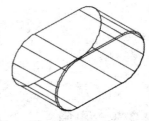

图 9-72 倒角处理

重复"倒角"命令，将图 9-71 所示的 1 处倒角，倒角参数设置与上面相同，效果如图 9-68 所示。读者应多加练习，熟悉立体图倒角中基面的选择。

🎓 高手支招

立体图的倒角与平面图形的倒角是不同的，立体图中要选择倒角的基面，然后再选择在基面中需要倒角的边，在平面图形中倒角需要选择两个相交的边。在立体图中倒角的关键是选择正确的基面，这在上面的练习中已经详细说明了。

（5）单击"视图"选项卡"视觉样式"面板中的"冷暖面样式"按钮🌑，效果如图 9-68 所示。

【选项说明】

（1）选择第一条直线：选择建模的一条边，此选项为系统的默认选项。选择某一条边以后，与此边相邻的两个面中的一个面的边框就变成虚线。选择建模上要倒直角的边后，命令行提示与操作如下。

基面选择...
输入曲面选择选项 [下一个(N)/当前(OK)] <当前(OK)>:

该提示要求选择基面，默认选项是当前，即以虚线表示的面作为基面。如果选择"下一个(N)"选项，则以与所选边相邻的另一个面作为基面。

选择好基面后，命令行继续出现如下提示。

指定基面的倒角距离 <2.0000>:（输入基面上的倒角距离）
指定其他曲面的倒角距离 <2.0000>:（输入与基面相邻的另外一个面上的倒角距离）
选择边或 [环(L)]:

选择边：确定需要进行倒角的边，此项为系统的默认选项。选择基面的某一边后，命令行提示与操作如下。

选择边或 [环(L)]:

在此提示下，按 Enter 键对选择好的边进行倒直角，也可以继续选择其他需要倒直角的边。

选择环：对基面上所有的边都进行倒直角。

（2）其他选项：与二维斜角类似，此处不再赘述。

如图 9-73 所示为对长方体倒角的效果。

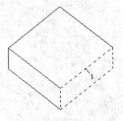 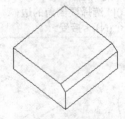 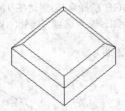

（a）选择倒角边"1"　　　　（b）选择边倒角结果　　　　（c）选择环倒角结果

图 9-73　对建模棱边倒角

9.7.3　圆角

【执行方式】

- ☑　命令行：FILLETEDGE。
- ☑　菜单栏：选择菜单栏中的"修改"→"三维编辑"→"圆角边"命令。
- ☑　工具栏：单击"实体编辑"工具栏中的"圆角边"按钮。
- ☑　功能区：单击"三维工具"选项卡"实体编辑"面板中的"圆角边"按钮。

【操作实践——前端盖的绘制】

本实例绘制如图 9-74 所示的前端盖。

（1）创建左端盖下部实体。

① 单击"视图"选项卡"视图"面板"视图"下拉菜单中的"西南等轴测"按钮，单击"三维工具"选项卡"建模"面板中的"长方体"按钮，以坐标点（0,0,0）为角点，创建长度为56、宽度为28.76、高度为9的长方体，效果如图 9-75 所示。

图 9-74　前端盖

② 单击"三维工具"选项卡"建模"面板中的"圆柱体"按钮，以坐标点（28,0,0）为底面中心，创建半径为28、高度为9的圆柱体。重复"圆柱体"命令，以（28,28.76,0）为底面中心，创建半径为28、高度为9的圆柱体，结果如图 9-76 所示。

③ 单击"三维工具"选项卡"实体编辑"面板中的"并集"按钮，将步骤①和②创建的长方体和圆柱体进行合并，效果如图 9-77 所示。

高手支招

如图 9-77 所示的图形是一个长方体和两个圆柱体合并生成的，也可以通过绘制外形轮廓线，然后拉伸而成，这需要用户对 AutoCAD 命令非常熟悉，并能灵活运用。下面绘制左端盖凸出部分将采用该方法。

（2）创建左端盖上部实体。

① 单击"视图"选项卡"视图"面板"视图"下拉菜单中的"俯视"按钮，将当前视图设置为俯视

方向。

② 单击"默认"选项卡"绘图"面板中的"多段线"按钮 ⌐⊃，绘制轮廓线，命令行提示与操作如下。

```
命令: _PLINE
指定起点: 12,0↙
当前线宽为 0.0000
指定下一个点或 [圆弧(A)/半宽(H)/长度(L)/放弃(U)/宽度(W)]: @0,28.76↙
指定下一点或 [圆弧(A)/闭合(C)/半宽(H)/长度(L)/放弃(U)/宽度(W)]: A↙
指定圆弧的端点或 [角度(A)/圆心(CE)/闭合(CL)/方向(D)/半宽(H)/直线(L)/半径(R)/第二个点(S)/放弃(U)/宽度(W)]: A↙
指定包含角: -180↙
指定圆弧的端点或 [圆心(CE)/半径(R)]: CE↙
指定圆弧的圆心: @16,0↙
指定圆弧的端点或 [角度(A)/圆心(CE)/闭合(CL)/方向(D)/半宽(H)/直线(L)/半径(R)/第二个点(S)/放弃(U)/宽度(W)]: L↙
指定下一点或 [圆弧(A)/闭合(C)/半宽(H)/长度(L)/放弃(U)/宽度(W)]: @0, -28.76
指定下一点或 [圆弧(A)/闭合(C)/半宽(H)/长度(L)/放弃(U)/宽度(W)]: A↙
指定圆弧的端点或 [角度(A)/圆心(CE)/闭合(CL)/方向(D)/半宽(H)/直线(L)/半径(R)/第二个点(S)/放弃(U)/宽度(W)]: A↙
指定包含角: -180↙
指定圆弧的端点或 [圆心(CE)/半径(R)]: CE↙
指定圆弧的圆心: @-16,0↙
指定圆弧的端点或 [角度(A)/圆心(CE)/闭合(CL)/方向(D)/半宽(H)/直线(L)/半径(R)/第二个点(S)/放弃(U)/宽度(W)]: ↙
```

绘制效果如图 9-78 所示。

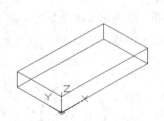

图 9-75　创建长方体

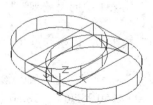

图 9-76　创建圆柱体

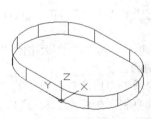

图 9-77　并集处理

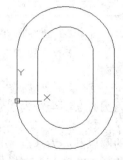

图 9-78　绘制多段线

高手支招

　　绘制立体图的草图时，可以在不同方向视图中绘制，但是在某些视图中绘制时，草图不直观，而且输入数据也比较烦琐，所以建议通过变换视图方向，将要绘制的草图设置在某一平面视图中。

③ 单击"视图"选项卡"视图"面板"视图"下拉菜单中的"西南等轴测"按钮 ◈，将当前视图设置为西南等轴测方向，效果如图 9-79 所示。

④ 单击"三维工具"选项卡"建模"面板中的"拉伸"按钮 ⬛，将绘制的多段线进行拉伸处理，拉伸距离为 16，效果如图 9-80 所示。

⑤ 单击"三维工具"选项卡"实体编辑"面板中的"并集"按钮 ⊚，将创建的左端盖的下部和上部两部分合并。

⑥ 单击"三维工具"选项卡"实体编辑"面板中的"圆角"按钮 ◈，对拉伸体的上边进行圆角处理，圆角半径为 1，命令行提示与操作如下。

命令: FILLET↙
当前设置: 模式=修剪, 半径=0.0000
选择第一个对象或 [放弃(U)/多段线(P)/半径(R)/修剪(T)/多个(M)]: (选择前端盖上表面棱线)
输入圆角半径或 [表达式(E)]: 1↙
选择边或 [链(C)/环(L)/半径(R)]: C↙
选择边链或 [边(E)/半径(R)]: (选择前端盖上表面棱线↙)

效果如图 9-81 所示。

⑦ 单击"视图"选项卡"视觉样式"面板中的"隐藏"按钮，效果如图 9-82 所示。

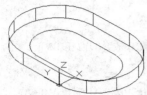 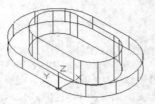 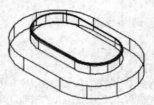 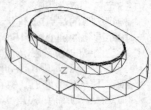

图 9-79　设置视图方向　　图 9-80　拉伸多线段　　图 9-81　倒圆角　　图 9-82　消隐处理

🎓 **高手支招**

消隐主要是为了更清晰地看清楚视图，适当地消隐背景线可使显示更加清晰，但是该命令不能编辑消隐或渲染的视图。

（3）创建连接孔。

① 单击"视图"选项卡"视图"面板"视图"下拉菜单中的"俯视"按钮，将当前视图设置为俯视方向。

② 单击"默认"选项卡"绘图"面板中的"圆"按钮，以坐标点（6,0）为圆心绘制半径为 3.5 的圆。

③ 单击"默认"选项卡"修改"面板中的"复制"按钮，将步骤②绘制的圆以圆心为基点，分别复制到坐标点（28,-22）、（50,0）、（50,28.76）、（28,50.76）和（6,28.76），效果如图 9-83 所示。

④ 单击"视图"选项卡"视图"面板"视图"下拉菜单中的"西南等轴测"按钮，将当前视图设置为西南等轴测方向。

⑤ 单击"三维工具"选项卡"建模"面板中的"拉伸"按钮，将复制的圆进行拉伸处理，拉伸高度为 9，效果如图 9-84 所示。

⑥ 单击"三维工具"选项卡"实体编辑"面板中的"差集"按钮，将创建的左端盖与拉伸得到的 6 个圆柱体进行差集处理，效果如图 9-85 所示。

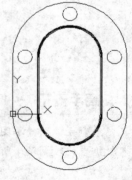

图 9-83　复制圆

🎓 **高手支招**

上面创建圆柱体时，首先绘制平面图形，然后拉伸为圆柱体，主要是为了让用户熟悉 AutoCAD 命令，熟练掌握图形的不同的生成方式。下面将采用"圆柱体"命令直接创建圆柱体。

⑦ 单击"三维工具"选项卡"建模"面板中的"圆柱体"按钮，以坐标点（6,0,9）为底面圆心，创建半径为 4.5、高度为-6 的圆柱体，效果如图 9-86 所示。

⑧ 单击"默认"选项卡"修改"面板中的"复制"按钮，将步骤⑦绘制的圆柱体以（6,0,9）为基点，

分别复制到坐标点（28,-22,9）、（50,0,9）、（50,28.76,9）、（28,50.76,9）和（6,28.76,9），效果如图 9-87 所示。

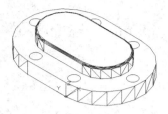
图 9-84　拉伸圆

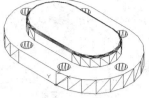
图 9-85　差集处理

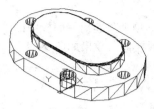
图 9-86　创建圆柱体

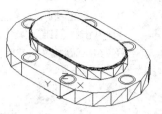
图 9-87　复制圆柱体

⑨ 单击"三维工具"选项卡"实体编辑"面板中的"差集"按钮⑩，分别将创建的左端盖与 6 个圆柱体进行差集处理，效果如图 9-88 所示。

（4）创建定位孔。

① 单击"视图"选项卡"视图"面板"视图"下拉菜单中的"俯视"按钮□，将当前视图设置为俯视方向，如图 9-89 所示。

② 单击"默认"选项卡"绘图"面板中的"圆"按钮⊙，以坐标点（28,0）为圆心，绘制半径为 2.5 的圆。

③ 单击"默认"选项卡"修改"面板中的"复制"按钮⊙，将步骤②绘制的圆以圆心为基点，分别复制到坐标点（@22<-45）和（@0,28.76）。重复"复制"命令，将图 9-90 中的圆 3 以圆心为基点，复制到坐标点（@22<135），效果如图 9-90 所示。

④ 单击"默认"选项卡"修改"面板中的"删除"按钮✎，删除图 9-90 中的圆 1 和圆 3，效果如图 9-91 所示。

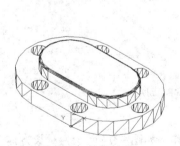
图 9-88　差集处理

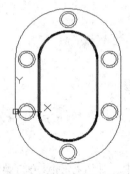
图 9-89　设置视图方向

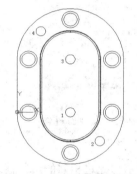
图 9-90　复制圆后的图形

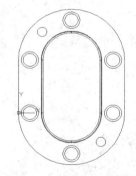
图 9-91　删除圆后的图形

🎓 **高手支招**

在图中是为了绘制圆 2 和圆 4，在本例中采用了间接的方法绘制这两个圆，并且采用了极坐标的输入形式，主要是考虑如果直接输入这两个圆的坐标，因为其坐标不是整数，定位会不精确，所以在绘制图形时，要灵活掌握坐标的输入形式。

⑤ 单击"视图"选项卡"视图"面板"视图"下拉菜单中的"西南等轴测"按钮◈，将当前视图设置为西南等轴测方向。

⑥ 单击"三维工具"选项卡"建模"面板中的"拉伸"按钮⬆，将图 9-90 所示的圆 2 和圆 4 拉伸，拉伸距离为 9，效果如图 9-92 所示。

⑦ 单击"三维工具"选项卡"实体编辑"面板中的"差集"按钮◎，将创建的左端盖与拉伸后的两个圆柱体进行差集处理，效果如图 9-93 所示。

（5）创建轴孔。

① 单击"三维工具"选项卡"建模"面板中的"圆柱体"按钮▣，以坐标点（28,0,0）为底面中心，创建半径为 8、高度为 11 的圆柱体，效果如图 9-94 所示。

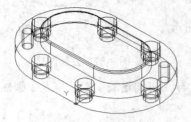
图 9-92　拉伸圆

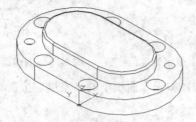
图 9-93　差集处理

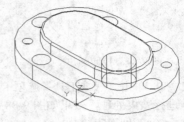
图 9-94　创建圆柱体

② 单击"默认"选项卡"修改"面板中的"复制"按钮%，将步骤①创建的圆柱体从坐标点（28,0,0）复制到（@0,28.76,0），效果如图 9-95 所示。

③ 单击"三维工具"选项卡"实体编辑"面板中的"差集"按钮◎，将创建的左端盖与两个圆柱体进行差集处理。

④ 单击"视图"选项卡"导航"面板中的"自由动态观察"按钮❍，将当前视图调整到能够看到轴孔的位置，效果如图 9-96 所示。

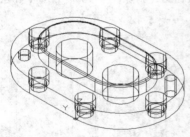
图 9-95　复制圆柱体

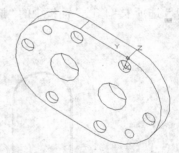
图 9-96　设置视图方向

【选项说明】

选择"链(C)"选项，表示与此边相邻的边都被选中，并进行倒圆角的操作。如图 9-97 所示为对长方体倒圆角的效果。

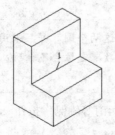
（a）选择倒圆角边"1"

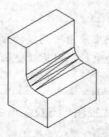
（b）边倒圆角效果

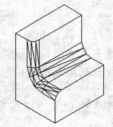
（c）链倒圆角效果

图 9-97　对建模棱边倒圆角

9.7.4　旋转

【执行方式】

☑　命令行：REVOLVE（快捷命令：REV）。
☑　菜单栏：选择菜单栏中的"绘图"→"建模"→"旋转"命令。
☑　工具栏：单击"建模"工具栏中的"旋转"按钮 🖼。
☑　功能区：单击"三维工具"选项卡"建模"面板中的"旋转"按钮 🖼。

【操作实践——带轮的绘制】

本实例绘制如图 9-98 所示的带轮。

（1）绘制截面轮廓线。

① 单击"默认"选项卡"绘图"面板中的"多段线"按钮 ⤵，绘制轮廓线，在命令行提示下依次输入：（0,0）、（0,240）、（250,240）、（250,220）、（210,207.5）、（210,182.5）、（250,170）、（250,145）、（210,132.5）、（210,107.5）、（250,95）、（250,70）、（210,57.5）、（210,32.5）、（250,20）、（250,0），然后将多段线首尾闭合，效果如图 9-99 所示。

② 单击"三维工具"选项卡"建模"面板中的"旋转"按钮 🖼。指定轴起点（0,0）、轴端点（0,240）、旋转角度为 360°，旋转轮廓线。命令行提示与操作如下。

```
命令:_REVOLVE
当前线框密度: ISOLINES=4，闭合轮廓创建模式 = 曲面
选择要旋转的对象或 [模式(MO)]: 选择多段线↙
选择要旋转的对象或 [模式(MO)]: 找到 1 个（选择多段线）↙
选择要旋转的对象或 [模式(MO)]:
指定轴起点或根据以下选项之一定义轴 [对象(O)/X/Y/Z] <对象>: 0.0（输入轴起点坐标）
指定轴端点: 0.240（输入轴端点坐标）
指定旋转角度或 [起点角度(ST)/反转(R)/表达式(EX)] <360>: 360（输入旋转角度）
```

③ 单击"视图"选项卡"视图"面板"视图"下拉菜单中的"西南等轴测"按钮 🖼，切换视图。

④ 单击"视图"选项卡"视觉样式"面板中的"隐藏"按钮 🖼，效果如图 9-100 所示。

图 9-98　带轮

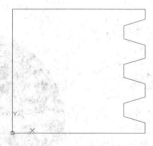

图 9-99　带轮轮廓线

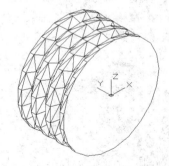

图 9-100　旋转后的带轮

（2）绘制轮毂。

① 设置新的坐标系，在命令行中输入"UCS"，命令行提示与操作如下。

```
命令: UCS↙
当前 UCS 名称: *世界*
```

指定 UCS 的原点或 [面(F)/命名(NA)/对象(OB)/上一个(P)/视图(V)/世界(W)/X/Y/Z/Z 轴(ZA)] <世界>: X✓
指定绕 X 轴的旋转角度<90>: ✓

② 单击"默认"选项卡"绘图"面板中的"圆"按钮⊙，绘制一个圆心在原点，半径为 190 的圆。

③ 单击"默认"选项卡"绘图"面板中的"圆"按钮⊙，绘制圆心在（0,0,-250），半径为 190 的圆。

④ 单击"默认"选项卡"绘图"面板中的"圆"按钮⊙，绘制圆心在（0,0,-45），半径为 50 的圆。

⑤ 单击"默认"选项卡"绘图"面板中的"圆"按钮⊙，绘制圆心在（0,0,-45），半径为 80 的圆，效果如图 9-101 所示。

⑥ 单击"三维工具"选项卡"建模"面板中的"拉伸"按钮▥，拉伸离原点较近的半径为 190 的圆，拉伸高度为-85。

按上述方法拉伸离原点较远的半径为 190 的圆，高度为 85。将半径为 50 和 80 的圆拉伸，高度为-160。此时的图形效果如图 9-102 所示。

⑦ 单击"三维工具"选项卡"实体编辑"面板中的"差集"按钮⑩，从带轮主体中减去半径为 190 拉伸的建模，对拉伸后的建模进行布尔运算。

⑧ 单击"三维工具"选项卡"实体编辑"面板中的"并集"按钮⑩，将带轮主体与半径为 80 拉伸的建模进行计算。

⑨ 单击"三维工具"选项卡"实体编辑"面板中的"差集"按钮⑩，从带轮主体中减去半径为 50 拉伸的建模。

⑩ 单击"视图"选项卡"视觉样式"面板中的"概念"按钮，对建模进行着色，此时的图形效果如图 9-103 所示。

（3）绘制孔。

① 单击"视图"选项卡"视觉样式"面板中的"二维线框"按钮。

② 单击"默认"选项卡"绘图"面板中的"圆"按钮⊙，绘制 3 个圆心在原点，半径分别为 170、100 和 135 的圆。

③ 单击"默认"选项卡"绘图"面板中的"圆"按钮⊙，绘制一个圆心在（135,0），半径为 35 的圆。

④ 单击"默认"选项卡"修改"面板中的"复制"按钮％，复制半径为 35 的圆，并将它放在原点。

⑤ 单击"默认"选项卡"修改"面板中的"移动"按钮✦，移动在原点的半径为 35 的圆，移动位移 @135<60。

⑥ 单击"默认"选项卡"修改"面板中的"修剪"按钮／，删除多余的线段。此时图形效果如图 9-104 所示。

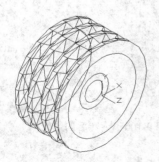
图 9-101 带轮的中间图

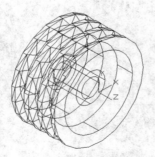
图 9-102 拉伸后的建模

图 9-103 带轮的着色图

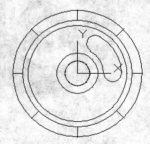
图 9-104 弧形的边界

⑦ 单击"默认"选项卡"修改"面板中的"编辑多段线"按钮✍，将弧形孔的边界编辑成一条封闭的多段线。

⑧ 单击"默认"选项卡"修改"面板中的"环形阵列"按钮，进行阵列。中心点为（0,0），项目总数为 3。此时的图形效果如图 9-105 所示。

⑨ 单击"三维工具"选项卡"建模"面板中的"拉伸"按钮，拉伸绘制的 3 个弧形面，拉伸高度为-240。

⑩ 单击"视图"选项卡"视图"面板"视图"下拉菜单中的"西南等轴测"按钮，改变视图的观察方向，效果如图 9-106 所示。

⑪ 单击"三维工具"选项卡"实体编辑"面板中的"差集"按钮，将 3 个弧形建模从带轮建模中减去。为了便于观看，用三维动态观察器将带轮旋转一个角度，窗口图形如图 9-107 所示。

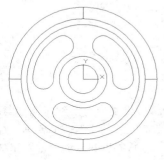

图 9-105　弧形面阵列图

图 9-106　弧形面拉伸后的图

图 9-107　求差集后的带轮

【选项说明】

（1）指定轴起点/指定轴端点：通过两个点来定义旋转轴。AutoCAD 将按指定的角度和旋转轴旋转二维对象。

（2）对象(O)：选择已经绘制好的直线或用"多段线"命令绘制的直线段作为旋转轴线。

（3）X(Y)(Z)轴：将二维对象绕当前坐标系（UCS）的 X(Y)(Z)轴旋转。如图 9-108 所示为矩形平面绕 X 轴旋转的结果。

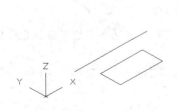
（a）旋转界面

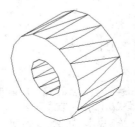
（b）旋转后的建模

图 9-108　旋转体

9.7.5　扫掠

【执行方式】

☑　命令行：SWEEP。

☑　菜单栏：选择菜单栏中的"绘图"→"建模"→"扫掠"命令。

☑　工具栏：单击"建模"工具栏中的"扫掠"按钮。

☑　功能区：单击"三维工具"选项卡"建模"面板中的"扫掠"按钮。

【操作实践——锁紧螺母的绘制】

本实例绘制如图 9-109 所示的锁紧螺母。

（1）创建联接螺纹。

① 单击"默认"选项卡"绘图"面板中的"螺旋"按钮▤，绘制螺纹轮廓，命令行提示与操作如下。

命令: _HELIX
圈数= 3.0000　　扭曲=CCW
指定底面的中心点: 0,0,-1.5↙
指定底面半径或 [直径(D)] <1.000>: 13.5↙
指定顶面半径或 [直径(D)] <13.5000>: ↙
指定螺旋高度或 [轴端点(A)/圈数(T)/圈高(H)/扭曲(W)] <12.2000>: T↙
输入圈数 <3.0000>: 8↙
指定螺旋高度或 [轴端点(A)/圈数(T)/圈高(H)/扭曲(W)] <12.2000>: 12.2↙

将当前视图设置为西南等轴测视图，效果如图 9-110 所示。

② 单击"视图"选项卡"视图"面板"视图"下拉菜单中的"前视"按钮▦，将视图切换到前视方向。

③ 单击"默认"选项卡"绘图"面板中的"直线"按钮╱，捕捉螺旋线的上端点绘制牙型截面轮廓，尺寸参照如图 9-111 所示；单击"默认"选项卡"绘图"面板中的"面域"按钮▢，将其创建成面域，效果如图 9-112 所示。

图 9-109　锁紧螺母

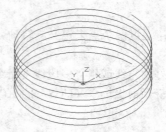

图 9-110　绘制螺纹线

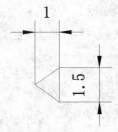

图 9-111　牙型尺寸

④ 将视图切换到西南等轴测视图。单击"三维工具"选项卡"建模"面板中的"扫掠"按钮▤，命令行提示与操作如下。

当前线框密度: ISOLINES=8,　闭合轮廓创建模式 = 实体
选择要扫掠的对象或 [模式(MO)]:（选择三角形↙）
选择扫掠路径或 [对齐(A)/基点(B)/比例(S)/扭曲(T)]:（选择螺纹）

效果如图 9-113 所示。

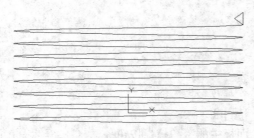

图 9-112　绘制牙型截面轮廓

图 9-113　扫掠结果

⑤ 单击"三维工具"选项卡"建模"面板中的"圆柱体"按钮📵，以坐标点（0,0,0）为底面中心点，分别创建半径为 17、轴端点为（@0,11,0）的圆柱体和半径为 13.5、轴端点为（@0,11,0）的圆柱体，效果如图 9-114 所示。

⑥ 单击"三维工具"选项卡"实体编辑"面板中的"差集"按钮⚪，从大圆柱体中减去小圆柱体；单击"三维工具"选项卡"实体编辑"面板中的"并集"按钮⚪，将视图中所有的图形合并，效果如图 9-115 所示。

⑦ 单击"三维工具"选项卡"建模"面板中的"圆柱体"按钮📵，以坐标点（0,0,0）为底面中心点，创建半径为 20、轴端点为（@0,-5,0）的圆柱体；以坐标点（0,11,0）为底面中心点，创建半径为 20、轴端点为（@0,5,0）的圆柱体，效果如图 9-116 所示。

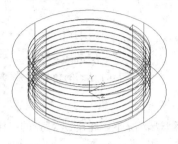

图 9-114 创建圆柱体

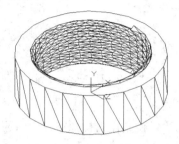

图 9-115 布尔运算处理

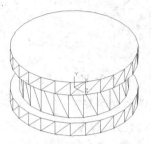

图 9-116 创建圆柱体

⑧ 单击"三维工具"选项卡"实体编辑"面板中的"差集"按钮⚪，从实体中减去刚绘制的两个圆柱体，消隐后如图 9-117 所示。

（2）创建退刀槽。

① 单击"三维工具"选项卡"建模"面板中的"圆柱体"按钮📵，以坐标点（0,9,0）为底面中心点，创建半径为 14、轴端点为（0,11,0）的圆柱体，效果如图 9-118 所示，图中虚线为创建的圆柱体。

② 单击"三维工具"选项卡"实体编辑"面板中的"差集"按钮⚪，将创建的两个圆柱体进行差集处理，效果如图 9-119 所示。

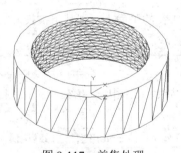

图 9-117 差集处理

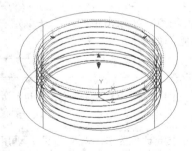

图 9-118 创建圆柱体

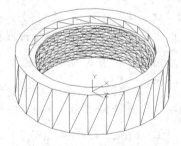

图 9-119 差集处理

（3）绘制外形轮廓。

① 单击"三维工具"选项卡"建模"面板中的"圆柱体"按钮📵，以坐标点（0,11,0）为底面中心点，绘制半径为 17、轴端点为（@0,3,0）的圆柱体。

② 单击"三维工具"选项卡"实体编辑"面板中的"并集"按钮⚪，将视图中所有的图形合并为一个实体，效果如图 9-120 所示。

③ 单击"三维工具"选项卡"建模"面板中的"圆柱体"按钮📵，以坐标点（0,11,0）为底面中心点，创建半径为 8、轴端点为（@0,3,0）的圆柱体。

④ 单击"三维工具"选项卡"实体编辑"面板中的"差集"按钮◎◎，将创建的两个圆柱体进行差集处理，效果如图 9-121 所示。

⑤ 单击"三维工具"选项卡"实体编辑"面板中的"倒角边"按钮●，将图 9-121 所示的直线 1 进行倒角处理，倒角距离为 1。重复"倒角"命令，在图 9-121 所示的 2 处倒角，距离为 1，倒角后的效果如图 9-122 所示。

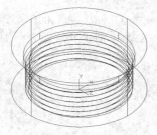

图 9-120　并集处理

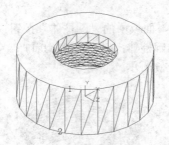

图 9-121　差集处理

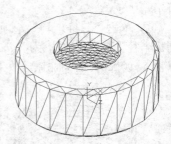

图 9-122　倒角处理

【选项说明】

（1）对齐(A)：指定是否对齐轮廓以使其作为扫掠路径切向的法向，默认情况下，轮廓是对齐的。选择该选项，命令行提示与操作如下。

扫掠前对齐垂直于路径的扫掠对象 [是(Y)/否(N)] <是>：输入"N"，指定轮廓无须对齐；按 Enter 键，指定轮廓将对齐

🔧 **举一反三**

使用"扫掠"命令，可以通过沿开放或闭合的二维或三维路径扫掠开放或闭合的平面曲线（轮廓）来创建新建模或曲面。"扫掠"命令用于沿指定路径以指定轮廓的形状（扫掠对象）创建建模或曲面。可以扫掠多个对象，但是这些对象必须在同一平面内。如果沿一条路径扫掠闭合的曲线，则生成建模。

（2）基点(B)：指定要扫掠对象的基点。如果指定的点不在选定对象所在的平面上，则其将被投影到该平面上。选择该选项，命令行提示与操作如下。

指定基点：指定选择集的基点

（3）比例(S)：指定比例因子以进行扫掠操作。从扫掠路径的开始到结束，比例因子将统一应用到扫掠的对象上。选择该选项，命令行提示与操作如下。

输入比例因子或 [参照(R)] <1.0000>：指定比例因子，输入"R"，调用参照选项；按 Enter 键，选择默认值

其中，"参照(R)"选项表示通过拾取点或输入值来根据参照的长度缩放选定的对象。

（4）扭曲(T)：设置正被扫掠对象的扭曲角度。扭曲角度指定沿扫掠路径全部长度的旋转量。选择该选项，命令行提示与操作如下。

输入扭曲角度或允许非平面扫掠路径倾斜 [倾斜(B)] <n>：指定小于 360°的角度值，输入"B"，打开倾斜；按 Enter 键，选择默认角度值

其中，"倾斜(B)"选项指定被扫掠的曲线是否沿三维扫掠路径（三维多线段、三维样条曲线或螺旋线）自然倾斜（旋转）。

如图 9-123 所示为扭曲扫掠示意图。

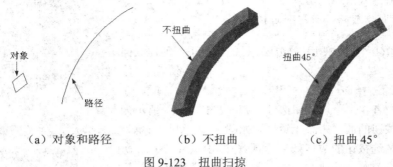

（a）对象和路径　　　　（b）不扭曲　　　　（c）扭曲 45°

图 9-123　扭曲扫掠

9.7.6　放样

【执行方式】

☑　命令行：LOFT。
☑　菜单栏：选择菜单栏中的"绘图"→"建模"→"放样"命令。
☑　工具栏：单击"建模"工具栏中的"放样"按钮 🔘。
☑　功能区：单击"三维工具"选项卡"建模"面板中的"放样"按钮 🔘。

【操作步骤】

命令: LOFT✓
当前线框密度: ISOLINES=4，闭合轮廓创建模式 = 实体
按放样次序选择横截面或 [点(PO)/合并多条边(J)/模式(MO)]:（依次选择要放样的截面）
按放样次序选择横截面或 [点(PO)/合并多条边(J)/模式(MO)]:
输入选项 [导向(G)/路径(P)/仅横截面(C)/设置(S)] <仅横截面>: S

【选项说明】

（1）导向(G)：指定控制放样实体或曲面形状的导向曲线。可以使用导向曲线来控制点如何匹配相应的横截面，以防止出现不希望看到的效果（例如结果实体或曲面中的皱褶）。指定控制放样建模或曲面形状的导向曲线。导向曲线是直线或曲线，可通过将其他线框信息添加至对象来进一步定义建模或曲面的形状，如图 9-124 所示。选择该选项，命令行提示与操作如下。

选择导向曲线: 选择放样建模或曲面的导向曲线，然后按 Enter 键

（2）路径(P)：指定放样实体或曲面的单一路径，如图 9-125 所示。选择该选项，命令行提示与操作如下。

选择路径: 指定放样建模或曲面的单一路径

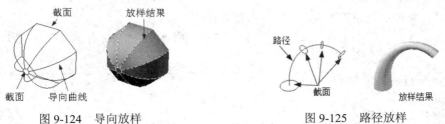

图 9-124　导向放样　　　　　　　　图 9-125　路径放样

高手支招

路径曲线必须与横截面的所有平面相交。

（3）仅横截面(C)：在不使用导向或路径的情况下，创建放样对象。

（4）设置(S)：选择该选项，打开"放样设置"对话框，如图 9-126 所示。其中有 4 个单选按钮选项，如图 9-127（a）所示为选中"直纹"单选按钮的放样效果示意图，如图 9-127（b）所示为选中"平滑拟合"单选按钮的放样效果示意图，如图 9-127（c）所示为选中"法线指向"单选按钮并选择"所有横截面"选项的放样效果示意图，如图 9-127（d）所示为选中"拔模斜度"单选按钮并设置"起点角度"为 45°、"起点幅值"为 10、"端点角度"为 60°、"端点幅值"为 10 的放样效果示意图。

图 9-126　"放样设置"对话框

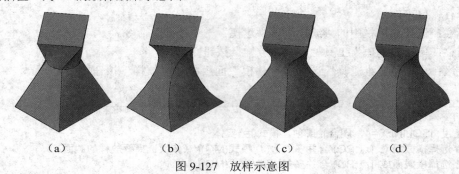

（a）　　　　　　（b）　　　　　　（c）　　　　　　（d）

图 9-127　放样示意图

高手支招

每条导向曲线必须满足以下条件才能正常工作。
（1）与每个横截面相交。
（2）从第一个横截面开始。
（3）到最后一个横截面结束。
可以为放样曲面或建模选择任意数量的导向曲线。

9.7.7　拖曳

【执行方式】

☑　命令行：PRESSPULL。
☑　工具栏：单击"建模"工具栏中的"按住并拖动"按钮 🖮。
☑　功能区：单击"三维工具"选项卡"实体编辑"面板中的"按住并拖动"按钮 🖮。

【操作步骤】

```
命令: PRESSPULL↙
选择对象或边界区域:
指定拉伸高度或 [多个(M)]:
```

指定拉伸高度或 [多个(M)]:
已创建 1 个拉伸

选择有限区域后，按住鼠标左键并拖动，对相应的区域进行拉伸变形，如图 9-128 所示为选择圆台上表面按住鼠标左键并拖动的效果。

（a）圆台　　（b）向下拖动　　（b）向上拖动

图 9-128　按住并拖动

9.8　渲　染　实　体

渲染是对三维图形对象加上颜色和材质因素，还可以有灯光、背景、场景等因素，能够更真实地表达图形的外观和纹理。渲染是输出图形前的关键步骤，尤其是在效果图的设计中。

【预习重点】

☑　练习设置光源命令。

☑　练习渲染命令。

☑　对比渲染前后实体模型。

9.8.1　设置光源

【执行方式】

☑　命令行：LIGHT。

☑　菜单栏：选择菜单栏中的"视图"→"渲染"→"光源"→"新建点光源"命令（如图 9-129 所示）。

☑　工具栏：单击"渲染"工具栏中的"新建点光源"按钮（如图 9-130 所示）。

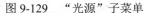

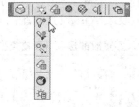

图 9-129　"光源"子菜单　　　　　　　　　　图 9-130　"渲染"工具栏

☑　功能区：单击"可视化"选项卡"光源"面板中的"新建点光源"按钮。

【操作步骤】

指定源位置 <0,0,0>:（指定位置）
输入要更改的选项 [名称(N)/强度因子(I)/状态(S)/光度(P)/阴影(W)/衰减(A)/过滤颜色(C)/退出(X)]<退出>:

【选项说明】

（1）点光源：创建点光源。选择该项，系统提示如下。

指定源位置 <0,0,0>:（指定位置）
输入要更改的选项 [名称(N)/强度因子(I)/状态(S)/光度(P)/阴影(W)/衰减(A)/过滤颜色(C)/退出(X)] <退出>:

上面各项的含义如下。

① 名称(N)：指定光源的名称。可以在名称中使用大写字母和小写字母、数字、空格、连字符（-）和下划线（_），最大长度为 256 个字符。选择该项，系统提示如下。

输入光源名称:

② 强度因子(I)：设置光源的强度或亮度，取值范围为 0.00 到系统支持的最大值。选择该项，系统提示如下。

输入强度 (0.00 -最大浮点数) <1>:

③ 状态(S)：打开和关闭光源。如果图形中没有启用光源，则该设置没有影响。选择该项，系统提示如下。

输入状态 [开(N)/关(F)] <开>:

④ 光度是指测量可见光源的照度。在光度中，照度是指对光源沿特定方向发出的可感知能量的测量。光通量是每单位立体角中可感知的能量。总光通量为沿所有方向发射的可感知的能量。亮度是指入射到每单位面积表面上的总光通量。

> **注意** 仅当 LIGHTINGUNITS 系统变量设置为 1 或 2 时，"光度"选项才可用。

⑤ 阴影(W)：使光源投影。选择该项，系统提示如下。

输入阴影设置 [关(O)/锐化(S)/已映射柔和(F)/已采样柔和(A)] <锐化>:

其中，各项的含义如下。
- ☑ 关(O)：关闭光源的阴影显示和阴影计算。关闭阴影将提高性能。
- ☑ 锐化(S)：显示带有强烈边界的阴影。使用此选项可以提高性能。
- ☑ 已映射柔和(F)：显示带有柔和边界的真实阴影。
- ☑ 已采样柔和(A)：显示真实阴影和基于扩展光源的较柔和的阴影（半影）。
- ⑥ 衰减(A)：设置系统的衰减特性。选择该项，系统提示如下。

输入要更改的选项 [衰减类型(T)/使用界限(U)/衰减起始界限(L)/衰减结束界限(E)/退出(X)] <退出>:

其中，各项的含义如下。
- ☑ 衰减类型(T)：控制光线如何随着距离增加而衰减。对象距点光源越远，则越暗。选择该项，系统提示如下。

输入衰减类型 [无(N)/线性反比(I)/平方反比(S)] <线性反比>:

> ➢ 无(N)：设置无衰减。此时对象不论距离点光源是远还是近，明暗程度都一样。
> ➢ 线性反比(I)：将衰减设置为与距离点光源的线性距离成反比。例如，距离点光源 2 个单位时，光线强度是点光源的一半；而距离点光源 4 个单位时，光线强度是点光源的 1/4。线性反比的

默认值是最大强度的一半。

> 平方反比(S)：将衰减设置为与距离点光源的距离的平方成反比。例如，距离点光源 2 个单位时，光线强度是点光源的 1/4；而距离点光源 4 个单位时，光线强度是点光源的 1/16。

> 衰减起始界限(L)：指定一个点，光线的亮度相对于光源中心的衰减从这一点开始，默认值为 0。选择该项，系统提示如下。

指定起始界限偏移 (0-??) 或 [关(O)]:

☑ 衰减结束界限(E)：指定一个点，光线的亮度相对于光源中心的衰减从这一点结束，在此点之后将不会投射光线。在光线的效果很微弱、计算将浪费处理时间的位置处设置结束界限将提高性能。选择该项，系统提示如下。

指定结束界限偏移或 [关(O)]:

⑦ 过滤颜色(C)：控制光源的颜色。选择该项，系统提示如下。

输入真彩色 (R,G,B) 或输入选项 [索引颜色(I)/HSL(H)/配色系统(B)]<255,255,255>:

颜色设置与前面介绍的颜色设置一样，这里不再赘述。

（2）聚光灯：创建聚光灯。选择该项，系统提示如下。

指定源位置 <0,0,0>:（输入坐标值或使用定点设备）
指定目标位置 <1,1,1>:（输入坐标值或使用定点设备）
输入要更改的选项 [名称(N)/强度因子(I)/状态(S)/光度(P)/聚光角(H)/照射角(F)/阴影(W)/衰减(A)/过滤颜色(C)/退出(X)] <退出>:

其中，大部分选项与点光源项相同，这里只对特别的几项加以说明。

① 聚光角(H)：指定定义最亮光锥的角度，也称为光束角。聚光角的取值范围为 0°～160°或基于其他角度单位的等价值。选择该项，系统提示如下。

输入聚光角角度 (0.00-160.00):

② 照射角(F)：指定定义完整光锥的角度，也称为现场角。照射角的取值范围为 0°～160°。默认值为 45°或基于其他角度单位的等价值。

输入照射角角度 (0.00-160.00):

高手支招

照射角角度必须大于或等于聚光角角度。

（3）平行光：创建平行光。选择该项，系统提示如下。

指定光源方向 FROM <0,0,0> 或 [矢量(V)]:（指定点或输入"V"）
指定光源方向 TO <1,1,1>:（指定点）

如果输入 V 选项，系统提示如下。

指定矢量方向 <0.0000,-0.0100,1.0000>:（输入矢量）

指定光源方向后，系统提示如下。

输入要更改的选项 [名称(N)/强度因子(I)/状态(S)/光度(P)/阴影(W)/过滤颜色(C)/退出(X)] <退出>:

其中，各项含义前面已介绍过，这里不再赘述。

有关光源设置的命令还有光源列表和阳光特性等几项。

（1）光源列表：有关内容如下。

【执行方式】

☑ 命令行：LIGHTLIST。

☑ 菜单栏：选择菜单栏中的"视图"→"渲染"→"光源"→"光源列表"命令。

☑ 工具栏：单击"渲染"工具栏中的"光源列表"按钮🔲。

☑ 功能区：单击"可视化"选项卡"光源"面板中的"启动"按钮🔽。

【操作步骤】

命令: LIGHTLIST↙

执行上述命令后，打开"模型中的光源"对话框，如图 9-131 所示，显示模型中已经建立的光源。

（2）阳光特性：有关内容如下。

【执行方式】

☑ 命令行：SUNPROPERTIES。

☑ 菜单栏：选择菜单栏中的"视图"→"渲染"→"光源"→"阳光特性"命令。

☑ 工具栏：单击"渲染"工具栏中的"阳光特性"按钮🔲。

☑ 功能区：单击"可视化"选项卡"阳光和位置"面板中的"启动"按钮🔽。

【操作步骤】

命令: SUNPROPERTIES↙

执行上述命令后，打开"阳光特性"对话框，如图 9-132 所示，在其中可以修改已经设置好的阳光特性。

图 9-131 "模型中的光源"对话框

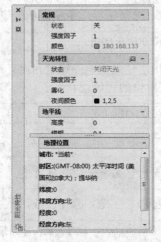

图 9-132 "阳光特性"对话框

9.8.2 渲染环境

【执行方式】

☑ 命令行：RENDERENVIRONMENT。

☑ 功能区：单击"可视化"选项卡"渲染"面板中的"渲染环境和曝光"按钮🔲 渲染环境和曝光。

【操作步骤】

执行上述命令后，打开如图 9-133 所示的"渲染环境和曝光"对话框，可以从中设置渲染环境的有关参数。

9.8.3 贴图

贴图的功能是在实体附着带纹理的材质后，可以调整实体或面上纹理贴图的方向。当材质被映射后，调整材质以适应对象的形状。

【执行方式】

☑ 命令行：MATERIALMAP。

☑ 菜单栏：选择菜单栏中的"视图"→"渲染"→"贴图"→"平面贴图"命令（如图 9-134 所示）。

图 9-133 "渲染环境和曝光"对话框

☑ 工具栏：单击"渲染"工具栏中的"平面贴图"按钮◁或单击"贴图"工具栏中的"平面贴图"按钮◁（如图 9-135 所示或如图 9-136 所示）。

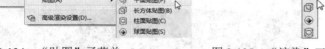

图 9-134 "贴图"子菜单 图 9-135 "渲染"工具栏 图 9-136 "贴图"工具栏

【操作步骤】

命令: MATERIALMAP ↙
选择选项 [长方体(B)/平面(P)/球面(S)/柱面(C)/复制贴图至(Y)/重置贴图(R)] <长方体>:

【选项说明】

（1）长方体(B)：将图像映射到类似长方体的实体上，该图像将在对象的每个面上重复使用。

（2）平面(P)：将图像映射到对象上，就像将其从幻灯片投影器投影到二维曲面上一样。图像不会失真，但是会被缩放以适应对象。该贴图最常用于面。

（3）球面(S)：在水平和垂直两个方向上同时使图像弯曲。纹理贴图的顶边在球体的"北极"压缩为一个点；同样，底边在"南极"压缩为一个点。

（4）柱面(C)：将图像映射到圆柱形对象上，水平边将一起弯曲，但顶边和底边不会弯曲。图像的高度将沿圆柱体的轴进行缩放。

（5）复制贴图至(Y)：将贴图从原始对象或面应用到选定对象。

（6）重置贴图(R)：将 UCS 坐标重置为贴图的默认坐标。

如图 9-137 所示为球面贴图实例。

贴图前　　　　贴图后

图 9-137 球面贴图

9.8.4 渲染

1. 高级渲染设置

【执行方式】

☑ 命令行：RPREF。

☑ 菜单栏：选择菜单栏中的"视图"→"渲染"→"高级渲染设置"命令。
☑ 工具栏：单击"渲染"工具栏中的"高级渲染设置"按钮。
☑ 功能区：单击"视图"选项卡"选项板"面板中的"高级渲染设置"按钮。

【操作步骤】

命令：RPREF↙

执行上述命令后，打开"渲染预设管理器"对话框，如图 9-138 所示。通过该对话框，可以对渲染的有关参数进行设置。

2. 渲染

【执行方式】

☑ 命令行：RENDER。
☑ 功能区：单击"可视化"选项卡"渲染"面板中的"渲染到尺寸"按钮。

【操作步骤】

命令：RENDER↙

执行上述命令后，AutoCAD 弹出如图 9-139 所示的"渲染"对话框，显示渲染结果和相关参数。

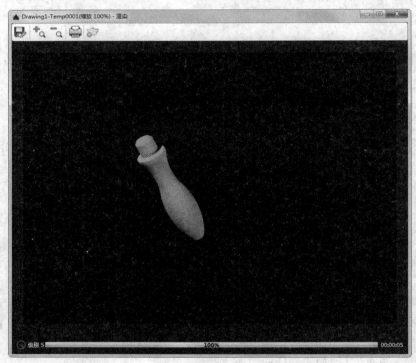

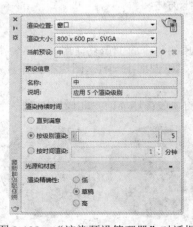

图 9-138　"渲染预设管理器"对话框　　　　　图 9-139　"渲染"对话框

9.9　综合演练——齿轮泵泵体

本实例绘制如图 9-140 所示的泵体。在本例中，泵体的腔部通过绘制多段线然后拉伸而成，最后进行差集处理；支座的创建也是通过绘制多段线然后拉伸而成；对于定位孔、连接孔和进、出油口，本例通过在所需位置创建圆柱体，利用"差集"命令来形成。

🌀 手把手教你学

本实例依次创建泵体的腔部和支座，然后通过"并集"命令，将其合并为一个整体，并在其上面创建定位孔和连接孔。

（1）设置线框密度，将线框密度值设置为 10。

（2）单击"视图"选项卡"视图"面板"视图"下拉菜单中的"前视"按钮🔲，将当前视图方向设置为主视图方向。

（3）创建泵体腔部。

① 绘制多段线。单击"默认"选项卡"绘图"绘图中的"多段线"按钮⟋⟍，绘制泵体轮廓，命令行提示与操作如下。

```
命令: _PLINE
指定起点: -28,-28.76↙
当前线宽为 0.0000
指定下一个点或 [圆弧(A)/半宽(H)/长度(L)/放弃(U)/宽度(W)]: @0,28.76↙
指定下一点或 [圆弧(A)/闭合(C)/半宽(H)/长度(L)/放弃(U)/宽度(W)]: A↙
指定圆弧的端点或 [角度(A)/圆心(CE)/闭合(CL)/方向(D)/半宽(H)/直线(L)/半径(R)/第二个点(S)/放弃(U)/宽度(W)]: A↙
指定包含角: -180↙
指定圆弧的端点或 [圆心(CE)/半径(R)]: @56,0↙
指定圆弧的端点或 [角度(A)/圆心(CE)/闭合(CL)/方向(D)/半宽(H)/直线(L)/半径(R)/第二个点(S)/放弃(U)/宽度(W)]: L↙
指定下一点或 [圆弧(A)/闭合(C)/半宽(H)/长度(L)/放弃(U)/宽度(W)]: @0,-28.76↙
指定下一点或 [圆弧(A)/闭合(C)/半宽(H)/长度(L)/放弃(U)/宽度(W)]: A↙
指定圆弧的端点或 [角度(A)/圆心(CE)/闭合(CL)/方向(D)/半宽(H)/直线(L)/半径(R)/第二个点(S)/放弃(U)/宽度(W)]: A↙
指定包含角: -180↙
指定圆弧的端点或 [圆心(CE)/半径(R)]: @-56,0↙
指定圆弧的端点或 [角度(A)/圆心(CE)/闭合(CL)/方向(D)/半宽(H)/直线(L)/半径(R)/第二个点(S)/放弃(U)/宽度(W)]:↙
```

绘制效果如图 9-141 所示。

② 设置视图方向。单击"视图"选项卡"视图"面板"视图"下拉菜单中的"西南等轴测"按钮🔘，将当前视图设置为西南等轴测方向。

③ 拉伸多段线。单击"三维工具"选项卡"建模"面板中的"拉伸"按钮🔲，将绘制的多段线进行拉伸处理，拉伸高度为 26，效果如图 9-142 所示。

图 9-140　泵体

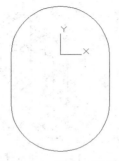

图 9-141　绘制多段线

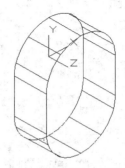

图 9-142　拉伸多段线

④ 设置视图方向。单击"视图"选项卡"视图"面板"视图"下拉菜单中的"前视"按钮■，将当前视图设置为主视方向。

⑤ 绘制多段线。单击"默认"选项卡"绘图"面板中的"多段线"按钮↩，绘制多段线，命令行提示与操作如下。

```
命令: _PLINE
指定起点: -16.25,-28.76↙
当前线宽为 0.0000
指定下一个点或 [圆弧(A)/半宽(H)/长度(L)/放弃(U)/宽度(W)]: @0,24↙
指定下一点或 [圆弧(A)/闭合(C)/半宽(H)/长度(L)/放弃(U)/宽度(W)]: @-1,0↙
指定下一点或 [圆弧(A)/闭合(C)/半宽(H)/长度(L)/放弃(U)/宽度(W)]: @0,4.76↙
指定下一点或 [圆弧(A)/闭合(C)/半宽(H)/长度(L)/放弃(U)/宽度(W)]: A↙
指定圆弧的端点或 [角度(A)/圆心(CE)/闭合(CL)/方向(D)/半宽(H)/直线(L)/半径(R)/第二个点(S)/放弃(U)/宽度(W)]: A↙
指定包含角: -180↙
指定圆弧的端点或 [圆心(CE)/半径(R)]: @34.5,0↙
指定圆弧的端点或 [角度(A)/圆心(CE)/闭合(CL)/方向(D)/半宽(H)/直线(L)/半径(R)/第二个点(S)/放弃(U)/宽度(W)]: L↙
指定下一点或 [圆弧(A)/闭合(C)/半宽(H)/长度(L)/放弃(U)/宽度(W)]: @0,-4.76↙
指定下一点或 [圆弧(A)/闭合(C)/半宽(H)/长度(L)/放弃(U)/宽度(W)]: @-1,0↙
指定下一点或 [圆弧(A)/闭合(C)/半宽(H)/长度(L)/放弃(U)/宽度(W)]: @0, -24↙
指定下一点或 [圆弧(A)/闭合(C)/半宽(H)/长度(L)/放弃(U)/宽度(W)]: @1,0↙
指定下一点或 [圆弧(A)/闭合(C)/半宽(H)/长度(L)/放弃(U)/宽度(W)]: A↙
指定圆弧的端点或 [角度(A)/圆心(CE)/闭合(CL)/方向(D)/半宽(H)/直线(L)/半径(R)/第二个点(S)/放弃(U)/宽度(W)]: A↙
指定包含角: -180↙
指定圆弧的端点或 [圆心(CE)/半径(R)]: @-34.5,0↙
指定圆弧的端点或 [角度(A)/圆心(CE)/闭合(CL)/方向(D)/半宽(H)/直线(L)/半径(R)/第二个点(S)/放弃(U)/宽度(W)]: L↙
指定下一点或 [圆弧(A)/闭合(C)/半宽(H)/长度(L)/放弃(U)/宽度(W)]: @1,0↙
指定下一点或 [圆弧(A)/闭合(C)/半宽(H)/长度(L)/放弃(U)/宽度(W)]:↙
```

绘制效果如图 9-143 所示。

⑥ 设置视图方向。单击"视图"选项卡"视图"面板"视图"下拉菜单中的"西南等轴测"按钮❖，将当前视图设置为西南等轴测方向。

⑦ 拉伸多段线。单击"三维工具"选项卡"建模"面板中的"拉伸"按钮❑，将步骤⑤中绘制的多段线进行拉伸处理，拉伸高度为 26，效果如图 9-144 所示。

⑧ 差集处理。单击"三维工具"选项卡"实体编辑"面板中的"差集"按钮⓪，将创建的两个拉伸实体进行差集处理，效果如图 9-145 所示。

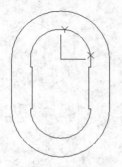
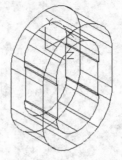
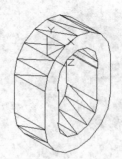

图 9-143　绘制多段线　　　　图 9-144　拉伸多段线　　　　图 9-145　差集处理

手把手教你学

　　在绘制泵体腔部的过程中，先绘制多段线，然后拉伸图形，这是因为该腔部的形状比较复杂，如果图形比较简单，则可以直接绘制实体。

　　⑨ 创建圆柱体。单击"三维工具"选项卡"建模"面板中的"圆柱体"按钮，以坐标点（-28,-16.76,13）为底面中心点，创建半径为12、轴端点为（@-7,0,0）的圆柱体。重复"圆柱体"命令，以坐标点（28,-16.76,13）为底面中心点，创建半径为12、轴端点为（@7,0,0）的圆柱体，效果如图 9-146 所示。

　　⑩ 并集处理。单击"三维工具"选项卡"实体编辑"面板中的"并集"按钮，将视图中所有的图形合并。

　　⑪ 倒圆角。单击"三维工具"选项卡"实体编辑"面板中的"圆角边"按钮，对图 9-146 所示的边线 1 和边线 2 进行圆角处理，圆角半径为 3，效果如图 9-147 所示。

　　（4）创建泵体的支座。

　　① 创建长方体。单击"三维工具"选项卡"建模"面板中的"长方体"按钮，以坐标点（-40,-67,2.6）和（@80,14,20.8）为两角点创建长方体。重复"长方体"命令，以坐标点（-23,-53,2.6）和（@46,10,20.8）创建长方体，效果如图 9-148 所示。

高手支招

　　在绘制立体图形时，要注意输入坐标值的技巧，例如上一长方体的输入值（@46,10,20.8），其实与 Y 轴的相对坐标小于 10，而且不为整数，但是为了绘图方便，我们可以取一个简单的数字，多余的部分将在并集处理后消失。要注意的是，这种绘图方式不能应用在平面绘图中，因为平面图形不能进行并集处理。

　　② 并集处理。单击"三维工具"选项卡"实体编辑"面板中的"并集"按钮，将视图中所有的图形合并，效果如图 9-149 所示。

　　③ 倒圆角。单击"三维工具"选项卡"实体编辑"面板中的"圆角边"按钮，对图 9-149 所示的边 3 和边 4 进行倒圆角，圆角半径为 5。重复"圆角"命令，将图 9-149 中的边 5 和边 6 倒圆角，半径为 1，效果如图 9-150 所示。

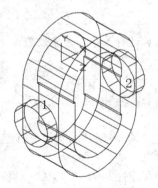 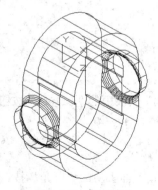 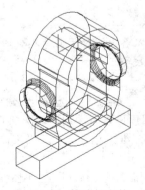 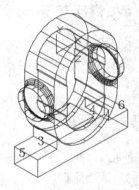

图 9-146　创建圆柱体　　　图 9-147　倒圆角　　　图 9-148　创建长方体　　　图 9-149　并集处理

　　④ 绘制多段线。将当前视图切换到前视图，单击"默认"选项卡"绘图"面板中的"多段线"按钮，绘制多段线，命令行提示与操作如下。

命令: _PLINE
指定起点: -17.25,-28.76↙
当前线宽为 0.0000
指定下一个点或 [圆弧(A)/半宽(H)/长度(L)/放弃(U)/宽度(W)]: @34.5,0↙
指定下一点或 [圆弧(A)/闭合(C)/半宽(H)/长度(L)/放弃(U)/宽度(W)]: A↙
指定圆弧的端点或 [角度(A)/圆心(CE)/闭合(CL)/方向(D)/半宽(H)/直线(L)/半径(R)/第二个点(S)/放弃(U)/宽度(W)]: A↙
指定包含角: -180↙
指定圆弧的端点或 [圆心(CE)/半径(R)]: @-34.5,0↙
指定圆弧的端点或 [角度(A)/圆心(CE)/闭合(CL)/方向(D)/半宽(H)/直线(L)/半径(R)/第二个点(S)/放弃(U)/宽度(W)]: ↙

绘制效果如图 9-151 所示。

⑤ 设置视图方向。单击"视图"选项卡"视图"面板"视图"下拉菜单中的"西南等轴测"按钮◈，将当前视图设置为西南等轴测方向。

⑥ 拉伸多段线。单击"三维工具"选项卡"建模"面板中的"拉伸"按钮▥，将步骤④中绘制的多段线进行拉伸处理，拉伸高度为 26，效果如图 9-152 所示。

⑦ 差集处理。单击"三维工具"选项卡"实体编辑"面板中的"差集"按钮◑，将创建的实体进行差集处理，效果如图 9-153 所示。

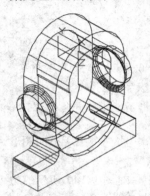

图 9-150　倒圆角

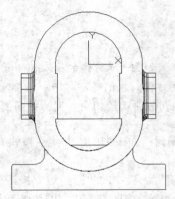

图 9-151　绘制多段线

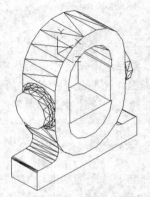

图 9-152　拉伸多段线

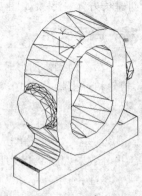

图 9-153　差集处理

🎓 高手支招

从上面的绘图过程可以看出，对于形状不规则的图形，先绘制规则图形，然后进行并集和差集处理，这样可以提高绘制图形的效率。

⑧ 创建长方体。单击"三维工具"选项卡"建模"面板中的"长方体"按钮▭，以坐标点（-20,-67,2.6）和（@40,4,20.8）为角点创建长方体，效果如图 9-154 所示。

⑨ 差集处理。单击"三维工具"选项卡"实体编辑"面板中的"差集"按钮◑，将创建的实体进行差集处理，效果如图 9-155 所示。

⑩ 倒圆角。单击"三维工具"选项卡"实体编辑"面板中的"圆角"按钮◈，对图 9-155 中的边 1 和边 2 进行倒圆角，圆角半径为 2，效果如图 9-156 所示。

（5）创建连接孔。

① 设置视图方向。单击"视图"选项卡"视图"面板"视图"下拉菜单中的"前视"按钮▤，将当前视图设置为主视方向。

② 绘制圆。单击"默认"选项卡"绘图"面板中的"圆"按钮⊙，以坐标点（-22,0）为圆心，绘制半径为 3.5 的圆。

③ 复制圆。单击"默认"选项卡"修改"面板中的"复制"按钮⊙，将步骤②绘制的圆复制到适当位置，命令行提示与操作如下。

命令: _COPY
选择对象:（用鼠标选择步骤②绘制的圆）
选择对象: ✓
当前设置: 复制模式 = 多个
指定基点或 [位移(D)/模式(O)] <位移>:（在对象捕捉模式下用鼠标选择步骤②绘制的圆的圆心，或者输入坐标
（-22,0)）
指定第二个点或 [阵列(A)] <使用第一个点作为位移>: @0,-28.76✓
指定第二个点或 [阵列(A)/退出(E)/放弃(U)] <退出>: 0,-50.76✓
指定第二个点或 [阵列(A)/退出(E)/放弃(U)] <退出>: 22,-28.76✓
指定第二个点或 [阵列(A)/退出(E)/放弃(U)] <退出>: 22,0✓
指定第二个点或 [阵列(A)/退出(E)/放弃(U)] <退出>: 0,22✓
指定第二个点或 [阵列(A)/退出(E)/放弃(U)] <退出>: ✓

效果如图 9-157 所示。

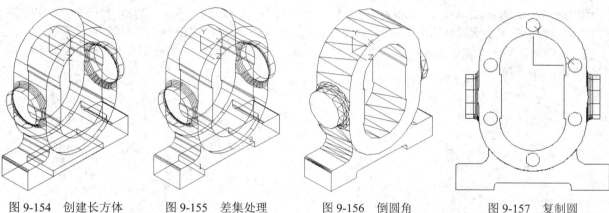

图 9-154 创建长方体　　图 9-155 差集处理　　图 9-156 倒圆角　　图 9-157 复制圆

④ 设置视图方向。单击"视图"选项卡"视图"面板"视图"下拉菜单中的"西南等轴测"按钮◈，将当前视图设置为西南等轴测方向。

⑤ 拉伸圆。单击"三维工具"选项卡"建模"面板中的"拉伸"按钮▯，将复制的 6 个圆进行拉伸处理，拉伸高度为 26，效果如图 9-158 所示。

⑥ 差集处理。单击"三维工具"选项卡"实体编辑"面板中的"差集"按钮⊙，分别将创建的泵体与拉伸后的 6 个圆柱体进行差集处理，效果如图 9-159 所示。

⑦ 创建圆柱体。单击"三维工具"选项卡"建模"面板中的"圆柱体"按钮▯，分别以（-35,-67,13）和（35,-67,13）为坐标点，创建半径为 3.5、轴端点为（@0,14,0）的圆柱体，效果如图 9-160 所示。

⑧ 差集处理。单击"三维工具"选项卡"实体编辑"面板中的"差集"按钮⊙，将创建的泵体与两个圆柱体进行差集处理，效果如图 9-161 所示。

（6）创建定位孔。

① 设置视图方向。单击"视图"选项卡"视图"面板"视图"下拉菜单中的"前视"按钮▯，将当前

视图设置为前视方向，效果如图 9-162 所示。

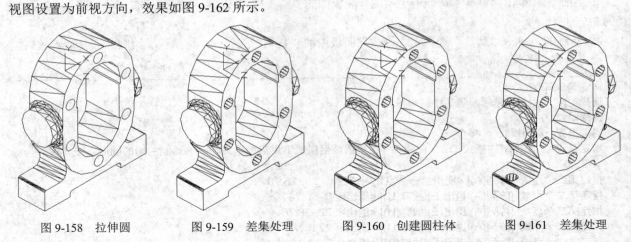

图 9-158　拉伸圆　　　　图 9-159　差集处理　　　　图 9-160　创建圆柱体　　　　图 9-161　差集处理

② 绘制圆。单击"默认"选项卡"绘图"面板中的"圆"按钮，以坐标原点（0,0）为圆心，绘制半径为 2.5 的圆。

③ 复制圆。单击"默认"选项卡"修改"面板中的"复制"按钮，将步骤②绘制的圆以圆心为基点，分别复制到坐标点（@22<45）、（@22<135）和（@0,−28.76）。重复"复制"命令，将图 9-163 中的圆 4 以圆心为基点，分别复制到坐标点（@22<−45）和（@22<−135），效果如图 9-163 所示。

④ 删除圆。单击"默认"选项卡"修改"面板中的"删除"按钮，删除图 9-163 中的圆 1 和圆 4，效果如图 9-164 所示。

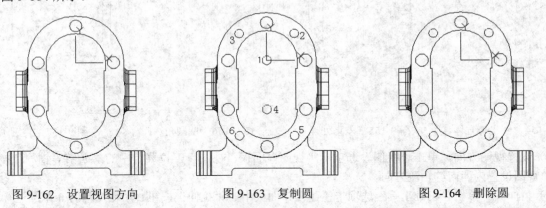

图 9-162　设置视图方向　　　　图 9-163　复制圆　　　　图 9-164　删除圆

⑤ 设置视图方向。单击"视图"选项卡"视图"面板"视图"下拉菜单中的"西南等轴测"按钮，将当前视图设置为西南等轴测方向。

⑥ 拉伸圆。单击"三维工具"选项卡"建模"面板中的"拉伸"按钮，将 4 个圆进行拉伸处理，拉伸高度为 26，效果如图 9-165 所示。

⑦ 差集处理。单击"三维工具"选项卡"实体编辑"面板中的"差集"按钮，将创建的泵体与拉伸后的 4 个圆柱体进行差集处理，效果如图 9-166 所示。

（7）创建进出油口。

① 创建圆柱体。单击"三维工具"选项卡"建模"面板中的"圆柱体"按钮，分别以坐标点（−35,−16.76,13）和（0,−16.76,13）为底面中心点，创建半径为 5、轴端点为（@35,0,0）的两个圆柱体，效果如图 9-167 所示。

由于进、出油口大小不同，所以需要先绘制两个圆柱体，然后使用"差集"命令来完成油口的绘制。

② 差集处理。单击"三维工具"选项卡"实体编辑"面板中的"差集"按钮，将创建的泵体与两个圆柱体进行差集处理，效果如图 9-168 所示。

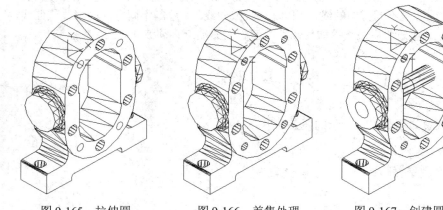
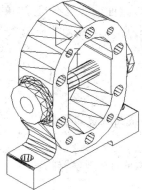
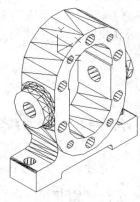

图 9-165　拉伸圆　　　　图 9-166　差集处理　　　　图 9-167　创建圆柱体　　　　图 9-168　差集处理

③ 设置视图方向。单击"视图"选项卡"视图"面板"视图"下拉菜单中的"东南等轴测"按钮◈，将当前视图设置为东南等轴测方向，如图 9-169 所示。

④ 渲染图形。单击"可视化"选项卡"渲染"面板中的"渲染到尺寸"按钮，打开"渲染"对话框，渲染泵体图形，渲染后的效果如图 9-170 所示。

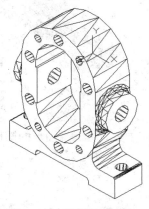

图 9-169　设置视图方向　　　　　　　　图 9-170　渲染效果

9.10　名师点拨——三维绘制跟我学

1. 使用三维命令时应注意什么

在使用"三维曲面"命令（REVSURF）时，要注意 3 点：一是所要旋转的母线与轴线位于同一个平面内；二是同一母线绕不同的轴旋转以后得到的结果截然不同；三是要达到设计意图，应认真绘制母线。

2．"倒角"命令应注意什么

"倒角"命令一次只能对一个实体和某一个基面的边倒角，不能同时选两个实体或一个实体的两个基面的边。

3．边界网格是否有更灵活的使用方法

边界曲面（EDGESURF）的使用很广泛，而且有灵活的使用技巧。这主要体现在 4 条边界线的绘制和方位的确定。4 条边界线可以共面或者是不同方向的线，可以是直线或曲线。要绘制不同方向的直线或曲线，必须通过变换坐标系才可达到目的。4 条边界线无论如何倾斜，但它们的端点必须彼此相交。

9.11 上机实验

【练习1】利用三维动态观察器观察如图 9-171 所示的泵盖图形。

1．目的要求

通过本练习，使读者掌握动态观察器的使用。

2．操作提示

（1）打开三维动态观察器。
（2）灵活利用三维动态观察器的各种工具进行动态观察。

【练习2】绘制如图 9-172 所示的销。

图 9-171　泵盖　　　　　　　　　　　　　图 9-172　销

1．目的要求

本练习通过"圆柱体""球体""倒角"命令绘制销，使读者掌握三维图形的操作步骤。

2．操作提示

（1）设置视图方向。
（2）利用"圆柱体"命令创建外形轮廓和内部轮廓。
（3）利用"球体"命令创建球体并做并集处理。
（4）利用"倒角"命令进行倒角处理。
（5）渲染视图。

9.12 模 拟 试 题

1．能够保存三维几何图形、视图、光源和材质的文件格式是（　　　）。

A．.dwf　　　　　　　B．3D Studio　　　　　C．.wmf　　　　　　D．.dxf

2．下列可以实现修改三维面的边的可见性的命令是（　　　）。

A．EDGE　　　　　　B．PEDIT　　　　　　C．3DFACE　　　　　D．DDMODIFY

3．三维十字光标中，下面不是十字光标的标签的是（　　　）。

A．X,Y,Z　　　　　　B．N,E,Z　　　　　　C．N,Y,Z　　　　　　D．以上说法均正确

4．对三维模型进行操作错误的是（　　　）。

A．消隐指的是显示用三维线框表示的对象并隐藏表示后向面的直线

B．在三维模型使用着色后，使用"重画"命令可停止着色图形以网格显示

C．用于着色操作的工具条名称是视觉样式

D．SHADEMODE 命令配合参数实现着色操作

5．在 StreeringWheels 控制盘中，单击动态观察选项，可以围绕轴心进行动态观察，动态观察的轴心使用鼠标加（　　　）键可以调整。

A．Shift　　　　　　B．Ctrl　　　　　　C．Alt　　　　　　　D．Tab

6．viewcube 默认放置在绘图窗口的（　　　）位置。

A．右上　　　　　　B．右下　　　　　　C．左上　　　　　　D．左下

7．按如下要求创建螺旋体实体，然后计算其体积。其中螺旋线底面直径是 100，顶面的直径是 50，螺距是 5，圈数是 10，丝径直径是（　　　）。

A．968.34　　　　　B．16657.68　　　　　C．25678.35　　　　　D．69785.32

8．按如图 9-173 所示创建单叶双曲表面的实体，然后计算其体积（　　　）。

A．3110092.1277　　B．895939.1946　　　C．2701787.9395　　D．854841.4588

9．绘制如图 9-174 所示的支架图形。

10．绘制如图 9-175 所示的锥体图形。

图 9-173　图形

图 9-174　支架

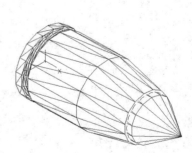

图 9-175　锥体

第**10**章

三维造型编辑

三维实体编辑主要是对三维物体进行编辑。本章主要对编辑三维曲面、特殊视图、编辑实体进行详细介绍。

10.1　编辑三维曲面

和二维图形的编辑功能相似，在三维造型中，也有一些对应编辑功能，对三维造型进行相应的编辑。

【预习重点】

☑　了解有几种三维曲面的编辑命令。

☑　通过实例练习三维曲面编辑命令的使用方法。

10.1.1　三维阵列

【执行方式】

☑　命令行：3DARRAY。

☑　菜单栏：选择菜单栏中的"修改"→"三维操作"→"三维阵列"命令。

☑　工具栏：单击"建模"工具栏中的"三维阵列"按钮 ▦ 。

【操作实践——锥齿轮的绘制】

本实例绘制如图 10-1 所示的锥齿轮。

（1）在命令行中输入"ISOLINES"，设置线框密度为 10。

（2）单击"视图"选项卡"视图"面板"视图"下拉菜单中的"前视"按钮 ▤ ，将当前视图方向设置为主视图方向。

（3）创建锥齿轮轮毂。

① 单击"默认"选项卡"绘图"面板中的"圆"按钮 ⊘ ，在坐标原点绘制 3 个直径分别为 65.72、70.72 和 74.72 的圆。

② 单击"默认"选项卡"绘图"面板中的"直线"按钮 ╱ ，以坐标原点为起点绘制一条竖直直线和水平直线；重复"直线"命令，绘制一条与 X 轴成 45°夹角的斜直线。重复"直线"命令，以直径为 70.72mm 的圆与斜直线的交点为起点绘制一条与斜直线垂直的直线。重复"直线"命令，绘制以竖直线与斜直线的交点为起点，以 45°斜直线与直径 74.72 的交点为端点的直线，结果如图 10-2 所示。

③ 单击"默认"选项卡"修改"面板中的"偏移"按钮 ⌑ ，将水平直线分别向上偏移 19 和 29；重复"偏移"命令，将 45°夹角的斜线向上偏移 10，效果如图 10-3 所示。

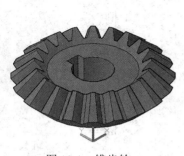

图 10-1　锥齿轮

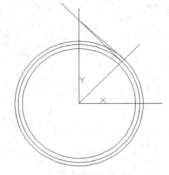

图 10-2　绘制直线

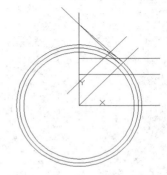

图 10-3　偏移直线

④ 单击"默认"选项卡"修改"面板中的"修剪"按钮 和"删除"按钮 ，修剪和删除多余的线段，效果如图 10-4 所示。

⑤ 单击"默认"选项卡"绘图"面板中的"面域"按钮 ，将步骤④绘制的线段创建为面域。

⑥ 单击"视图"选项卡"视图"面板"视图"下拉菜单中的"西南等轴测"按钮 ，将当前视图方向设置为西南等轴测视图。

⑦ 单击"三维工具"选项卡"建模"面板中的"旋转"按钮 ，将步骤④绘制的多段线绕 Y 轴旋转，旋转角度为 360°，效果如图 10-5 所示。

（4）绘制锥齿轮的轮齿轮廓。

① 在命令行中输入"UCS"命令，将坐标系切换到世界坐标系；重复 UCS 命令，将坐标系绕 X 轴旋转 45°。

② 选择菜单栏中的"视图"→"三维视图"→"平面视图"→"当前 UCS"命令，将视图方向切换到当前 UCS 视图方向，如图 10-6 所示。

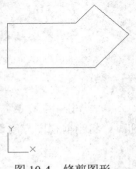

图 10-4　修剪图形

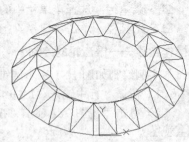

图 10-5　旋转实体

图 10-6　切换视图方向

③ 单击"默认"选项卡"图层"面板中的"图层特性"按钮 ，打开"图层特性管理器"对话框，新建"轮齿"图层并设置为当前图层。隐藏 0 层。

④ 单击"默认"选项卡"绘图"面板中的"圆"按钮 ，在坐标原点绘制 3 个直径分别为 65.72、70.72 和 75 的圆，如图 10-7 所示。

⑤ 单击"默认"选项卡"绘图"面板中的"直线"按钮 ，以坐标原点为起点分别绘制一条竖直直线和一条与 X 轴成 92.57° 夹角的斜直线，如图 10-8 所示。

⑥ 单击"默认"选项卡"修改"面板中的"偏移"按钮 ，将竖直直线向左偏移，偏移距离分别为 0.55 和 2.7，如图 10-9 所示。

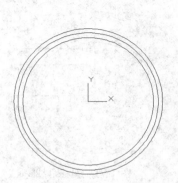

图 10-7　绘制圆

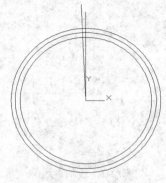

图 10-8　绘制直线

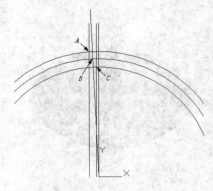

图 10-9　偏移直线

⑦ 单击"默认"选项卡"绘图"面板中的"圆弧"按钮 ，捕捉图 10-9 中的 A、B 和 C 三点绘制圆弧，如图 10-10 所示。

⑧ 单击"默认"选项卡"修改"面板中的"镜像"按钮 ，将步骤⑦中绘制的圆弧以步骤⑤绘制的竖直线为中心线进行镜像，结果如图 10-11 所示。

⑨ 单击"默认"选项卡"修改"面板中的"修剪"按钮 和"删除"按钮 ，修剪和删除多余的线段，如图 10-12 所示。

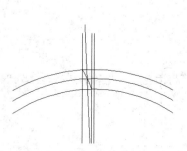

图 10-10　绘制圆弧

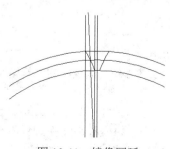

图 10-11　镜像圆弧

图 10-12　修剪和删除多余的线段

⑩ 单击"默认"选项卡"绘图"面板中的"面域"按钮 ，将步骤⑨绘制的线段创建为面域。

（5）创建齿形。

① 将 0 层显示。在命令行中输入"UCS"命令，将坐标系切换到世界坐标系并绕 Y 轴旋转 90°。

② 选择菜单栏中的"视图"→"三维视图"→"平面视图"→"当前 UCS"命令，将视图方向切换到当前 UCS 视图方向。

③ 单击"默认"选项卡"绘图"面板中的"圆"按钮 ，在坐标原点处绘制直径为 70.72 的圆。

④ 单击"默认"选项卡"绘图"面板中的"直线"按钮 ，以坐标原点为起点绘制一条水平直线和与 X 轴成 135° 夹角的斜直线。重复"直线"命令，绘制一条以斜直线与圆的交点为起点且与斜直线相垂直的直线，如图 10-13 所示。

⑤ 单击"默认"选项卡"修改"面板中的"删除"按钮 ，删除多余的线段，如图 10-14 所示。

⑥ 单击"视图"选项卡"视图"面板"视图"下拉菜单中的"西北等轴测"按钮 ，将当前视图方向设置为西北等轴测视图。

⑦ 单击"三维工具"选项卡"建模"面板中的"扫掠"按钮 ，选择齿轮廓为扫掠对象，选择斜直线为扫掠路径，如图 10-15 所示。

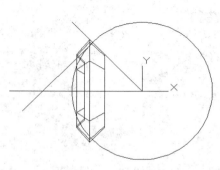

图 10-13　绘制直线

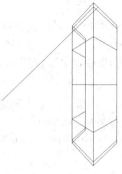

图 10-14　删除线段

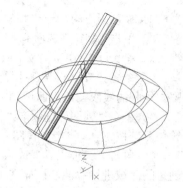

图 10-15　扫掠轮齿

⑧ 选择菜单栏中的"修改"→"三维操作"→"三维阵列"命令，将步骤⑦创建的轮齿绕 X 轴进行环形阵列，阵列个数为 20，命令行提示与操作如下。

```
命令: 3DARRAY✓
选择对象: (选择步骤⑧创建的扫掠齿轮✓)
输入阵列类型 [矩形(R)/环形(P)]<矩形>: P✓
输入阵列中的项目数: 20✓
指定要填充的角度（+=逆时针，-=顺时针）<360>: ✓
旋转阵列对象？[是(Y)/否(N)]<Y >: ✓
指定阵列的中心点: 0,0,0✓
指定旋转轴上的第二点: 10,0,0✓
```

阵列完成后效果如图 10-16 所示。

⑨ 单击"三维工具"选项卡"实体编辑"面板中的"差集"按钮 ⓞ，将齿轮主体与轮齿进行差集处理，效果如图 10-17 所示。

（6）创建键槽轴孔。

① 在命令行中输入"UCS"命令，将坐标系切换到世界坐标系。

② 单击"三维工具"选项卡"建模"面板中的"圆柱体"按钮 🗍，分别以坐标点（0,0,16）为底面中心，创建半径为 12.5 和 7、高度为 3 和 15 的圆柱体。

③ 单击"三维工具"选项卡"实体编辑"面板中的"并集"按钮 ⓞ，将半径为 12.5 的圆柱体和齿轮主体合并为一体。单击"三维工具"选项卡"实体编辑"面板中的"差集"按钮 ⓞ，将齿轮主体与半径为 7 的圆柱体进行差集处理，如图 10-18 所示。

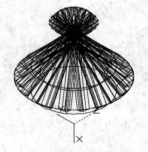

图 10-16　阵列轮齿

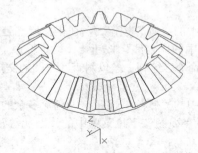

图 10-17　差集运算

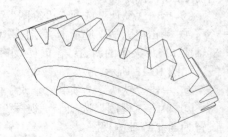

图 10-18　布尔运算

④ 选择菜单栏中的"视图"→"三维视图"→"平面视图"→"当前 UCS"命令，将视图方向切换到当前 UCS 视图方向。

⑤ 单击"默认"选项卡"绘图"面板中的"直线"按钮 ✐，绘制高度为 9.3、宽度为 5 的矩形，如图 10-19 所示。

⑥ 单击"默认"选项卡"绘图"面板中的"面域"按钮 ⓞ，将步骤⑤绘制的线段创建为面域。

⑦ 单击"视图"选项卡"视图"面板"视图"下拉菜单中的"西南等轴测"按钮 ◈，将当前视图方向设置为西南等轴测视图。

⑧ 单击"三维工具"选项卡"建模"面板中的"拉伸"按钮 ⬗，将创建的面域进行拉伸，拉伸高度为 30。

⑨ 单击"三维工具"选项卡"实体编辑"面板中的"差集"按钮 ⓞ，

图 10-19　绘制矩形

将齿轮主体与拉伸体进行差集处理，效果如图 10-20 所示。

【选项说明】

（1）矩形(R)：对图形进行矩形阵列复制，是系统的默认选项。选择该选项后，命令行提示与操作如下。

输入行数(---)<1>：（输入行数）
输入列数(|||)<1>：（输入列数）
输入层数(...)<1>：（输入层数）
指定行间距(---)：（输入行间距）
指定列间距(|||)：（输入列间距）
指定层间距(...)：（输入层间距）

（2）环形(P)：对图形进行环形阵列复制。选择该选项后，命令行提示与操作如下。

输入阵列中的项目数目：（输入阵列的数目）
指定要填充的角度（+=逆时针，－=顺时针）<360>：（输入环形阵列的圆心角）
旋转阵列对象？[是(Y)/否(N)]<是>：（确定阵列上的每一个图形是否根据旋转轴线的位置进行旋转）
指定阵列的中心点：（输入旋转轴线上一点的坐标）
指定旋转轴上的第二点：（输入旋转轴上另一点的坐标）

如图 10-21 所示为 3 层 3 行 3 列间距分别为 300 的圆柱的矩形阵列，如图 10-22 所示为圆柱的环形阵列。

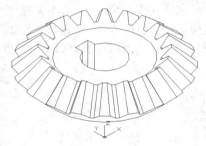
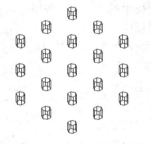
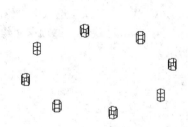

图 10-20　差集运算　　　　　图 10-21　三维图形的矩形阵列　　　图 10-22　三维图形的环形阵列

10.1.2　三维镜像

【执行方式】

☑　命令行：MIRROR3D。
☑　菜单栏：选择菜单栏中的"修改"→"三维操作"→"三维镜像"命令。

【操作实践——泵轴的绘制】

本实例绘制的泵轴如图 10-23 所示，主要应用了"圆柱""拉伸""三维镜像""三维阵列"命令以及布尔运算。

（1）建立新文件。选择菜单栏中的"文件"→"新建"命令，弹出"选择样板"对话框，单击"打开"按钮右侧的下拉按钮🔽，以"无样板打开-公制"（毫米）方式建立新文件；将新文件命名为"泵轴.dwg"并保存。

（2）在命令行中输入"ISOLINES"命令，设置线框密度为 10。

（3）在命令行中输入"UCS"命令，设置用户坐标系，将坐标系统绕 X 轴旋转 90°。

（4）单击"三维工具"选项卡"建模"面板中的"圆柱体"按钮⬛，以坐标原点为圆心，创建直径为 14、高为 66 的圆柱；然后依次创建直径为 11 和高为 14、直径为 7.5 和高为 2、直径为 8 和高为 12 的圆柱体。

（5）单击"三维工具"选项卡"实体编辑"面板中的"并集"按钮⑩，将创建的圆柱体进行并集运算。

（6）单击"视图"选项卡"视觉样式"面板中的"隐藏"按钮⑩，消隐处理后的图形，如图 10-24 所示。

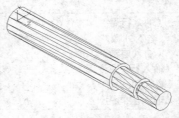

图 10-23　泵轴　　　　　　　　　　　图 10-24　创建外形圆柱

（7）单击"视图"选项卡"视觉样式"面板中的"隐藏"按钮⑩，进行消隐，创建内形圆柱。

（8）在命令行中输入"UCS"命令，设置用户坐标系，将坐标系绕 Y 轴旋转-90°。

（9）单击"三维工具"选项卡"建模"面板中的"圆柱体"按钮⑩，以（40,0,0）为圆心，创建直径为 5、高为 7 的圆柱体；以（88,0,0）为圆心，创建直径为 2、高为 4 的圆柱体。

（10）绘制二维图形，并创建为面域。

① 单击"默认"选项卡"绘图"面板中的"直线"按钮╱，从点（70,0）到点（@6,0）绘制直线。

② 单击"默认"选项卡"修改"面板中的"偏移"按钮⑩，将步骤①绘制的直线分别向上、向下偏移 2。

③ 单击"默认"选项卡"修改"面板中的"圆角"按钮⑪，对两条直线进行倒圆角操作，圆角半径为 2。

④ 单击"默认"选项卡"绘图"面板中的"面域"按钮⑩，将二维图形创建为面域，效果如图 10-25 所示。

图 10-25　创建内形圆柱与二维图形

（11）单击"视图"选项卡"视图"面板"视图"下拉菜单中的"西南等轴测"按钮⑩，切换视图到西南等轴测视图。

（12）选择菜单栏中的"修改"→"三维操作"→"三维镜像"命令，将 Ø5 及 Ø2 的圆柱以当前 XY 面为镜像面，进行镜像操作。命令行提示与操作如下。

命令: MIRROR3D↙
选择对象:（选择 Ø5 及 Ø2 圆柱）↙
选择对象:
指定镜像平面(三点)的第一个点或 [对象(O)/最近的(L)/Z 轴(Z)/视图(V)/XY 平面(XY)/YZ 平面(YZ)/ZX 平面(ZX)/三点(3)] <三点>: XY↙
指定 XY 平面上的点 <0,0,0>: ↙
是否删除源对象? [是(Y)/否(N)] <否>: N↙

（13）单击"三维工具"选项卡"建模"面板中的"拉伸"按钮⑪，将创建的面域拉伸 2.5。

（14）单击"默认"选项卡"修改"面板中的"移动"按钮✛，将拉伸实体移动到点（@0,0,3）处。

（15）单击"三维工具"选项卡"实体编辑"面板中的"差集"按钮⑩，将外形圆柱与内形圆柱及拉伸实体进行差集运算，效果如图 10-26 所示。

（16）创建螺纹。

① 在命令行中输入"UCS"命令，将坐标系切换到世界坐标系，然后绕 X 轴旋转 90°。

② 单击"默认"选项卡"绘图"面板中的"螺旋"按钮▤，绘制螺纹轮廓，命令行提示与操作如下。

```
命令: _HELIX
圈数 = 8.0000        扭曲=CCW
指定底面的中心点: 0,0,95✓
指定底面半径或 [直径(D)] <1.000>: 4✓
指定顶面半径或 [直径(D)] <4>:✓
指定螺旋高度或 [轴端点(A)/圈数(T)/圈高(H)/扭曲(W)] <12.2000>: T✓
输入圈数 <3.0000>: 8✓
指定螺旋高度或 [轴端点(A)/圈数(T)/圈高(H)/扭曲(W)] <12.2000>: -14✓
```

绘制效果如图 10-27 所示。

③ 在命令行中输入"UCS"命令，命令行提示与操作如下。

```
命令: _UCS
当前 UCS 名称: *世界*
指定 UCS 的原点或 [面(F)/命名(NA)/对象(OB)/上一个(P)/视图(V)/世界(W)/X/Y/Z/Z 轴(ZA)] <世界>: （捕捉螺旋线
的上端点）
指定 X 轴上的点或 <接受>: （捕捉螺旋线上一点）
指定 XY 平面上的点或 <接受>:
```

④ 在命令行中输入"UCS"命令，将坐标系绕 Y 轴旋转-90°，效果如图 10-28 所示。

图 10-26　差集后的实体

图 10-27　绘制螺旋线

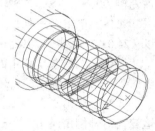

图 10-28　切换坐标系

⑤ 选择菜单栏中的"视图"→"三维视图"→"平面视图"→"当前 UCS(C)"命令。

⑥ 单击"默认"选项卡"绘图"面板中的"直线"按钮╱，捕捉螺旋线的上端点绘制牙型截面轮廓，绘制一个正三角形，其边长为 1.5。

⑦ 单击"默认"选项卡"绘图"面板中的"面域"按钮◎，将其创建成面域，效果如图 10-29 所示。

⑧ 单击"视图"选项卡"视图"面板"视图"下拉菜单中的"西南等轴测"按钮◈，将视图切换到西南等轴测视图。

⑨ 单击"三维工具"选项卡"建模"面板中的"扫掠"按钮◈，将面域图形扫掠形成实体。命令行提示与操作如下。

```
命令: _SWEEP
当前线框密度: ISOLINES=4，闭合轮廓创建模式 = 实体
选择要扫掠的对象或 [模式(MO)]: （选择三角牙型轮廓）
选择要扫掠的对象或 [模式(MO)]: ✓
选择扫掠路径或 [对齐(A)/基点(B)/比例(S)/扭曲(T)]: （选择螺纹线）
```

效果如图 10-30 所示。

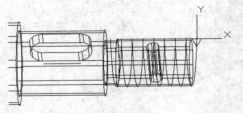

图 10-29　绘制牙型截面轮廓

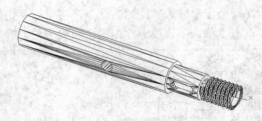

图 10-30　扫掠实体

⑩ 将坐标系切换到世界坐标系，然后将坐标系绕 X 轴旋转 90°。

⑪ 创建圆柱体。单击"三维工具"选项卡"建模"面板中的"圆柱体"按钮，以坐标点（0,0,94）为底面中心点，创建半径为 6、高为 2 的圆柱体；以坐标点（0,0,82）为底面中心点，创建半径为 6、高为-2 的圆柱体；以坐标点（0,0,82）为底面中心点，创建直径为 7.5、高为-2 的圆柱体，效果如图 10-31 所示。

⑫ 单击"三维工具"选项卡"实体编辑"面板中的"并集"按钮，将螺纹与主体进行并集处理。

⑬ 单击"三维工具"选项卡"实体编辑"面板中的"差集"按钮，从左端半径为 6 的圆柱体中减去直径为 7 的圆柱体，然后从螺纹主体中减去半径为 6 的圆柱体和差集后的实体，效果如图 10-32 所示。

（17）切换坐标，在命令行中输入"UCS"命令，然后将坐标系绕 Y 轴旋转-90°，重复 UCS 命令，将坐标轴绕 X 轴旋转-90°。

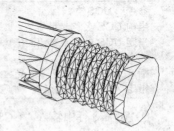

图 10-31　绘制圆柱

（18）单击"三维工具"选项卡"建模"面板中的"圆柱体"按钮，以（24,0,0）为圆心，创建直径为 5、高为 7 的圆柱体。

（19）选择菜单栏中的"修改"→"三维操作"→"三维镜像"命令，将步骤（18）绘制的圆柱体以当前 XY 面为镜像面，进行镜像操作，效果如图 10-33 所示。

（20）单击"三维工具"选项卡"实体编辑"面板中的"差集"按钮，将轴与镜像的圆柱进行差集运算，对轴倒角。

（21）单击"三维工具"选项卡"实体编辑"面板中的"倒角边"按钮，对左轴端及 Ø11 轴径进行倒角操作，倒角距离为 1。单击"视图"选项卡"视觉样式"面板中的"隐藏"按钮，对实体进行消隐，效果如图 10-34 所示。

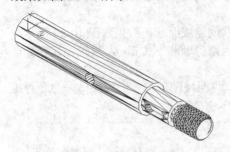

图 10-32　布尔运算处理

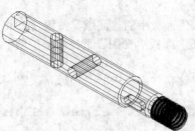

图 10-33　镜像圆柱

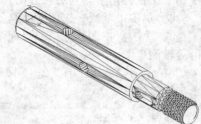

图 10-34　消隐后的实体

（22）单击"可视化"选项卡"材质"面板中的"材质浏览器"按钮，选择适当的材质；单击"可视化"选项卡"渲染"面板中的"渲染到尺寸"按钮，对图形进行渲染。

【选项说明】

（1）三点：输入镜像平面上点的坐标。该选项通过 3 个点确定镜像平面，是系统的默认选项。

（2）最近的(L)：相对于最后定义的镜像平面对选定的对象进行镜像处理。

（3）Z 轴(Z)：利用指定的平面作为镜像平面。选择该选项后，命令行提示与操作如下。

在镜像平面上指定点: 输入镜像平面上一点的坐标
在镜像平面的 Z 轴(法向)上指定点: 输入与镜像平面垂直的任意一条直线上任意一点的坐标
是否删除源对象？[是(Y)/否(N)]: 根据需要确定是否删除源对象

（4）视图(V)：指定一个平行于当前视图的平面作为镜像平面。

（5）XY（YZ、ZX）平面：指定一个平行于当前坐标系的 XY（YZ、ZX）平面作为镜像平面。

10.1.3　对齐对象

【执行方式】

☑　命令行：3DALIGN（快捷命令：AL）。
☑　菜单栏：选择菜单栏中的"修改"→"三维操作"→"三维对齐"命令。
☑　工具栏：单击"建模"工具栏中的"三维对齐"按钮 。

【操作步骤】

命令: 3DALIGN↙
选择对象:（选择对齐的对象）
选择对象:（选择下一个对象或按 Enter 键）
指定源平面和方向 …
指定基点或 [复制(C)]:（指定点 2）
指定第二点或 [继续(C)] <C>:（指定点 1）
指定第三个点或 [继续(C)] <C>:
指定目标平面和方向 …
指定第一个目标点:（指定点 2）
指定第二个目标点或 [退出(X)] <X>:
指定第三个目标点或 [退出(X)] <X>:↙

10.1.4　三维移动

【执行方式】

☑　命令行：3DMOVE。
☑　菜单栏：选择菜单栏中的"修改"→"三维操作"→"三维移动"命令。
☑　工具栏：单击"建模"工具栏中的"三维移动"按钮 。

【操作实践——阀盖的绘制】

本实例绘制如图 10-35 所示的阀盖。

（1）启动系统。启动 AutoCAD 2017，使用默认设置绘图环境。

（2）设置线框密度。在命令行中输入"ISOLINES"，设置线框密度为 10。

（3）设置视图方向。单击"视图"选项卡"视图"面板"视图"下拉菜单中的"西南等轴测"按钮 ，将当前视图方向设置为西南等轴测视图。

图 10-35　阀盖

（4）设置用户坐标系，将坐标系原点绕 X 轴旋转 90°，命令行提示与操作如下。

命令: UCS✓
当前 UCS 名称: *世界*
UCS 的原点或 [面(F)/命名(NA)/对象(OB)/上一个(P)/视图(V)/世界(W)/X/Y/Z/Z 轴(ZA)] <世界>: X✓
指定绕 X 轴的旋转角度 <90>:✓

（5）绘制圆柱体。单击"三维工具"选项卡"建模"面板中的"圆柱体"按钮▢，以（0,0,0）为底面中心点，创建半径为 18、高为 15 以及半径为 16、高为 26 的圆柱体。

（6）设置用户坐标系，命令行提示与操作如下。

命令: UCS
当前 UCS 名称: *世界*
指定 UCS 的原点或 [面(F)/命名(NA)/对象(OB)/上一个(P)/视图(V)/世界(W)/X/Y/Z/Z 轴(ZA)] <世界>: 0,0,32✓
指定 X 轴上的点或 <接受>: ✓

（7）绘制长方体。单击"三维工具"选项卡"建模"面板中的"长方体"按钮▢，绘制以原点为中心点，长度为 75、宽度为 75、高度为 12 的长方体。

（8）对长方体倒圆角。单击"三维工具"选项卡"实体编辑"面板中的"圆角边"按钮▧，圆角半径为 12.5，对长方体的 4 个 Z 轴方向边倒圆角。

（9）绘制圆柱体。单击"三维工具"选项卡"建模"面板中的"圆柱体"按钮▢，捕捉圆角圆心为中心点，创建直径为 10、高 12 的圆柱体。

（10）复制圆柱体。单击"默认"选项卡"修改"面板中的"复制"按钮▨，将步骤（9）绘制的圆柱体以圆柱体的圆心为基点，复制到其余 3 个圆角圆心处。

（11）差集处理。单击"三维工具"选项卡"实体编辑"面板中的"差集"按钮◎，将步骤（9）和步骤（10）绘制的圆柱体从步骤（8）后的图形中减去，效果如图 10-36 所示。

（12）绘制圆柱体。单击"三维工具"选项卡"建模"面板中的"圆柱体"按钮▢，以（0,0,0）为圆心，分别创建直径为 53、高为 7，直径为 50、高为 12，以及直径为 41、高为 16 的圆柱体。

（13）并集处理。单击"三维工具"选项卡"实体编辑"面板中的"并集"按钮◎，将所有图形进行并集运算，效果如图 10-37 所示。

（14）绘制圆柱体。单击"三维工具"选项卡"建模"面板中的"圆柱体"按钮▢，捕捉实体前端面圆心为中心点，分别创建直径为 35、高为-7，以及直径为 20、高为-48 的圆柱体；捕捉实体后端面圆心为中心点，创建直径为 28.5、高为 5 的圆柱体。

（15）差集处理。单击"三维工具"选项卡"实体编辑"面板中的"差集"按钮◎，将实体与步骤（14）绘制的圆柱体进行差集运算，效果如图 10-38 所示。

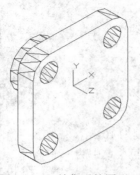 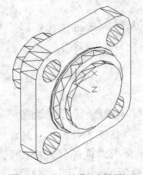 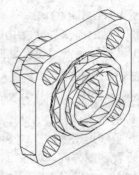

图 10-36　差集后的图形 1　　　　图 10-37　并集后的图形　　　　图 10-38　差集后的图形 2

（16）圆角处理。单击"三维工具"选项卡"实体编辑"面板中的"圆角边"按钮🔘，设置圆角半径分别为 1、3、5，对需要的边进行圆角。

（17）倒角处理。单击"三维工具"选项卡"实体编辑"面板中的"倒角边"按钮🔘，倒角距离为 1.5，对实体后端面进行倒角。

（18）设置视图方向。将当前视图方向设置为左视图。消隐处理后的效果如图 10-39 所示。

（19）绘制螺纹。

① 绘制多边形。单击"默认"选项卡"绘图"面板中的"直线"按钮✏，在实体旁边绘制一个正三角形，其边长为 2，并将其进行面域设置。

② 绘制构造线。单击"默认"选项卡"绘图"面板中的"构造线"按钮✏，过正三角形底边绘制水平辅助线。

③ 偏移辅助线。单击"默认"选项卡"修改"面板中的"偏移"按钮🔲，将水平辅助线向上偏移 18。

④ 旋转正三角形。单击"三维工具"选项卡"建模"面板中的"旋转"按钮🔘，以偏移后的水平辅助线为旋转轴，选取正三角形，将其旋转 360°。

⑤ 删除辅助线。单击"默认"选项卡"修改"面板中的"删除"按钮✏，删除绘制的辅助线。

⑥ 阵列对象。选择菜单栏中的"修改"→"三维操作"→"三维阵列"命令，将旋转形成的实体进行 1 行、8 列的矩形阵列，列间距为 2。

⑦ 并集处理。单击"三维工具"选项卡"实体编辑"面板中的"并集"按钮🔘，将阵列后的实体进行并集运算，效果如图 10-40 所示。

（20）移动螺纹。选择菜单栏中的"修改"→"三维操作"→"三维移动"命令，命令行提示与操作如下。

```
命令: 3DMOVE↙
选择对象:（选择步骤（19）绘制的螺纹↙）
指定基点或 [位移(D)]<位移>:（选择螺纹右端中点）
指定第二个点或 <使用第一个点作为位移>:（选择阀盖左边圆柱的右端中点）
```

操作完成后效果如图 10-41 所示。

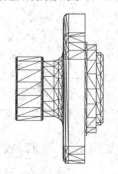　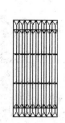　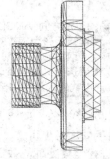

图 10-39　倒角及倒圆角后的图形　　图 10-40　绘制的螺纹　　图 10-41　移动螺纹

（21）差集处理。单击"三维工具"选项卡"实体编辑"面板中的"差集"按钮🔘，将实体与螺纹进行差集运算。

10.1.5　三维旋转

【执行方式】

☑　命令行：3DROTATE。

☑ 菜单栏：选择菜单栏中的"修改"→"三维操作"→"三维旋转"命令。

☑ 工具栏：单击"建模"工具栏中的"三维旋转"按钮⊕。

【操作实践——垫圈的绘制】

本实例绘制如图 10-42 所示的垫圈。

（1）设置线框密度，命令行提示与操作如下。

命令: ISOLINES↙
输入 ISOLINES 的新值 <4>: 10↙

（2）设置视图方向。单击"视图"选项卡"视图"面板"视图"下拉菜单中的"西南等轴测"按钮◈，将当前视图方向设置为西南等轴测方向。

（3）创建圆柱体。单击"三维工具"选项卡"建模"面板中的"圆柱体"按钮▯，以（0,0,0）为底面中心点，创建半径分别为 6 和 7.5、高度均为 3 的两个同轴圆柱体，消隐后的效果如图 10-43 所示。

（4）差集处理。单击"三维工具"选项卡"实体编辑"面板中的"差集"按钮◍，将创建的两个圆柱体进行差集处理，效果如图 10-44 所示。

图 10-42　垫圈

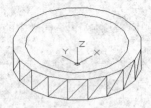
图 10-43　创建圆柱体

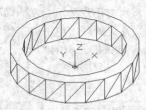
图 10-44　差集处理

（5）创建长方体。单击"三维工具"选项卡"建模"面板中的"长方体"按钮▭，创建长方体，长方体两角点坐标为（0,-1.5,-2）、（@10,3,7），效果如图 10-45 所示。

（6）三维旋转长方体。选择菜单栏中的"修改"→"三维操作"→"三维旋转"命令，旋转长方体，命令行提示与操作如下。

UCS 当前的正角方向: ANGDIR=逆时针　ANGBASE=0
选择对象:（选择矩形为旋转对象↙）
指定基点:（拾取圆心为基点）
拾取旋转轴:（选择 X 轴为旋转轴）
指定角的起点或输入角度: 15↙

旋转操作完成后效果如图 10-46 所示。

（7）差集处理。单击"三维工具"选项卡"实体编辑"面板中的"差集"按钮◍，将创建的图形与创建的长方体进行差集处理，效果如图 10-47 所示。

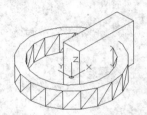
图 10-45　创建长方体

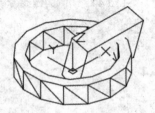
图 10-46　旋转长方体

图 10-47　差集处理

（8）渲染视图。单击"可视化"选项卡"渲染"面板中的"渲染到尺寸"按钮，进行渲染处理，渲染后的视图效果如图 10-42 所示。

10.2　特　殊　视　图

利用假想的平面对实体进行剖切，是实体编辑的一种基本方法。读者注意体会其具体操作方法。

【预习重点】

- ☑　了解几种特殊视图类命令。
- ☑　通过实例练习几种特殊视图的创建方法。

10.2.1　剖切

【执行方式】

- ☑　命令行：SLICE（快捷命令：SL）。
- ☑　菜单栏：选择菜单栏中的"修改"→"三维操作"→"剖切"命令。
- ☑　功能区：单击"三维工具"选项卡"实体编辑"面板中的"剖切"按钮。

【操作步骤】

命令: SLICE↙
选择要剖切的对象:（选择要剖切的实体）
选择要剖切的对象:（继续选择或按 Enter 键结束选择）
指定 切面 的起点或 [平面对象(O)/曲面(S)/Z 轴(Z)/视图(V)/XY(XY)/YZ(YZ)/ZX(ZX)/三点(3)] <三点>:（指定切面的起点）
指定平面上的第二个点:
在所需的侧面上指定点或 [保留两个侧面(B)]<保留两个侧面>:（在所需的侧面上指定点）

【选项说明】

（1）平面对象(O)：将所选对象的所在平面作为剖切面。

（2）曲面(S)：将剪切平面与曲面对齐。

（3）Z 轴(Z)：通过平面指定一点与在平面的 Z 轴（法线）上指定另一点来定义剖切平面。

（4）视图(V)：以平行于当前视图的平面作为剖切面。

（5）XY(XY)/YZ(YZ)/ZX(ZX)：将剖切平面与当前用户坐标系（UCS）的 XY 平面/YZ 平面/ZX 平面对齐。

（6）三点(3)：根据空间的 3 个点确定的平面作为剖切面。确定剖切面后，系统会提示保留一侧或两侧。

10.2.2　剖切截面

【执行方式】

- ☑　命令行：SECTION（快捷命令：SEC）。

【操作步骤】

命令: SECTION↙
选择对象:（选择要剖切的实体）
选择要剖切的对象:（继续选择或按 Enter 键结束选择）
指定截面上的第一个点，依照 [对象(O)/Z 轴(Z)/视图(V)/XY/YZ/ZX/三点(3)] <三点>（选择第一点）

指定平面上的第二个点：（选择第二个点）
指定平面上的第三个点：（选择第三个点）

10.2.3 截面平面

通过截面平面功能可以创建实体对象的二维截面平面或三维截面实体。

【执行方式】
- ☑ 命令行：SECTIONPLANE。
- ☑ 菜单栏：选择菜单栏中的"绘图"→"建模"→"截面平面"命令。
- ☑ 功能区：单击"三维工具"选项卡"截面"面板中的"截面平面"按钮 。

【操作步骤】

_SECTIONPLANE 选择面或任意点以定位截面线或 [绘制截面(D)/正交(O)]:
指定对角点或 [栏选(F)/圈围(WP)/圈交(CP)]:

【操作实践——齿轮泵 1/4 剖切视图的绘制】

本实例绘制如图 10-48 所示的齿轮泵 1/4 剖切视图。

（1）选择菜单栏中的"文件"→"打开"命令，打开随书光盘中的"源文件\第 10 章\齿轮泵三维装配图.dwg"文件。

🎓 **高手支招**

> 此处使用"消隐"命令，可以方便地选择剖切对象，如果是普通视图，则在选择剖切对象时容易错选。

（2）单击"三维工具"选项卡"实体编辑"面板中的"剖切"按钮 ，对齿轮泵装配体中的左端盖、两个垫片、右端盖、泵体和锁紧螺母 6 个零件在 XY 平面上进行 1/2 剖切，命令行提示与操作如下。

命令: SLICE↙
选择要剖切的对象:（选择齿轮泵装配体中的左端盖、两个垫片、右端盖、泵体和锁紧螺母）↙
指定切面的起点或 [平面对象(O)/曲面(S)/Z 轴(Z)/视图(V)/XY(XY)/YZ(YZ)/ZX(ZX)/三点(3)]<三点>: XY↙
指定切面的起点或 [平面对象(O)/曲面(S)/Z 轴(Z)/视图(V)/XY(XY)/YZ(YZ)/ZX(ZX)/三点(3)]<三点>: XY 指定 XY 平面上的点<0,0,0>:（指定 XY 平面上的一点）
在所需的侧面上指定点或 [保留两个侧面(B)]<保留两个侧面>: B↙

操作完成后效果如图 10-49 所示。

在命令行中输入"UCS"命令，将原点坐标移动到（0,52,0）。单击"三维工具"选项卡"实体编辑"面板中的"剖切"按钮 ，对齿轮泵装配体中的左端盖、两个垫片、右端盖、泵体和锁紧螺母 6 个零件在 1/2 剖切后的基础上进行 1/4 剖切，命令行提示与操作如下。

命令: SLICE↙
选择要剖切的对象:（选择齿轮泵装配体中的左端盖、两个垫片、右端盖、泵体和锁紧螺母↙）
指定切面的起点或 [平面对象(O)/曲面(S)/Z 轴(Z)/视图(V)/XY(XY)/YZ(YZ)/ZX(ZX)/三点(3)]<三点>: ZX↙
指定切面的起点或 [平面对象(O)/曲面(S)/Z 轴(Z)/视图(V)/XY(XY)/YZ(YZ)/ZX(ZX)/三点(3)]<三点>: ZX 指定 ZX 平面上的点<0,0,0>:（指定 XY 平面上的一点）
在所需的侧面上指定点或 [保留两个侧面(B)]<保留两个侧面>: B↙

操作完成后效果如图 10-50 所示。

图 10-48　齿轮泵 1/4 剖切视图

图 10-49　1/2 剖切结果

图 10-50　1/4 剖切结果

将多余的实体删除，效果如图 10-48 所示。

【选项说明】

1. 选择面或任意点以定位截面线

（1）选择绘图区的任意点（不在面上）可以创建独立于实体的截面对象。第一点可创建截面对象旋转所围绕的点，第二点可创建截面对象。如图 10-51 所示为在手柄主视图上指定两点创建一个截面平面，如图 10-52 所示为转换到西南等轴测视图的情形，图中半透明的平面为活动截面，实线为截面控制线。

图 10-51　创建截面

单击活动截面平面，显示编辑夹点，如图 10-53 所示，其功能分别介绍如下。

① 截面实体方向箭头：表示生成截面实体时所要保留的一侧，单击该箭头，则反向。

② 截面平移编辑夹点：选中并拖动该夹点，截面沿其法向平移。

③ 宽度编辑夹点：选中并拖动该夹点，可以调节截面宽度。

④ 截面属性下拉菜单按钮：单击该按钮，显示当前截面的属性，包括截面平面（如图 10-53 所示）、截面边界（如图 10-54 所示）、截面体积（如图 10-55 所示）3 种，分别显示截面平面相关操作的作用范围，调节相关夹点，可以调整范围。

图 10-52　西南等轴测视图

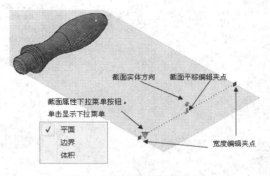
图 10-53　截面编辑夹点

（2）选择实体或面域上的面可以产生与该面重合的截面对象。

（3）快捷菜单。在截面平面编辑状态下右击，打开快捷菜单，如图 10-56 所示，其中的几个主要选项介绍如下。

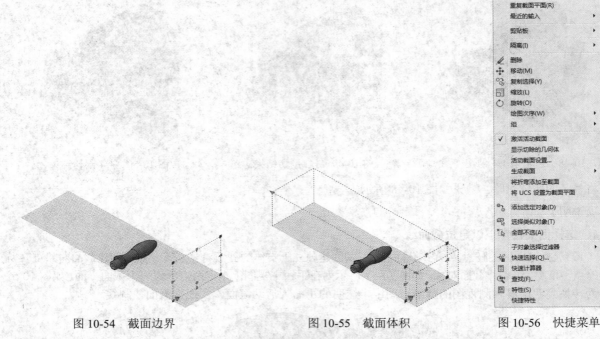

图 10-54　截面边界　　　　　图 10-55　截面体积　　　　　图 10-56　快捷菜单

① 激活活动截面：选择该命令，活动截面被激活，可以对其进行编辑，同时源对象不可见，如图 10-57 所示。

② 活动截面设置：选择该命令，打开"截面设置"对话框，可以设置截面各参数，如图 10-58 所示。

③ 生成二维/三维截面：选择该命令，打开"生成截面/立面"对话框，如图 10-59 所示。设置相关参数后，单击"创建"按钮，即可创建相应的图块或文件。在如图 10-60 所示的截面平面位置创建的三维截面如图 10-61 所示，如图 10-62 所示为对应的二维截面。

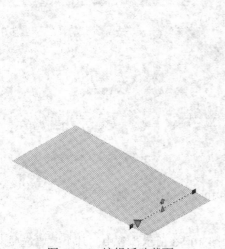

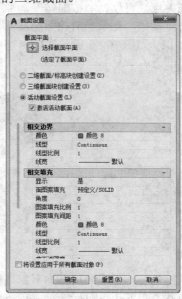

图 10-57　编辑活动截面　　　　图 10-58　"截面设置"对话框　　图 10-59　"生成截面/立面"对话框

图 10-60　截面平面位置

图 10-61　三维截面

图 10-62　二维截面

④ 将折弯添加至截面：选择该命令，系统提示添加折弯到截面的一端，并可以编辑折弯的位置和高度。在如图 10-61 所示的基础上添加折弯后的截面平面如图 10-63 所示。

2．绘制截面(D)

定义具有多个点的截面对象以创建带有折弯的截面线。选择该选项，命令行提示与操作如下。

指定起点:（指定点 1）
指定下一点:（指定点 2）
指定下一个点或按 Enter 键完成:（指定点 3 或按 Enter 键）
按截面视图的方向指定点:（指定点以指示剪切平面的方向）

该选项将创建处于"截面边界"状态的截面对象，并且活动截面会关闭，该截面线可以带有折弯，如图 10-64 所示。

如图 10-65 所示为按如图 10-64 设置截面生成的三维截面对象，如图 10-66 所示为对应的二维截面。

图 10-63　折弯后的截面平面

图 10-64　折弯截面

图 10-65　三维截面

3．正交(O)

将截面对象与相对于 UCS 的正交方向对齐。选择该选项，命令行提示与操作如下。

将截面对齐至 [前(F)/后(B)/顶部(T)/底部(B)/左(L)/右(R)]:

选择该选项后，将以相对于 UCS（不是当前视图）的指定方向创建截面对象，并且该对象将包含所有三维对象。该选项将创建处于"截面边界"状态的截面对象，并且活动截面会打开。

选择该选项，可以很方便地创建工程制图中的剖视图。UCS 处于如图 10-67 所示的位置，如图 10-68 所示为对应的左向截面。

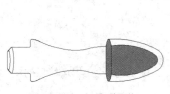
图 10-66　二维截面

图 10-67　UCS 位置

图 10-68　左向截面

10.3　编　辑　实　体

对象编辑是指对单个三维实体本身的某些部分或某些要素进行编辑，从而改变三维实体造型。

【预习重点】

- ☑ 了解各种实体编辑命令。
- ☑ 通过实例练习各种实体编辑命令的使用方法。

10.3.1　拉伸面

【执行方式】

- ☑ 命令行：SOLIDEDIT。
- ☑ 菜单栏：选择菜单栏中的"修改"→"实体编辑"→"拉伸面"命令。
- ☑ 工具栏：单击"实体编辑"工具栏中的"拉伸面"按钮。
- ☑ 功能区：单击"三维工具"选项卡"实体编辑"面板中的"拉伸面"按钮。

【操作实践——六角螺母的绘制】

本实例绘制如图 10-69 所示的六角螺母。

（1）设置线框密度，命令行提示与操作如下。

```
命令: ISOLINES↙
输入 ISOLINES 的新值 <8>: 10↙
```

（2）单击"三维工具"选项卡"建模"面板中的"圆锥体"按钮△，创建中心点在原点，半径为 12、高度为 20 的圆锥体。切换视图到西南等轴测视图，效果如图 10-70 所示。

（3）单击"默认"选项卡"绘图"面板中的"多边形"按钮⬠，以圆锥圆心为内接圆圆心，半径为 12，绘制正六边形。

（4）单击"三维工具"选项卡"建模"面板中的"拉伸"按钮，将步骤（3）绘制的六边形拉伸，拉伸高度为 7，效果如图 10-71 所示。

（5）单击"三维工具"选项卡"实体编辑"面板中的"交集"按钮◎，将圆柱体和拉伸体进行交集运算，效果如图 10-72 所示。

图 10-69　六角螺母

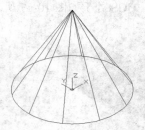
图 10-70　创建圆锥

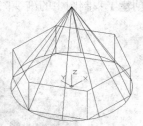
图 10-71　拉伸正六边形

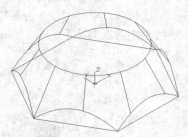
图 10-72　交集运算后的实体

（6）单击"三维工具"选项卡"实体编辑"面板中的"剖切"按钮，对形成的实体进行剖切。命令行提示与操作如下。

命令: SLICE↙
选择要剖切的对象:（选取交集运算形成的实体，然后按 Enter 键）
指定切面的起点或 [平面对象(O)/曲面(S)/Z 轴(Z)/视图(V)/XY(XY)/YZ(YZ)/ZX(ZX)/三点(3)] <三点>: XY↙
指定切面的起点或 [平面对象(O)/曲面(S)/Z 轴(Z)/视图(V)/XY(XY)/YZ(YZ)/ZX(ZX)/三点(3)] <三点>: XY 指定 XY
平面上的点<0,0,0>:（捕捉曲线的中点，如图 10-73 所示的 1 点）
在所需的侧面上指定点或 [保留两侧(B)]:（在 1 点下选取一点，保留下部）

效果如图 10-74 所示。

（7）单击"视图"选项卡"导航"面板中的"自由动态观察"按钮，将实体旋转适当角度；单击"三维工具"选项卡"实体编辑"面板中的"拉伸面"按钮，对实体底面进行拉伸，拉伸高度为 2，命令行提示与操作如下。

[拉伸(E)/移动(M0)/旋转(R)/偏移(O)/倾斜(T)/删除(D)/复制(C)/颜色(L)/材质(A)/放弃(U)/退出(X)]<退出>:
__EXTURUDE
选择面或 [放弃(U)/删除(R)]:（选择实体的底面↙）
指定拉伸高度或 [路径(P)]: 2↙
指定拉伸的倾斜角度<0>：↙

效果如图 10-75 所示。

图 10-73　捕捉曲线中点

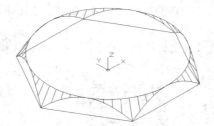

图 10-74　剖切后的实体

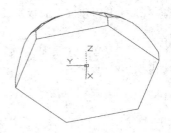

图 10-75　拉伸面结果

将视图转换为西南等轴测视图，效果如图 10-76 所示。

（8）镜像实体，选择菜单栏中的"修改"→"三维操作"→"三维镜像"命令，将实体沿 XY 轴镜像，效果如图 10-77 所示。

（9）单击"三维工具"选项卡"实体编辑"面板中的"并集"按钮，将镜像后的两个实体进行并集运算。

（10）切换坐标系：在命令行中输入"UCS"命令，设置坐标系，将坐标系绕 X 轴旋转 90°。

（11）切换视图到前视图，创建螺纹。

① 单击"默认"选项卡"绘图"面板中的"多段线"按钮，绘制螺纹牙型。命令行提示与操作如下。

命令: PI↙
指定起点:（单击鼠标指定一点）
当前线宽为 0.0000
指定下一个点或 [圆弧(A)/半宽(H)/长度(L)/放弃(U)/宽度(W)]: @2<-30↙
指定下一点或 [圆弧(A)/闭合(C)/半宽(H)/长度(L)/放弃(U)/宽度(W)]: @2<-150↙
指定下一点或 [圆弧(A)/闭合(C)/半宽(H)/长度(L)/放弃(U)/宽度(W)]: ↙

绘制效果如图 10-78 所示。

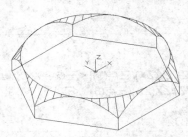

图 10-76　拉伸底面

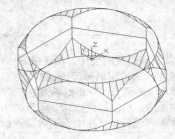

图 10-77　镜像实体

图 10-78　螺纹牙型

② 选择菜单栏中的"修改"→"三维操作"→"三维阵列"命令，将绘制的螺纹牙型进行 25 行、1 列的矩形阵列，行间距为 2，然后绘制直线，命令行提示与操作如下。

命令:L↙（或者单击"默认"选项卡"绘图"面板中的 ✎ 按钮）
指定第一点:（捕捉螺纹的上端点）
指定下一点或 [放弃(U)]: @8<180↙
指定下一点或 [放弃(U)]: @50<-90↙
指定下一点或 [闭合(C)/放弃(U)]:（捕捉螺纹的下端点，然后按 Enter 键）

效果如图 10-79 所示。

③ 单击"默认"选项卡"绘图"面板中的"面域"按钮 ◻，将绘制的螺纹截面形成面域；单击"三维工具"选项卡"建模"面板中的"旋转"按钮 ⬭，捕捉螺纹截面左边线的端点，旋转螺纹截面，效果如图 10-80 所示。

（12）单击"三维工具"选项卡"实体编辑"面板中的"差集"按钮 ◉，将螺母与螺纹进行差集运算，如图 10-81 所示。

图 10-79　螺纹截面

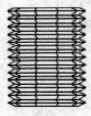

图 10-80　螺纹

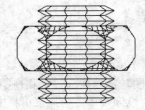

图 10-81　差集处理

（13）切换视图到西南等轴测视图，单击"可视化"选项卡"渲染"面板中的"渲染到尺寸"按钮 ▦，进行渲染处理，效果如图 10-69 所示。

【选项说明】
（1）指定拉伸高度：按指定的高度值来拉伸面。指定拉伸的倾斜角度后，完成拉伸操作。
（2）路径(P)：沿指定的路径曲线拉伸面。

10.3.2　移动面

【执行方式】
☑　命令行：SOLIDEDIT。
☑　菜单栏：选择菜单栏中的"修改"→"实体编辑"→"移动面"命令。
☑　工具栏：单击"实体编辑"工具栏中的"移动面"按钮 ✥。

☑　功能区：单击"三维工具"选项卡"实体编辑"面板中的"移动面"按钮。

【操作步骤】

命令: SOLIDEDIT
实体编辑自动检查: SOLIDCHECK=1
输入实体编辑选项 [面(F)/边(E)/体(B)/放弃(U)/退出(X)]<退出>: F
输入面编辑选项 [拉伸(E)/移动(M)/旋转(R)/偏移(O)/倾斜(T)/删除(D)/复制(C)/颜色(L)/材质(A)/放弃(U)/退出(X)]
<退出>: M
选择面或 [放弃(U)/删除(R)]:（选择要进行移动的面）
选择面或 [放弃(U)/删除(R)/全部(ALL)]:（继续选择移动面或按 Enter 键）
指定基点或位移:（输入具体的坐标值或选择关键点）
指定位移的第二点:（输入具体的坐标值或选择关键点）

【选项说明】

各选项的含义在前面介绍的命令中都有涉及，如有问题，请查询相关命令（如"拉伸面""移动"命令等）。

10.3.3　偏移面

【执行方式】

☑　命令行：SOLIDEDIT。
☑　菜单栏：选择菜单栏中的"修改"→"实体编辑"→"偏移面"命令。
☑　工具栏：单击"实体编辑"工具栏中的"偏移面"按钮。
☑　功能区：单击"三维工具"选项卡"实体编辑"面板中的"偏移面"按钮。

【操作步骤】

命令: SOLIDEDIT
实体编辑自动检查: SOLIDCHECK=1
输入实体编辑选项 [面(F)/边(E)/体(B)/放弃(U)/退出(X)] <退出>: F
输入面编辑选项 [拉伸(E)/移动(M)/旋转(R)/偏移(O)/倾斜(T)/删除(D)/复制(C)/颜色(L)/材质(A)/放弃(U)/退出(X)]
<退出>: O
选择面或 [放弃(U)/删除(R)]: 选择要进行偏移的面
指定偏移距离: 输入要偏移的距离值

如图 10-82 所示为通过"偏移"命令改变哑铃手柄大小的效果。

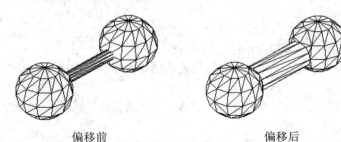

偏移前　　　　　　　　　　　　　　　偏移后

图 10-82　偏移对象

10.3.4　删除面

【执行方式】

☑　命令行：SOLIDEDIT。

☑　菜单栏：选择菜单栏中的"修改"→"实体编辑"→"删除面"命令。

☑　工具栏：单击"实体编辑"工具栏中的"删除面"按钮✖️。

☑　功能区：单击"三维工具"选项卡"实体编辑"面板中的"删除面"按钮✖️。

【操作实践——镶块的绘制】

本实例绘制如图 10-83 所示的镶块。

（1）启动 AutoCAD 2017，使用默认设置画图。

（2）在命令行中输入"ISOLINES"命令，设置线框密度为 10。单击"视图"选项卡"视图"面板"视图"下拉菜单中的"西南等轴测"按钮，切换到西南等轴测视图。

（3）单击"三维工具"选项卡"建模"面板中的"长方体"按钮，以坐标原点为角点，创建长为 50、宽为 100、高为 20 的长方体。

（4）单击"三维工具"选项卡"建模"面板中的"圆柱体"按钮，以长方体右侧面底边中点为圆心，创建半径为 50、高为 20 的圆柱体。

（5）单击"三维工具"选项卡"实体编辑"面板中的"并集"按钮，将长方体与圆柱体进行并集运算，效果如图 10-84 所示。

（6）单击"三维工具"选项卡"实体编辑"面板中的"剖切"按钮，以 ZX 为剖切面，分别指定剖切面上的点为（0,10,0）及（0,90,0），对实体进行对称剖切，保留实体中部，效果如图 10-85 所示。

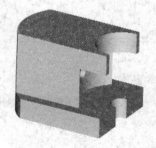
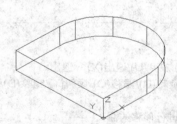
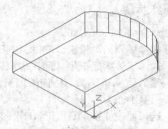

图 10-83　镶块　　　　　　　图 10-84　并集后的实体　　　　　图 10-85　剖切后的实体

（7）单击"默认"选项卡"修改"面板中的"复制"按钮，如图 10-86 所示，将剖切后的实体向上复制一个。

（8）单击"三维工具"选项卡"实体编辑"面板中的"拉伸面"按钮，选取实体前端面拉伸高度为 -10。继续将实体后侧面拉伸 -10，效果如图 10-87 所示。

（9）单击"三维工具"选项卡"实体编辑"面板中的"删除面"按钮✖️，删除实体上的面。继续将实体后部对称侧面删除，效果如图 10-88 所示。

（10）单击"三维工具"选项卡"实体编辑"面板中的"拉伸面"按钮，将实体顶面向上拉伸 40，效果如图 10-89 所示。

（11）单击"三维工具"选项卡"建模"面板中的"圆柱体"按钮，以实体底面左边中点为圆心，创建半径为 10、高为 20 的圆柱体。同理，以 R10 圆柱顶面圆心为中心点继续创建半径为 40、高为 40 及半径为 25、高为 60 的圆柱体。

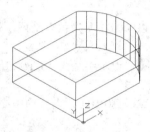
图 10-86　复制实体

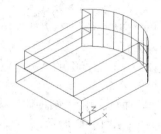
图 10-87　拉伸面操作后的实体

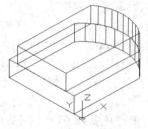
图 10-88　删除面操作后的实体

（12）单击"三维工具"选项卡"实体编辑"面板中的"差集"按钮，将实体与 3 个圆柱体进行差集运算，效果如图 10-90 所示。

（13）在命令行中输入"UCS"命令，将坐标原点移动到（0,50,40），并将其绕 Y 轴旋转 90°。

（14）单击"三维工具"选项卡"建模"面板中的"圆柱体"按钮，以坐标原点为圆心，创建半径为 5、高为 100 的圆柱体，效果如图 10-91 所示。

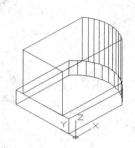
图 10-89　拉伸顶面操作后的实体

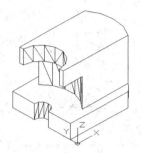
图 10-90　差集后的实体

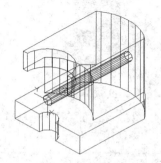
图 10-91　创建圆柱体

（15）单击"三维工具"选项卡"实体编辑"面板中的"差集"按钮，将实体与圆柱体进行差集运算。

（16）单击"可视化"选项卡"渲染"面板中的"渲染到尺寸"按钮，渲染后的效果如图 10-83 所示。

10.3.5　旋转面

【执行方式】

- ☑　命令行：SOLIDEDIT。
- ☑　菜单栏：选择菜单栏中的"修改"→"实体编辑"→"旋转面"命令。
- ☑　工具栏：单击"实体编辑"工具栏中的"旋转面"按钮。
- ☑　功能区：单击"三维工具"选项卡"实体编辑"面板中的"旋转面"按钮。

【操作实践——轴支架的绘制】

本实例绘制如图 10-92 所示的轴支架。

（1）启动 AutoCAD 2017，使用默认设置绘图环境。

（2）设置线框密度，命令行提示与操作如下。

命令: ISOLINES
输入 ISOLINES 的新值 <4>: 10↙

（3）单击"视图"选项卡"视图"面板"视图"下拉菜单中的"西南等轴测"按钮◉，将当前视图方向设置为西南等轴测视图。

（4）单击"三维工具"选项卡"建模"面板中的"长方体"按钮▣，以（0,0,0）为角点坐标，长、宽、高分别为80、60、10，绘制连接立板长方体。

（5）单击"三维工具"选项卡"实体编辑"面板中的"圆角边"按钮◉，绘制半径为10的圆角，对长方体进行圆角处理。

（6）单击"三维工具"选项卡"建模"面板中的"圆柱体"按钮▣，以（10,10,0）为底面中心点，半径为6，指定高度为10，绘制圆柱体，效果如图10-93所示。

（7）单击"默认"选项卡"修改"面板中的"复制"按钮◉，选择步骤（6）绘制的圆柱体进行复制，效果如图10-94所示。

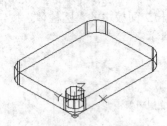

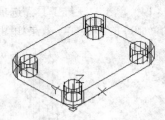

图10-92　轴支架　　　　　　　图10-93　创建圆柱体　　　　　　　图10-94　复制圆柱体

（8）单击"三维工具"选项卡"实体编辑"面板中的"差集"按钮◉，将长方体和圆柱体进行差集运算。

（9）设置用户坐标系。命令行提示与操作如下。

```
命令: UCS↙
当前 UCS 名称: *世界*
指定 UCS 的原点或 [面(F)/命名(NA)/对象(OB)/上一个(P)/视图(V)/世界(W)/X/Y/Z/Z 轴(ZA)] <世界>: 40,30,60↙
指定 X 轴上的点或 <接受>: ↙
```

（10）单击"三维工具"选项卡"建模"面板中的"长方体"按钮▣，以坐标原点为长方体的中心点，分别创建长为40、宽为10、高为100，以及长为10、宽为40、高为100的长方体，效果如图10-95所示。

（11）移动坐标原点到（0,0,50），并将其绕Y轴旋转90°。

（12）单击"三维工具"选项卡"建模"面板中的"圆柱体"按钮▣，以坐标原点为底边中心点，创建半径为20、高为25的圆柱体。

（13）选择菜单栏中的"修改"→"三维操作"→"三维镜像"命令。选取圆柱体绕XY轴进行旋转，效果如图10-96所示。

（14）单击"三维工具"选项卡"实体编辑"面板中的"并集"按钮◉，选择两个圆柱体与两个长方体进行并集运算。

（15）单击"三维工具"选项卡"建模"面板中的"圆柱体"按钮▣，捕捉R20圆柱体的圆心为圆心，创建半径为10、高为50的圆柱体。

（16）单击"三维工具"选项卡"实体编辑"面板中的"差集"按钮◉，将并集后的实体与圆柱体进行差集运算。消隐处理后的图形如图10-97所示。

（17）单击"三维工具"选项卡"实体编辑"面板中的"旋转面"按钮◉，旋转支架上部十字形底面。命令行提示与操作如下。

```
[拉伸(E)/移动(M)/旋转(R)/偏移(O)/倾斜(T)/删除(D)/复制(C)/颜色(L)/材质(A)/放弃(U)/退出(X)]<退出>: __ROTATE
选择面或 [放弃(U)/删除(R)]:（选择十字形的底面✓）
指定轴点或 [经过对象的轴(A)/视图(V)/X 轴(X)/Y 轴(Y)/Z 轴(Z)]<两点>: Y✓
指定旋转原点<0,0,0>:（选择旋转原点，如图 10-98 所示）
指定旋转角度或 [参照(R)]: 30✓
```

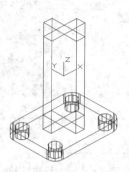

图 10-95　创建长方体

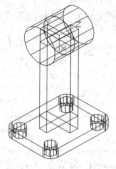

图 10-96　镜像圆柱体

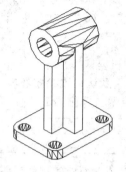

图 10-97　消隐后的实体

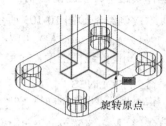

图 10-98　选择旋转原点

操作完成后的效果如图 10-99 所示。

（18）选择菜单栏中的"修改"→"三维操作"→"三维旋转"命令，旋转底板，命令行提示与操作如下。

```
UCS 当前的正方向: ANGDIR=逆时针　ANGBASE=0
选择对象:（选择轴支架的底座✓）
指定基点:（选择基点，如图 10-100 所示）
拾取旋转轴:（拾取 Y 轴）
指定角的起点或输入角度: -30✓
```

操作完成后的效果如图 10-101 所示。

（19）单击"视图"选项卡"视图"面板"视图"下拉菜单中的"前视"按钮，将当前视图方向设置为主视图。消隐处理后的效果如图 10-102 所示。

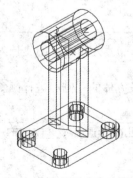

图 10-99　旋转十字底面

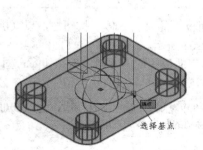

图 10-100　捕捉基点

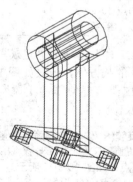

图 10-101　旋转底板

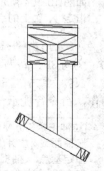

图 10-102　轴支架

（20）单击"可视化"选项卡"渲染"面板中的"渲染到尺寸"按钮，对图形进行渲染。渲染后的效果如图 10-92 所示。

10.3.6 倾斜面

【执行方式】

- ☑ 命令行：SOLIDEDIT。
- ☑ 菜单栏：选择菜单栏中的"修改"→"实体编辑"→"倾斜面"命令。
- ☑ 工具栏：单击"实体编辑"工具栏中的"倾斜面"按钮。
- ☑ 功能区：单击"三维工具"选项卡"实体编辑"面板中的"倾斜面"按钮。

【操作实践——机座的绘制】

本实例绘制如图 10-103 所示的机座。

（1）启动 AutoCAD 2017，使用默认设置绘图环境。

（2）设置线框密度，命令行提示与操作如下。

命令: ISOLINES
输入 ISOLINES 的新值 <4>: 10✓

（3）单击"视图"选项卡"视图"面板"视图"下拉菜单中的"西南等轴测"按钮，将当前视图方向设置为西南等轴测视图。

（4）单击"三维工具"选项卡"建模"面板中的"长方体"按钮，指定角点（0,0,0），长、宽、高分别为 80、50、20，绘制长方体。

（5）单击"三维工具"选项卡"建模"面板中的"圆柱体"按钮，绘制以长方体底面右边中点为中心点，半径为 25，指定高度为 20 的圆柱体。

重复"圆柱体"命令，指定底面中心点的坐标为（80,25,0），底面半径为 20，高度为 80，绘制圆柱体。

（6）单击"三维工具"选项卡"实体编辑"面板中的"并集"按钮，选取长方体与两个圆柱体进行并集运算，效果如图 10-104 所示。

（7）设置用户坐标系，命令行提示与操作如下。

命令: UCS✓
当前 UCS 名称: *世界*
指定 UCS 的原点或 [面(F)/命名(NA)/对象(OB)/上一个(P)/视图(V)/世界(W)/X/Y/Z/Z 轴(ZA)] <世界>: （用鼠标点取如图 10-104 所示的点 1）
指定 X 轴上的点或 <接受>:✓

（8）单击"三维工具"选项卡"建模"面板中的"长方体"按钮，以（0,10,0）为角点，创建长为 80、宽为 30、高为 30 的长方体，效果如图 10-105 所示。

（9）单击"三维工具"选项卡"实体编辑"面板中的"倾斜面"按钮，对长方体的左侧面进行倾斜操作，命令行提示与操作如下。

[拉伸(E)/移动(M)/旋转(R)/偏移(O)/倾斜(T)/删除(D)/复制(C)/颜色(L)/材质(A)/放弃(U)/退出(X)]<退出>: __TAPER
选择面或 [放弃(U)/删除(R)]: （选择步骤（8）绘制的长方体的左端面✓）
指定基点: （捕捉基点，如图 10-106 所示）
指定沿倾斜轴的另一个点: （捕捉另一点，如图 10-107 所示）
指定倾斜角度: 60✓

（10）单击"三维工具"选项卡"实体编辑"面板中的"并集"按钮，将创建的长方体与实体进行并集运算。

图 10-103　机座

图 10-104　并集后的实体

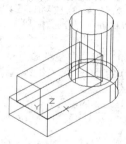
图 10-105　创建长方体

图 10-106　捕捉基点

（11）方法同前，在命令行中输入"UCS"命令，将坐标原点移回到实体底面的左下顶点。

（12）单击"三维工具"选项卡"建模"面板中的"长方体"按钮，以（0,5）为角点，创建长为 50、宽为 40、高为 5 的长方体；继续以（0,20）为角点，创建长为 30、宽为 10、高为 50 的长方体。

（13）单击"三维工具"选项卡"实体编辑"面板中的"差集"按钮，将实体与两个长方体进行差集运算，效果如图 10-108 所示。

（14）单击"三维工具"选项卡"建模"面板中的"圆柱体"按钮，捕捉 R20 圆柱顶面圆心为中心点，分别创建半径为 15、高为-15 及半径为 10、高为-80 的圆柱体。

（15）单击"三维工具"选项卡"实体编辑"面板中的"差集"按钮，将实体与两个圆柱体进行差集运算。消隐处理后的图形如图 10-109 所示。

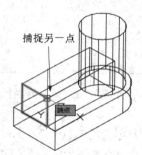
图 10-107　捕捉倾斜轴的另一点

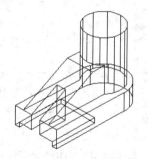
图 10-108　差集后的实体

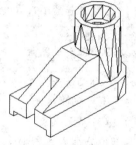
图 10-109　消隐后的实体

（16）单击"可视化"选项卡"渲染"面板中的"渲染到尺寸"按钮，然后对图形进行渲染。渲染后的效果如图 10-103 所示。

10.3.7　复制面

【执行方式】

- ☑　命令行：SOLIDEDIT。
- ☑　菜单栏：选择菜单栏中的"修改"→"实体编辑"→"复制面"命令。
- ☑　工具栏：单击"实体编辑"工具栏中的"复制面"按钮。
- ☑　功能区：单击"三维工具"选项卡"实体编辑"面板中的"复制面"按钮。

【操作步骤】

命令: SOLIDEDIT
实体编辑自动检查: SOLIDCHECK=1

输入实体编辑选项 [面(F)/边(E)/体(B)/放弃(U)/退出(X)] <退出>: F
输入面编辑选项 [拉伸(E)/移动(M)/旋转(R)/偏移(O)/倾斜(T)/删除(D)/复制(C)/颜色(L)/材质(A)/放弃(U)/退出(X)]
<退出>: C
选择面或 [放弃(U)/删除(R)]:（选择要复制的面）
选择面或 [放弃(U)/删除(R)/全部(ALL)]:（继续选择或按 Enter 键结束选择）
指定基点或位移:（输入基点的坐标）
指定位移的第二点:（输入第二点的坐标）

10.3.8 着色面

【执行方式】

☑ 命令行：SOLIDEDIT。
☑ 菜单栏：选择菜单栏中的"修改"→"实体编辑"→"着色面"
命令。
☑ 工具栏：单击"实体编辑"工具栏中的"着色面"按钮 🖼。
☑ 功能区：单击"三维工具"选项卡"实体编辑"面板中的"着色
面"按钮 🖼。

【操作实践——轴套的绘制】

本实例绘制如图 10-110 所示的轴套。

图 10-110　轴套

（1）设置线框密度，命令行提示与操作如下。

命令: ISOLINES
输入 ISOLINES 的新值 <4>: 10↙

（2）单击"视图"选项卡"视图"面板"视图"下拉菜单中的"西南等轴测"按钮 ◈，将当前视图方向设置为西南等轴测视图。

（3）单击"三维工具"选项卡"建模"面板中的"圆柱体"按钮 🔲，以坐标原点（0,0,0）为底面中心点，创建半径分别为 6 和 10，轴端点为（@11,0,0）的两个圆柱体，消隐后的效果如图 10-111 所示。

（4）单击"三维工具"选项卡"实体编辑"面板中的"差集"按钮 ⓪，将创建的两个圆柱体进行差集处理，效果如图 10-112 所示。

（5）单击"三维工具"选项卡"实体编辑"面板中的"倒角边"按钮 ◈，对孔两端进行倒角处理，倒角距离为 1，命令行提示与操作如下。

命令: _CHAMFEREDGE↙
选择一条边或[环(L)/距离(D)]: D↙
指定距离 1 或 [表达式(E)] <1.0000>: 1↙
指定距离 2 或 [表达式(E)] <1.0000>: 1↙
选择一条边或[环(L)/距离(D)]:（用鼠标选择图 10-112 中的边 1）↙
按 Enter 键接受倒角或 [距离(D)]: ↙

重复上述操作对图 10-112 中的边 2 进行倒角，效果如图 10-113 所示。

（6）单击"视图"选项卡"导航"面板中的"自由动态观察"按钮 ◈，将当前视图调整到能够看到轴孔的位置，效果如图 10-114 所示。

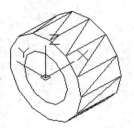
图 10-111　创建圆柱体

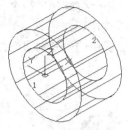
图 10-112　差集处理

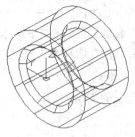
图 10-113　倒角处理

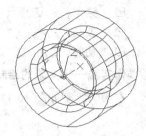
图 10-114　设置视图方向

（7）单击"三维工具"选项卡"实体编辑"面板中的"着色面"按钮，对相应的面进行着色处理，命令行提示和操作如下。

[拉伸(E)/移动(M)/旋转(R)/偏移(O)/倾斜(T)/删除(D)/复制(C)/颜色(L)/材质(A)/放弃(U)/退出(X)]<退出>：__COLOR
选择面或 [放弃(U)/删除(R)]：（选择倒角面↙）

选择面按 Enter 键后弹出"选择颜色"对话框，如图 10-115 所示。重复"着色面"命令，对其他面进行着色处理。

高手支招

着色处理在图形渲染中有很重要的作用，尤其是在绘制效果图中，这个命令的具体运用将在后面章节中重点介绍。

（8）渲染视图。单击"可视化"选项卡"渲染"面板中的"渲染到尺寸"按钮，打开"渲染"对话框，对轴套进行渲染，如图 10-116 所示。

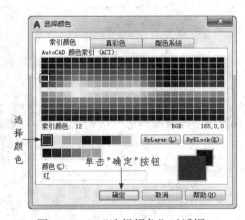
图 10-115　"选择颜色"对话框

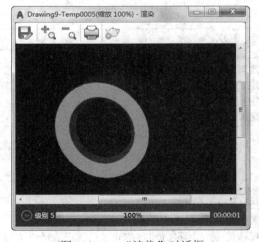
图 10-116　"渲染"对话框

10.3.9　复制边

【执行方式】

☑　命令行：SOLIDEDIT。

☑ 菜单栏：选择菜单栏中的"修改"→"实体编辑"→"复制边"命令。

☑ 工具栏：单击"实体编辑"工具栏中的"复制边"按钮。

☑ 功能区：单击"三维工具"选项卡"实体编辑"面板中的"复制边"按钮。

【操作实践——支架的绘制】

本实例绘制如图 10-117 所示的支架。

图 10-117　支架

（1）启动 AutoCAD 2017，使用默认设置的绘图环境。

（2）设置线框密度，命令行提示与操作如下。

命令: ISOLINES
输入 ISOLINES 的新值 <8>: 10✓

（3）设置视图方向。单击"视图"选项卡"视图"面板"视图"下拉菜单中的"西南等轴测"按钮，将当前视图方向设置为西南等轴测视图。

（4）绘制长方体，单击"三维工具"选项卡"建模"面板中的"长方体"按钮，命令行提示与操作如下。

命令: BOX✓
指定第一个角点或 [中心(C)]: 0,0,0✓
指定其他角点或 [立方体(C)/长度(L)]: L✓
指定长度: 60✓
指定宽度: 100✓
指定高度: 15✓

（5）圆角处理，单击"三维工具"选项卡"编辑实体"面板中的"圆角边"按钮，命令行提示与操作如下。

命令: FILLETEDGE✓
选择边或[链(C)/环(L)/半径(R)]:R✓
输入圆角半径或[表达式(E)]<1.0000>: 25✓
选择边或[链(C)/环(L)/半径(R)]:（用鼠标选择要圆角的对象）✓
按 Enter 键接受圆角或[半径(R)]: ✓

效果如图 10-118 所示。

（6）绘制圆柱体，单击"三维工具"选项卡"建模"面板中的"圆柱体"按钮，命令行提示与操作如下。

命令: CYLINDER

指定底面的中心点或 [三点(3P)/两点(2P)/切点、切点、半径(T)/椭圆(E)]:（用鼠标选择长方体底面圆角圆心）
指定底面半径或 [直径(D)]: 15↙
指定高度或 [两点(2P)/轴端点(A)]: 3↙

重复绘制"圆柱体"命令，绘制直径为 13、高为 15 的圆柱体，并利用"复制"命令将绘制的两圆柱体复制到另一个圆角处。

（7）单击"三维工具"选项卡"实体编辑"面板中的"差集"按钮⚪，差集处理出阶梯孔，效果如图 10-119 所示。

（8）设置用户坐标系，命令行提示与操作如下。

命令: UCS↙
当前 UCS 名称: *世界*
指定 UCS 的原点或 [面(F)/命名(NA)/对象(OB)/上一个(P)/视图(V)/世界(W)/X/Y/Z/Z 轴(ZA)] <世界>: 0,0,15↙
指定 X 轴上的点或 <接受>: ↙

（9）设置视图方向。选择菜单栏中的"视图"→"三维视图"→"平面视图"→"当前 UCS(C)"命令，将当前视图方向设置为俯视图。

（10）绘制矩形。单击"默认"选项卡"绘图"面板中的"矩形"按钮▭，以（60,25）为第一个角点，以（@-14,50）为第二个角点，绘制矩形，效果如图 10-120 所示。

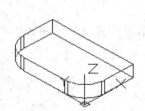
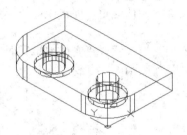
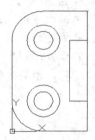

图 10-118　倒圆角后的长方体　　　图 10-119　差集圆柱体后的实体　　　图 10-120　绘制矩形

（11）设置视图方向。单击"视图"选项卡"视图"面板"视图"下拉菜单中的"前视"按钮▤，将当前视图方向设置为前视图。

（12）绘制辅助线，单击"默认"选项卡"绘图"面板中的"多段线"按钮⤵，命令行提示与操作如下。

命令: PLINE↙
指定起点:（如图 10-121 所示，捕捉长方体右上角点）
指定下一个点或 [圆弧(A)/半宽(H)/长度(L)/放弃(U)/宽度(W)]: @0,23↙
指定下一点或 [圆弧(A)/闭合(C)/半宽(H)/长度(L)/放弃(U)/宽度(W)]: A↙
指定圆弧的端点或 [角度(A)/圆心(CE)/闭合(CL)/方向(D)/半宽(H)/直线(L)/半径(R)/第二个点(S)/放弃(U)/宽度(W)]: A↙
指定夹角: -90↙
指定圆弧的端点（按住 Ctrl 键以切换方向）或 [圆心(CE)/半径(R)]: @10,10↙
指定圆弧的端点或 [角度(A)/圆心(CE)/闭合(CL)/方向(D)/半宽(H)/直线(L)/半径(R)/第二个点(S)/放弃(U)/宽度(W)]: L↙
指定下一点或 [圆弧(A)/闭合(C)/半宽(H)/长度(L)/放弃(U)/宽度(W)]: @35,0↙

效果如图 10-121 所示。

（13）设置视图方向。单击"视图"选项卡"视图"面板"视图"下拉菜单中的"西南等轴测"按钮◇，将当前视图方向设置为西南等轴测视图。

（14）拉伸矩形。单击"三维工具"选项卡"建模"面板中的"拉伸"按钮▥，选取矩形，以辅助线为路径，进行拉伸。命令行提示与操作如下。

命令:_EXTRUDE↙
当前线框密度: ISOLINES=10，闭合轮廓创建模式 = 实体
选择要拉伸的对象或 [模式(MO)]:_MO 闭合轮廓创建模式 [实体(SO)/曲面(SU)] <实体>:_SO
选择要拉伸的对象或 [模式(MO)]:（选择矩形↙）
指定拉伸的高度或 [方向(D)/路径(P)/倾斜角(T)/表达式(E)] <-55.6891>: P↙
选择拉伸路径或 [倾斜角(T)]:（选择多段线）

效果如图 10-122 所示。

（15）设置用户坐标系，命令行提示与操作如下。

命令: UCS↙
当前 UCS 名称: *世界*
指定 UCS 的原点或 [面(F)/命名(NA)/对象(OB)/上一个(P)/视图(V)/世界(W)/X/Y/Z/Z 轴(ZA)] <世界>: 105,66,-50↙
指定 X 轴上的点或 <接受>: ↙

（16）重复该命令将其绕 X 轴旋转 90°。

（17）绘制圆柱体。单击"三维工具"选项卡"建模"面板中的"圆柱体"按钮，以坐标原点为圆心，分别创建直径为 50 和 25、高均为 34 的圆柱体。

（18）单击"三维工具"选项卡"实体编辑"面板中的"并集"按钮，将长方体、拉伸实体及 Ø50 圆柱体进行并集处理。

（19）差集处理。单击"三维工具"选项卡"实体编辑"面板中的"差集"按钮，将实体与 Ø25 圆柱进行差集运算。消隐处理后的效果如图 10-123 所示。

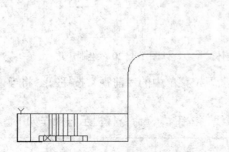

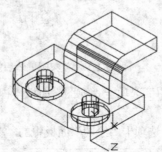

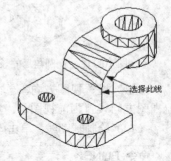

图 10-121　绘制辅助线　　　　　图 10-122　拉伸实体　　　　　图 10-123　消隐后的实体

（20）复制边线。单击"三维工具"选项卡"实体编辑"面板中的"复制边"按钮，选取拉伸实体前端面边线，在原位置进行复制，命令行提示与操作如下。

命令:_SOLIDEDIT
实体编辑自动检查: SOLIDCHECK=1
输入实体编辑选项 [面(F)/边(E)/体(B)/放弃(U)/退出(X)] <退出>:_EDGE
输入边编辑选项 [复制(C)/着色(L)/放弃(U)/退出(X)] <退出>:_COPY
选择边或 [放弃(U)/删除(R)]:（如图 10-123 所示，选取拉伸实体前端面边线）
指定基点或位移: 0,0↙
指定位移的第二点: 0,0↙
输入边编辑选项 [复制(C)/着色(L)/放弃(U)/退出(X)] <退出>: ↙

（21）设置视图方向。单击"视图"选项卡"视图"面板"视图"下拉菜单中的"前视"按钮，将当前视图方向设置为前视图。

（22）绘制直线。单击"默认"选项卡"绘图"面板中的"直线"按钮，捕捉拉伸实体左下端点为起点，在命令行中输入直线的坐标（@-30,0），继续捕捉 R10 圆弧切点，绘制直线。

注意 有时很难准确捕捉到拉伸实体左下端点，或者说表面上看捕捉到了，旋转一个角度看，会发现捕捉的不是想要的点，这时解决的办法是对三维对象捕捉进行设置，只捕捉三维顶点，如图 10-124 所示。或者关闭"三维对象捕捉"功能，打开"对象捕捉"功能，同样设置只捕捉"端点"。

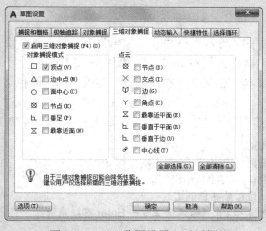

图 10-124 "草图设置"对话框

（23）修剪复制的边线。单击"默认"选项卡"修改"面板中的"修剪"按钮，对复制的边线进行修剪，效果如图 10-125 所示。

（24）创建面域。单击"默认"选项卡"绘图"面板中的"面域"按钮，将修剪后的图形创建为面域。

（25）设置视图方向。单击"视图"选项卡"视图"面板"视图"下拉菜单中的"西南等轴测"按钮，将当前视图方向设置为西南等轴测视图。

（26）拉伸面域。单击"三维工具"选项卡"建模"面板中的"拉伸"按钮，选取面域，拉伸高度为 12。

（27）移动拉伸实体。单击"默认"选项卡"修改"面板中的"移动"按钮，将拉伸形成的实体移动到如图 10-126 所示位置。

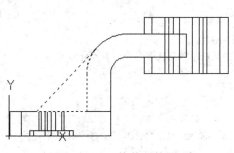

图 10-125 修剪后的图形

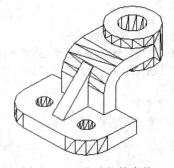

图 10-126 移动拉伸实体

（28）并集处理。单击"三维工具"选项卡"实体编辑"面板中的"并集"按钮⓪，将实体进行并集运算。

（29）渲染处理。单击"可视化"选项卡"材质"面板中的"材质浏览器"按钮⊗，选择适当的材质；单击"可视化"选项卡"渲染"面板中的"渲染到尺寸"按钮，对图形进行渲染。渲染后的效果如图 11-117 所示。

10.3.10　着色边

【执行方式】

- ☑　命令行：SOLIDEDIT。
- ☑　菜单栏：选择菜单栏中的"修改"→"实体编辑"→"着色边"命令。
- ☑　工具栏：单击"实体编辑"工具栏中的"着色边"按钮。
- ☑　功能区：单击"三维工具"选项卡"实体编辑"面板中的"着色边"按钮。

【操作步骤】

命令: SOLIDEDIT
实体编辑自动检查: SOLIDCHECK=1
输入实体编辑选项 [面(F)/边(E)/体(B)/放弃(U)/退出(X)] <退出>: E
输入边编辑选项 [复制(C)/着色(L)/放弃(U)/退出(X)] <退出>: L
选择边或 [放弃(U)/删除(R)]:（选择要着色的边）
选择面或 [放弃(U)/删除(R)/全部(ALL)]:（继续选择或按 Enter 键结束选择）

选择好边后，AutoCAD 将打开"选择颜色"对话框。根据需要选择合适的颜色作为要着色边的颜色。

10.3.11　压印边

【执行方式】

- ☑　命令行：IMPRINT。
- ☑　菜单栏：选择菜单栏中的"修改"→"实体编辑"→"压印边"命令。
- ☑　工具栏：单击"实体编辑"工具栏中的"压印边"按钮。
- ☑　功能区：单击"三维工具"选项卡"实体编辑"面板中的"压印"按钮。

【操作步骤】

命令: SOLIDEDIT
实体编辑自动检查: SOLIDCHECK=1
输入实体编辑选项 [面(F)/边(E)/体(B)/放弃(U)/退出(X)] <退出>: B
输入体编辑选项 [压印(I)/分割实体(P)/抽壳(S)/清除(L)/检查(C)/放弃(U)/退出(X)] <退出>:
选择三维实体:
选择要压印的对象:
是否删除源对象 [是(Y)/否(N)]<N>:

依次选择三维实体、要压印的对象和设置是否删除源对象，如图 10-127 所示为将五角星压印在长方体上的图形。

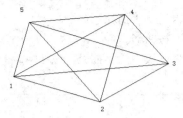
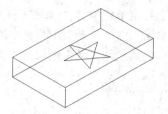

五角星和五边形　　　　　　压印后的长方体和五角星

图 10-127　压印对象

10.3.12　清除

【执行方式】

☑　命令行：SOLIDEDIT。

☑　菜单栏：选择菜单栏中的"修改"→"实体编辑"→"清除"命令。

☑　工具栏：单击"实体编辑"工具栏中的"清除"按钮⬜。

☑　功能区：单击"三维工具"选项卡"实体编辑"面板中的"清除"按钮⬜。

【操作步骤】

```
命令：_SOLIDEDIT
实体编辑自动检查: SOLIDCHECK=1
输入实体编辑选项 [面(F)/边(E)/体(B)/放弃(U)/退出(X)] <退出>：_BODY
输入体编辑选项 [压印(I)/分割实体(P)/抽壳(S)/清除(L)/检查(C)/放弃(U)/退出(X)] <退出>：_CLEAN
选择三维实体：（选择要删除的对象）
```

10.3.13　分割

【执行方式】

☑　命令行：SOLIDEDIT。

☑　菜单栏：选择菜单栏中的"修改"→"实体编辑"→"分割"命令。

☑　工具栏：单击"实体编辑"工具栏中的"分割"按钮⬜。

☑　功能区：单击"三维工具"选项卡"实体编辑"面板中的"分割"按钮⬜。

【操作步骤】

```
命令: SOLIDEDIT
实体编辑自动检查: SOLIDCHECK=1
输入实体编辑选项 [面(F)/边(E)/体(B)/放弃(U)/退出(X)] <退出>：B
输入体编辑选项 [压印(I)/分割实体(P)/抽壳(S)/清除(L)/检查(C)/放弃(U)/退出(X)] <退出>: S
选择三维实体：（选择要分割的对象）
```

10.3.14　抽壳

【执行方式】

☑　命令行：SOLIDEDIT。

☑ 菜单栏：选择菜单栏中的"修改"→"实体编辑"→"抽壳"命令。

☑ 工具栏：单击"实体编辑"工具栏中的"抽壳"按钮圖。

☑ 功能区：单击"三维工具"选项卡"实体编辑"面板中的"抽壳"按钮圖。

【操作步骤】

命令: SOLIDEDIT
实体编辑自动检查: SOLIDCHECK=1
输入实体编辑选项 [面(F)/边(E)/体(B)/放弃(U)/退出(X)] <退出>: B
输入体编辑选项 [压印(I)/分割实体(P)/抽壳(S)/清除(L)/检查(C)/放弃(U)/退出(X)] <退出>: S
选择三维实体: 选择三维实体
删除面或 [放弃(U)/添加(A)/全部(ALL)]: 选择开口面
输入抽壳偏移距离: 指定壳体的厚度值

如图 10-128 所示为利用"抽壳"命令创建的花盆。

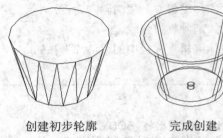

创建初步轮廓   完成创建   消隐结果

图 10-128 花盆

举一反三

    抽壳是用指定的厚度创建一个空的薄层。可以为所有面指定一个固定的薄层厚度，通过选择面可以将这些面排除在壳外。一个三维实体只有一个壳，通过将现有面偏移出其原位置来创建新的面。

10.3.15 检查

【执行方式】

☑ 命令行：SOLIDEDIT。

☑ 菜单栏：选择菜单栏中的"修改"→"实体编辑"→"检查"命令。

☑ 工具栏：单击"实体编辑"工具栏中的"检查"按钮圖。

☑ 功能区：单击"三维工具"选项卡"实体编辑"面板中的"检查"按钮圖。

【操作步骤】

命令: SOLIDEDIT
实体编辑自动检查: SOLIDCHECK=1
输入实体编辑选项 [面(F)/边(E)/体(B)/放弃(U)/退出(X)] <退出>: B
输入体编辑选项 [压印(I)/分割实体(P)/抽壳(S)/清除(L)/检查(C)/放弃(U)/退出(X)] <退出>: C
选择三维实体:（选择要检查的三维实体）

选择实体后，AutoCAD 将在命令行中显示出该对象是否是有效的 ACIS 实体。

10.3.16　夹点编辑

利用夹点编辑功能，可以很方便地对三维实体进行编辑，与二维对象夹点编辑功能相似。

其方法很简单，单击要编辑的对象，系统显示编辑夹点，选择某个夹点，按住鼠标左键进行拖动，则三维对象随之改变，选择不同的夹点，可以编辑对象的不同参数，红色夹点为当前编辑夹点，如图 10-129 所示。

图 10-129　圆锥体及其夹点编辑

【操作实践——短齿轮轴的绘制】

本实例绘制如图 10-130 所示的短齿轮轴。

（1）设置线框密度，命令行提示与操作如下。

```
命令: ISOLINES
输入 ISOLINES 的新值 <8>: 10✓
```

（2）单击"视图"选项卡"视图"面板"视图"下拉菜单中的"前视"按钮，将当前视图方向设置为主视图方向。

（3）创建齿轮。

① 绘制同心圆。单击"默认"选项卡"绘图"面板中的"圆"按钮，以坐标原点（0,0）为圆心，绘制半径分别为 12 和 17 的两个同心圆，效果如图 10-131 所示。

② 绘制直线。单击"默认"选项卡"绘图"面板中的"直线"按钮，分别以坐标原点（0,0）为起点，绘制端点坐标为（@20<95）和（@20<101）的两条直线，效果如图 10-132 所示。

③ 绘制圆弧。单击"默认"选项卡"绘图"面板中的"圆弧"按钮，以图 10-132 中的 1 点为起点，2 点为端点，绘制半径为 15.28 的圆弧，效果如图 10-133 所示。

图 10-130　短齿轮轴

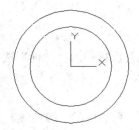

图 10-131　绘制同心圆

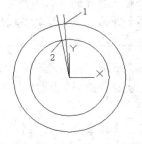

图 10-132　绘制直线

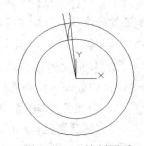

图 10-133　绘制圆弧

④ 删除直线。单击"默认"选项卡"修改"面板中的"删除"按钮 ✐，删除绘制的两条直线，效果如图 10-134 所示。

⑤ 镜像圆弧。单击"默认"选项卡"修改"面板中的"镜像"按钮 ⚶，将图 10-134 中的圆弧，以过点（0,0）和（@0,10）的直线为镜像线进行镜像，效果如图 10-135 所示。

⑥ 修剪图形。单击"默认"选项卡"修改"面板中的"修剪"按钮 ⚊，修剪多余的线段，效果如图 10-136 所示。

🎓 **高手支招**

绘制齿轮时，首先要绘制单个齿的轮廓，再使用"阵列"命令生成全部齿廓，然后再把整个轮廓线拉伸为一个齿轮实体，下面将详细介绍。

⑦ 阵列齿廓图形。单击"默认"选项卡"修改"面板中的"环形阵列"按钮 ⊞，以坐标原点（0,0）为中心点，将创建的齿形环形阵列 9 个，效果如图 10-137 所示。

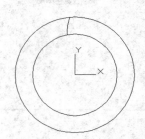

图 10-134　删除直线

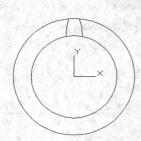

图 10-135　镜像圆弧

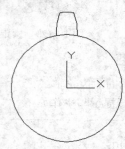

图 10-136　修剪图形

图 10-137　阵列齿廓图形

⑧ 修剪图形。单击"默认"选项卡"修改"面板中的"修剪"按钮 ⚊，修剪多余的线段，效果如图 10-138 所示。

⑨ 设置视图方向。单击"视图"选项卡"视图"面板"视图"下拉菜单中的"西南等轴测"按钮 ◈，将当前视图方向设置为西南等轴测视图，如图 10-139 所示。

⑩ 编辑多段线。单击"默认"选项卡"修改"面板中的"编辑多段线"按钮 ⟍，将修剪后的图形创建为多段线。

🎓 **高手支招**

在执行"拉伸"命令时，拉伸的对象必须是一个连续的线段，在拉伸齿轮时，由于外形轮廓不是一个连续的线段，所以要将其合并为一个连续的多段线。

⑪ 拉伸多段线。单击"三维工具"选项卡"建模"面板中的"拉伸"按钮 ⬓，将步骤⑩创建的多段线进行拉伸处理，拉伸高度为 24，效果如图 10-140 所示。

（4）创建齿轮轴。

① 创建圆柱体。单击"三维工具"选项卡"建模"面板中的"圆柱体"按钮 ▭，以坐标点（0,0,24）为底面中心点，创建半径为 7.5、轴端点为（@0,0,2）的圆柱体。重复"圆柱体"命令，以坐标点（0,0,26）为

底面中心点，创建半径为 8、轴端点为（@0,0,10）的圆柱体，效果如图 10-141 所示。

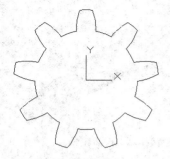  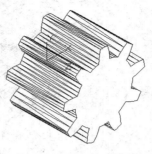 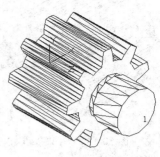

图 10-138　修剪图形　　图 10-139　设置视图方向　　图 10-140　拉伸多段线　　图 10-141　创建圆柱体

② 倒角处理。单击"三维工具"选项卡"编辑实体"面板中的"倒角边"按钮，对图 10-141 所示的边 1 进行倒角处理，倒角距离为 1.5，效果如图 10-142 所示。

③ 设置视图方向。单击"视图"选项卡"视图"面板"视图"下拉菜单中的"左视"按钮，将当前视图方向设置为左视图方向，效果如图 10-143 所示。

④ 镜像图形。单击"默认"选项卡"修改"面板中的"镜像"按钮，将图 10-143 中右侧的两个圆柱体，沿坐标点（12,17）和（12,-17）进行镜像处理，效果如图 10-144 所示。

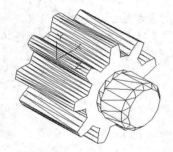 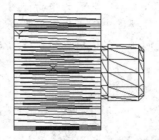 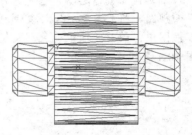

图 10-142　倒角处理　　　　图 10-143　设置视图方向　　　　图 10-144　镜像图形

高手支招

在三维绘图中，执行镜像操作时，要尽量使用 MIRROR 命令。在使用此命令时，要将视图设置为平面视图，这样可使三维镜像操作比较简单。

⑤ 设置视图方向。单击"视图"选项卡"视图"面板"视图"下拉菜单中的"西南等轴测"按钮，将当前视图方向设置为西南等轴测视图。

⑥ 并集处理。单击"三维工具"选项卡"实体编辑"面板中的"并集"按钮，将视图中的所有视图合并，效果如图 10-145 所示。

⑦ 设置视图方向。单击"视图"选项卡"导航"面板中的"自由动态观察"按钮，将当前视图调整到能够看到另一个边轴的位置，效果如图 10-146 所示。

⑧ 渲染视图。单击"可视化"选项卡"渲染"面板中的"渲染到尺寸"按钮，打开"渲染"对话框，渲染短齿轮轴，渲染后的视图效果如图 10-130 所示。

长齿轮轴的绘制方法与短齿轮轴类似，创建思路为：首先创建齿轮，然后创建轴，再创建键槽及螺纹，最后通过"并集"命令将全部图形合并为一个整体，如图 10-147 所示。

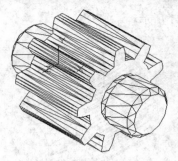

图 10-145　并集处理

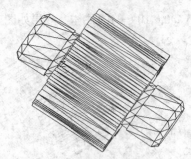

图 10-146　设置视图方向

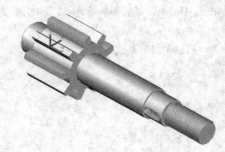

图 10-147　长齿轮轴

10.4　综合演练——齿轮泵三维装配图

齿轮泵由泵体、垫片、左端盖、右端盖、长齿轮轴、短齿轮轴、轴套、锁紧螺母、键锥齿轮、垫圈、压紧螺母等组成。

手把手教你学

本实例的创建思路是首先打开基准零件图，将其变为平面视图；然后打开要装配的零件，将其变为平面视图，将要装配的零件复制到基准零件视图中；再通过确定合适的点，将要装配的零件装配到基准零件图中；最后，通过着色及变换视图方向将装配图设置为合理的位置和颜色，然后进行渲染处理，如图 10-148 所示。

图 10-148　齿轮泵装配体

10.4.1　配置绘图环境

（1）启动 AutoCAD 2017，使用默认设置的绘图环境。

（2）建立新文件。单击"标准"工具栏中的"新建"按钮，打开"选择样板"对话框，单击"打开"按钮右侧的下拉按钮，以"无样板打开-公制"（毫米）方式建立新文件，将新文件命名为"齿轮泵装配图.dwg"并保存。

（3）设置线框密度，默认设置是 8，有效值的范围为 0～2047。设置对象上每个曲面的轮廓线数目，在命令行中输入"ISOLINES"，设置线框密度为 10。

（4）设置视图方向。单击"视图"选项卡"视图"面板"视图"下拉菜单中的"前视"按钮，将当前视图方向设置为主视图方向。

10.4.2　装配泵体

（1）打开文件。单击"标准"工具栏中的"打开"按钮，打开随书光盘中的"源文件\第 10 章\齿轮泵泵体.dwg"文件。

（2）设置视图方向。单击"视图"选项卡"视图"面板"视图"下拉菜单中的"左视"按钮，将当前视图方向设置为左视图方向。

（3）插入泵体。选择菜单栏中的"编辑"→"复制"命令，将泵体图形复制到齿轮泵装配图中，指定插入点的坐标为（0,0），效果如图 10-149 所示。

（4）渲染图形。单击"视图"选项卡"视图"面板"视图"下拉菜单中的"西南等轴测"按钮，设置视图方向；单击"可视化"选项卡"渲染"面板中的"渲染到尺寸"按钮，对图形进行渲染，效果如图 10-150 所示。

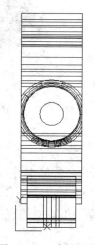

图 10-149　插入泵体　　　　　图 10-150　渲染图形

10.4.3　装配垫片

（1）打开文件。单击"标准"工具栏中的"打开"按钮，打开随书光盘中的"源文件\第 10 章\垫片.dwg"文件。

（2）设置视图方向。单击"视图"选项卡"视图"面板"视图"下拉菜单中的"左视"按钮，将当前视图方向设置为左视图方向。

（3）插入垫片。选择菜单栏中的"编辑"→"复制"命令，将垫片图形复制到齿轮泵装配图中。重复"复制"命令，再次将垫片图形复制到齿轮泵装配图中，效果如图 10-151 所示。

🎓 **高手支招**

> 该装配图中有两个垫片，分别位于左、右端盖和泵体之间，起密封作用。

（4）移动垫片。单击"默认"选项卡"修改"面板中的"移动"按钮✛，将泵体左边的垫片以图 10-151 中的 A 点为基点，移动到泵体上的 C 点。重复"移动"命令，将泵体右边的垫片，以 B 点为基点，移动到泵体上的 D 点，效果如图 10-152 所示。

（5）设置视图方向。单击"视图"选项卡"视图"面板"视图"下拉菜单中的"西南等轴测"按钮◈，将当前视图方向设置为西南等轴测视图。

（6）着色面。单击"视图"选项卡"视觉样式"面板中的"真实"按钮🔾，对图形进行渲染，再单击"三维工具"选项卡"实体编辑"面板中的"着色面"按钮🔳，将视图中的面按照需要进行着色，效果如图 10-153 所示。

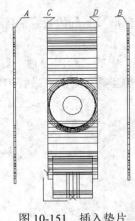

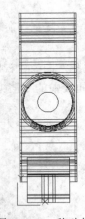

图 10-151　插入垫片　　　　图 10-152　移动垫片　　　　图 10-153　着色面

10.4.4　装配左端盖

（1）打开文件。单击"标准"工具栏中的"打开"按钮📂，打开随书光盘中的"源文件\第 10 章\左端盖.dwg"文件。

（2）设置视图方向。使用"三维视图"以及"旋转"命令，将左端盖视图设置为如图 10-154 所示的方向。

🎓 高手支招

左端盖视图方向的变换可以参考右端盖视图方向的变换，在装配图形时，要适当地变换装配零件图的视图方向，使其有利于图形的装配。

（3）复制左端盖。选择菜单栏中的"编辑"→"复制"命令，将左端盖图形复制到齿轮泵装配图中，效果如图 10-155 所示。

（4）移动左端盖。单击"默认"选项卡"修改"面板中的"移动"按钮✛，将左端盖以图 10-155 中的 A 点为基点，移动到 B 点，效果如图 10-156 所示。

（5）渲染图形。单击"视图"选项卡"视图"面板"视图"下拉菜单中的"西南等轴测"按钮◈，设置视图方向；单击"视图"选项卡"视觉样式"面板中的"真实"按钮🔾，对图形进行渲染，再单击"三维工具"选项卡"实体编辑"面板中的"着色面"按钮🔳，将视图中的面按照需要进行着色，效果如图 10-157 所示。

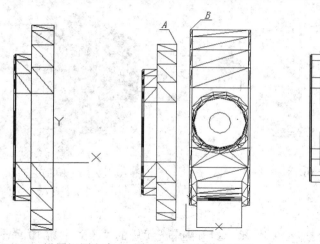
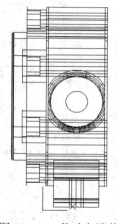

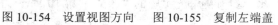
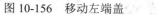

图 10-154   设置视图方向   图 10-155   复制左端盖   图 10-156   移动左端盖   图 10-157   渲染图形

10.4.5   装配右端盖

（1）打开文件。单击"标准"工具栏中的"打开"按钮 🗁，打开随书光盘中的"源文件\第 10 章\右端盖.dwg"文件，如图 10-158 所示。

（2）设置视图方向。单击"视图"选项卡"视图"面板"视图"下拉菜单中的"前视"按钮 📖，将当前视图方向设置为前视图方向，效果如图 10-159 所示。

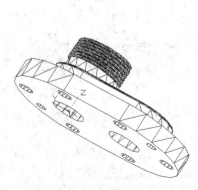
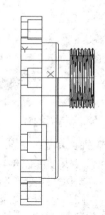

图 10-158   右端盖   图 10-159   旋转视图

（3）复制右端盖。选择菜单栏中的"编辑"→"复制"命令，将右端盖图形复制到齿轮泵装配图中，效果如图 10-160 所示。

（4）移动右端盖。单击"默认"选项卡"修改"面板中的"移动"按钮 ✛，将右端盖以图 10-160 中的 B 点为基点，移动到 A 点，效果如图 10-161 所示。

（5）渲染图形。单击"视图"选项卡"视图"面板"视图"下拉菜单中的"西南等轴测"按钮 🖼，设置视图方向；单击"视图"选项卡"视觉样式"面板中的"真实"按钮 🖼，对图形进行渲染，再单击"三维工具"选项卡"实体编辑"面板中的"着色面"按钮 🖼，将视图中的面按照需要进行着色，效果如图 10-162所示。

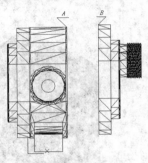

图 10-160 复制右端盖

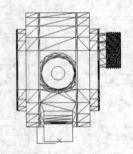

图 10-161 移动右端盖

图 10-162 渲染图形

10.4.6 装配长齿轮轴

（1）打开文件。单击"标准"工具栏中的"打开"按钮，打开随书光盘中的"源文件\第 10 章\长齿轮轴.dwg"文件，如图 10-163 所示。

（2）设置视图方向。单击"视图"选项卡"视图"面板"视图"下拉菜单中的"俯视"按钮，将当前视图方向设置为俯视图方向。

（3）复制长齿轮轴。选择菜单栏中的"编辑"→"复制"命令，将长齿轮轴图形复制到齿轮泵装配图中，效果如图 10-164 所示。

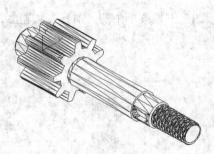

图 10-163 长齿轮轴

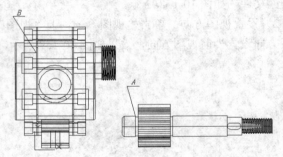

图 10-164 复制长齿轮轴

（4）移动长齿轮轴。单击"默认"选项卡"修改"面板中的"移动"按钮，将长齿轮轴从图 10-164 中的 *A* 点移动到 *B* 点，效果如图 10-165 所示。

（5）渲染图形。单击"视图"选项卡"视图"面板"视图"下拉菜单中的"西南等轴测"按钮，设置视图方向；单击"视图"选项卡"视觉样式"面板中的"真实"按钮，再单击"三维工具"选项卡"实体编辑"面板中的"着色面"按钮，将视图中的面按照需要进行着色，效果如图 10-166 所示。

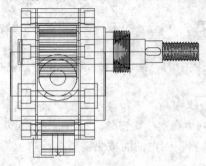

图 10-165 移动长齿轮轴

图 10-166 渲染后的图形

10.4.7　装配短齿轮轴

（1）打开文件。单击"标准"工具栏中的"打开"按钮，打开随书光盘中的"源文件\第 10 章\短齿轮轴.dwg"文件，如图 10-167 所示。

（2）设置视图方向。单击"视图"选项卡"视图"面板"视图"下拉菜单中的"左视"按钮，将当前视图方向设置为左视图方向。

（3）复制短齿轮轴。选择菜单栏中的"编辑"→"复制"命令，将短齿轮轴图形复制到齿轮泵装配图中，效果如图 10-168 所示。

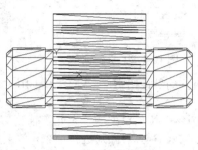

图 10-167　短齿轮轴

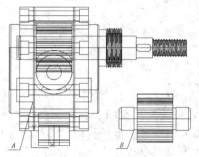

图 10-168　复制短齿轮轴

（4）移动短齿轮轴。单击"默认"选项卡"修改"面板中的"移动"按钮，将短齿轮轴从图 10-168 中的 B 点移动到 A 点，效果如图 10-169 所示。

（5）渲染图形。单击"视图"选项卡"视图"面板"视图"下拉菜单中的"西南等轴测"按钮，设置视图方向；单击"视图"选项卡"视觉样式"面板中的"真实"按钮，对图形进行渲染，再单击"三维工具"选项卡"实体编辑"面板中的"着色面"按钮，将视图中的面按照需要进行着色，效果如图 10-170 所示。

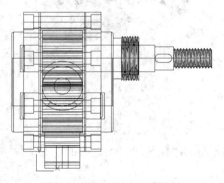

图 10-169　移动短齿轮轴

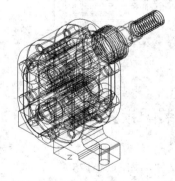

图 10-170　渲染图形

10.4.8　装配轴套

（1）打开文件。单击"标准"工具栏中的"打开"按钮，打开随书光盘中的"源文件\第 10 章\轴套.dwg"文件，如图 10-171 所示。

（2）设置视图方向。单击"视图"选项卡"视图"面板"视图"下拉菜单中的"前视"按钮，将当前视图方向设置为前视图。

（3）复制轴套。选择菜单栏中的"编辑"→"复制"命令，将轴套图形复制到齿轮泵装配图中，效果如图 10-172 所示。

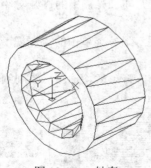

图 10-171   轴套

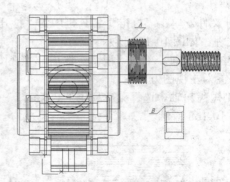

图 10-172   复制轴套

（4）移动轴套。单击"默认"选项卡"修改"面板中的"移动"按钮 ✛，将轴套从图 10-172 中的 *B* 点移动到 *A* 点，效果如图 10-173 所示。

（5）渲染图形。单击"视图"选项卡"视图"面板"视图"下拉菜单中的"东北等轴测"按钮 ◈，设置视图方向；单击"视图"选项卡"视觉样式"面板中的"真实"按钮 ◐，对图形进行渲染，效果如图 10-174 所示。

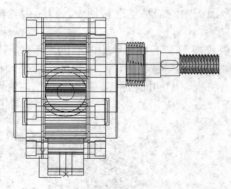

图 10-173   移动轴套

图 10-174   渲染图形

10.4.9   装配锁紧螺母

（1）打开文件。单击"标准"工具栏中的"打开"按钮 ☞，打开随书光盘中的"源文件\第 10 章\锁紧螺母.dwg"文件，如图 10-175 所示。

（2）设置视图方向。单击"视图"选项卡"视图"面板"视图"下拉菜单中的"前视"按钮 ▣。

（3）复制锁紧螺母。选择菜单栏中的"编辑"→"复制"命令，将锁紧螺母图形复制到齿轮泵装配图中，效果如图 10-176 所示。

（4）移动锁紧螺母。单击"默认"选项卡"修改"面板中的"移动"按钮 ✛，将锁紧螺母从图 10-176 中的 B 点移动到 A 点，效果如图 10-177 所示。

（5）渲染图形。单击"视图"选项卡"视图"面板"视图"下拉菜单中的"东北等轴测"按钮 ◈，将当前视图方向设置为东北等轴测视图；单击"视图"选项卡"视觉样式"面板中的"真实"按钮 ◐，对图形进行渲染，效果如图 10-178 所示。

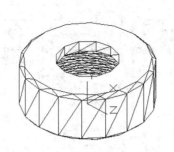

图 10-175　锁紧螺母立体图

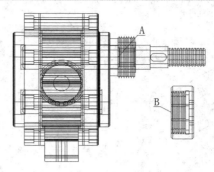

图 10-176　复制锁紧螺母

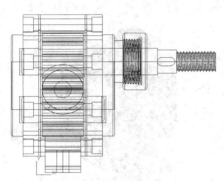

图 10-177　移动锁紧螺母

图 10-178　渲染图形

10.4.10　装配键

（1）设置视图方向。单击"视图"选项卡"视图"面板"视图"下拉菜单中的"前视"按钮，将装配图的当前视图方向设置为主视图。

（2）打开文件。单击"标准"工具栏中的"打开"按钮，打开随书光盘中的"源文件\第 10 章\键.dwg"文件，如图 10-179 所示。

（3）设置视图方向。单击"视图"选项卡"视图"面板"视图"下拉菜单中的"前视"按钮，将键立体图的当前视图方向设置为主视图。

（4）复制键。选择菜单栏中的"编辑"→"复制"命令，将键图形复制到齿轮泵装配图中，效果如图 10-180 所示。

（5）移动键。单击"默认"选项卡"修改"面板中的"移动"按钮，将键从图 10-180 中的 B 点移动到 A 点，效果如图 10-181 所示。

（6）设置视图方向。单击"视图"选项卡"视图"面板"视图"下拉菜单中的"东南等轴测"按钮，将装配后的当前视图方向设置为东南等轴测视图，效果如图 10-182 所示。

（7）移动键并渲染。单击"默认"选项卡"修改"面板中的"移动"按钮，将键从图 10-182 所示的 A 点移动到 B 点；单击"视图"选项卡"视觉样式"面板中的"真实"按钮，对图形进行渲染，渲染后的效果如图 10-183 所示。

🎓 高手支招

在装配立体图时，通常使用平面视图来装配，这样可能引起装配时面装配到位，而体装配不到位。所以装配立体图时，要适当变换视图方向，看看装配体是否到位，并借助变换的视图方向进行二次装配。

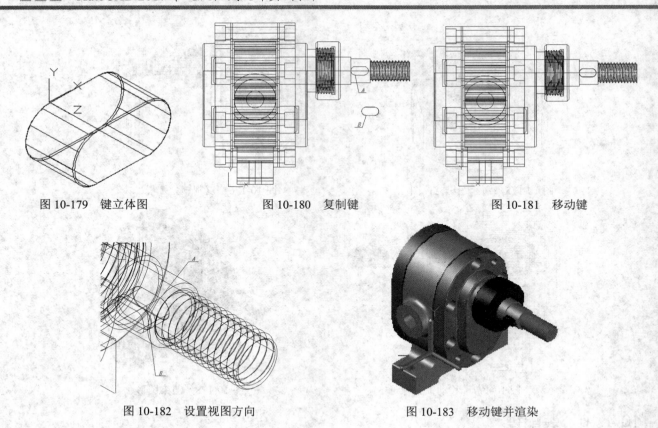

图 10-179 键立体图   图 10-180 复制键   图 10-181 移动键

图 10-182 设置视图方向   图 10-183 移动键并渲染

10.4.11 装配锥齿轮

（1）打开文件。单击"标准"工具栏中的"打开"按钮 ，打开随书光盘中的"源文件\第 10 章\锥齿轮.dwg"文件，如图 10-184 所示。

（2）设置视图方向。单击"视图"选项卡"视图"面板"视图"下拉菜单中的"前视"按钮 ，将装配图的当前视图方向设置为主视图，效果如图 10-185 所示。

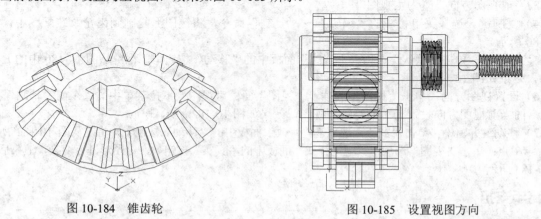

图 10-184 锥齿轮   图 10-185 设置视图方向

（3）设置视图方向。单击"视图"选项卡"视图"面板"视图"下拉菜单中的"右视"按钮 ，将锥齿轮的当前视图方向设置为主视图，效果如图 10-186 所示。

（4）旋转锥齿轮。选择菜单栏中的"修改"→"三维操作"→"三维旋转"命令，将锥齿轮旋转180°，如图 10-187 所示。

（5）设置视图方向。选择"视图"选项卡"视图"面板"视图"下拉菜单中的"后视"命令，将锥齿轮的当前视图方向设置为主视图，效果如图 10-188 所示。

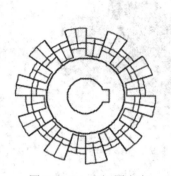
图 10-186 右视图方向

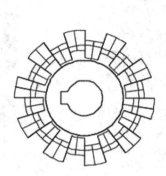
图 10-187 旋转齿轮

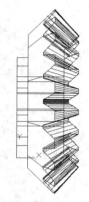
图 10-188 前视图方向

（6）复制锥齿轮。选择菜单栏中的"编辑"→"复制"命令，将锥齿轮图形复制到齿轮泵装配图中，效果如图 10-189 所示。

（7）移动锥齿轮。单击"默认"选项卡"修改"面板中的"移动"按钮✛，将锥齿轮从图 10-189 中的 *B* 点移动到 *A* 点，效果如图 10-190 所示。

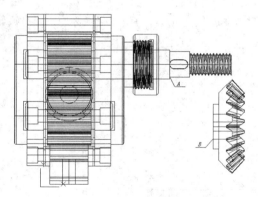
图 10-189 复制锥齿轮

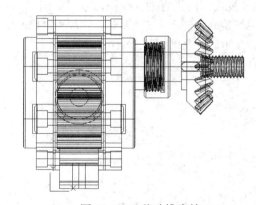
图 10-190 移动锥齿轮

🎓 **高手支招**

在装配锥齿轮立体图时，要注意不要采用中心点来装配，这是因为采用轴上的中心点时，采集点在键上，装配时，会导致两个零件不在同一轴线上。

（8）设置视图方向。单击"视图"选项卡"视图"面板"视图"下拉菜单中的"右视"按钮▢，将装配后的当前视图方向设置为右视图方向，效果如图 10-191 所示。

（9）渲染图形。单击"视图"选项卡"视图"面板"视图"下拉菜单中的"东南等轴测"按钮◈，将装配后的当前视图方向设置为东南等轴测视图；单击"视图"选项卡"视觉样式"面板中的"真实"按钮，对图形进行渲染，再单击"三维工具"选项卡"实体编辑"面板中的"着色面"按钮，将视图中的面按照需要进行着色，效果如图 10-192 所示。

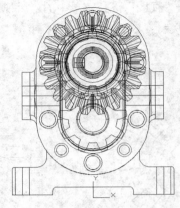

图 10-191　设置视图方向

图 10-192　渲染图形

10.4.12　装配垫圈

（1）打开文件。单击"标准"工具栏中的"打开"按钮，打开随书光盘中的"源文件\第 10 章\垫圈.dwg"文件，如图 10-193 所示。

（2）设置视图方向。单击"视图"选项卡"视图"面板"视图"下拉菜单中的"前视"按钮，将垫圈的当前视图方向设置为主视图，效果如图 10-194 所示。

（3）旋转垫圈。单击"默认"选项卡"修改"面板中的"旋转"按钮，将垫圈绕坐标原点进行旋转，旋转角度为-90°，效果如图 10-195 所示。

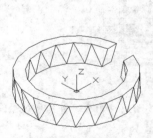

图 10-193　垫圈

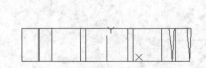

图 10-194　设置视图方向

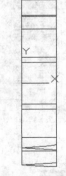

图 10-195　旋转垫圈

（4）设置视图方向。选择菜单栏中的"视图"→"三维视图"→"前视"命令，将装配图的当前视图方向设置为主视图。

（5）复制垫圈。选择菜单栏中的"编辑"→"复制"命令，将垫圈图形复制到齿轮泵装配图中，效果如图 10-196 所示。

（6）移动垫圈。单击"默认"选项卡"修改"面板中的"移动"按钮，将垫圈从图 10-196 中的 *A* 点移动到 *B* 点，效果如图 10-197 所示。

（7）渲染图形。单击"视图"选项卡"视图"面板"视图"下拉菜单中的"东南等轴测"按钮，将装配后的当前视图方向设置为东南等轴测视图；单击"视图"选项卡"视觉样式"面板中的"真实"按钮，对图形进行渲染，效果如图 10-198 所示。

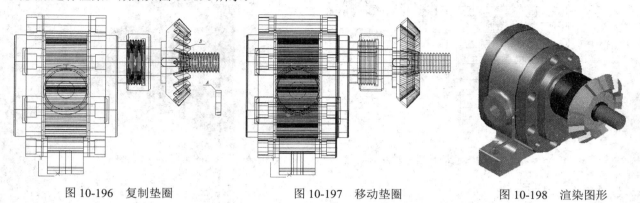

图 10-196　复制垫圈　　　　　图 10-197　移动垫圈　　　　　图 10-198　渲染图形

10.4.13　装配长齿轮轴螺母

（1）打开文件。单击"标准"工具栏中的"打开"按钮，打开随书光盘中的"源文件\第 10 章\螺母.dwg"文件，如图 10-199 所示。

（2）设置视图方向。单击"视图"选项卡"视图"面板"视图"下拉菜单中的"前视"按钮，将螺母的当前视图方向设置为前视图，效果如图 10-200 所示。

（3）设置视图方向。单击"视图"选项卡"视图"面板"视图"下拉菜单中的"前视"按钮，将装配图的当前视图方向设置为主视图。

（4）复制长齿轮轴螺母。选择菜单栏中的"编辑"→"复制"命令，将螺母图形复制到齿轮泵装配图中，效果如图 10-201 所示。

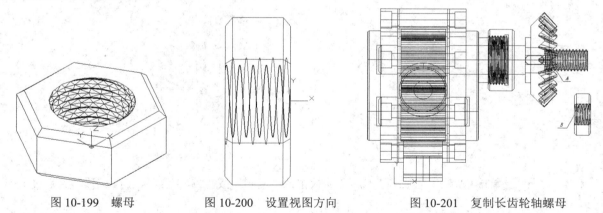

图 10-199　螺母　　　　图 10-200　设置视图方向　　　　图 10-201　复制长齿轮轴螺母

（5）移动长齿轮轴螺母。单击"默认"选项卡"修改"面板中的"移动"按钮，将螺母从图 10-201 中的点 B 移动到点 A，效果如图 10-202 所示。

（6）渲染图形。单击"视图"选项卡"视图"面板"视图"下拉菜单中的"东南等轴测"按钮，将装配后的当前视图方向设置为东南等轴测视图；单击"视图"选项卡"视觉样式"面板中的"真实"按钮，对图形进行渲染，效果如图 10-203 所示。

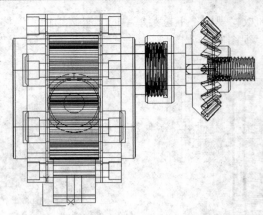

图 10-202　移动长齿轮轴螺母

图 10-203　渲染图形

10.4.14　装配销

（1）打开文件。单击"标准"工具栏中的"打开"按钮，打开随书光盘中的"源文件\第 10 章\销.dwg"文件，如图 10-204 所示。

（2）设置视图方向。单击"视图"选项卡"视图"面板"视图"下拉菜单中的"西南等轴测"按钮，将装配图的当前视图方向设置为西南等轴测视图。

（3）复制销。选择菜单栏中的"编辑"→"复制"命令，将销图形复制到齿轮泵装配图中，效果如图 10-205 所示。

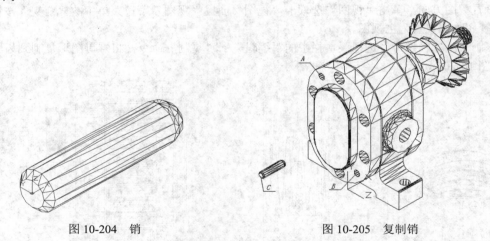

图 10-204　销　　　　　　　　　　图 10-205　复制销

（4）装配销。单击"默认"选项卡"修改"面板中的"复制"按钮，将销从圆心 C 移动到点 A 和 B，效果如图 10-206 所示。

（5）切换视图方向。单击"视图"选项卡"视图"面板"视图"下拉菜单中的"东南等轴测"按钮，将装配后的当前视图方向设置为东南等轴测视图。

（6）旋转并移动销。选择菜单栏中的"修改"→"三维操作"→"三维旋转"命令，将销在坐标原点绕 Z 轴进行旋转，旋转角度为 180°；单击"默认"选项卡"修改"面板中的"移动"按钮，将销移动到适当位置，效果如图 10-207 所示。

（7）装配销。单击"默认"选项卡"修改"面板中的"复制"按钮，将销从圆心 C 移动到点 A 和 B。

单击"可视化"选项卡"渲染"面板中的"渲染到尺寸"按钮，对图形进行渲染。

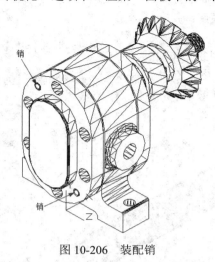

图 10-206　装配销

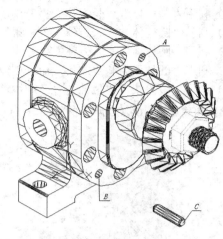

图 10-207　旋转并移动销

（8）装配螺栓。对图形进行渲染后效果如图 10-148 所示。

10.5　名师点拨——三维编辑跟我学

1．三维阵列绘制有哪些注意事项

进行三维阵列操作时，关闭"对象捕捉"和"三维对象捕捉"等命令，取消对中心点捕捉的影响；否则阵列不出预想结果。

2．三维旋转曲面有哪些使用技巧

在使用三维曲面命令时，要注意 3 点：一是所要旋转的母线与轴线同位于一个平面内；二是同一母线绕不同的轴旋转以后得到的结果截然不同；三是要达到的设计意图应认真绘制母线，当然要保证旋转精度。另外要注意的是，三维曲面在旋转过程中的起始角可以是任意的，要获得的曲面包角也是任意的（在 360°范围内）。

3．如何灵活使用三维实体的"剖切"命令

"三维剖切"命令无论是用坐标面还是某一种实体，如直线、圆、圆弧等实体，都是将三维实体剖切成两部分，用户可以保留立体的某一部分或两部分，然后再剖切组合。用户也可以使用倾斜的坐标面或某一实体要素剖切三维立体，用 AutoCAD 的"剖切"命令则无法剖切成局部剖视图的轮廓线边界形状。

10.6　上 机 实 验

【练习 1】创建如图 10-208 所示的壳体。

1．目的要求

本练习通过"圆柱体""长方体""差集""并集""多段线""拉伸""三维镜像"命令创建壳体。

2．操作提示

（1）利用"圆柱体""长方体""差集"命令创建壳体底座。

（2）利用"圆柱体""长方体""并集"命令创建壳体上部。

（3）利用"圆柱体""长方体""并集"以及二维命令创建壳体顶板。

（4）利用"圆柱体"和"差集"命令创建壳体孔。

（5）利用"多段线""拉伸""三维镜像"命令创建壳体肋板。

【练习 2】创建如图 10-209 所示的轴。

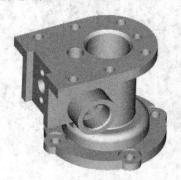
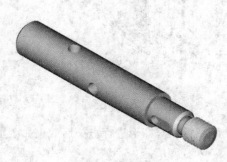

图 10-208　壳体　　　　　　　　　　　　　　　图 10-209　　轴

1．目的要求

轴是最常见的机械零件。本练习需要绘制的轴集中了很多典型的机械结构形式，如轴体、孔、轴肩、键槽、螺纹、退刀槽、倒角等，需要用到的三维命令也比较多。本练习的目的是进一步加强读者的三维绘图技能。

2．操作提示

（1）顺次创建直径不等的 4 个圆柱。

（2）对 4 个圆柱进行并集处理。

（3）转换视角，绘制圆柱孔。

（4）镜像并拉伸圆柱孔。

（5）对轴体和圆柱孔进行差集处理。

（6）采用同样的方法创建键槽结构。

（7）创建螺纹结构。

（8）对轴体进行倒角处理。

（9）渲染处理。

【练习 3】创建如图 10-210 所示的内六角螺钉。

1．目的要求

本练习通过"螺旋""扫掠""圆柱体""多边形""圆角""着色面"命令，绘制螺钉，使读者更加熟练三维编辑命令的用法。

2．操作提示

（1）设置视图方向。

（2）利用"螺旋"命令创建螺旋线。

图 10-210　内六角螺钉

（3）切换坐标系，利用"直线"和"面域"命令创建螺纹牙型截面。

（4）利用"扫掠"命令生成螺纹。

（5）利用"圆柱体"命令创建 3 个圆柱体并进行布尔运算。

（6）利用"圆柱体"命令创建一个圆柱体。

（7）利用"多边形"命令创建正六边形并进行拉伸。

（8）布尔运算生成头部。

（9）对头部进行倒圆角处理。

（10）利用"着色面"命令进行着色并渲染处理。

10.7　模　拟　试　题

1．在三维对象捕捉中，下面不属于捕捉模式的是（　　　）。

A．顶点　　　　B．节点　　　　C．面中心　　　　D．端点

2．可以将三维实体对象分解成原来组成三维实体的部件的命令是（　　　）。

A．分解　　　　B．剖切　　　　C．分割　　　　D．切割

3．关于三维 DWF 文件，下列说法不正确的是（　　　）。

A．可以使用 3DDWF 命令发布三维 DWF 文件

B．可以使用 EXPORT 命令发布三维 DWF 文件

C．三维模型的程序材质（例如木材或大理石）得不到发布

D．"凸凹贴图"通道是唯一得到发布的贴图

4．实体中的"拉伸"命令和实体编辑中的"拉伸"命令有什么区别？（　　　）

A．没什么区别

B．前者是对多段线拉伸，后者是对面域拉伸

C．前者是由二维线框转为实体，后者是拉伸实体中的一个面

D．前者是拉伸实体中的一个面，后者是由二维线框转为实体

5．绘制如图 10-211 所示的三通管。

6．绘制如图 10-212 所示的齿轮。

7．绘制如图 10-213 所示的方向盘。

图 10-211　三通管

图 10-212　齿轮

图 10-213　方向盘

8. 绘制如图 10-214 所示的旋塞体，并赋材渲染。

9. 绘制如图 10-215 所示的缸套并赋材渲染。

10. 绘制如图 10-216 所示的连接盘并赋材渲染。

图 10-214　旋塞体

图 10-215　缸套

图 10-216　连接盘

第11章

手压阀二维设计综合案例

本章通过总体设计手压阀案例的练习，熟练掌握 AutoCAD 二维设计的各个功能及操作方法。

11.1 底座的绘制

底座绘制过程分为两步，对于左视图，由多边形和圆构成，可直接绘制；对于主视图，则需要利用与左视图的投影对应关系进行定位和绘制，如图 11-1 所示。

11.1.1 绘制视图

（1）单击"默认"选项卡"图层"面板中的"图层特性"按钮🗐，打开"图层特性管理器"对话框，新建如下 5 个图层。

① 中心线：颜色为红色，线型为 CENTER，线宽为 0.15mm。
② 粗实线：颜色为白色，线型为 Continuous，线宽为 0.30mm。
③ 细实线：颜色为白色，线型为 Continuous，线宽为 0.15mm。
④ 尺寸标注：颜色为白色，线型为 Continuous，线宽为默认。
⑤ 文字说明：颜色为白色，线型为 Continuous，线宽为默认。

（2）绘制左视图。

① 将"中心线"图层设置为当前图层。单击"默认"选项卡"绘图"面板中的"直线"按钮╱，以{（200,150），（300,150）}、{（250,200），（250,100）}为坐标点绘制中心线，修改线型比例为 0.5，效果如图 11-2 所示。

② 将"粗实线"图层设置为当前图层。单击"默认"选项卡"绘图"面板中的"正多边形"按钮⬡，绘制外切于圆且直径为 50 的正六边形，并单击"默认"选项卡"修改"面板中的"旋转"按钮○，将绘制的正六边形旋转 90°，效果如图 11-3 所示。

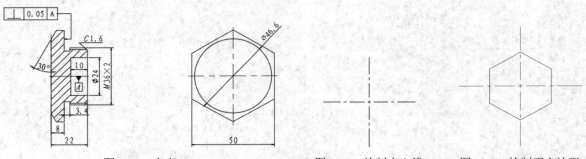

图 11-1　底座　　　　　　　　　图 11-2　绘制中心线　　　图 11-3　绘制正六边形

③ 单击"默认"选项卡"绘图"面板中的"圆"按钮◎，以中心线交点为圆心，绘制半径为 23.3 的圆，效果如图 11-4 所示。

（3）绘制主视图。

① 将"中心线"图层设置为当前图层。单击"默认"选项卡"绘图"面板中的"直线"按钮╱，以{（130,150），（170,150）}、{（140,190），（140,110）}为坐标点绘制中心线，修改线型比例为 0.5，效果如图 11-5 所示。

② 单击"默认"选项卡"绘图"面板中的"直线"按钮╱，以图 11-5 中的点 1 和点 2 为基准向左侧绘制直线，效果如图 11-6 所示。

③ 将"粗实线"图层设置为当前图层。单击"默认"选项卡"绘图"面板中的"直线"按钮╱，根据辅助线及尺寸绘制图形，效果如图 11-7 所示。

④ 单击"默认"选项卡"绘图"面板中的"直线"按钮╱和"默认"选项卡"修改"面板中的"修剪"按钮╶╴，绘制退刀槽，效果如图 11-8 所示。

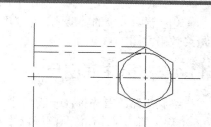

图 11-4　绘制圆　　　　　图 11-5　绘制中心线　　　　　图 11-6　绘制辅助线

⑤ 单击"默认"选项卡"修改"面板中的"倒角"按钮，以 1.6 为边长创建倒角，效果如图 11-9 所示。

⑥ 选取极轴追踪角度为 30°，将"极轴追踪"打开，单击"默认"选项卡"绘图"面板中的"直线"按钮和"默认"选项卡"修改"面板中的"修剪"按钮，绘制倒角，效果如图 11-10 所示。

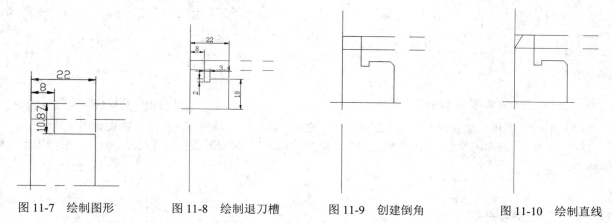

图 11-7　绘制图形　　　图 11-8　绘制退刀槽　　　图 11-9　创建倒角　　　　图 11-10　绘制直线

⑦ 单击"默认"选项卡"修改"面板中的"偏移"按钮，将水平中心线向上偏移，偏移距离为 16.9，并单击"默认"选项卡"修改"面板中的"修剪"按钮，剪切线段，将剪切后的线段图层修改为"细实线"，效果如图 11-11 所示。

⑧ 将"粗实线"图层设置为当前图层。单击"默认"选项卡"绘图"面板中的"直线"按钮，绘制螺纹线，效果如图 11-12 所示。

⑨ 单击"默认"选项卡"修改"面板中的"镜像"按钮，将绘制好的一半图形镜像到另一侧，效果如图 11-13 所示。

⑩ 将"细实线"图层设置为当前图层。单击"默认"选项卡"绘图"面板中的"图案填充"按钮，设置填充图案为 ANSI31，角度为 0，比例为 1，效果如图 11-14 所示。

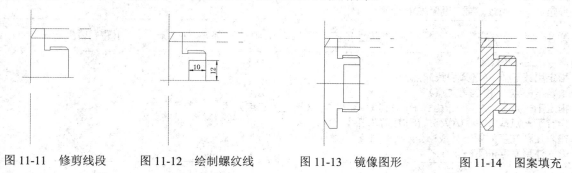

图 11-11　修剪线段　　　图 11-12　绘制螺纹线　　　图 11-13　镜像图形　　　图 11-14　图案填充

⑪ 删除多余的辅助线，并利用"打断"命令修剪过长的中心线。最后打开状态栏上的"线宽"按钮**≡**，最终效果如图 11-1 所示。

11.1.2 标注底座尺寸

绘制思路：首先标注一般尺寸，然后再标注倒角尺寸，最后标注形位公差，效果如图 11-15 所示。

（1）将"尺寸标注"图层设置为当前图层。设置标注的"箭头大小"为 1.5，字体为"仿宋_GB2312"，"字体大小"为 4，其他为默认值。

（2）单击"注释"选项卡"标注"面板中的"线性"按钮**┤**，标注线性尺寸，效果如图 11-16 所示。

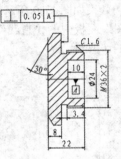
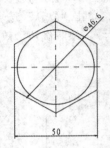

图 11-15 标注底座尺寸

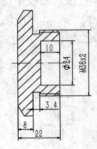
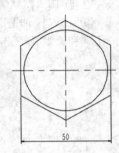

图 11-16 标注线性尺寸

（3）单击"注释"选项卡"标注"面板中的"直径"按钮**◎**，标注直径尺寸，效果如图 11-17 所示。

（4）单击"注释"选项卡"标注"面板中的"角度"按钮**△**，对图形进行角度尺寸标注，效果如图 11-18 所示。

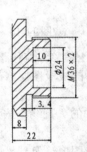
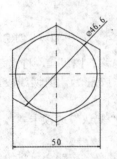

图 11-17 标注直径尺寸

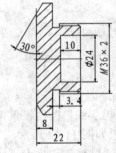

图 11-18 标注角度尺寸

（5）先利用 QLEADER 命令设置引线，再利用 LEADER 命令绘制引线，命令行提示与操作如下。

命令: QLEADER✓
指定第一个引线点或 [设置(S)]<设置>: ✓

弹出"引线设置"对话框，在"引线和箭头"选项卡中选择箭头为"无"，如图 11-19 所示。

命令: LEADER✓
指定引线起点:（选择引线起点）
指定下一点:（指定第二点）
指定下一点或 [注释(A)/格式(F)/放弃(U)]<注释>:（指定第三点）
指定下一点或 [注释(A)/格式(F)/放弃(U)]<注释>:（A✓）
输入注释文字的第一行或<选项>:（C1.6✓）
输入注释文字的下一行: ✓

将完成倒角标注后的文字 C 改为斜体，最后效果如图 11-20 所示。

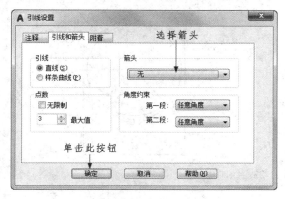

图 11-19 设置箭头

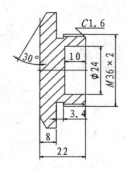

图 11-20 标注引线尺寸

（6）单击"注释"选项卡"标注"面板中的"形位公差"按钮，打开"形位公差"对话框，单击"符号"黑框，打开"特征符号"对话框，选择⊥符号，在"公差 1"文本框中输入"0.05"，在"基准 1"文本框中输入"A"，如图 11-21 所示，单击"确定"按钮。在图形的合适位置放置形位公差，如图 11-22 所示。

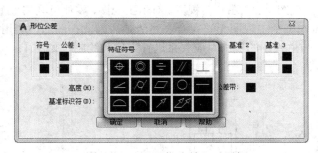

图 11-21 "形位公差"对话框

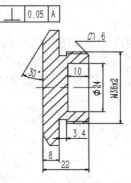

图 11-22 放置形位公差

（7）先利用 QLEADER 命令设置引线，再利用 LEADER 命令绘制引线，命令行提示与操作如下。

```
命令: QLEADER↙
指定第一个引线点或 [设置(S)]<设置>: ↙
```

弹出"引线设置"对话框，在"引线和箭头"选项卡中选择箭头为"实心闭合"。

```
命令: LEADER↙
指定引线起点: （适当指定一点）
指定下一点: （适当指定一点）
指定下一点或 [注释(A)/格式(F)/放弃(U)] <注释>: （适当指定一点）
指定下一点或 [注释(A)/格式(F)/放弃(U)] <注释>: （适当指定一点）
指定下一点或 [注释(A)/格式(F)/放弃(U)] <注释>: ↙
输入注释文字的第一行或 <选项>: ↙
输入注释选项 [公差(T)/副本(C)/块(B)/多行文字(M)]<多行文字>: ↙
```

系统打开文字格式编辑器，不输入文字，单击"确定"按钮，效果如图 11-23 所示。

（8）利用"直线"、"矩形"和"多行文字"等命令绘制基准符号。最终结果如图 11-15 所示。

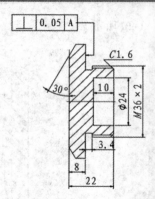

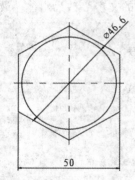

图 11-23　绘制引线

11.2　手压阀阀体设计

手压阀阀体平面图的绘制分为 3 部分：主视图、左视图和俯视图。对于主视图，零件可利用"直线""圆""偏移""旋转"等命令绘制；根据零件可知一个主视图无法完全表述清楚，因此在图形中利用左视图及俯视图来表示。而左视图与俯视图需要利用与主视图的投影对应关系进行定位和绘制，如图 11-24 所示。

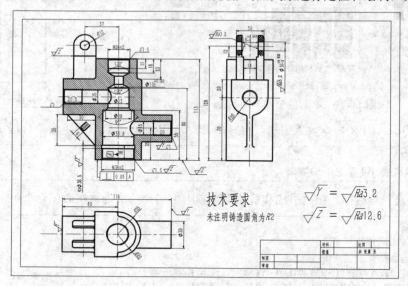

图 11-24　阀体

11.2.1　配置绘图环境

（1）创建新文件。启动 AutoCAD 2017 应用程序，打开随书光盘中的"源文件\第 11 章\A3.dwg"，将其命名为"阀体.dwg"并另保存。

378

（2）创建图层。单击"默认"选项卡"图层"面板中的"图层特性"按钮，打开"图层特性管理器"对话框，新建如下 5 个图层。

① 中心线：颜色为红色，线型为 CENTER，线宽为 0.15mm。

② 粗实线：颜色为白色，线型为 Continuous，线宽为 0.30mm。

③ 细实线：颜色为白色，线型为 Continuous，线宽为 0.15mm。

④ 尺寸标注：颜色为蓝色，线型为 Continuous，线宽为默认。

⑤ 文字说明：颜色为白色，线型为 Continuous，线宽为默认。

设置效果如图 11-25 所示。

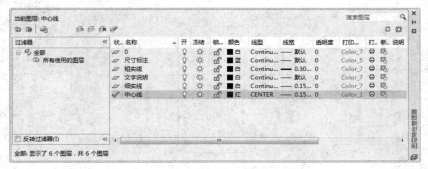

图 11-25　"图层特性管理器"对话框

11.2.2　绘制主视图

（1）绘制中心线。将"中心线"图层设置为当前图层。单击"默认"选项卡"绘图"面板中的"直线"按钮，以{（50,200），（180,200）}、{（115,275），（115,125）}、{（58,258），（98,258）}和{（78,278），（78,238）}为坐标点绘制中心线，修改线型比例为 0.5，效果如图 11-26 所示。

（2）偏移中心线。单击"默认"选项卡"修改"面板中的"偏移"按钮，将中心线偏移，效果如图 11-27 所示。

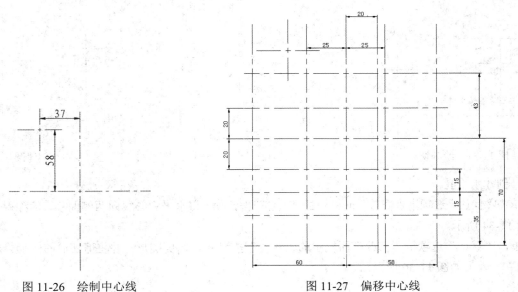

图 11-26　绘制中心线　　　　　　　　图 11-27　偏移中心线

（3）修剪图形。单击"默认"选项卡"修改"面板中的"修剪"按钮 ，修剪图形，并将剪切后的图形修改图层为"粗实线"，效果如图 11-28 所示。

（4）创建圆角。单击"默认"选项卡"修改"面板中的"圆角"按钮 ，创建半径为 2 的圆角，结果如图 11-29 所示。

（5）绘制圆。将"粗实线"图层设置为当前图层。单击"默认"选项卡"绘图"面板中的"圆"按钮 ，以中心线交点为圆心，绘制半径分别为 5 和 12 的圆，效果如图 11-30 所示。

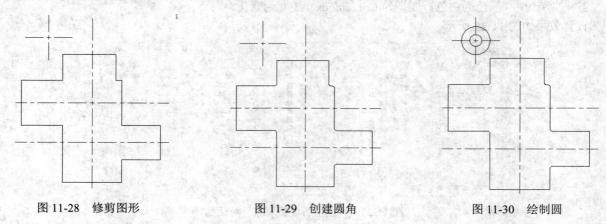

图 11-28 修剪图形   图 11-29 创建圆角   图 11-30 绘制圆

（6）绘制直线。单击"默认"选项卡"绘图"面板中的"直线"按钮 ，绘制与圆相切的直线，效果如图 11-31 所示。

（7）剪切图形。单击"默认"选项卡"修改"面板中的"修剪"按钮 ，剪切图形，效果如图 11-32 所示。

（8）创建圆角。单击"默认"选项卡"修改"面板中的"圆角"按钮 ，创建半径为 2 的圆角，并单击"默认"选项卡"绘图"面板中的"直线"按钮 ，将缺失的图形补全，效果如图 11-33 所示。

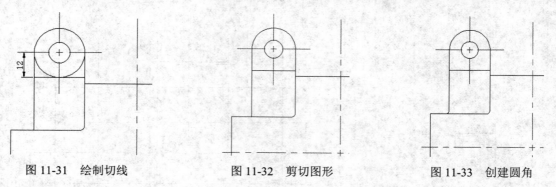

图 11-31 绘制切线   图 11-32 剪切图形   图 11-33 创建圆角

（9）创建水平孔。

① 单击"默认"选项卡"修改"面板中的"偏移"按钮 ，将水平中心线向两侧偏移，偏移距离为 7.5，效果如图 11-34 所示。

② 单击"默认"选项卡"修改"面板中的"修剪"按钮 ，修剪图形，并将剪切后的图形修改图层为"粗实线"，效果如图 11-35 所示。

（10）创建竖直孔。

① 单击"默认"选项卡"修改"面板中的"偏移"按钮 ⚏，将竖直中心线向两侧偏移，效果如图 11-36 所示。

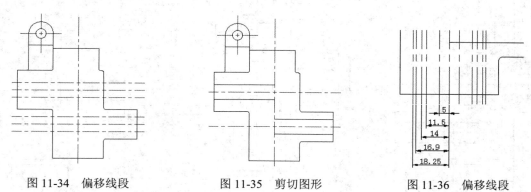

图 11-34 偏移线段　　　　图 11-35 剪切图形　　　　图 11-36 偏移线段

② 单击"默认"选项卡"修改"面板中的"偏移"按钮 ⚏，将底部水平线向上偏移，效果如图 11-37 所示。

③ 单击"默认"选项卡"修改"面板中的"修剪"按钮 ⟋，修剪图形，并将剪切后的图形图层修改为"粗实线"，效果如图 11-38 所示。

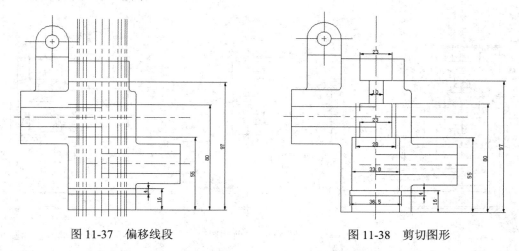

图 11-37 偏移线段　　　　　　　　图 11-38 剪切图形

④ 将"粗实线"图层设置为当前图层。单击"默认"选项卡"绘图"面板中的"直线"按钮 ⟋，绘制线段；单击"默认"选项卡"修改"面板中的"修剪"按钮 ⟋，修剪图形，效果如图 11-39 所示。

（11）绘制螺纹线。

① 单击"默认"选项卡"修改"面板中的"偏移"按钮 ⚏，偏移线段，效果如图 11-40 所示。

② 单击"默认"选项卡"修改"面板中的"修剪"按钮 ⟋，剪切图形，并将剪切后的图形图层修改为"细实线"，效果如图 11-41 所示。

（12）创建倒角。

① 单击"默认"选项卡"修改"面板中的"偏移"按钮 ⚏，偏移线段，效果如图 11-42 所示。

② 单击"默认"选项卡"绘图"面板中的"直线"按钮 ⟋，绘制线段，并单击"默认"选项卡"修改"

面板中的"修剪"按钮 ⁄⁻，剪切图形，并将剪切后的图形图层修改为"细实线"，效果如图 11-43 所示。

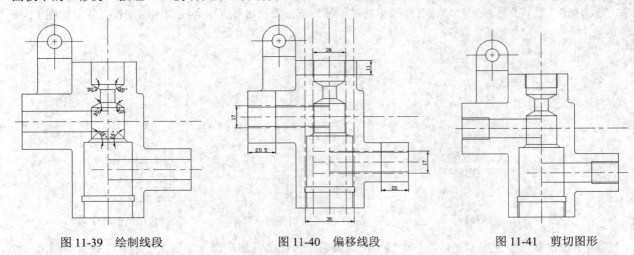

图 11-39 绘制线段   图 11-40 偏移线段   图 11-41 剪切图形

（13）创建孔之间的连接线。单击"默认"选项卡"绘图"面板中的"圆弧"按钮 ⁄，创建圆弧，并单击"默认"选项卡"修改"面板中的"修剪"按钮 ⁄⁻，剪切图形，效果如图 11-44 所示。

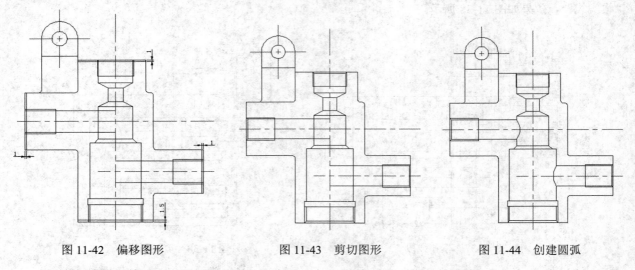

图 11-42 偏移图形   图 11-43 剪切图形   图 11-44 创建圆弧

（14）创建加强筋。

① 单击"默认"选项卡"修改"面板中的"偏移"按钮 ⊆，偏移中心线，效果如图 11-45 所示。

② 单击"默认"选项卡"绘图"面板中的"直线"按钮 ⁄，连接线段交点，并将多余的辅助线删除，效果如图 11-46 所示。

③ 单击"默认"选项卡"绘图"面板中的"直线"按钮 ⁄，绘制与步骤②绘制的直线相垂直的线段，并将绘制的直线图层修改为"中心线"，效果如图 11-47 所示。

④ 单击"默认"选项卡"修改"面板中的"偏移"按钮 ⊆，偏移线段，效果如图 11-48 所示。

⑤ 单击"默认"选项卡"修改"面板中的"修剪"按钮 ⁄⁻，剪切图形，并将剪切后的图形图层修改为"粗实线"，效果如图 11-49 所示。

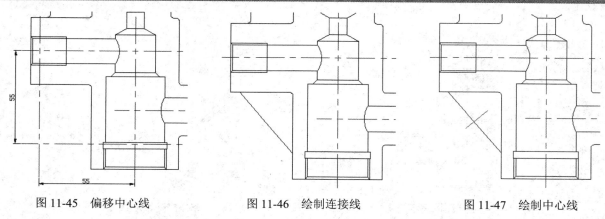

图 11-45　偏移中心线　　　　图 11-46　绘制连接线　　　　图 11-47　绘制中心线

⑥ 单击"默认"选项卡"修改"面板中的"圆角"按钮，创建半径为 2 的圆角，并单击"默认"选项卡"修改"面板中的"移动"按钮，将绘制好的加强筋重合剖面图移动到指点位置，效果如图 11-50 所示。

图 11-48　偏移线段　　　　图 11-49　剪切图形　　　　图 11-50　加强筋重合剖面图

⑦ 单击"默认"选项卡"绘图"面板中的"直线"按钮，绘制辅助线，效果如图 11-51 所示。

（15）绘制剖面线。将"细实线"图层设置为当前图层。单击"默认"选项卡"绘图"面板中的"图案填充"按钮，系统弹出"图案填充创建"选项卡，单击"图案"面板中的"图案填充图案"按钮，选取填充图案为 ANSI31 图案，如图 11-52 所示，设置角度为 90，比例为 0.5，如图 11-53 所示。在图形中选取填充范围，绘制剖面线，最终完成主视图的绘制，效果如图 11-54 所示。

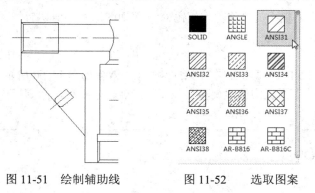

图 11-51　绘制辅助线　　　图 11-52　选取图案　　　图 11-53　设置"图案填充和渐变色"对话框

（16）删除辅助线。将辅助线删除，效果如图 11-55 所示。

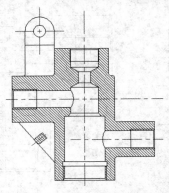

图 11-54　主视图图案填充

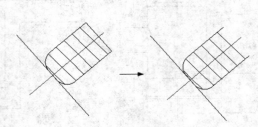

图 11-55　删除辅助线

11.2.3　绘制左视图

（1）绘制中心线。将"中心线"图层设置为当前图层。单击"默认"选项卡"绘图"面板中的"直线"按钮，首先在如图 11-56 所示的中心线的延长线上绘制一段中心线，再绘制相垂直的中心线，效果如图 11-57 所示。

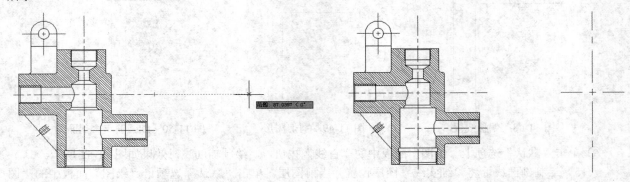

图 11-56　绘制基准　　　　　　　　　　　　　　　　图 11-57　绘制中心线

（2）偏移中心线。单击"默认"选项卡"修改"面板中的"偏移"按钮，将绘制的中心线向两侧偏移，效果如图 11-58 所示。

（3）剪切图形。单击"默认"选项卡"修改"面板中的"修剪"按钮，剪切图形并将剪切后的图形图层修改为"粗实线"，效果如图 11-59 所示。

（4）创建圆。将"粗实线"图层设置为当前图层。单击"默认"选项卡"绘图"面板中的"圆"按钮，创建半径分别为 7.5、8.5 和 20 的圆，并将半径为 8.5 的圆修改图层为"细实线"，效果如图 11-60 所示。

（5）旋转中心线。单击"默认"选项卡"修改"面板中的"旋转"按钮，旋转中心线，命令行提示与操作如下。

```
命令:_ROTATE↙
UCS 当前的正角方向: ANGDIR=逆时针　ANGBASE=0
选择对象:（选取竖直中心线）
选择对象: 找到 1 个
选择对象:（选取水平中心线）
选择对象: 找到1个,总计2 个
```

选择对象：✓
指定基点：（选取中心线交点）
指定旋转角度，或 [复制(C)/参照(R)] <0>: C✓
旋转一组选定对象。
指定旋转角度，或 [复制(C)/参照(R)] <0>: 15✓

效果如图 11-61 所示。

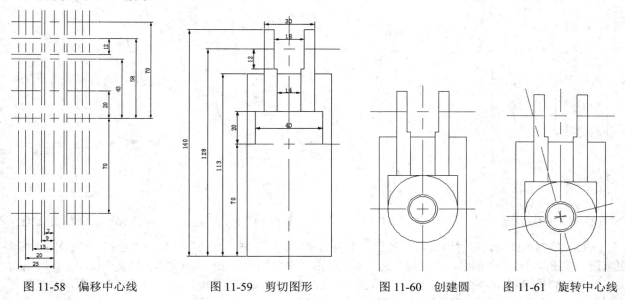

图 11-58　偏移中心线　　　　图 11-59　剪切图形　　　图 11-60　创建圆　　　图 11-61　旋转中心线

（6）修剪图形。单击"默认"选项卡"修改"面板中的"修剪"按钮／，剪切图形，并将多余的中心线删除，效果如图 11-62 所示。

（7）偏移中心线。单击"默认"选项卡"修改"面板中的"偏移"按钮，将绘制的中心线向两侧偏移，效果如图 11-63 所示。

（8）剪切图形。单击"默认"选项卡"修改"面板中的"修剪"按钮／，剪切图形并将剪切后的图形图层修改为"粗实线"，效果如图 11-64 所示。

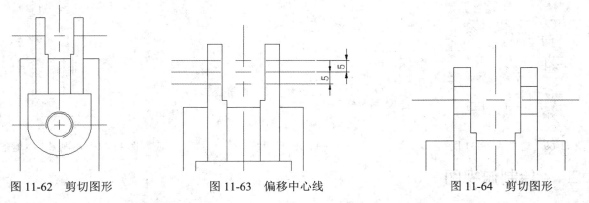

图 11-62　剪切图形　　　　　图 11-63　偏移中心线　　　　　图 11-64　剪切图形

（9）偏移中心线。单击"默认"选项卡"修改"面板中的"偏移"按钮，偏移中心线，效果如图 11-65 所示。

（10）剪切图形。单击"默认"选项卡"修改"面板中的"修剪"按钮／，剪切图形并将剪切后的图形图层修改为"粗实线",效果如图 11-66 所示。

（11）创建圆角。单击"默认"选项卡"修改"面板中的"圆角"按钮 ，创建半径为 2 的圆角，并单击"默认"选项卡"绘图"面板中的"直线"按钮 ，将缺失的图形补全，效果如图 11-67 所示。

（12）绘制局部剖切线。单击"默认"选项卡"绘图"面板中的"样条曲线拟合"按钮 ，绘制局部剖切线，效果如图 11-68 所示。

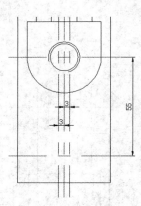

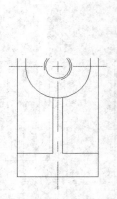

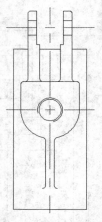

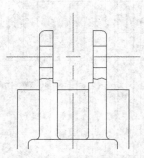

图 11-65　偏移中心线　　　　图 11-66　剪切图形　　　　图 11-67　创建圆角　　　　图 11-68　绘制局部剖切线

（13）绘制剖面线。将"细实线"图层设置为当前图层。单击"默认"选项卡"绘图"面板中的"图案填充"按钮 ，弹出"图案填充创建"选项卡，单击"图案"面板中的"图案填充图案"按钮，选取填充图案为 ANSI31，如图 11-69 所示。设置角度为 0，比例为 0.5，如图 11-70 所示。在图形中选取填充范围，绘制剖面线，最终完成左视图的绘制，效果如图 11-71 所示。

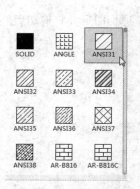

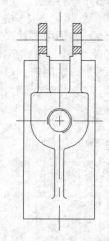

图 11-69　选择 ANSI31 图案　　　　图 11-70　参数设置　　　　图 11-71　左视图图案填充

11.2.4　绘制俯视图

（1）绘制中心线。将"中心线"图层设置为当前图层。单击"默认"选项卡"绘图"面板中的"直线"按钮 ，首先在如图 11-72 所示的中心线的延长线上绘制一段中心线，再绘制相垂直的中心线，效果如图 11-73 所示。

（2）偏移中心线。单击"默认"选项卡"修改"面板中的"偏移"按钮，将中心线向两侧偏移，效果如图 11-74 所示。

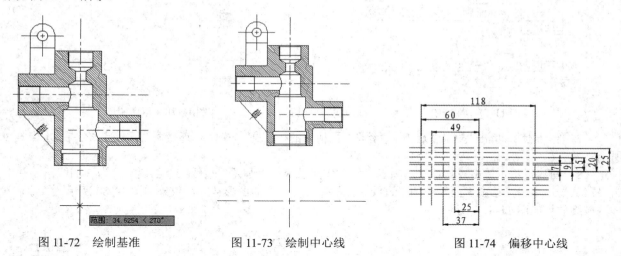

图 11-72　绘制基准　　　　　　　图 11-73　绘制中心线　　　　　　　图 11-74　偏移中心线

（3）剪切图形。单击"默认"选项卡"修改"面板中的"修剪"按钮，剪切图形并将剪切后的图形图层修改为"粗实线"，效果如图 11-75 所示。

（4）创建圆。将"粗实线"图层设置为当前图层。单击"默认"选项卡"绘图"面板中的"圆"按钮，创建半径分别为 11.5、12、20 和 25 的圆，并将半径为 12 的圆修改图层为"细实线"，效果如图 11-76 所示。

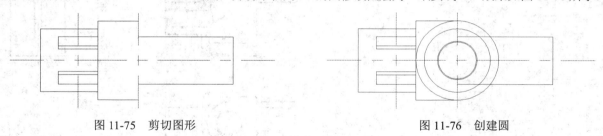

图 11-75　剪切图形　　　　　　　　　　　　　图 11-76　创建圆

（5）旋转中心线。单击"默认"选项卡"修改"面板中的"旋转"按钮，旋转中心线，命令行提示与操作如下。

```
命令:_ROTATE↙
UCS 当前的正角方向: ANGDIR=逆时针　ANGBASE=0
选择对象:（选择竖直中心线）
选择对象: 找到 1 个
选择对象:（选择水平中心线）
选择对象: 找到 1 个，总计 2 个
选择对象:↙
指定基点:（选取中心线交点）
指定旋转角度，或 [复制(C)/参照(R)] <0>: C↙
旋转一组选定对象。
指定旋转角度，或 [复制(C)/参照(R)] <0>: 15↙
```

效果如图 11-77 所示。

（6）修剪图形。单击"默认"选项卡"修改"面板中的"修剪"按钮，剪切图形，并将多余的中心线删除，效果如图 11-78 所示。

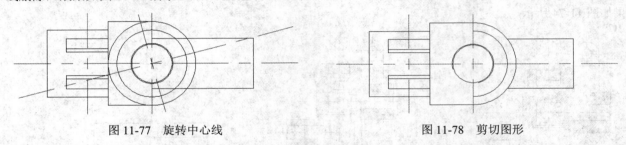

图 11-77　旋转中心线　　　　　　　　　　　图 11-78　剪切图形

（7）绘制直线。单击"默认"选项卡"绘图"面板中的"直线"按钮✓，连接两圆弧端点，效果如图 11-79 所示。

（8）创建圆角。单击"默认"选项卡"修改"面板中的"圆角"按钮⬜，创建半径为 2 的圆角，并单击"默认"选项卡"绘图"面板中的"直线"按钮✓，将缺失的图形补全，效果如图 11-80 所示。

最终效果如图 11-81 所示。

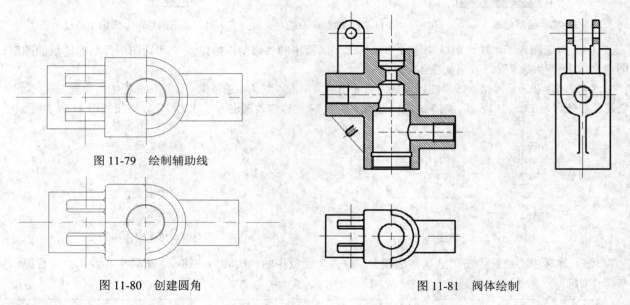

图 11-79　绘制辅助线

图 11-80　创建圆角　　　　　　　　　　　图 11-81　阀体绘制

11.2.5　标注阀体

（1）设置标注样式。将"尺寸标注"图层设置为当前图层。单击"默认"选项卡"注释"面板中的"标注样式"按钮⬛，弹出如图 11-82 所示的"标注样式管理器"对话框。单击"新建"按钮⬜，在弹出的"创建新标注样式"对话框中设置"新样式名"为"机械制图"，如图 11-83 所示。

单击"继续"按钮，弹出"新建标注样式:机械制图"对话框。在如图 11-84 所示的"线"选项卡中，设置"基线间距"为 2，"超出尺寸线"为 1.25，"起点偏移量"为 0.625，其他设置保持默认。在如图 11-85 所示的"符号和箭头"选项卡中，设置箭头为"实心闭合"，"箭头大小"为 2.5，其他设置保持默认。

在如图 11-86 所示的"文字"选项卡中，设置"文字高度"为 5，单击文字样式后面的⬛按钮，弹出"文字样式"对话框，设置字体名为"仿宋_GB2312"，其他设置保持默认。在如图 11-87 所示的"主单位"选项卡中设置"精度"为 0.0，"小数分隔符"为"句点"，其他设置保持默认。完成后单击"确定"按钮退出。在"标注样式管理器"对话框中将"机械制图"样式设置为当前样式，单击"关闭"按钮退出。

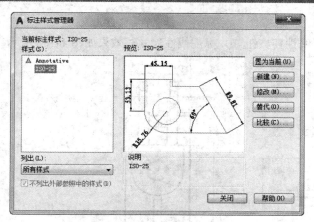

图 11-82　"标注样式管理器"对话框　　　　图 11-83　"创建新标注样式"对话框

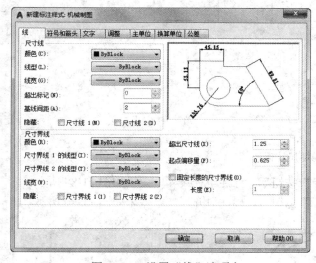

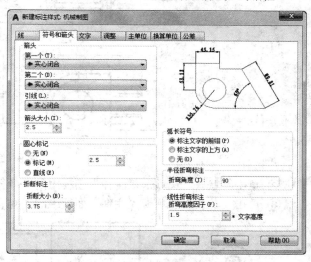

图 11-84　设置"线"选项卡　　　　　　　图 11-85　设置"符号和箭头"选项卡

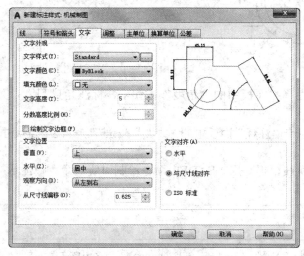

图 11-86　设置"文字"选项卡　　　　　　　图 11-87　设置"主单位"选项卡

389

（2）标注尺寸。

① 单击"默认"选项卡"注释"面板中的"线性"按钮，标注线性尺寸，效果如图11-88所示。

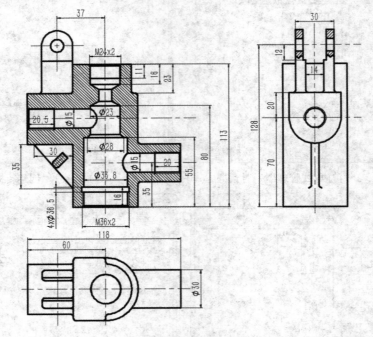

图11-88　线性尺寸标注

② 单击"默认"选项卡"注释"面板中的"半径"按钮，标注半径尺寸，效果如图11-89所示。

③ 单击"默认"选项卡"注释"面板中的"对齐"按钮，标注对齐尺寸，效果如图11-90所示。

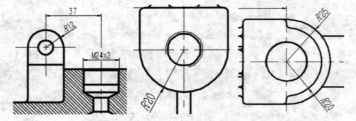

图11-89　半径尺寸标注

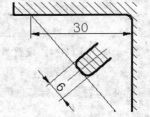

图11-90　对齐尺寸标注

④ 设置角度标注样式，单击"默认"选项卡"注释"面板中的"角度"按钮，标注角度尺寸，效果如图11-91所示。

⑤ 设置公差尺寸替代标注样式，单击"默认"选项卡"注释"面板中的"线性"按钮，标注公差尺寸，效果如图11-92所示。

⑥ 标注倒角尺寸。先利用 QLEADER 命令设置引线，再利用 LEADER 命令绘制引线，命令行提示与操作如下。

命令: QLEADER✓
指定第一个引线点或 [设置(S)]<设置>: ✓

弹出"引线设置"对话框，在"引线和箭头"选项卡中选择箭头为"无"，如图11-93所示。

命令: LEADER↙
指定引线起点:（选择引线起点）
指定下一点:（指定第二点）
指定下一点或 [注释(A)/格式(F)/放弃(U)]<注释>:（指定第三点）
指定下一点或 [注释(A)/格式(F)/放弃(U)]<注释>:（A↙）
输入注释文字的第一行或 <选项>:（C1.6↙）
输入注释文字的下一行: ↙
重复上述操作，标注其他倒角尺寸

将完成倒角标注后的文字 C 改为斜体，最后效果如图 11-94 所示。

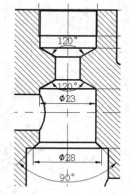

图 11-91   角度尺寸标注

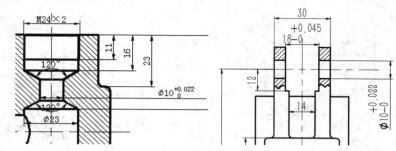

图 11-92   公差尺寸标注

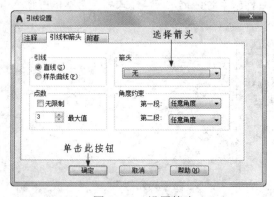

图 11-93   设置箭头

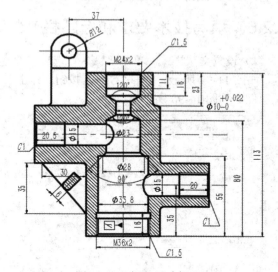

图 11-94   倒角尺寸标注

⑦ 单击"注释"选项卡"标注"面板中的"形位公差"按钮⊞⒈，标注形位公差，并利用"直线""矩形""多行文字"等命令绘制基准符号，效果如图 11-95 所示。

（3）插入粗糙度符号。单击"默认"选项卡"绘图"面板中的"直线"按钮／绘制粗糙度符号，利用"复制""粘贴为块"命令将粗糙度符号粘贴为块，然后利用绘制引线命令，绘制引出线，将粗糙度符号复制到需要标注的位置，如图 11-96 所示。

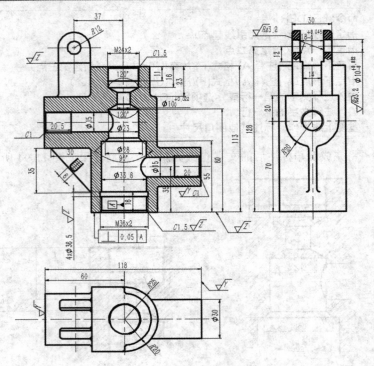

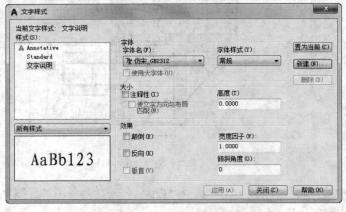

图 11-95　倒角形位公差　　　　　　　　　　　　图 11-96　标注粗糙度

11.2.6　填写技术要求和标题栏

（1）设置文字样式。单击"默认"选项卡"注释"面板中的"文字样式"按钮，弹出"文字样式"对话框，如图 11-97 所示。单击"新建"按钮，弹出"新建文字样式"对话框，在"样式名"文本框中输入"文字说明"，如图 11-98 所示。

图 11-97　"文字样式"对话框　　　　　　　　图 11-98　"新建文字样式"对话框

设置"字体名"为"仿宋_GB2312"，"高度"为 12，其他设置默认，如图 11-99 所示，将新建的"文字说明"样式置为当前图层。

（2）标注文字。将"文字说明"图层设置为当前图层。单击"默认"选项卡"注释"面板中的"多行文字"按钮**A**，填写标题栏和技术要求，如图 11-100 所示。

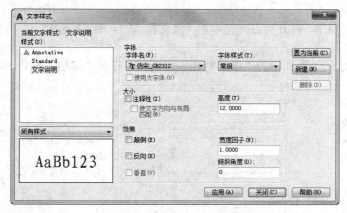

图 11-99　设置文字样式　　　　　　　　　　图 11-100　填写标题栏

（3）调整图框。单击"默认"选项卡"修改"面板中的"缩放"按钮和"移动"按钮，调整图框，最终完成图形的绘制，效果如图 11-24 所示。

11.3　手压阀装配平面图

手压阀装配图由阀体、阀杆、手把、底座、弹簧、胶垫、压紧螺母、销轴、胶木球、密封垫零件图组成，如图 11-101 所示。装配图是零部件加工和装配过程中重要的技术文件。在设计过程中要用到剖视以及放大等表达方式，还要标注装配尺寸，绘制和填写明细表等。因此，通过手压阀装配平面图的绘制，可以提高综合设计能力。

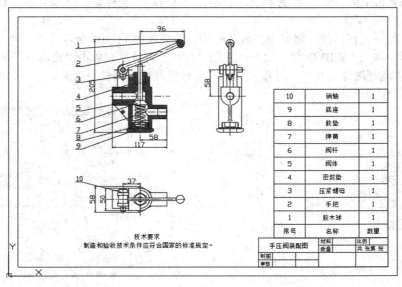

图 11-101　手压阀装配平面图

本实例的制作思路是：将零件图的视图进行修改，制作成块，然后将这些块插入装配图中。

11.3.1　配置绘图环境

（1）建立新文件。启动 AutoCAD 2017 应用程序，打开随书光盘中的"源文件\第 11 章 A3.dwg"文件，将其命名为"手压阀装配平面图.dwg"并另保存。

（2）创建新图层。单击"默认"选项卡"图层"面板中的"图层特性"按钮，打开"图层特性管理器"对话框，设置图层如下。

① 各零件名，颜色为白色，其余设置为默认。

② 尺寸标注，颜色为蓝色，其余设置为默认。

③ 文字说明，颜色为白色，其余设置为默认。

设置结果如图 11-102 所示。

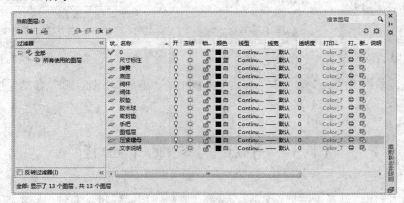

图 11-102　"图层特性管理器"对话框

11.3.2　创建图块

（1）打开随书光盘中的"源文件\第 11 章\装配体\阀体.dwg"文件，将阀体平面图中的"尺寸标注和文字说明"图层关闭。

（2）将阀体平面图进行修改，将多余的线条删除，效果如图 11-103 所示。

（3）在命令行中输入"WBLOCK"命令，弹出"写块"对话框，单击"拾取点"按钮，在主视图中选取基点，再单击"选择对象"按钮，选取主视图，最后选取保存路径，输入名称，如图 11-104 所示，单击"确定"按钮，保存图块。

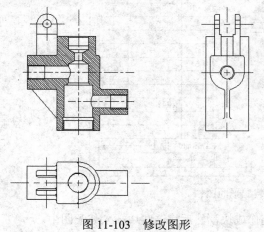

图 11-103　修改图形

图 11-104　"写块"对话框

（4）用同样的方法将其余的平面图保存为图块。

11.3.3　装配零件图

（1）插入阀体平面图。

① 将"阀体"图层设置为当前图层。单击"默认"选项卡"块"面板中的"插入"按钮，弹出"插入"对话框，单击"浏览"按钮，弹出"选择图形文件"对话框，选取"阀体主视图图块.dwg"文件，如图 11-105 所示。将图形插入到手压阀装配平面图中，效果如图 11-106 所示。

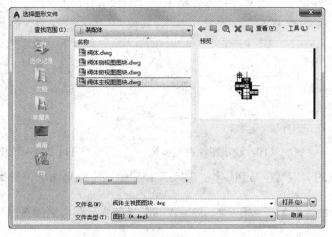

图 11-105　"选择图形文件"对话框

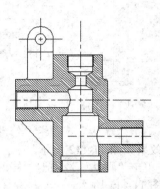

图 11-106　阀体主视图图块

② 用同样的方法将左视图图块和俯视图图块插入到图形中，对齐中心线，效果如图 11-107 所示。

（2）插入胶垫平面图。

① 将"胶垫"图层设置为当前图层。单击"默认"选项卡"块"面板中的"插入"按钮，将胶垫图块插入到手压阀装配平面图中，效果如图 11-108 所示。

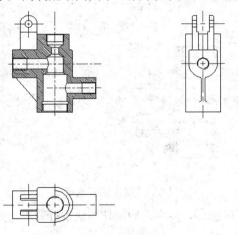

图 11-107　插入阀体视图图块

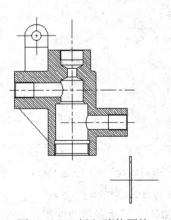

图 11-108　插入胶垫图块

② 单击"默认"选项卡"修改"面板中的"旋转"按钮和"移动"按钮，将胶垫图块调整到适当位置，效果如图 11-109 所示。

③ 单击"默认"选项卡"绘图"面板中的"图案填充"按钮，设置填充图案为 NET，角度为 45°，

比例为 0.5，选取填充范围，为胶垫图块添加剖面线，效果如图 11-110 所示。

④ 单击"默认"选项卡"块"面板中的"插入"按钮，将胶垫图块插入到手压阀装配平面图中，效果如图 11-111 所示。

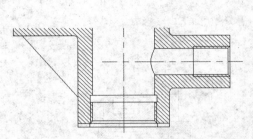
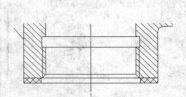
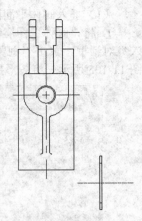

图 11-109 调整图块　　　　　图 11-110 胶垫图块图案填充　　　　图 11-111 插入胶垫图块

⑤ 单击"默认"选项卡"修改"面板中的"旋转"按钮和"移动"按钮，将胶垫图块调整到适当位置，效果如图 11-112 所示。

⑥ 单击"默认"选项卡"修改"面板中的"分解"按钮，将插入的胶垫图块分解，删除多余线条，效果如图 11-113 所示。

（3）插入阀杆平面图。

① 将"阀杆"图层设置为当前图层。单击"默认"选项卡"块"面板中的"插入"按钮，将阀杆图块插入到手压阀装配平面图中，效果如图 11-114 所示。

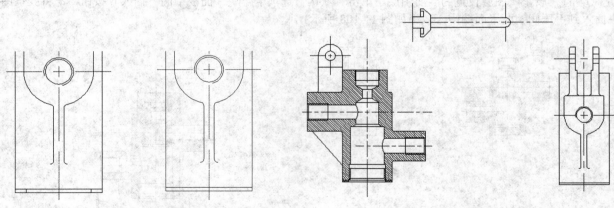

图 11-112 调整图块　　　　图 11-113 修改图块　　　　图 11-114 插入阀杆图块

② 单击"默认"选项卡"修改"面板中的"分解"按钮，将插入的阀杆图块进行分解，并利用"直线"和"偏移"等命令修改图形，效果如图 11-115 所示。

③ 单击"默认"选项卡"修改"面板中的"旋转"按钮和"移动"按钮，将阀杆图块调整到适当位置，效果如图 11-116 所示。

④ 单击"默认"选项卡"修改"面板中的"分解"按钮，将插入的阀体主视图图块进行分解，并利用"直线"和"修剪"等命令修改图形，效果如图 11-117 所示。

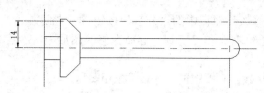

图 11-115　修改图块

⑤ 单击"默认"选项卡"修改"面板中的"复制"按钮，将主视图中阀杆复制到左视图中，效果如图 11-118 所示。

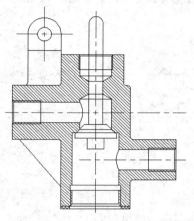

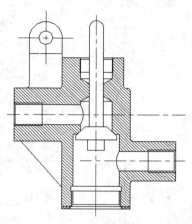

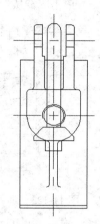

图 11-116　调整图块　　　　　　图 11-117　修改阀体主视图　　　　　图 11-118　复制阀杆

⑥ 单击"默认"选项卡"修改"面板中的"修剪"按钮和"删除"按钮，修改图形，效果如图 11-119 所示。

⑦ 单击"默认"选项卡"绘图"面板中的"圆"按钮，在阀体俯视图中以中心线交点为圆心，以 5 为半径绘制圆，作为阀杆俯视图，效果如图 11-120 所示。

（4）插入弹簧平面图。

① 将"弹簧"图层设置为当前图层。单击"默认"选项卡"块"面板中的"插入"按钮，将弹簧图块插入到手压阀装配平面图中，效果如图 11-121 所示。

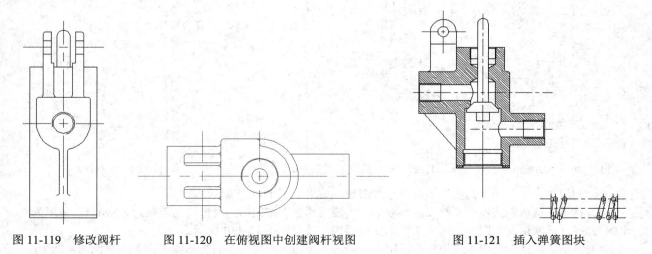

图 11-119　修改阀杆　　　　图 11-120　在俯视图中创建阀杆视图　　　　图 11-121　插入弹簧图块

② 单击"默认"选项卡"修改"面板中的"分解"按钮 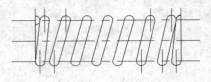，将插入的弹簧图块分解，并利用"修剪"和"复制"等命令修改图形，效果如图 11-122 所示。

③ 单击"默认"选项卡"修改"面板中的"旋转"按钮 和"移动"按钮 ，将弹簧图块调整到适当位置，效果如图 11-123 所示。

图 11-122　修改图块

④ 利用"移动"、"修剪"、"复制"和"删除"等命令修改图形，效果如图 11-124 所示。

⑤ 单击"默认"选项卡"绘图"面板中的"直线"按钮 ，将弹簧图形补充完整，效果如图 11-125 所示。

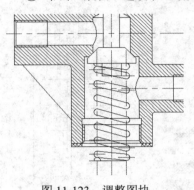

图 11-123　调整图块

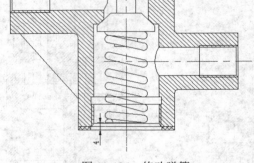

图 11-124　修改弹簧

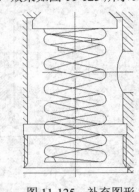

图 11-125　补充图形

⑥ 单击"默认"选项卡"修改"面板中的"修剪"按钮 ，剪切图形，效果如图 11-126 所示。

（5）插入底座平面图。

① 将"底座"图层设置为当前图层。单击"默认"选项卡"块"面板中的"插入"按钮 ，将底座右视图图块插入到手压阀装配平面图中，效果如图 11-127 所示。

② 单击"默认"选项卡"修改"面板中的"旋转"按钮 和"移动"按钮 ，将底座图块调整到适当位置，效果如图 11-128 所示。

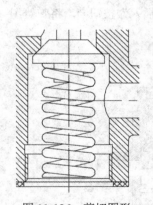

图 11-126　剪切图形

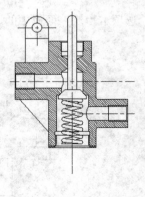

图 11-127　插入底座右视图图块

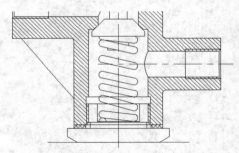

图 11-128　调整图块

③ 利用"分解"和"修剪"等命令修改图形，效果如图 11-129 所示。

④ 单击"默认"选项卡"绘图"面板中的"图案填充"按钮 ，设置填充图案为 ANSI31，角度为 0，比例为 0.5，选取填充范围，为底座图块添加剖面线，效果如图 11-130 所示。

⑤ 单击"默认"选项卡"块"面板中的"插入"按钮 ，将底座右视图图块插入到手压阀装配平面图

中，效果如图 11-131 所示。

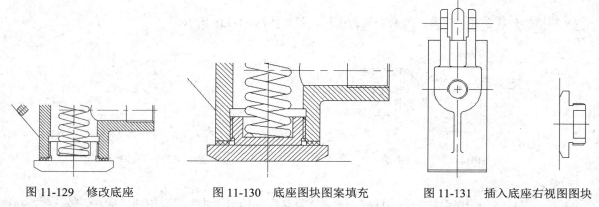

图 11-129 修改底座　　　图 11-130 底座图块图案填充　　　图 11-131 插入底座右视图图块

⑥ 单击"默认"选项卡"修改"面板中的"旋转"按钮○和"移动"按钮✛，将底座图块调整到适当位置，效果如图 11-132 所示。

⑦ 单击"默认"选项卡"块"面板中的"插入"按钮➡，将底座主视图图块插入到手压阀装配平面图中，然后单击"默认"选项卡"修改"面板中的"旋转"按钮○和"移动"按钮✛，将底座图块调整到适当位置，效果如图 11-133 所示。

⑧ 单击"默认"选项卡"绘图"面板中的"直线"按钮✎，由底座主视图向手压阀左视图绘制辅助线，效果如图 11-134 所示。

⑨ 单击"默认"选项卡"修改"面板中的"修剪"按钮✂，修改图形并将多余图形删除，效果如图 11-135 所示。

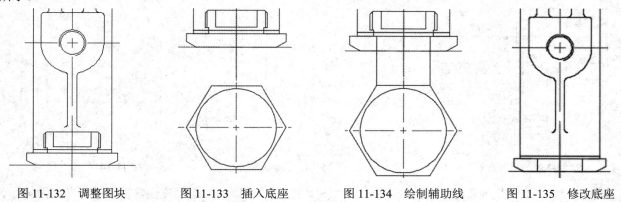

图 11-132 调整图块　　　图 11-133 插入底座　　　图 11-134 绘制辅助线　　　图 11-135 修改底座

⑩ 单击"默认"选项卡"块"面板中的"插入"按钮➡，将底座主视图图块插入到手压阀装配平面图中，效果如图 11-136 所示。

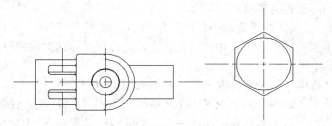

图 11-136 插入底座主视图图块

⑪ 单击"默认"选项卡"修改"面板中的"移动"按钮✛，将底座图块调整到适当位置，效果如图 11-137 所示。

⑫ 利用"分解"和"修剪"等命令修改图形，效果如图 11-138 所示。

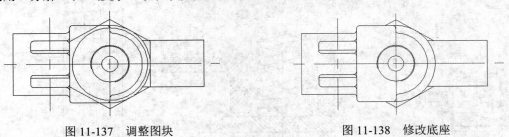

图 11-137　调整图块　　　　　　　　　　　图 11-138　修改底座

（6）插入密封垫平面图。

① 将"密封垫"图层设置为当前图层。单击"默认"选项卡"块"面板中的"插入"按钮，将密封垫图块插入到手压阀装配平面图中，效果如图 11-139 所示。

② 单击"默认"选项卡"修改"面板中的"移动"按钮✛，将密封垫图块调整到适当位置，效果如图 11-140 所示。

③ 利用"分解"和"修剪"等命令修改图形，效果如图 11-141 所示。

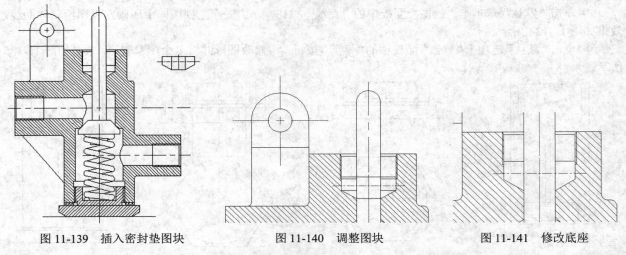

图 11-139　插入密封垫图块　　　　图 11-140　调整图块　　　　图 11-141　修改底座

④ 单击"默认"选项卡"绘图"面板中的"图案填充"按钮，设置填充图案为 NET，角度为 45°，比例为 0.5，选取填充范围，为密封垫图块添加剖面线，效果如图 11-142 所示。

（7）插入压紧螺母平面图。

① 将"压紧螺母"图层设置为当前图层。单击"默认"选项卡"块"面板中的"插入"按钮，将压紧螺母右视图图块插入到手压阀装配平面图中，效果如图 11-143 所示。

② 单击"默认"选项卡"修改"面板中的"旋转"按钮和"移动"按钮✛，将压紧螺母图块调整到适当位置，效果如图 11-144 所示。

③ 利用"分解"和"修剪"等命令修改图形，效果如图 11-145 所示。

④ 单击"默认"选项卡"绘图"面板中的"图案填充"按钮，设置填充图案为 ANSI31，角度为 0，比例为 0.5，选取填充范围，为压紧螺母右视图图块添加剖面线，效果如图 11-146 所示。

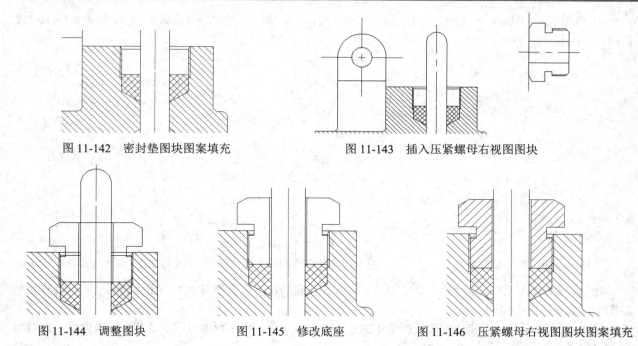

图 11-142　密封垫图块图案填充　　　　　　图 11-143　插入压紧螺母右视图图块

图 11-144　调整图块　　　　　图 11-145　修改底座　　　　图 11-146　压紧螺母右视图图块图案填充

⑤ 单击"默认"选项卡"块"面板中的"插入"按钮，将压紧螺母右视图图块插入到手压阀装配平面图中，效果如图 11-147 所示。

⑥ 单击"默认"选项卡"修改"面板中的"旋转"按钮○和"移动"按钮，将压紧螺母图块调整到适当位置，效果如图 11-148 所示。

⑦ 利用"分解"、"修剪"和"直线"等命令修改图形，效果如图 11-149 所示。

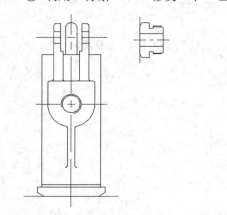

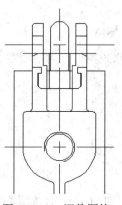

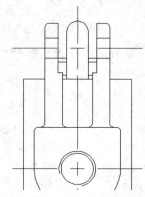

图 11-147　插入压紧螺母右视图图块　　　　图 11-148　调整图块　　　　图 11-149　修改压紧螺母

⑧ 单击"默认"选项卡"块"面板中的"插入"按钮，将压紧螺母主视图图块插入到手压阀装配平面图中，然后单击"默认"选框卡"修改"面板中的"旋转"按钮○和"移动"按钮，将底座图块调整到适当位置，效果如图 11-150 所示。

⑨ 单击"默认"选项卡"绘图"面板中的"直线"按钮，由压紧螺母主视图向手压阀左视图绘制辅助线，效果如图 11-151 所示。

⑩ 单击"默认"选项卡"修改"面板中的"修剪"按钮 ⊹，修改图形并将多余图形删除，效果如图11-152所示。

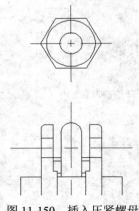

图 11-150　插入压紧螺母

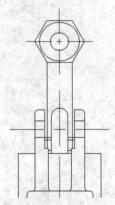

图 11-151　绘制辅助线

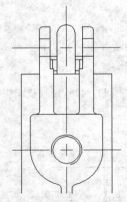

图 11-152　修改压紧螺母

⑪ 单击"默认"选项卡"块"面板中的"插入"按钮 ⊟，将压紧螺母主视图图块插入到手压阀装配平面图中，效果如图11-153所示。

⑫ 单击"默认"选项卡"修改"面板中的"移动"按钮 ✤，将压紧螺母图块调整到适当位置，效果如图11-154所示。

图 11-153　插入压紧螺母主视图图块　　　　　　　　　　图 11-154　调整图块

⑬ 利用"分解"和"修剪"等命令修改图形，效果如图11-155所示。

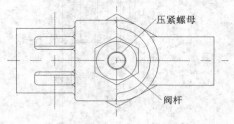

图 11-155　修改压紧螺母

（8）插入手把平面图。

① 将"手把"图层设置为当前图层。单击"默认"选项卡"块"面板中的"插入"按钮 ⊟，将手把主视图图块插入到手压阀装配平面图中，效果如图11-156所示。

② 单击"默认"选项卡"修改"面板中的"修剪"按钮 ⊹，修改图形，效果如图11-157所示。

③ 将"中心线"图层设置为当前图层。单击"默认"选项卡"绘图"面板中的"直线"按钮 ✐，绘制辅助线，效果如图11-158所示。

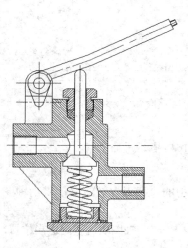

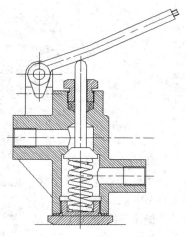

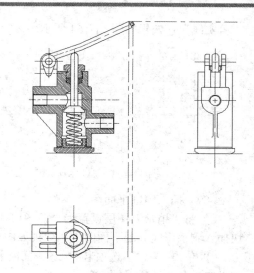

图 11-156　插入手把主视图图块　　　图 11-157　剪切图形　　　　图 11-158　绘制辅助线

④ 将"手把"图层设置为当前图层。单击"默认"选项卡"块"面板中的"插入"按钮 ，将手把左视图图块插入到手压阀装配平面图中，效果如图 11-159 所示。

⑤ 单击"默认"选项卡"修改"面板中的"移动"按钮 ，将手把图块调整到适当位置，效果如图 11-160 所示。

⑥ 利用"分解"、"修剪"和"直线"等命令修改图形，效果如图 11-161 所示。

⑦ 单击"默认"选项卡"绘图"面板中的"直线"按钮 ，由手把主视图向手把俯视图绘制辅助线，效果如图 11-162 所示。

⑧ 单击"默认"选项卡"修改"面板中的"偏移"按钮 ，将俯视图中的水平中心线向两侧偏移，偏移距离分别为 3、2.5 和 2，效果如图 11-163 所示。

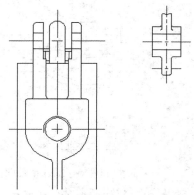

图 11-159　插入手把左视图图块

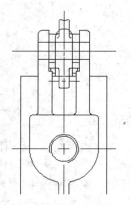

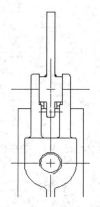

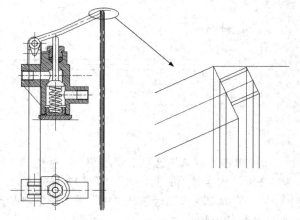

图 11-160　调整图块　　　　图 11-161　修改手把　　　　图 11-162　绘制辅助线

⑨ 利用"修剪"、"椭圆"、"偏移"和"直线"等命令修改图形，并将修改得到的图形修改图层为

"粗实线"，效果如图 11-164 所示。

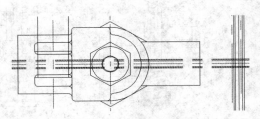

图 11-163　偏移中心线

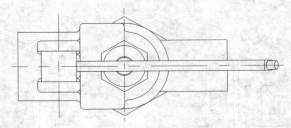

图 11-164　修改手把

（9）插入销轴平面图。

① 将"销轴"图层设置为当前图层。单击"默认"选项卡"块"面板中的"插入"按钮，将销轴图块插入到手压阀装配平面图中，效果如图 11-165 所示。

② 单击"默认"选项卡"修改"面板中的"旋转"按钮和"移动"按钮，将销轴图块调整到适当位置，效果如图 11-166 所示。

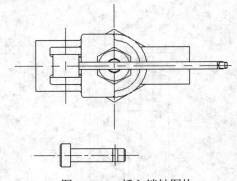

图 11-165　插入销轴图块

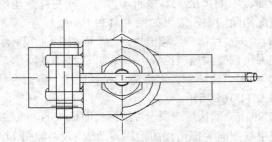

图 11-166　调整图块

③ 利用"分解"和"修剪"等命令修改图形，效果如图 11-167 所示。

④ 单击"默认"选项卡"绘图"面板中的"圆"按钮，绘制半径为 2 的圆，效果如图 11-168 所示。

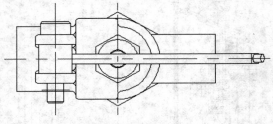

图 11-167　修改销轴

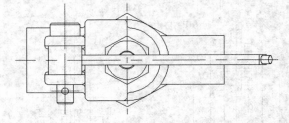

图 11-168　绘制销孔

⑤ 单击"默认"选项卡"绘图"面板中的"圆"按钮，在阀体主视图中以中心线交点为圆心，分别以 4.2 和 5 为半径绘制圆，效果如图 11-169 所示。

⑥ 单击"默认"选项卡"块"面板中的"插入"按钮，将销轴图块插入到手压阀装配平面图中，效果如图 11-170 所示。

⑦ 单击"默认"选项卡"修改"面板中的"移动"按钮，将销轴图块调整到适当位置，效果如图 11-171 所示。

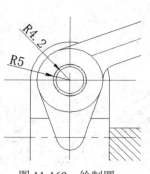

图 11-169　绘制圆

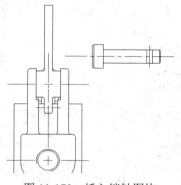

图 11-170　插入销轴图块

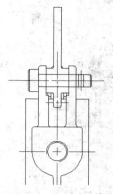

图 11-171　调整图块

⑧ 利用"分解"和"修剪"等命令修改图形，效果如图 11-172 所示。

（10）插入胶木球平面图。

① 将"胶木球"图层设置为当前图层。单击"默认"选项卡"块"面板中的"插入"按钮，将胶木球图块插入到手压阀装配平面图中，效果如图 11-173 所示。

② 单击"默认"选项卡"修改"面板中的"旋转"按钮和"移动"按钮，将胶木球图块调整到适当位置，效果如图 11-174 所示。

③ 单击"默认"选项卡"绘图"面板中的"图案填充"按钮，设置填充图案为 ANSI31，角度为 0，比例为 0.5，选取填充范围，为胶木球图块添加剖面线，效果如图 11-175 所示。

④ 将"中心线"图层设置为当前图层。单击"默认"选项卡"绘图"面板中的"直线"按钮，由胶木球主视图向俯视图绘制辅助线，效果如图 11-176 所示。

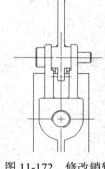

图 11-172　修改销轴

图 11-173　插入胶木球图块

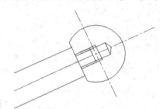

图 11-174　调整图块

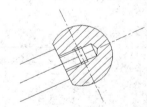

图 11-175　胶木球图块图案填充

⑤ 单击"默认"选项卡"修改"面板中的"偏移"按钮，将俯视图中的水平中心线向两侧偏移，偏移距离为 9，效果如图 11-177 所示。

⑥ 将"胶木球"图层设置为当前图层。单击"默认"选项卡"绘图"面板中的"椭圆"按钮，绘制胶木球俯视图，效果如图 11-178 所示。

⑦ 单击"默认"选项卡"修改"面板中的"修剪"按钮，修改图形并将多余的辅助线删除，效果如图 11-179 所示。

⑧ 将"中心线"图层设置为当前图层。单击"默认"选项卡"绘图"面板中的"直线"按钮，由胶木球主视图向左视图绘制辅助线，并在左视图中同样绘制辅助线，效果如图 11-180 所示。

⑨ 单击"默认"选项卡"修改"面板中的"偏移"按钮，将左视图中的竖直中心线向两侧偏移，偏移距离为 9，效果如图 11-181 所示。

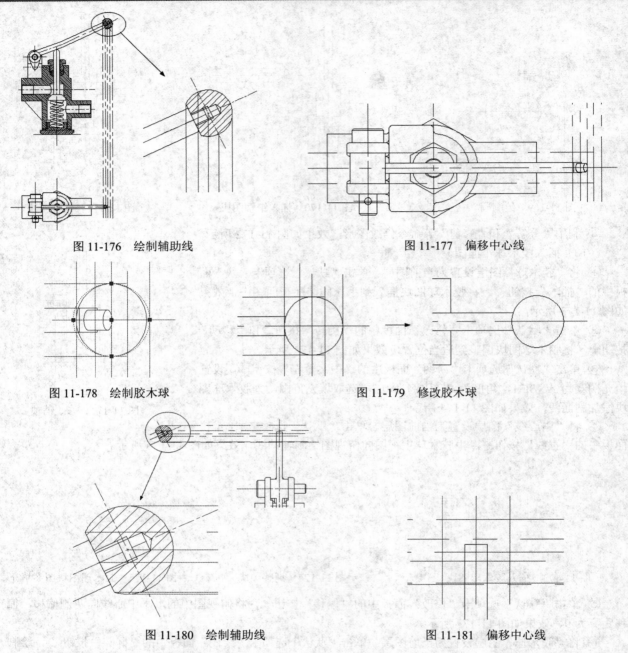

图 11-176　绘制辅助线　　　　　　　　　　　图 11-177　偏移中心线

图 11-178　绘制胶木球　　　　　　　　　　　图 11-179　修改胶木球

图 11-180　绘制辅助线　　　　　　　　　　　图 11-181　偏移中心线

⑩ 将"胶木球"图层设置为当前图层。单击"默认"选项卡"块"面板中的"插入"按钮🔾，将胶木球图块插入到手压阀装配平面图中，效果如图 11-182 所示。

⑪ 单击"默认"选项卡"修改"面板中的"移动"按钮✛，将胶木球图块调整到适当位置，效果如图 11-183 所示。

⑫ 将"中心线"图层设置为当前图层。单击"默认"选项卡"绘图"面板中的"直线"按钮✐，在左视图中绘制辅助线，效果如图 11-184 所示。

⑬ 将"胶木球"图层设置为当前图层。单击"默认"选项卡"绘图"面板中的"椭圆"按钮⬭，绘制

胶木球左视图，效果如图 11-185 所示。

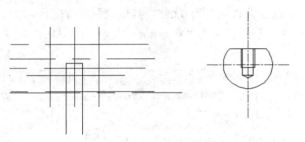
图 11-182　插入胶木球图块

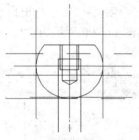
图 11-183　调整图块

⑭　单击"默认"选项卡"修改"面板中的"修剪"按钮，修改图形并将多余的辅助线删除，效果如图 11-186 所示。

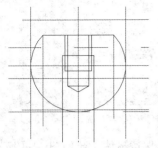
图 11-184　绘制辅助线

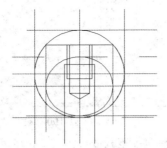
图 11-185　绘制胶木球

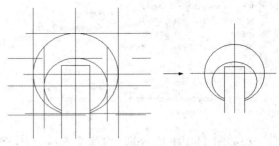
图 11-186　修改胶木球

11.3.4　标注手压阀装配平面图

在装配图中，不需要将每个零件的尺寸全部标注出来，需要标注的尺寸有规格尺寸、装配尺寸、外形尺寸、安装尺寸以及其他重要尺寸。在本例中，只需要标注一些装配尺寸，而且其都为线性标注。

（1）设置标注样式。将"尺寸标注"图层设置为当前图层。单击"默认"选项卡"注释"面板中的"标注样式"按钮，弹出如图 11-187 所示的"标注样式管理器"对话框。单击"新建"按钮，在弹出的"创建新标注样式"对话框中设置"新样式名"为"装配图"，如图 11-188 所示。

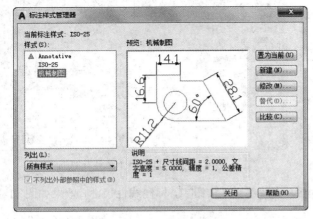
图 11-187　"标注样式管理器"对话框

图 11-188　"创建新标注样式"对话框

单击"继续"按钮，弹出"新建标注样式:装配图"对话框。在如图 11-189 所示的"线"选项卡中，设置"基线间距"为 2，"超出尺寸线"为 1.25，"起点偏移量"为 0.625，其他设置保持默认。

在如图 11-190 所示的"符号和箭头"选项卡中，设置箭头为"实心闭合"，"箭头大小"为 2.5，其他设置保持默认。

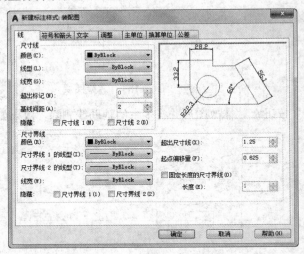

图 11-189　设置"线"选项卡

图 11-190　设置"符号和箭头"选项卡

在如图 11-191 所示的"文字"选项卡中，设置"文字高度"为 5，其他设置保持默认。在如图 11-192 所示的"主单位"选项卡中，设置"精度"为 0，"小数分隔符"为句点，其他设置保持默认。完成后单击"确定"按钮退出。在"标注样式管理器"对话框中将"装配图"样式设置为当前样式，单击"关闭"按钮退出。

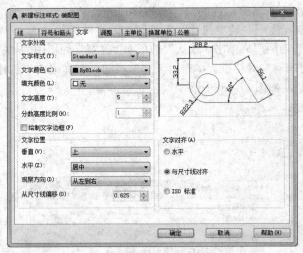
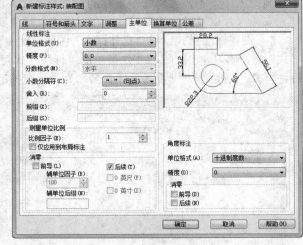

图 11-191　设置"文字"选项卡

图 11-192　设置"主单位"选项卡

（2）标注尺寸。单击"默认"选项卡"注释"面板中的"线性"按钮⟓，标注线性尺寸，效果如图 11-193 所示。

（3）标注零件序号。将"文字说明"图层设置为当前图层。单击"默认"选项卡"绘图"面板中的"直线"按钮╱和"多行文字"按钮 **A**，标注零件序号，效果如图 11-194 所示。

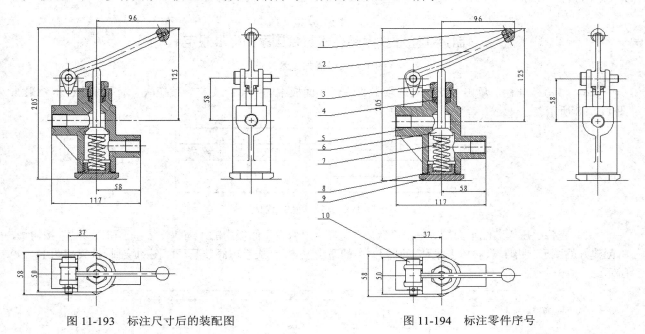

图 11-193　标注尺寸后的装配图　　　　　　　　图 11-194　标注零件序号

（4）制作明细表。

① 打开随书光盘中的"源文件\第 11 章\装配体\明细表.dwg"文件，选择菜单栏中的"编辑"→"复制"命令，将明细表复制；返回到手压阀装配平面图中，选择菜单栏中的"编辑"→"粘贴"命令，将明细表粘贴到手压阀装配平面图中，效果如图 11-195 所示。

② 单击"默认"选项卡"注释"面板中的"多行文字"按钮 **A**，添加明细表文字内容并调整表格宽度，效果如图 11-196 所示。

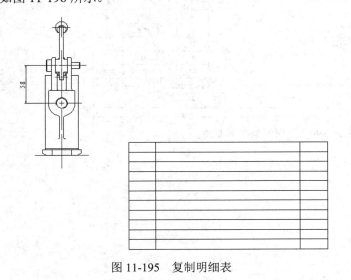

10	销轴	1
9	底座	1
8	胶垫	1
7	弹簧	1
6	阀杆	1
5	阀体	1
4	密封垫	1
3	压紧螺母	1
2	手把	1
1	胶木球	1
序号	名称	数量

图 11-195　复制明细表　　　　　　　　　　图 11-196　装配图明细表

（5）填写技术要求。单击"默认"选项卡"注释"面板中的"多行文字"按钮 **A**，添加技术要求，效果如图 11-197 所示。

技术要求
制造和验收技术条件应符合国家的标准规定。

图 11-197　添加技术要求

（6）填写标题栏。单击"默认"选项卡"注释"面板中的"多行文字"按钮**A**，填写标题栏，效果如图 11-198 所示。

手压阀装配图		材料		比例	
		数量		共　张第　张	
制图					
审核					

图 11-198　填写好的标题栏

（7）完善手压阀装配平面图。单击"默认"选项卡"修改"面板中的"缩放"按钮▢和"移动"按钮✥，将创建好的图形、明细表、技术要求移动到图框中的适当位置，完成手压阀装配平面图的绘制，效果如图 11-199 所示。

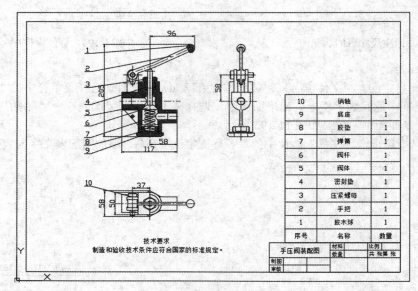

图 11-199　手压阀装配平面图

第 12 章

手压阀三维设计综合案例

　　本章通过手压阀三维设计案例的练习，使读者熟练掌握 AutoCAD 三维设计的各个功能及操作方法。

12.1 胶木球的绘制

本节绘制如图 12-1 所示的胶木球。

（1）选择菜单栏中的"文件"→"新建"命令，弹出"选择样板"对话框，单击"打开"按钮右侧的下拉按钮，以"无样板打开-公制"（毫米）方式建立新文件，将新文件命名为"胶木球.dwg"并保存。

（2）设置线框密度，默认值是 8，更改设定值为 10。

（3）创建球体图形。

① 单击"三维工具"选项卡"建模"面板中的"球体"按钮，在坐标原点绘制半径为 9 的球体，命令行提示与操作如下。

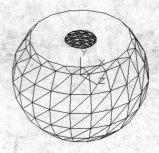

图 12-1 胶木球

```
命令：_SPHERE
指定中心点或 [三点(3P)/两点(2P)/切点、切点、半径(T)]: 0,0,0
指定半径或 [直径(D)]: 9
```

效果如图 12-2 所示。

② 单击"三维工具"选项卡"实体编辑"面板中的"剖切"按钮，对球体进行剖切，命令行提示与操作如下。

```
命令：_SLICE
选择要剖切的对象：（选择球✓）
选择要剖切的对象：
指定切面的起点或 [平面对象(O)/曲面(S)/Z 轴(Z)/视图(V)/XY(XY)/YZ(YZ)/ZX(ZX)/三点(3)] <三点>: XY✓
指定 XY 平面上的点 <0,0,0>: 0,0,6✓
在所需的侧面上指定点或 [保留两个侧面(B)] <保留两个侧面>：（选取球体下方）
```

效果如图 12-3 所示。

（4）创建旋转体。

① 单击"视图"选项卡"视图"面板"视图"下拉菜单中的"左视"按钮，将视图切换到左视图。

② 单击"默认"选项卡"绘图"面板中的"直线"按钮，绘制如图 12-4 所示的图形。

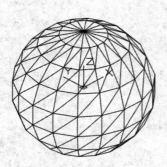

图 12-2 绘制球体

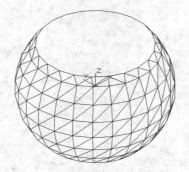

图 12-3 剖切平面

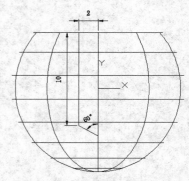

图 12-4 绘制的旋转截面图

③ 单击"默认"选项卡"绘图"面板中的"面域"按钮◎，将步骤②绘制的图形创建为面域。

④ 单击"三维工具"选项卡"建模"面板中的"旋转"按钮🝆，将步骤③创建的面域绕 Y 轴进行旋转，效果如图 12-5 所示。

⑤ 单击"三维工具"选项卡"实体编辑"面板中的"差集"按钮◎，将并集处理后的图形和小圆柱体进行差集处理，效果如图 12-6 所示。

（5）创建螺纹。

① 在命令行中输入"UCS"命令，将坐标系恢复成世界坐标系。

② 单击"默认"选项卡"绘图"面板中的"螺旋"按钮☰，创建螺旋线，命令行提示与操作如下。

```
命令: _HELIX
圈数 = 3.0000        扭曲=CCW
指定底面的中心点: 0,0,8✓
指定底面半径或 [直径(D)] <1.0000>: 2✓
指定顶面半径或 [直径(D)] <2.0000>: ✓
指定螺旋高度或 [轴端点(A)/圈数(T)/圈高(H)/扭曲(W)] <1.0000>: H✓
指定圈间距 <3.6667>: 0.58✓
指定螺旋高度或 [轴端点(A)/圈数(T)/圈高(H)/扭曲(W)] <11.0000>: -9✓
```

效果如图 12-7 所示。

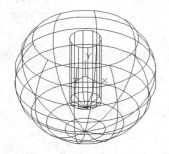

图 12-5　旋转实体

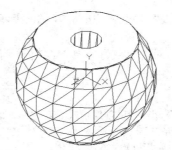

图 12-6　差集结果

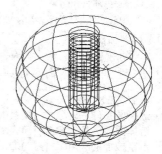

图 12-7　绘制螺旋线

③ 单击"视图"选项卡"视图"面板"视图"下拉菜单中的"前视"按钮🞑，将视图切换到前视图。

④ 绘制牙型截面轮廓。单击"默认"选项卡"绘图"面板中的"直线"按钮╱，捕捉螺旋线的上端点绘制牙型截面轮廓；单击"默认"选项卡"绘图"面板中的"面域"按钮◎，将其创建成面域，效果如图 12-8 所示。

⑤ 扫掠形成实体。单击"视图"选项卡"视图"面板"视图"下拉菜单中的"西南等轴测"按钮◈，将视图切换到西南等轴测视图。单击"三维工具"选项卡"建模"面板中的"扫掠"按钮🝆，命令行提示与操作如下。

```
命令: _SWEEP
选择要扫掠的对象或 [模式(MO)]: _MO 闭合轮廓创建模式 [实体(SO)/曲面(SU)] <实体>: _SO
选择要扫掠的对象或 [模式(MO)]: (选择三角牙型轮廓✓)
选择要扫掠的对象或 [模式(MO)]: ✓
选择扫掠路径或 [对齐(A)/基点(B)/比例(S)/扭曲(T)]: (选择螺纹线)
```

效果如图 12-9 所示。

⑥ 布尔运算处理。单击"三维工具"选项卡"实体编辑"面板中的"差集"按钮◎，从主体中减去步

骤⑤绘制的扫掠体，效果如图 12-10 所示。

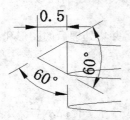

图 12-8　绘制截面轮廓

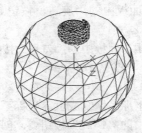

图 12-9　扫掠结果

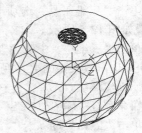

图 12-10　差集结果

12.2　销轴的绘制

本节主要利用"拉伸""倒角"等命令绘制如图 12-11 所示的销轴。

（1）选择菜单栏中的"文件"→"新建"命令，弹出"选择样板"对话框，单击"打开"按钮右侧的下拉按钮 ，以"无样板打开-公制"（毫米）方式建立新文件，将新文件命名为"销轴.dwg"并保存。

（2）设置线框密度，默认值是 8，更改设定值为 10。

（3）创建圆柱体。

① 单击"默认"选项卡"绘图"面板中的"圆"按钮 ，在坐标原点绘制半径分别为 9 和 5 的两个圆，如图 12-12 所示。

② 将视图切换到西南等轴测视图，单击"三维工具"选项卡"建模"面板中的"拉伸"按钮 ，将两个圆进行拉伸处理，命令行提示与操作如下。

```
命令: _EXTRUDE
选择要拉伸的对象或 [模式(MO)]: _MO 闭合轮廓创建模式 [实体(SO)/曲面(SU)] <实体>: _SO
选择要拉伸的对象或 [模式(MO)]: （选取大圆↙）
指定拉伸的高度或 [方向(D)/路径(P)/倾斜角(T)/表达式(E)]: 8↙
命令: _EXTRUDE
当前线框密度: ISOLINES=10，闭合轮廓创建模式 = 实体
选择要拉伸的对象或 [模式(MO)]: （选取小圆↙）
指定拉伸的高度或 [方向(D)/路径(P)/倾斜角(T)/表达式(E)]: 50↙
```

效果如图 12-13 所示。

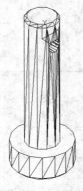

图 12-11　销轴

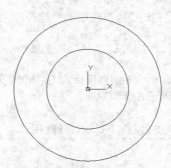

图 12-12　绘制圆

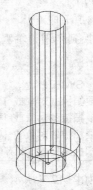

图 12-13　拉伸实体

（4）单击"三维工具"选项卡"实体编辑"面板中的"并集"按钮，将拉伸后的圆柱体进行并集处理，命令行提示与操作如下。

命令: _UNION
选择对象:（选取拉伸后的两个圆柱体✓）

效果如图 12-14 所示。

（5）创建销孔。

① 在命令行中输入"UCS"命令，新建坐标系，命令行提示与操作如下。

命令: UCS
当前 UCS 名称: *世界*
指定 UCS 的原点或 [面(F)/命名(NA)/对象(OB)/上一个(P)/视图(V)/世界(W)/X/Y/Z/Z 轴(ZA)] <世界>: 0,0,42✓
指定 X 轴上的点或 <接受>: ✓
命令: UCS
当前 UCS 名称: *没有名称*
指定 UCS 的原点或 [面(F)/命名(NA)/对象(OB)/上一个(P)/视图(V)/世界(W)/X/Y/Z/Z 轴(ZA)] <世界>: X✓
指定绕 X 轴的旋转角度 <90>: 90✓

效果如图 12-15 所示。

② 单击"默认"选项卡"绘图"面板中的"圆"按钮，在坐标点（0,0,6）处绘制半径为 2 的圆。

③ 单击"三维工具"选项卡"建模"面板中的"拉伸"按钮，将圆进行拉伸处理，命令行提示与操作如下。

命令: _EXTRUDE
选择要拉伸的对象或 [模式(MO)]: _MO 闭合轮廓创建模式 [实体(SO)/曲面(SU)] <实体>: _SO
选择要拉伸的对象或 [模式(MO)]:（选取刚绘制的圆✓）
指定拉伸的高度或 [方向(D)/路径(P)/倾斜角(T)/表达式(E)]: -12✓

效果如图 12-16 所示。

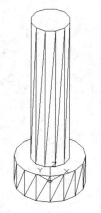
图 12-14　并集结果

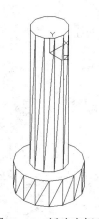
图 12-15　新建坐标系

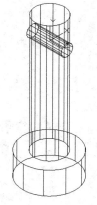
图 12-16　拉伸实体

④ 单击"三维工具"选项卡"实体编辑"面板中的"差集"按钮，将圆柱体与拉伸后的图形进行差集处理，命令行提示与操作如下。

命令: _SUBTRACT
选择要从中减去的实体、曲面和面域...
选择对象:(选取视图中的圆柱体↙)
选择要减去的实体、曲面和面域...
选择对象:(选取拉伸后的小圆柱体↙)

消隐后的效果如图 12-17 所示。

⑤ 单击"三维工具"选项卡"实体编辑"面板中的"倒角边"按钮，对图 12-17 中的 1、2 两条边线进行倒角处理，命令行提示与操作如下。

命令: _CHAMFEREDGE 距离 1 = 1.0000，距离 2 = 1.0000
选择一条边或[环(L) 距离(D)]: D↙
指定距离 1 或 [表达式(E)] <1.0000>: 1↙
指定距离 2 或 [表达式(E)] <1.0000>: 1↙
选择一条边或[环(L) 距离(D)]:(选择图 12-17 中的边线 1↙)
选择同一个面上的其他边或[环(L) 距离(D)]: ↙
按 Enter 键接受倒角或 [距离(D)]: ↙
命令: _CHAMFEREDGE 距离 1 = 1.0000，距离 2 = 1.0000
选择一条边或[环(L) 距离(D)]: D↙
指定距离 1 或 [表达式(E)] <1.0000>: 0.8↙
指定距离 2 或 [表达式(E)] <1.0000>: 0.8↙
选择一条边或[环(L) 距离(D)]:(选择图 12-17 中的边线 2↙)
选择同一个面上的其他边或[环(L) 距离(D)]: ↙
按 Enter 键接受倒角或 [距离(D)]: ↙

消隐后的效果如图 12-18 所示。

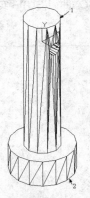

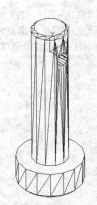

图 12-17　差集处理　　　　　　　图 12-18　倒角处理

12.3　手 把 绘 制

本节主要利用"拉伸"和"圆角"等命令绘制如图 12-19 所示的手把。

（1）选择菜单栏中的"文件"→"新建"命令，弹出"选择样板"对话框，单击"打开"按钮右侧的下拉按钮，以"无样板打开-公制"（毫米）方式建立新文件，将新文件命名为"手把.dwg"并保存。

（2）设置线框密度，默认值是 8，更改设定值为 10。

（3）创建圆柱体。

① 单击"三维工具"选项卡"建模"面板中的"圆柱体"按钮，在坐标原点处创建半径分别为 5 和 10、高度均为 18 的两个圆柱体。

② 单击"三维工具"选项卡"实体编辑"面板中的"差集"按钮，将大圆柱体减去小圆柱体，效果如图 12-20 所示。

（4）创建拉伸实体。

① 在命令行中输入"UCS"命令，将坐标系移动到坐标点（0,0,6）处。

② 切换视图方向。选择菜单栏中的"视图"→"三维视图"→"平面视图"→"当前 UCS"命令，将视图切换到当前坐标系。

③ 单击"默认"选项卡"绘图"面板中的"直线"按钮，绘制两条通过圆心的十字线。

④ 单击"默认"选项卡"修改"面板中的"偏移"按钮，将水平线向下偏移 18，效果如图 12-21 所示。

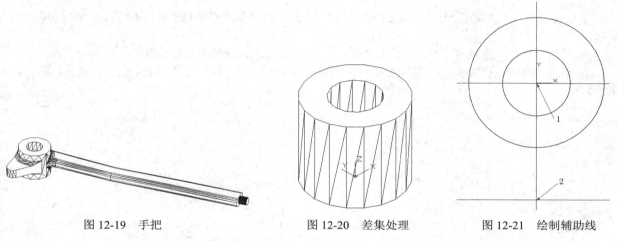

图 12-19　手把　　　　　　　　图 12-20　差集处理　　　　　图 12-21　绘制辅助线

⑤ 单击"默认"选项卡"绘图"面板中的"圆"按钮，在点 1 处绘制半径为 10 的圆，在点 2 处绘制半径为 4 的圆。

⑥ 单击"默认"选项卡"绘图"面板中的"直线"按钮，绘制两个圆的切线，如图 12-22 所示。

⑦ 单击"默认"选项卡"修改"面板中的"修剪"按钮，修剪多余的线段。单击"默认"选项卡"修改"面板中的"删除"按钮，删除辅助线。

⑧ 单击"默认"选项卡"绘图"面板中的"面域"按钮，将修剪后的图形创建成面域，如图 12-23 所示。

⑨ 将视图切换到西南等轴测视图。单击"三维工具"选项卡"建模"面板中的"拉伸"按钮，将步骤⑧创建的面域进行拉伸处理，拉伸距离为 6，效果如图 12-24 所示。

（5）创建拉伸实体。

① 切换视图方向。选择菜单栏中的"视图"→"三维视图"→"平面视图"→"当前 UCS"命令，将视图切换到当前坐标系。

② 单击"默认"选项卡"绘图"面板中的"直线"按钮，以坐标原点为起点，绘制坐标为（@50<20），（@80<25）的直线。

③ 单击"默认"选项卡"修改"面板中的"偏移"按钮，将步骤②绘制的两条直线向上偏移，偏移距离为 10。

④ 单击"默认"选项卡"绘图"面板中的"直线"按钮，连接两条直线的端点。

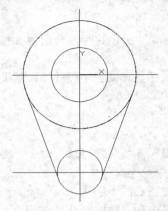

图 12-22　绘制截面轮廓

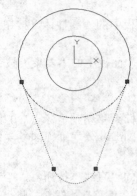

图 12-23　创建截面面域

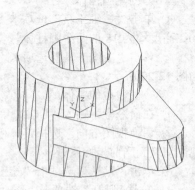

图 12-24　拉伸实体

⑤ 单击"默认"选项卡"绘图"面板中的"圆"按钮⊘，在坐标原点绘制半径为 10 的圆，效果如图 12-25 所示。

⑥ 单击"默认"选项卡"修改"面板中的"修剪"按钮⊱，修剪多余的线段。

⑦ 单击"默认"选项卡"绘图"面板中的"面域"按钮⊡，将修剪后的图形创建成面域，如图 12-26 所示。

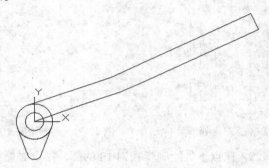

图 12-25　绘制截面轮廓

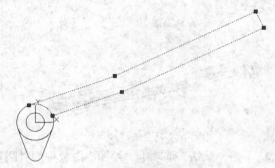

图 12-26　创建截面面域

⑧ 将视图切换到西南等轴测视图。单击"三维工具"选项卡"建模"面板中的"拉伸"按钮▥，将步骤⑦创建的面域进行拉伸处理，拉伸距离为 6，效果如图 12-27 所示。

（6）创建圆柱体。

① 将视图切换到东南等轴测视图，如图 12-28 所示。

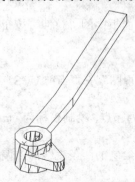

图 12-27　拉伸实体

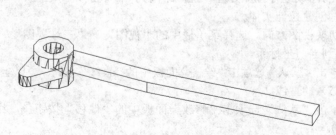

图 12-28　东南等轴测视图

② 在命令行中输入"UCS"命令，将坐标系移动到把手端点，如图 12-29 所示。

③ 单击"三维工具"选项卡"建模"面板中的"圆柱体"按钮 🔲，以坐标点（5,3,0）为原点，绘制半径为 2.5、高度为 5 的圆柱体，如图 12-30 所示。

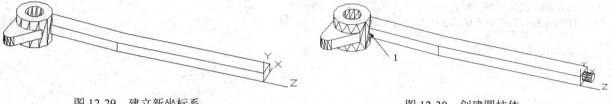

图 12-29   建立新坐标系   图 12-30   创建圆柱体

④ 单击"三维工具"选项卡"实体编辑"面板中的"并集"按钮 ⑩，将视图中所有实体合并为一体。

（7）创建圆角。

① 单击"三维工具"选项卡"实体编辑"面板中的"圆角边"按钮 🔲，选取如图 12-30 所示的交线，半径为 5，如图 12-31 所示。

② 单击"三维工具"选项卡"实体编辑"面板中的"圆角边"按钮 🔲，将其余棱角进行倒圆角，半径为 2，效果如图 12-32 所示。

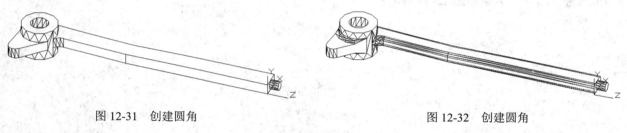

图 12-31   创建圆角   图 12-32   创建圆角

（8）创建螺纹。

① 在命令行中输入"UCS"命令，将坐标系移动到把手端点，如图 12-33 所示。

② 将视图切换到西南等轴测视图。

③ 单击"默认"选项卡"绘图"面板中的"螺旋"按钮 🗃，创建螺旋线，命令行提示与操作如下。

```
命令: _HELIX
圈数 = 3.0000        扭曲=CCW
指定底面的中心点: 0,0,2✓
指定底面半径或 [直径(D)] <1.0000>: 2.5✓
指定顶面半径或 [直径(D)] <2.5000>: ✓
指定螺旋高度或 [轴端点(A)/圈数(T)/圈高(H)/扭曲(W)] <1.0000>: H✓
指定圈间距 <0.2500>: 0.58✓
指定螺旋高度或 [轴端点(A)/圈数(T)/圈高(H)/扭曲(W)] <1.0000>: -8✓
```

④ 将视图切换到东南等轴测视图，效果如图 12-34 所示。

⑤ 将视图切换到俯视图。

⑥ 绘制牙型截面轮廓。单击"默认"选项卡"绘图"面板中的"直线"按钮 ╱，捕捉螺旋线的上端点绘制牙型截面轮廓，尺寸如图 12-35 所示，再单击"默认"选项卡"绘图"面板中的"面域"按钮 🔘，将其创建成面域。

⑦ 扫掠形成实体。将视图切换到西南等轴测视图。单击"三维工具"选项卡"建模"面板中的"扫掠"

按钮🔄，命令行提示与操作如下。

命令: _SWEEP
选择要扫掠的对象或 [模式(MO)]: _MO 闭合轮廓创建模式 [实体(SO)/曲面(SU)] <实体>: _SO
选择要扫掠的对象或 [模式(MO)]: （选择三角牙型轮廓↙）
选择扫掠路径或 [对齐(A)/基点(B)/比例(S)/扭曲(T)]: （选择螺纹线）

效果如图 12-36 所示。

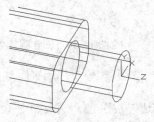

图 12-33　建立新坐标系

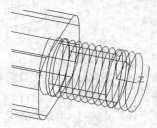

图 12-34　创建螺旋线

⑧ 布尔运算处理。单击"三维工具"选项卡"实体编辑"面板中的"差集"按钮◎，从主体中减去步骤⑦绘制的扫掠体，效果如图 12-37 所示。

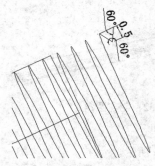

图 12-35　创建截面轮廓

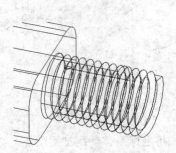

图 12-36　扫掠实体

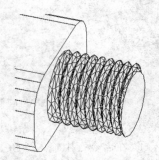

图 12-37　差集处理

12.4　手压阀阀体绘制

本节主要利用前面学习的"拉伸""圆柱体""扫掠""圆角"等命令，绘制如图 12-38 所示的手压阀阀体。

（1）选择菜单栏中的"文件"→"新建"命令，弹出"选择样板"对话框，单击"打开"按钮右侧的下拉按钮🔽，以"无样板打开-公制"（毫米）方式建立新文件，将新文件命名为"阀体.dwg"并保存。

（2）设置线框密度，默认值是 8，更改设定值为 10。

（3）创建拉伸实体。

① 单击"默认"选项卡"绘图"面板中的"圆弧"按钮✐，在坐标原点处绘制半径为 25、角度为 180°的圆弧。

② 单击"默认"选项卡"绘图"面板中的"直线"按钮✐，绘制长度分别为 25 和 50 的直线，效果如图 12-39 所示。

③ 单击"默认"选项卡"绘图"面板中的"面域"按钮◎，将绘制好的图形创建成面域。

④ 将视图切换到西南等轴测视图。单击"三维工具"选项卡"建模"面板中的"拉伸"按钮🔲，将步骤③创建的面域进行拉伸处理，拉伸距离为 113，效果如图 12-40 所示。

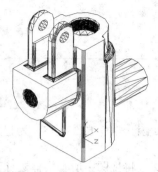

图 12-38　手压阀阀体

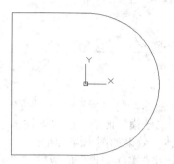

图 12-39　绘制截面图形

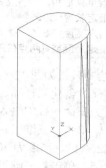

图 12-40　拉伸实体

（4）创建圆柱体。

① 将视图切换到东北等轴测视图。

② 在命令行中输入"UCS"命令，将坐标系绕 Y 轴旋转 90°。

③ 单击"三维工具"选项卡"建模"面板中的"圆柱体"按钮🔲，以坐标点（-35,0,0）为圆点，绘制半径为 15、高为 58 的圆柱体，效果如图 12-41 所示。

④ 在命令行中输入"UCS"命令，将坐标系移动到坐标点（-70,0,0），并将坐标系绕 Z 轴旋转-90°。

⑤ 切换视图方向。选择菜单栏中的"视图"→"三维视图"→"平面视图"→"当前 UCS"命令，将视图切换到当前坐标系。

⑥ 单击"默认"选项卡"绘图"面板中的"圆弧"按钮⌒，绘制半径为 20、角度为 180° 的圆弧。

⑦ 单击"默认"选项卡"绘图"面板中的"直线"按钮╱，绘制长度分别为 20 和 40 的直线。

⑧ 单击"默认"选项卡"绘图"面板中的"面域"按钮◎，将绘制好的图形创建成面域，效果如图 12-42 所示。

⑨ 将视图切换到西南等轴测视图。单击"三维工具"选项卡"建模"面板中的"拉伸"按钮🔲，将步骤⑧创建的面域进行拉伸处理，拉伸距离为 60，效果如图 12-43 所示。

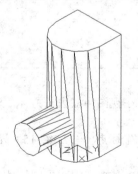

图 12-41　创建圆柱体

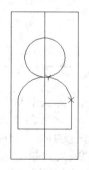

图 12-42　创建截面

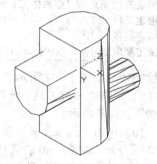

图 12-43　拉伸实体

（5）创建长方体。

① 在命令行中输入"UCS"命令，将坐标系绕 Y 轴旋转 180°，然后将坐标系移动到坐标（0,-20,25）处，再将坐标系绕 Z 轴旋转 180°。

② 单击"三维工具"选项卡"建模"面板中的"长方体"按钮🔲，绘制长方体，命令行提示与操作如下。

命令: _BOX
指定第一个角点或 [中心(C)]: 15,0,0↙
指定其他角点或 [立方体(C)/长度(L)]: l↙
指定长度: 30↙
指定宽度: 38↙
指定高度或 [两点(2P)] <60.0000>: 24↙

绘制效果如图 12-44 所示。

（6）创建圆柱体。

① 在命令行中输入"UCS"命令，将坐标系绕 Y 轴旋转 90°。

② 单击"三维工具"选项卡"建模"面板中的"圆柱体"按钮 ，以坐标点（-12,38,-15）为起点，绘制半径为 12、高度为 30 的圆柱体，效果如图 12-45 所示。

（7）单击"三维工具"选项卡"实体编辑"面板中的"并集"按钮 ，将视图中所有实体进行并集操作，消隐后的效果如图 12-46 所示。

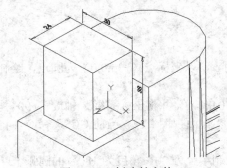

图 12-44　创建长方体

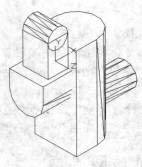

图 12-45　创建圆柱体

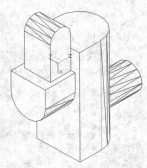

图 12-46　并集处理

（8）单击"三维工具"选项卡"建模"面板中的"长方体"按钮 ，绘制长方体，命令行提示与操作如下。

命令: _BOX
指定第一个角点或 [中心(C)]: 0,0,-7↙
指定其他角点或 [立方体(C)/长度(L)]: l↙
指定长度: 24↙
指定宽度: 50↙
指定高度或 [两点(2P)] <60.0000>: 14↙

绘制效果如图 12-47 所示。

（9）单击"三维工具"选项卡"实体编辑"面板中的"差集"按钮 ，在视图中减去长方体，消隐的效果如图 12-48 所示。

（10）单击"三维工具"选项卡"建模"面板中的"圆柱体"按钮 ，以坐标点（-12,38,-15）为起点，绘制半径为 5、高度为 30 的圆柱体，消隐后的效果如图 12-49 所示。

（11）单击"三维工具"选项卡"实体编辑"面板中的"差集"按钮 ，在视图中减去圆柱体，消隐后的效果如图 12-50 所示。

（12）单击"三维工具"选项卡"建模"面板中的"长方体"按钮 ，绘制长方体，命令行提示与操作如下。

命令: _BOX
指定第一个角点或 [中心(C)]: 0,26,9↙

指定其他角点或 [立方体(C)/长度(L)]: l↙
指定长度: 24↙
指定宽度: 24↙
指定高度或 [两点(2P)] <60.0000>: -18↙

绘制效果如图 12-51 所示。

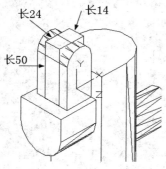

图 12-47　创建长方体

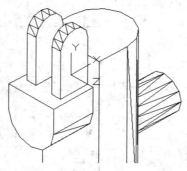

图 12-48　差集处理

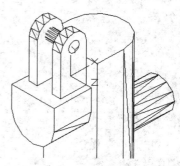

图 12-49　创建圆柱体

（13）单击"三维工具"选项卡"实体编辑"面板中的"差集"按钮◎，在视图中减去长方体，消隐后的效果如图 12-52 所示。

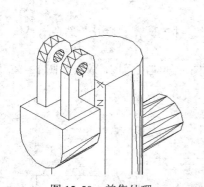

图 12-50　差集处理

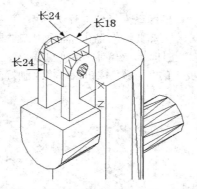

图 12-51　创建长方体

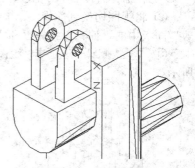

图 12-52　差集处理

（14）创建旋转体。

① 在命令行中输入"UCS"命令，将坐标系恢复到世界坐标系。

② 将视图切换到前视图。

③ 单击"默认"选项卡"绘图"面板中的"直线"按钮／、"修改"工具栏中的"偏移"按钮▣和"修剪"按钮-／--，绘制一系列直线。

④ 单击"默认"选项卡"绘图"面板中的"面域"按钮◎，将绘制好的图形创建成面域，效果如图 12-53 所示。

⑤ 将视图切换到东北等轴测视图。

⑥ 单击"三维工具"选项卡"建模"面板中的"旋转"按钮◎，将步骤④创建的面域绕 Y 轴进行旋转，效果如图 12-54 所示。

（15）单击"三维工具"选项卡"实体编辑"面板中的"差集"按钮◎，将旋转体进行差集处理，效果如图 12-55 所示。

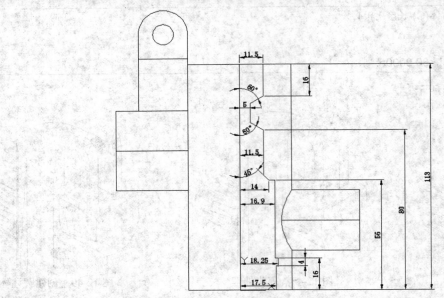

图 12-53 绘制旋转截面

（16）创建旋转体。

① 在命令行中输入"UCS"命令，将坐标系恢复到世界坐标系。

② 将视图切换到前视图。单击"默认"选项卡"绘图"面板中的"直线"按钮 ✎、"默认"选项卡"修改"面板中的"偏移"按钮 ⚏ 和"修剪"按钮 ⁄，绘制一系列直线。

③ 单击"默认"选项卡"绘图"面板中的"面域"按钮 ⬡，将绘制好的图形创建成面域，效果如图 12-56 所示。

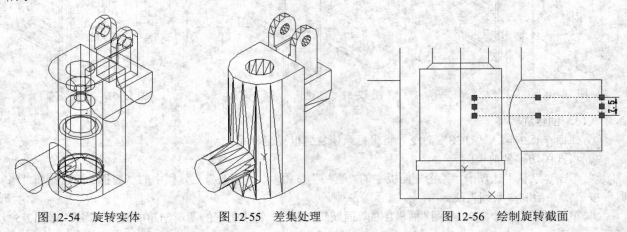

图 12-54 旋转实体   图 12-55 差集处理   图 12-56 绘制旋转截面

④ 将视图切换到西南等轴测视图。

⑤ 在命令行中输入"UCS"命令，将坐标系移动到如图 12-57 所示的位置。

⑥ 单击"三维工具"选项卡"建模"面板中的"旋转"按钮 ⬡，将步骤③创建的面域绕 X 轴进行旋转，效果如图 12-58 所示。

（17）布尔运算应用。

① 将视图切换到东北等轴测视图。

② 单击"三维工具"选项卡"实体编辑"面板中的"差集"按钮⑩，将旋转体进行差集处理，效果如图 12-59 所示。

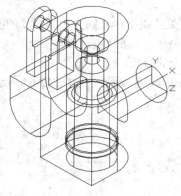

图 12-57 建立新坐标系

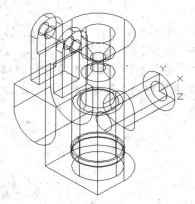

图 12-58 旋转实体

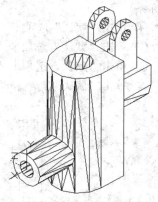

图 12-59 差集处理

（18）创建旋转体。

① 在命令行中输入"UCS"命令，将坐标系恢复到世界坐标系。

② 将视图切换到前视图。

③ 单击"默认"选项卡"绘图"面板中的"直线"按钮、"默认"选项卡"修改"面板中的"偏移"按钮和"修剪"按钮，绘制一系列直线。

④ 单击"默认"选项卡"绘图"面板中的"面域"按钮⊙，将绘制好的图形创建成面域，效果如图 12-60 所示。

⑤ 将视图切换到西南等轴测视图。

⑥ 在命令行中输入"UCS"命令，将坐标系移动到如图 12-61 所示位置。

⑦ 单击"三维工具"选项卡"建模"面板中的"旋转"按钮⬭，将步骤④创建的面域绕 X 轴进行旋转，效果如图 12-62 所示。

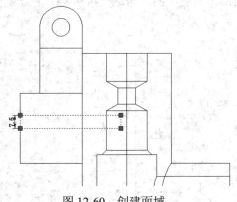

图 12-60 创建面域

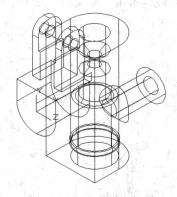

图 12-61 建立新坐标系

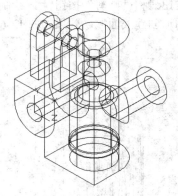

图 12-62 旋转实体

（19）单击"三维工具"选项卡"实体编辑"面板中的"差集"按钮⑩，将旋转体进行差集处理，效果如图 12-63 所示。

（20）创建圆柱体。

① 在命令行中输入"UCS"命令，将坐标系恢复到世界坐标系。

② 在命令行中输入"UCS"命令，将坐标系移动到坐标（0,0,113）处。

③ 选择菜单栏中的"视图"→"三维视图"→"平面视图"→"当前 UCS"命令，将视图切换到当前坐标系。

④ 单击"默认"选项卡"绘图"面板中的"圆"按钮⊙，在坐标原点处绘制半径分别为 20 和 25 的圆。

⑤ 单击"默认"选项卡"绘图"面板中的"直线"按钮╱，过中心点绘制一条竖直直线。

⑥ 单击"默认"选项卡"修改"面板中的"修剪"按钮╱，修剪多余的线段。

⑦ 单击"默认"选项卡"绘图"面板中的"面域"按钮◎，将绘制的图形创建成面域，如图 12-64 所示。

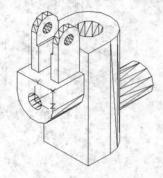

图 12-63 差集处理

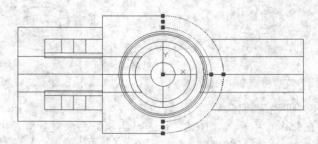

图 12-64 创建面域

⑧ 将视图切换到东北等轴测视图。单击"三维工具"选项卡"建模"面板中的"拉伸"按钮▣，将步骤⑦创建的面域进行拉伸处理，拉伸距离为-23，消隐后的效果如图 12-65 所示。

（21）单击"三维工具"选项卡"实体编辑"面板中的"差集"按钮◎，在视图中用实体减去拉伸体。将视图切换到东北等轴测视图。消隐后的效果如图 12-66 所示。

（22）创建加强筋。

① 在命令行中输入"UCS"命令，将坐标系恢复到世界坐标系。将视图切换到前视图。

② 单击"默认"选项卡"绘图"面板中的"直线"按钮╱、"默认"选项卡"修改"面板中的"偏移"按钮◢和"修剪"按钮╱，绘制线段。单击"默认"选项卡"绘图"面板中的"面域"按钮◎，将绘制的图形创建成面域，效果如图 12-67 所示。

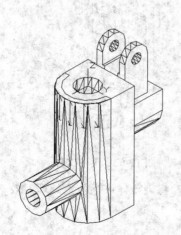

图 12-65 拉伸实体

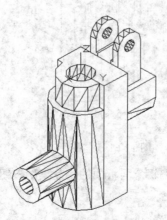

图 12-66 差集处理

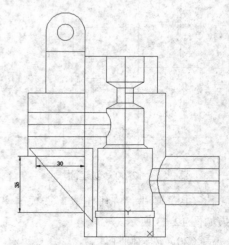

图 12-67 绘制截面

③ 将视图切换到西南等轴测视图。单击"三维工具"选项卡"建模"面板中的"拉伸"按钮 ，将步骤②创建的面域进行拉伸处理，拉伸高度为3，效果如图 12-68 所示。

④ 在命令行中输入"UCS"命令，将坐标系恢复到世界坐标系。

⑤ 选择菜单栏中的"修改"→"三维操作"→"三维镜像"命令，将拉伸的实体镜像，命令行提示与操作如下。

```
命令: _MIRROR3D
选择对象:（选取步骤③拉伸的实体✓）
指定镜像平面 (三点) 的第一个点或 [对象(O)/最近的(L)/Z 轴(Z)/视图(V)/XY 平面(XY)/YZ 平面(YZ)/ZX 平面(ZX)/
三点(3)] <三点>: 0,0,0✓
在镜像平面上指定第二点: 0,0,10✓
在镜像平面上指定第三点: 10,0,0✓
是否删除源对象? [是(Y)/否(N)] <否>:✓
```

消隐后的效果如图 12-69 所示。

（23）单击"三维工具"选项卡"实体编辑"面板中的"并集"按钮 ，将视图中的实体和前面绘制的拉伸体进行并集处理，效果如图 12-70 所示。

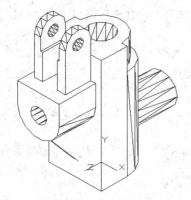
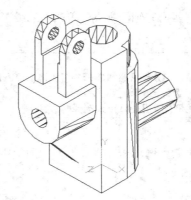
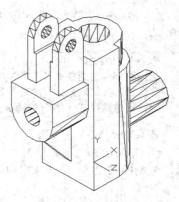

图 12-68　拉伸实体　　　　　图 12-69　镜像实体　　　　　图 12-70　并集处理

（24）单击"三维工具"选项卡"实体编辑"面板中的"倒角边"按钮 ，将实体孔处倒角，倒角距离分别为1.5 和 1，效果如图 12-71 所示。

（25）创建螺纹 1。

① 在命令行中输入"UCS"命令，将坐标系恢复到世界坐标系。

② 单击"默认"选项卡"绘图"面板中的"螺旋"按钮 ，创建螺旋线，命令行提示与操作如下。

```
命令: _HELIX
圈数 = 3.0000        扭曲=CCW
指定底面的中心点: 0,0,-2✓
指定底面半径或 [直径(D)] <11.0000>: 17.5✓
指定顶面半径或 [直径(D)] <11.0000>: 17.5✓
指定螺旋高度或 [轴端点(A)/圈数(T)/圈高(H)/扭曲(W)] <1.0000>: H✓
指定圈间距 <0.2500>: 0.58✓
指定螺旋高度或 [轴端点(A)/圈数(T)/圈高(H)/扭曲(W)] <1.0000>: 15✓
```

创建效果如图 12-72 所示。

③ 将视图切换到前视图。

④ 单击"默认"选项卡"绘图"面板中的"直线"按钮✐，在图形中绘制截面图；单击"默认"选项卡"绘图"面板中的"面域"按钮◎，将其创建成面域，效果如图 12-73 所示。

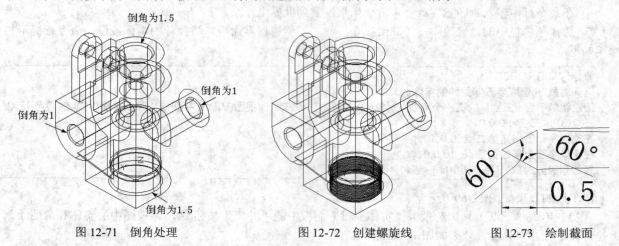

图 12-71 倒角处理   图 12-72 创建螺旋线   图 12-73 绘制截面

⑤ 扫掠形成实体。将视图切换到西南等轴测视图。单击"三维工具"选项卡"建模"面板中的"扫掠"按钮✆，命令行提示与操作如下。

命令: _SWEEP
选择要扫掠的对象或 [模式(MO)]: _MO 闭合轮廓创建模式 [实体(SO)/曲面(SU)] <实体>: _SO
选择要扫掠的对象或 [模式(MO)]: （选择三角牙型轮廓✐）
选择扫掠路径或 [对齐(A)/基点(B)/比例(S)/扭曲(T)]: （选择螺纹线）

效果如图 12-74 所示。

⑥ 布尔运算处理。单击"三维工具"选项卡"实体编辑"面板中的"差集"按钮◎，从主体中减去步骤⑤绘制的扫掠体，效果如图 12-75 所示。

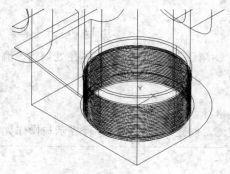

图 12-74 扫掠实体

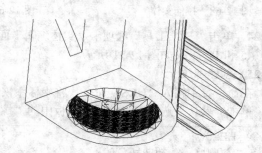

图 12-75 差集处理

（26）创建螺纹 2。

① 在命令行中输入"UCS"命令，将坐标系恢复到世界坐标系。在命令行中输入"UCS"命令，将坐标系移动到坐标（0,0,113）处。

② 单击"默认"选项卡"绘图"面板中的"螺旋"按钮量，创建螺旋线，命令行提示与操作如下。

命令: _HELIX
圈数 = 3.0000   扭曲=CCW

指定底面的中心点: 0,0,2↙
指定底面半径或 [直径(D)] <11.0000>: 11.5↙
指定顶面半径或 [直径(D)] <11.0000>: 11.5↙
指定螺旋高度或 [轴端点(A)/圈数(T)/圈高(H)/扭曲(W)] <1.0000>: H↙
指定圈间距 <0.2500>: 0.58↙
指定螺旋高度或 [轴端点(A)/圈数(T)/圈高(H)/扭曲(W)] <1.0000>: -13↙

创建效果如图 12-76 所示。

③ 将视图切换到前视图。

④ 单击"默认"选项卡"绘图"面板中的"直线"按钮 ✓，在图形中绘制截面图；单击"默认"选项卡"绘图"面板中的"面域"按钮 ▣，将其创建成面域，效果如图 12-77 所示。

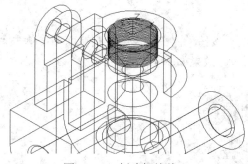

图 12-76 创建螺旋线

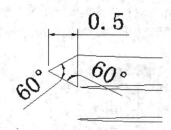

图 12-77 绘制截面

⑤ 扫掠形成实体。将视图切换到西南等轴测视图。单击"三维工具"选项卡"建模"面板中的"扫掠"按钮 🗗，命令行提示与操作如下。

命令: _SWEEP
选择要扫掠的对象或 [模式(MO)]: _MO 闭合轮廓创建模式 [实体(SO)/曲面(SU)] <实体>: _SO
选择要扫掠的对象或 [模式(MO)]:（选择三角牙型轮廓✓）
选择扫掠路径或 [对齐(A)/基点(B)/比例(S)/扭曲(T)]:（选择螺纹线）

效果如图 12-78 所示。

⑥ 布尔运算处理。单击"三维工具"选项卡"实体编辑"面板中的"差集"按钮 ◖◗，从主体中减去步骤⑤绘制的扫掠体，效果如图 12-79 所示。

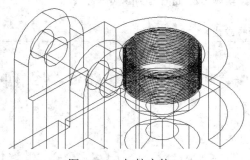

图 12-78 扫掠实体

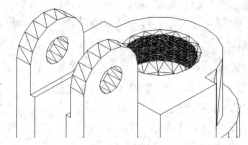

图 12-79 差集处理

（27）创建螺纹 3。

① 在命令行中输入"UCS"命令，将坐标系恢复到世界坐标系。在命令行中输入"UCS"命令，将坐

标系移动到如图 12-80 所示的位置。在命令行中输入"UCS"命令，将坐标系绕 Y 轴旋转 90°。

② 单击"默认"选项卡"绘图"面板中的"螺旋"按钮，创建螺旋线，命令行提示与操作如下。

```
命令: _HELIX
圈数 = 3.0000        扭曲=CCW
指定底面的中心点: 0,0,-2↙
指定底面半径或 [直径(D)] <11.0000>: 7.5↙
指定顶面半径或 [直径(D)] <11.0000>: 7.5↙
指定螺旋高度或 [轴端点(A)/圈数(T)/圈高(H)/扭曲(W)] <1.0000>: H↙
指定圈间距 <0.2500>: 0.58↙
指定螺旋高度或 [轴端点(A)/圈数(T)/圈高(H)/扭曲(W)] <1.0000>: 22.5↙
```

创建效果如图 12-81 所示。

③ 将视图切换到前视图。

④ 单击"默认"选项卡"绘图"面板中的"直线"按钮，在图形中绘制截面图；单击"默认"选项卡"绘图"面板中的"面域"按钮，将其创建成面域，效果如图 12-82 所示。

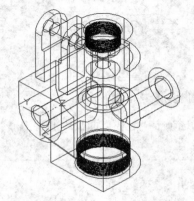

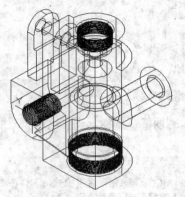
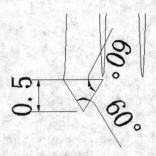

图 12-80　建立新坐标系　　　　图 12-81　创建螺旋线　　　　图 12-82　创建面域

⑤ 扫掠形成实体。将视图切换到西南等轴测视图。单击"三维工具"选项卡"建模"面板中的"扫掠"按钮，命令行提示与操作如下。

```
命令: _SWEEP
选择要扫掠的对象或 [模式(MO)]: _MO 闭合轮廓创建模式 [实体(SO)/曲面(SU)] <实体>: _SO
选择要扫掠的对象或 [模式(MO)]: （选择三角牙型轮廓↙）
选择扫掠路径或 [对齐(A)/基点(B)/比例(S)/扭曲(T)]: （选择螺纹线）
```

效果如图 12-83 所示。

⑥ 布尔运算处理。单击"三维工具"选项卡"实体编辑"面板中的"差集"按钮，从主体中减去步骤⑤绘制的扫掠体，效果如图 12-84 所示。

（28）创建螺纹 4。

① 在命令行中输入"UCS"命令，将坐标系恢复到世界坐标系。

② 将视图切换到东北等轴测视图。

③ 在命令行中输入"UCS"命令，将坐标系移动到如图 12-85 所示位置。在命令行中输入"UCS"命令，将坐标系绕 X 轴旋转 90°，再在命令行中输入"UCS"命令，将坐标系绕 Y 轴旋转 90°。

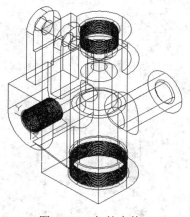

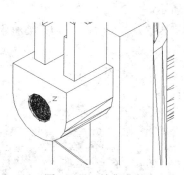

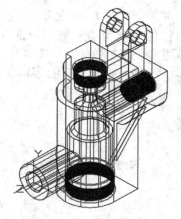

图 12-83　扫掠实体　　　　　　图 12-84　差集实体　　　　　　图 12-85　建立新坐标系

④ 单击"默认"选项卡"绘图"面板中的"螺旋"按钮，创建螺旋线，命令行提示与操作如下。

```
命令:_HELIX
圈数 = 3.0000        扭曲=CCW
指定底面的中心点: 0,0,2↙
指定底面半径或 [直径(D)] <11.0000>: 7.5↙
指定顶面半径或 [直径(D)] <11.0000>: 7.5↙
指定螺旋高度或 [轴端点(A)/圈数(T)/圈高(H)/扭曲(W)] <1.0000>: H↙
指定圈间距 <0.2500>: 0.58↙
指定螺旋高度或 [轴端点(A)/圈数(T)/圈高(H)/扭曲(W)] <1.0000>: -22↙
```

创建效果如图 12-86 所示。

⑤ 将视图切换到俯视图。

⑥ 单击"默认"选项卡"绘图"面板中的"直线"按钮，在图形中绘制截面图；单击"默认"选项卡"绘图"面板中的"面域"按钮，将其创建成面域，效果如图 12-87 所示。

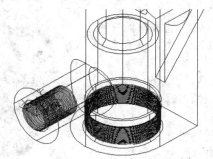

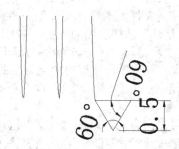

图 12-86　创建螺旋线　　　　　　　　　　图 12-87　绘制截面

⑦ 扫掠形成实体。将视图切换到西南等轴测视图。单击"三维工具"选项卡"建模"面板中的"扫掠"按钮，命令行提示与操作如下。

```
命令:_SWEEP
选择要扫掠的对象或 [模式(MO)]: _MO 闭合轮廓创建模式 [实体(SO)/曲面(SU)] <实体>: _SO
选择要扫掠的对象或 [模式(MO)]:（选择三角牙型轮廓↙）
选择扫掠路径或 [对齐(A)/基点(B)/比例(S)/扭曲(T)]:（选择螺纹线）
```

效果如图 12-88 所示。

⑧ 布尔运算处理。单击"三维工具"选项卡"实体编辑"面板中的"差集"按钮⓪，从主体中减去步骤⑦绘制的扫掠体，效果如图 12-89 所示。

（29）单击"三维工具"选项卡"实体编辑"面板中的"圆角边"按钮🖝，将棱角进行倒圆角，半径为2，效果如图 12-90 所示。

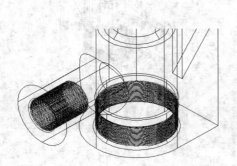

图 12-88　扫掠实体

图 12-89　差集处理

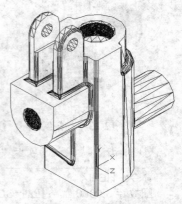

图 12-90　创建圆角

12.5　手压阀三维装配图

手压阀装配图由阀体、阀杆、手把、底座、弹簧、胶垫、压紧螺母、销轴、胶木球、密封垫零件图组成。如图 12-91 所示为手压阀三维效果。

12.5.1　配置绘图环境

（1）启动系统。启动 AutoCAD 2017，使用默认绘图环境。

（2）建立新文件。选择"文件"→"新建"命令，打开"选择样板"对话框，单击"打开"按钮右侧的下拉按钮▼，以"无样板打开-公制"（毫米）方式建立新文件，将新文件命名为"手压阀装配图.dwg"并保存。

（3）设置线框密度。设置对象上每个曲面的轮廓线数目，默认设置是8，有效值的范围是 0～2047，该设置保存在图形中。在命令行中输入"ISOLINES"，设置线框密度为10。

（4）设置视图方向。单击"视图"选项卡"视图"面板"视图"下拉菜单中的"西南等轴测"按钮◈，将当前视图方向设置为西南等轴测方向。

图 12-91　手压阀

12.5.2　装配泵体

（1）打开文件。选择菜单栏中的"文件"→"打开"命令，打开随书光盘中的"源文件\第 12 章\立体图\阀体.dwg"，如图 12-92 所示。

（2）设置视图方向。单击"视图"选项卡"视图"面板"视图"下拉菜单中的"前视"按钮🗔，将当前视图方向设置为前视方向。

（3）复制阀体。选择菜单栏中的"编辑"→"带基点复制"命令，选取基点为（0,0,0），将"阀体"

图形复制到"手压阀装配图"的前视图中,指定的插入点为(0,0,0),效果如图 12-93 所示。如图 12-94 所示为西南等轴测方向的阀体装配立体图。

图 12-92 打开的阀体图形

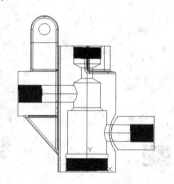

图 12-93 装入阀体后的图形

图 12-94 西南等轴测视图

12.5.3 装配阀杆

(1)打开文件。选择菜单栏中的"文件"→"打开"命令,打开随书光盘中的"源文件\第 12 章\立体图\阀杆.dwg"文件,如图 12-95 所示。

(2)设置视图方向。单击"视图"选项卡"视图"面板"视图"下拉菜单中的"前视"按钮⬛,将当前视图方向设置为前视方向。

(3)复制泵体。选择菜单栏中的"编辑"→"带基点复制"命令,选取基点为(0,0,0),将"阀杆"图形复制到"手压阀装配图"的前视图中,指定的插入点为(0,0,0),效果如图 12-96 所示。

(4)旋转阀杆。单击"默认"选项卡"修改"面板中的"旋转"按钮⭕,将阀杆以原点为基点,沿 Z 轴旋转,角度为 90°,效果如图 12-97 所示。

图 12-95 打开的阀杆图形

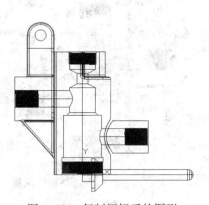

图 12-96 复制阀杆后的图形

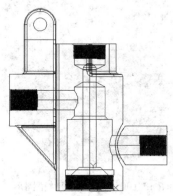

图 12-97 旋转阀杆后的图形

(5)移动阀杆。单击"默认"选项卡"修改"面板中的"移动"按钮✥,以坐标点(0,0,0)为基点,沿 Y 轴移动,第二点坐标为(0,43,0),效果如图 12-98 所示。

(6)设置视图方向。单击"视图"选项卡"视图"面板"视图"下拉菜单中的"西南等轴测"按钮◈,将当前视图方向设置为西南等轴测视图。

（7）着色。单击"三维工具"选项卡"实体编辑"面板中的"着色面"按钮，将视图中的面按照需要进行着色，如图 12-99 所示。

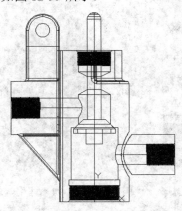

图 12-98　移动阀杆后的图形

图 12-99　着色后的图形

12.5.4　装配密封垫

（1）打开文件。选择菜单栏中的"文件"→"打开"命令，打开随书光盘中的"源文件\第 12 章\立体图\密封垫.dwg"文件，如图 12-100 所示。

（2）设置视图方向。单击"视图"选项卡"视图"面板"视图"下拉菜单中的"前视"按钮，将当前视图方向设置为前视方向。

（3）复制密封垫。选择菜单栏中的"编辑"→"带基点复制"命令，选取基点为（0,0,0），将"密封垫"图形复制到"手压阀装配图"的前视图中，指定的插入点为（0,0,0），效果如图 12-101 所示。

图 12-100　打开的密封垫图形

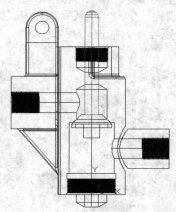

图 12-101　复制密封垫后的图形

（4）移动密封垫。单击"默认"选项卡"修改"面板中的"移动"按钮，以坐标点（0,0,0）为基点，沿 Y 轴移动，第二点坐标为（0,103,0），效果如图 12-102 所示。

（5）设置视图方向。单击"视图"选项卡"视图"面板"视图"下拉菜单中的"西南等轴测"按钮，将当前视图方向设置为西南等轴测视图。

（6）着色。单击"三维工具"选项卡"实体编辑"面板中的"着色面"按钮，将视图中的面按照需要进行着色，效果如图 12-103 所示。

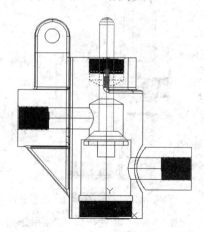

图 12-102　移动密封垫后的图形

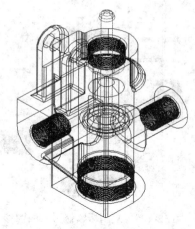

图 12-103　着色后的图形

12.5.5　装配压紧螺母

（1）打开文件。选择菜单栏中的"文件"→"打开"命令，打开随书光盘中的"源文件\第 12 章\立体图\压紧螺母.dwg"文件，如图 12-104 所示。

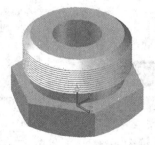

图 12-104　打开的压紧螺母图形

（2）设置视图方向。单击"视图"选项卡"视图"面板"视图"下拉菜单中的"前视"按钮 ，将当前视图方向设置为前视图方向。

（3）复制压紧螺母。选择菜单栏中的"编辑"→"带基点复制"命令，选取基点为（0,0,0），将"压紧螺母"图形复制到"手压阀装配图"的前视图中，指定的插入点为（0,0,0），效果如图 12-105 所示。

（4）旋转视图。单击"默认"选项卡"修改"面板中的"旋转"按钮 ，将压紧螺母绕坐标原点旋转，旋转角度为 180°，效果如图 12-106 所示。

（5）移动压紧螺母。单击"默认"选项卡"修改"面板中的"移动"按钮 ，以坐标点（0,0,0）为基点，沿 Y 轴移动，第二点坐标为（0,123,0），效果如图 12-107 所示。

（6）设置视图方向。单击"视图"选项卡"视图"面板"视图"下拉菜单中的"西南等轴测"按钮 ，将当前视图方向设置为西南等轴测视图。

（7）着色。单击"三维工具"选项卡"实体编辑"面板中的"着色面"按钮 ，将视图中的面按照需要进行着色，效果如图 12-108 所示。

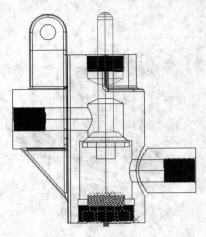

图 12-105　复制压紧螺母后的图形

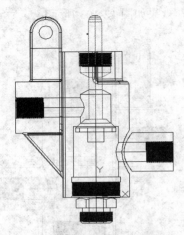

图 12-106　旋转压紧螺母后的图形

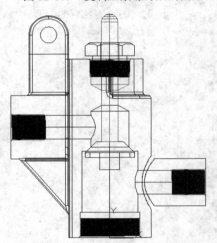

图 12-107　移动压紧螺母后的图形

图 12-108　着色后的图形

12.5.6　装配弹簧

（1）打开文件。选择菜单栏中的"文件"→"打开"命令，打开随书光盘中的"源文件\第 12 章\立体图\弹簧.dwg"文件，如图 12-109 所示。

（2）设置视图方向。单击"视图"选项卡"视图"面板"视图"下拉菜单中的"前视"按钮，将当前视图方向设置为前视图方向。

（3）复制弹簧。选择菜单栏中的"编辑"→"带基点复制"命令，选取基点为（0,0,0），将"弹簧"图形复制到"手压阀装配图"的前视图中，指定的插入点为（0,0,0），效果如图 12-110 所示。

（4）设置视图方向。单击"视图"选项卡"视图"面板"视图"下拉菜单中的"前视"按钮，将视图切换到前视图。

（5）恢复坐标系。在命令行中输入"UCS"命令，将坐标系恢复到世界坐标系。

（6）创建圆柱体。单击"三维工具"选项卡"建模"面板中的"圆柱体"按钮，以坐标点（0,0,54）为起点，绘制半径为 14、高度为 30 的圆柱体，效果如图 12-111 所示。

图 12-109　打开的弹簧图形

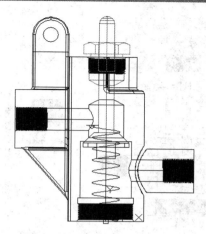

图 12-110　复制弹簧后的图形

（7）差集处理。单击"三维工具"选项卡"实体编辑"面板中的"差集"按钮⑩，将弹簧实体与步骤（6）创建的圆柱实体进行差集，如图 12-112 所示。

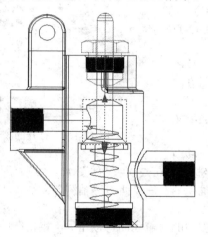

图 12-111　创建圆柱体

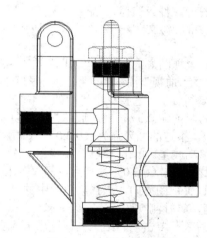

图 12-112　差集后的弹簧

（8）设置视图方向。单击"视图"选项卡"视图"面板"视图"下拉菜单中的"西南等轴测"按钮🔷，将视图切换到西南等轴测视图。

（9）恢复坐标系。在命令行中输入"UCS"命令，将坐标系恢复到世界坐标系。

（10）创建圆柱体。单击"三维工具"选项卡"建模"面板中的"圆柱体"按钮🔲，以坐标点（0,0,-2）为起点，绘制半径为 14、高度为 4 的圆柱体，如图 12-113 所示。

（11）差集处理。单击"三维工具"选项卡"实体编辑"面板中的"差集"按钮⑩，将弹簧实体与步骤（10）创建的圆柱实体进行差集，如图 12-114 所示。

（12）设置视图方向。选择菜单栏中的"视图"→"三维视图"→"西南等轴测"命令，将当前视图方向设置为西南等轴测视图。

（13）着色。单击"三维工具"选项卡"实体编辑"面板中的"着色面"按钮🔳，将视图中的面按照需要进行着色，效果如图 12-115 所示。

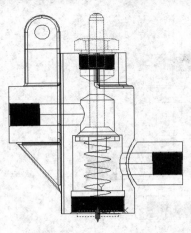

图 12-113 创建圆柱体

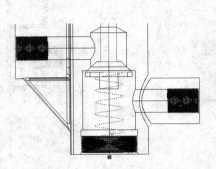

图 12-114 差集后的弹簧

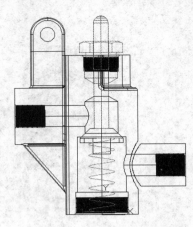

图 12-115 着色后的图形

12.5.7 装配胶垫

（1）打开文件。选择菜单栏中的"文件"→"打开"命令，打开随书光盘中的"源文件\第 12 章\立体图\胶垫.dwg"文件，如图 12-116 所示。

（2）设置视图方向。单击"视图"选项卡"视图"面板"视图"下拉菜单中的"前视"按钮 □，将当前视图方向设置为前视图方向。

（3）复制胶垫。选择菜单栏中的"编辑"→"带基点复制"命令，选取基点为（0,0,0），将"胶垫"图形复制到"手压阀装配图"的前视图中，指定的插入点为（0,0,0），如图 12-117 所示。

图 12-116 打开的胶垫图形

（4）移动胶垫。单击"默认"选项卡"修改"面板中的"移动"按钮 ✛，以坐标点（0,0,0）为基点，沿 Y 轴移动，第二点坐标为（0,-2,0），如图 12-118 所示。

（5）设置视图方向。选择菜单栏中的"视图"→"三维视图"→"西南等轴测"命令，将当前视图方向设置为西南等轴测视图。

（6）着色。单击"三维工具"选项卡"实体编辑"面板中的"着色面"按钮 ⬚⬚，将视图中的面按照需要进行着色，如图 12-119 所示。

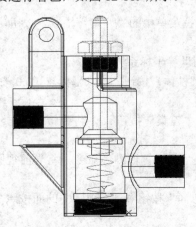

图 12-117 复制胶垫后的图形

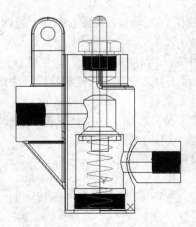

图 12-118 移动胶垫后的图形

图 12-119 着色后的图形

12.5.8　装配底座

（1）打开文件。选择菜单栏中的"文件"→"打开"命令，打开随书光盘中的"源文件\第 12 章\立体图\底座.dwg"文件，如图 12-120 所示。

（2）设置视图方向。单击"视图"选项卡"视图"面板"视图"下拉菜单中的"前视"按钮，将当前视图方向设置为前视图方向。

（3）复制底座。选择菜单栏中的"编辑"→"带基点复制"命令，选取基点为（0,0,0），将"底座"图形复制到"手压阀装配图"的前视图中，指定的插入点为（0,0,0），如图 12-121 所示。

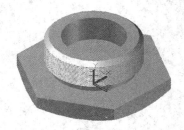

图 12-120　打开的底座图形

（4）移动底座。单击"默认"选项卡"修改"面板中的"移动"按钮，以坐标点（0,0,0）为基点，沿 Y 轴移动，第二点坐标为（0,-10,0），如图 12-122 所示。

（5）设置视图方向。单击"视图"选项卡"视图"面板"视图"下拉菜单中的"西南等轴测"按钮，将当前视图方向设置为西南等轴测视图。

（6）着色。单击"三维工具"选项卡"实体编辑"面板中的"着色面"按钮，将视图中的面按照需要进行着色，如图 12-123 所示。

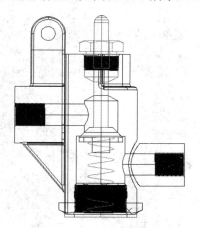

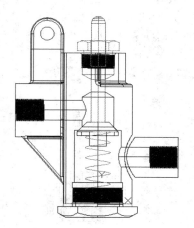

图 12-121　复制底座后的图形　　　　图 12-122　移动底座后的图形　　　　图 12-123　着色后的图形

12.5.9　装配手把

（1）打开文件。选择菜单栏中的"文件"→"打开"命令，打开随书光盘中的"源文件\第 12 章\立体图\手把.dwg"文件，如图 12-124 所示。

（2）设置视图方向。单击"视图"选项卡"视图"面板"视图"下拉菜单中的"俯视"按钮，将当前视图方向设置为俯视图方向。

（3）复制手把。选择菜单栏中的"编辑"→"带基点复制"命令，选取基点为（0,0,0），将"手把"图形复制到"手压阀装配图"的前视图中，指定的插入点为（0,0,0），如图 12-125 所示。

（4）移动手把。单击"默认"选项卡"修改"面板中的"移动"按钮，以坐标点（0,0,0）为基点移动，第二点坐标为（-37,128,0），如图 12-126 所示。

图 12-124 打开的手把图形

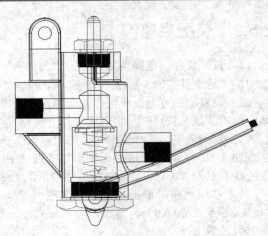

图 12-125 复制手把后的图形

（5）设置视图方向。单击"视图"选项卡"视图"面板"视图"下拉菜单中的"左视"按钮，将当前视图方向设置为左视图方向。

（6）移动手把。单击"默认"选项卡"修改"面板中的"移动"按钮，以坐标点（0,0,0）为基点，沿 X 轴移动，第二点坐标为（-9,0,0），如图 12-127 所示。

（7）设置视图方向。单击"视图"选项卡"视图"面板"视图"下拉菜单中的"西南等轴测"按钮，将当前视图方向设置为西南等轴测视图。

（8）着色。单击"三维工具"选项卡"实体编辑"面板中的"着色面"按钮，将视图中的面按照需要进行着色，效果如图 12-128 所示。

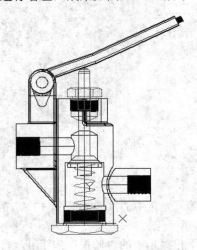

图 12-126 移动手把后的图形

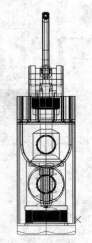

图 12-127 再次移动手把后的图形

图 12-128 着色后的图形

12.5.10 装配销轴

（1）打开文件。选择菜单栏中的"文件"→"打开"命令，打开随书光盘中的"源文件\第 12 章\立体图\销轴.dwg"文件，如图 12-129 所示。

（2）设置视图方向。单击"视图"选项卡"视图"面板"视图"下拉菜单中的"俯视"按钮，将当前视图方向设置为俯视图方向。

（3）复制销轴。选择菜单栏中的"编辑"→"带基点复制"命令，选取基点为（0,0,0），将"销轴"图形复制到"手压阀装配图"的前视图中，指定的插入点为（0,0,0），如图 12-130 所示。

图 12-129　打开销轴图形

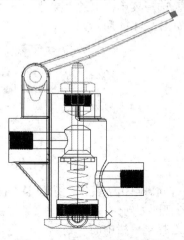

图 12-130　复制销轴后的图形

（4）移动销轴。单击"默认"选项卡"修改"面板中的"移动"按钮✛，以坐标点（0,0,0）为基点移动，第二点坐标为（-37,128,0），如图 12-131 所示。

（5）设置视图方向。单击"视图"选项卡"视图"面板"视图"下拉菜单中的"左视"按钮◨，将当前视图方向设置为左视图方向。

（6）移动销轴。单击"默认"选项卡"修改"面板中的"移动"按钮✛，以坐标点（0,0,0）为基点，沿 X 轴移动，第二点坐标为（-23,0,0），如图 12-132 所示。

（7）设置视图方向。单击"视图"选项卡"视图"面板"视图"下拉菜单中的"西南等轴测"按钮◈，将当前视图方向设置为西南等轴测视图。

（8）着色。单击"三维工具"选项卡"实体编辑"面板中的"着色面"按钮▣，将视图中的面按照需要进行着色，效果如图 12-133 所示。

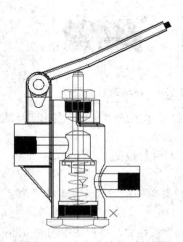

图 12-131　移动销轴后的图形

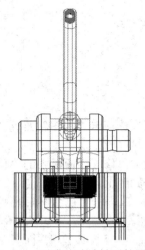

图 12-132　再次移动销轴后的图形

图 12-133　着色后的图形

12.5.11 装配销

（1）打开文件。选择菜单栏中的"文件"→"打开"命令，打开随书光盘中的"源文件\第 12 章\立体图\销.dwg"文件，如图 12-134 所示。

图 12-134 打开的销图形

（2）设置视图方向。单击"视图"选项卡"视图"面板"视图"下拉菜单中的"俯视"按钮，将当前视图方向设置为俯视图方向。

（3）复制销。选择菜单栏中的"编辑"→"带基点复制"命令，选取基点为（0,0,0），将"销"图形复制到"手压阀装配图"的前视图中，指定的插入点为（0,0,0），如图 12-135 所示。

（4）移动销。单击"默认"选项卡"修改"面板中的"移动"按钮，以坐标点（0,0,0）为基点移动，第二点坐标为（-37,122.5,0），如图 12-136 所示。

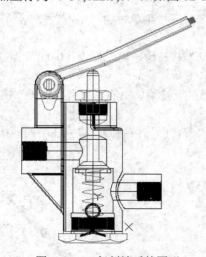

图 12-135 复制销后的图形

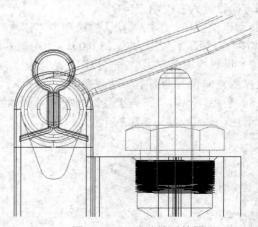

图 12-136 移动销后的图形

（5）设置视图方向。单击"视图"选项卡"视图"面板"视图"下拉菜单中的"左视"按钮，将当前视图方向设置为左视图方向。

（6）移动销。单击"默认"选项卡"修改"面板中的"移动"按钮，以坐标点（0,0,0）为基点，沿 X 轴移动，第二点坐标为（19,0,0），如图 12-137 所示。

（7）设置视图方向。单击"视图"选项卡"视图"面板"视图"下拉菜单中的"西南等轴测"按钮，将当前视图方向设置为西南等轴测视图。

（8）着色面。单击"三维工具"选项卡"实体编辑"面板中的"着色面"按钮，将视图中的面按照需要进行着色，如图 12-138 所示。

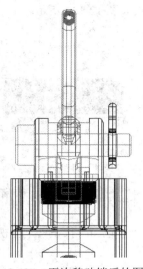

图 12-137　再次移动销后的图形

图 12-138　着色后的图形

12.5.12　装配胶木球

（1）打开文件。选择菜单栏中的"文件"→"打开"命令，打开随书光盘中的"源文件\第 12 章\立体图\胶木球.dwg"文件，如图 12-139 所示。

（2）设置视图方向。单击"视图"选项卡"视图"面板"视图"下拉菜单中的"前视"按钮🔲，将当前视图方向设置为前视图方向。

（3）复制胶木球。选择菜单栏中的"编辑"→"带基点复制"命令，选取基点为（0,0,0），将"胶木球"图形复制到"手压阀装配图"的前视图中，指定的插入点为（0,0,0），如图 12-140 所示。

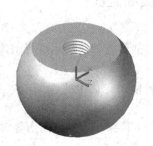

图 12-139　打开的胶木球图形

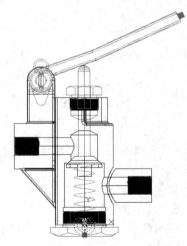

图 12-140　复制胶木球后的图形

（4）旋转胶木球。单击"默认"选项卡"修改"面板中的"旋转"按钮⟳，将阀杆以原点为基点，沿 Z 轴旋转，角度为 115°，效果如图 12-141 所示。

（5）移动胶木球。单击"默认"选项卡"修改"面板中的"移动"按钮✥，选取如图 12-142 所示的圆点为基点，再选取如图 12-143 所示的圆点为插入点。移动后的效果如图 12-144 所示。

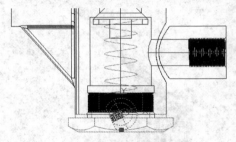

图 12-141　旋转后的图形

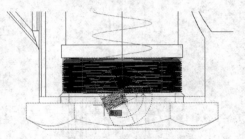

图 12-142　选取基点

（6）设置视图方向。单击"视图"选项卡"视图"面板"视图"下拉菜单中的"西南等轴测"按钮◈，将当前视图方向设置为西南等轴测视图。

（7）着色。单击"三维工具"选项卡"实体编辑"面板中的"着色面"按钮▤，将视图中的面按照需要进行着色，效果如图 12-145 所示。

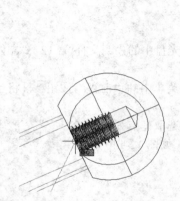

图 12-143　选取插入点

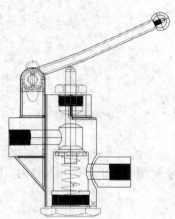

图 12-144　移动胶木球后的图形

图 12-145　着色后的图形

12.6　1/4 剖切手压阀装配图

本节先打开手压阀装配图，然后使用"剖切"命令对装配体进行剖切处理，最后进行消隐处理，效果如图 12-146 所示。

（1）打开文件。选择菜单栏中的"文件"→"打开"命令，打开随书光盘中的"源文件\第 12 章立体图\手压阀装配图.dwg"文件。

（2）设置视图方向。单击"视图"选项卡"视图"面板"视图"下拉菜单中的"西南等轴测"按钮◈，将当前视图方向设置为西南等轴测视图。

（3）恢复坐标系。在命令行中输入"UCS"命令，将坐标系恢复到世界坐标系。

（4）剖切视图。单击"三维工具"选项卡"实体编辑"面板中的"剖切"按钮▱，对手压阀装配体进行剖切，命令行提示与操作如下。

命令: SLICE↙

选择要剖切的对象:（用鼠标依次选择阀体、压紧螺母、密封垫、胶垫、底座 5 个零件）

选择要剖切的对象: ↙

指定切面的起点或 [平面对象(O)/曲面(S)/Z 轴(Z)/视图(V)/XY(XY)/YZ(YZ)/ZX(ZX)/三点(3)] <三点>: ZX↙

指定 XY 平面上的点 <0,0,0>:↙

在所需的侧面上指定点或 [保留两个侧面(B)] <保留两个侧面>: B↙

命令: SLICE↙

选择对象:（用鼠标依次选择阀体、压紧螺母、密封垫、胶垫、底座 5 个零件）

选择对象: ↙

指定切面上的第一个点，依照 [对象(O)/Z 轴(Z)/视图(V)/XY 平面(XY)/YZ 平面(YZ)/ZX 平面(ZX)/三点(3)] <三点>: YZ↙

指定 ZX 平面上的点 <0,0,0>:↙

在要保留的一侧指定点或 [保留两侧(B)]: 10,0,0↙

消隐后效果如图 12-146 所示。

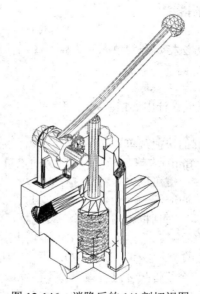

图 12-146　消隐后的 1/4 剖切视图

附录 A

AutoCAD 工程师认证考试样题（满分 100 分）

一、单项选择题（以下各小题给出的四个选项中，只有一个符合题目要求，请选择相应的选项，不选、错选均不得分，共 30 题，每题 2 分，共 60 分）。

1. 以下哪些选项不是文件保存的格式？（　　）
   A．.dwg   B．.dwf   C．.dws   D．.dwt

2. 在图案填充时，用以下哪种方法指定图案填充的边界？（　　）
   A．指定对象封闭的区域中的点
   B．选择封闭区域的对象
   C．将填充图案从工具选项板或设计中心拖动到封闭区域
   D．以上都可以

3. 下列哪组组合键可以调出捕捉的快捷菜单？（　　）
   A．Shift+右键   B．Shift+左键   C．Alt+右键   D．Alt+左键

4. 在选择集中去除对象，按住哪个键可以去除对象选择？（　　）
   A．Space   B．Shift   C．Ctrl   D．Alt

5. 设置标注样式时若选中"消零"对话框中的"后续"复选框，则（　　）。
   A．输出所有十进制标准中的后续 0   B．不输出所有十进制标准中的后续 0
   C．按四舍五入法确定末位数的舍入   D．不输出所有十进制标准中的前导 0

6. 绘图与编辑方法利用夹点对一个线性尺寸进行编辑，不能完成的操作是（　　）。
   A．修改尺寸界线的长度和位置   B．修改尺寸线的长度和位置
   C．修改文字的高度和位置   D．修改尺寸的标注方向

7. 边长为 10 的正五边形的外接圆的半径是（　　）。
   A．8.51   B．17.01   C．6.88   D．13.76

8. 对于没有执行成功的命令，可否通过快捷菜单重复调用？（　　）
   A．可以，用快捷菜单中的"重复"或"最近的输入"命令调用
   B．不可以，只有执行成功的命令才可以通过快捷菜单中的"重复"或"最近的输入"命令调用
   C．可以，按 Enter 键即可以调用
   D．不可以，只有重新调用

9. 默认情况下，工具栏是可以拖动的，当被固定后下列哪种方法不可使工具栏移动？（　　）
   A．单击系统右下角"锁定"图标中的"固定的工具栏"
   B．在快捷菜单中选择"固定的工具栏"命令
   C．按住 Ctrl 键后用鼠标拖动工具栏
   D．按住 Shift 键后用鼠标拖动工具栏

10. 打开和关闭动态输入的快捷键是（　　）。

  A．F10   B．F9   C．F11   D．F12

11. 默认的工具面板不包括以下哪些内容？（　　）

  A．机械   B．电力   C．土木工程   D．结构

12. 使用弧长标注，以下哪些对象可以用来标注？（　　）

  A．圆弧和多段线圆弧

  B．圆弧、多段线圆弧和样条曲线弧

  C．圆弧、多段线圆弧、样条曲线弧块中的曲线

  D．以上均不正确

13. 不能使用以下哪种方法自定义工具选项板的工具？（　　）

  A．将图形、块、图案填充和标注样式从设计中心拖至工具面板

  B．使用"自定义"对话框将命令拖至工具面板

  C．使用"自定义用户界面"（CUI）编辑器，将命令从"命令列表"窗格拖至工具面板

  D．将标注对象拖动到工具面板

14. 绘制圆环时若设置内径为 30，外径为 10，则会（　　）。

  A．绘制一个直径为 20 的圆环

  B．提示重新输入数值

  C．提示错误，退出该命令

  D．绘制一个实心圆

15. 绘制多段线（PLINE）时，下列哪个命令表示闭合图形？（　　）

  A．A   B．C   C．H   D．W

16. 要剪切某条线段时，不小心选择了延长命令，若要继续剪切操作，则需执行的操作为（　　）。

  A．延长时按住 Shift 键   B．延长时按住 Alt 键

  C．修改"边"参数为"延伸"   D．延长时按住 Ctrl 键

17. 使用公制样板文件创建的文件，在"文字样式"中将"高度"设为固定数值，在该样式下用多行文字工具输入文字，将会（　　）。

  A．直接书写文字，使用的默认字体高度为 2.5

  B．直接书写文字，使用的默认字体高度为文字样式中指定的字体高度

  C．直接书写文字，使用的默认字体高度为 0

  D．给定文字高度，然后才能书写文字

18. 对不同图层上的两个对象倒角，新生成的倒角边位于（　　）。

  A．0 层   B．当前层

  C．第一对象所在层   D．可设置

19. 关于夹点，下列说法错误的是（　　）。

  A．夹点有 3 种状态：未选中、选中和悬停

  B．选中直线端部夹点后，在右键快捷菜单中选择"复制"命令，可复制出一条和其长度、方向相同的直线

  C．选中圆象限点的夹点后，在右键快捷菜单中选择"旋转"命令，可以此点旋转该圆

D．选中圆中心点的夹点后，在右键快捷菜单中选择"旋转"命令，则此圆不会发生任何变化

20．Ctrl+3 快捷键的作用是（　　）。

    A．打开图形文件　　　　　　　　　　B．打开工具选项板

    C．打开设计中心　　　　　　　　　　D．打开特性面板

21．下列命令中不能复制图形的是（　　）。

    A．镜像　　　　　　　B．阵列　　　　　　　C．移动　　　　　　　D．旋转

22．注释与剖面线填充多行文字分解后将会是（　　）。

    A．单行文字　　　　　　　　　　　　B．多行文字

    C．多个文字　　　　　　　　　　　　C．不可分解

23．执行"环形阵列"命令，在指定圆心后默认创建（　　）个图形。

    A．4　　　　　　　　B．6　　　　　　　　C．8　　　　　　　　D．10

24．如果要将绘图比例为 10:1 的图形标注为实际尺寸，则应将比例因子改为多少？该比例因子在哪个选项卡下？（　　）

    A．0.1，"调整"选项卡　　　　　　　B．0.1，"主单位"选项卡

    C．10，"调整"选项卡　　　　　　　　D．10，"换算单位"选项卡

25．下面图形不能偏移的是（　　）。

    A．构造线　　　　　　B．多线　　　　　　　C．多段线　　　　　　D．样条曲线

26．无法用多段线直接绘制的是（　　）。

    A．直线段　　　　　　　　　　　　　B．弧线段

    C．样条曲线　　　　　　　　　　　　D．直线段和弧线段的组合段

27．当使用 AutoCAD 绘制三维图形，单击状态栏上的"工作空间"按钮后选择哪个工作空间？（　　）

    A．草图与注释　　　B．三维建模　　　　　C．三维基础　　　　　D．布局

28．在三维对象捕捉中，下面哪一项不属于捕捉模式？（　　）

    A．顶点　　　　　　　B．节点　　　　　　　C．面中心　　　　　　D．端点

29．绘图与编辑方法按照图 A-1 中的设置，创建的表格是几行几列？（　　）

    A．8 行 5 列　　　　　B．6 行 5 列　　　　　C．10 行 5 列　　　　D．8 行 7 列

图 A-1　"插入表格"对话框

30. 半径为 10 的 1/4 圆弧，在圆弧的两端分别将弧长加长 3mm，则圆弧的弦长是（　　　）。

    A. 17.69　　　　　　　B. 20.36　　　　　　　C. 25.67　　　　　　　D. 33.64

二、操作题（根据题中的要求逐步完成，每题 20 分，共 2 题，共 40 分）。

1. 题目：绘制如图 A-2 所示的零件图。

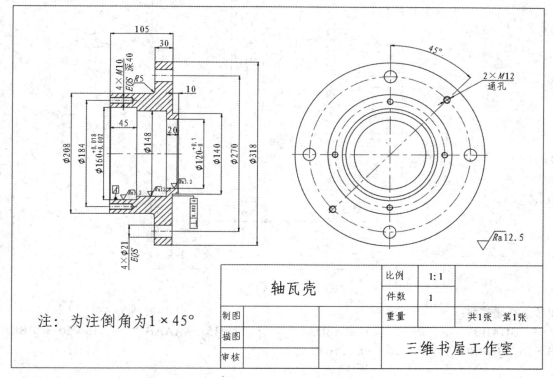

图 A-2　零件图

操作提示：

（1）绘制或插入图框和标题栏。

（2）进行基本设置。

（3）绘制视图。

（4）标注尺寸。

（5）填写标题栏。

2. 题目：绘制如图 A-3 所示的零件图。

操作提示：

（1）绘制或插入图框和标题栏。

（2）进行基本设置。

（3）绘制视图。

（4）标注尺寸。

（5）填写标题栏。

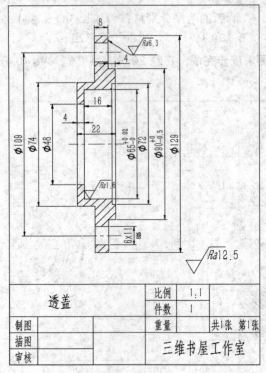

图 A-3 零件图

单项选择题答案:

| 1~5 | BDABB | 6~10 | CABDA | 11~15 | AAAAB | 16~20 | CBBBB |

| 21~25 | BABBC | 26~30 | CBDCA |

模拟考试答案

第 1 章

1. C　　2. C　　3. A　　4. D　　5. A　　6. A　　7. D　　8. C　　9. B　　10. C

第 2 章

1. C　　2. B　　3. D　　4. A　　5. A　　6. B　　7. D　　8. B　　9. D　　10. C

第 3 章

1. B　　2. C　　3. C　　4. C　　5. C　　6. C　　7. B　　8. C　　9. B　　10. B

第 4 章

1. C　　2. D　　3. C　　4. C　　5. C　　6. C　　7. A　　8. C　　9. C　　10. C

第 5 章

1. B　　2. B　　3. A　　4. B　　5. B　　6. B　　7. B

第 6 章

1. D　　2. A　　3. C　　4. C　　5. A　　6. A　　7. B　　8. A

第 7 章

1. D　　2. D　　3. A　　4. D　　5. B　　6. A　　7. D　　8. B

9．设计中心是 AutoCAD 的一个集成式图形管理器，可以管理图形、查询对象、组织图形，将其中的图形单元以图块的形式插入图形，从而加快绘图速度，辅助绘图。

10．工具选项板是对按一定方法归类的图形集中管理的一种工具。利用工具选项板绘图时，只要将工具选项板上的图形拖入到指定图形中即可。

第 8 章

1．（1）一组视图：表达零件的形状与结构。

（2）一组尺寸：标出零件上结构的大小、结构间的位置关系。

（3）技术要求：标出零件加工、检验时的技术指标。

（4）标题栏：注明零件的名称、材料、设计者、审核者、制造厂家等信息的表格。

2．（1）设置绘图环境。绘图环境的设置一般包括两方面：

① 选择比例。根据零件的大小和复杂程度选择比例，尽量采用 1:1 的比例。

② 选择图纸幅面。根据图形、标注尺寸、技术要求所需图纸幅面，选择标准幅面。

（2）确定绘图顺序，选择尺寸转换为坐标值的方式。

（3）标注尺寸，标注技术要求，填写标题栏。标注尺寸前要关闭剖面层，以免剖面线在标注尺寸时影响端点捕捉。

（4）校核与审核。

3．装配图表达了部件的设计构思、工作原理和装配关系，也表达出各零件间的相互位置、尺寸及结构形状，是绘制零件工作图、部件组装、调试及维护等的技术依据。

4．绘制装配图时应注意检验、校正零件的形状、尺寸。纠正零件草图中的不妥或错误之处。

（1）绘图前应当进行必要的设置，如绘图单位、图幅大小、图层线型、线宽、颜色、字体格式、尺寸格式等。为了绘图方便，比例选择为 1:1，或者调入事先绘制的装配图标题栏及有关设置。

（2）绘图步骤如下。

① 根据零件草图，装配示意图绘制各零件图，各零件的比例应当一致，零件尺寸必须准确，可以暂不标注尺寸，将每个零件用 WBLOCK 命令定义为 DWG 文件。定义时，必须选好插入点，插入点应当是零件间相互有装配关系的特殊点。

② 调入装配干线上的主要零件，如轴，然后沿装配干线展开，逐个插入相关零件。插入后，若需要剪断不可见的线段，应当炸开插入块。插入块时应当注意确定它的轴向和径向定位。

③ 根据零件之间的装配关系，检查各零件的尺寸是否有干涉现象。

④ 根据需要对图形进行缩放，布局排版，然后根据具体情况设置尺寸样式，标注好尺寸及公差，最后填写标题栏，完成装配图。

第 9 章

1．B　　2．A　　3．C　　4．B　　5．B　　6．A　　7．B　　8．C

第 10 章

1．D　　2．C　　3．D　　4．D